中国科协创新战略研究院智库成果系列丛书·专著系列

面向 2035 年：
技术预见与社会愿景
——生命健康·网络安全·新能源领域

中国科协创新战略研究院　著

中国科学技术出版社
·北　京·

图书在版编目（CIP）数据

面向 2035 年：技术预见与社会愿景：生命健康·网络安全·新能源领域 / 中国科协创新战略研究院著 . -- 北京：中国科学技术出版社，2023.4

（中国科协创新战略研究院智库成果系列丛书 . 专著系列）

ISBN 978-7-5046-9352-5

I. ①面⋯   II. ①中⋯   III. ①技术预测   IV. ① G303

中国版本图书馆 CIP 数据核字（2021）第 246221 号

策划编辑	王晓义
责任编辑	付晓鑫
装帧设计	中文天地
责任校对	邓雪梅
责任印制	徐　飞

出　　版	中国科学技术出版社
发　　行	中国科学技术出版社有限公司发行部
地　　址	北京市海淀区中关村南大街 16 号
邮　　编	100081
发行电话	010-62173865
传　　真	010-62173081
网　　址	http://www.cspbooks.com.cn

开　　本	720mm×1000mm　1/16
字　　数	415 千字
印　　张	26.25
版　　次	2023 年 4 月第 1 版
印　　次	2023 年 4 月第 1 次印刷
印　　刷	涿州市京南印刷厂
书　　号	ISBN 978-7-5046-9352-5 / G·996
定　　价	139.00 元

中国科协创新战略研究院智库成果系列丛书编委会

《中国科协面向 2035 年技术预见报告》

研 究 组

研究总体组

组　长　赵立新

副组长　赵　宇　梁　帅　张　丽

生命健康领域研究组

组　长　崔宇红

成　员　王　飒　赵　霞　崔　崑　赵宝晶

网络安全领域研究组

组　长　黄　鹏

成　员　孙倩文　闫　寒　李　端　刘芷君　陈羽凡　叶晓亮

新能源重点领域研究组

组　长　卢世刚

成　员　刘进萍　马小利　唐　玲　黄　倩　张　鑫

总　　序

　　2013年4月，习近平总书记首次给出建设"中国特色新型智库"的指示。2015年1月，中共中央办公厅、国务院办公厅印发了《关于加强中国特色新型智库建设的意见》，成为中国智库的第一份发展纲领。党的十九大报告更加明确指出要"加强中国特色新型智库建设"，进一步为新时代我国决策咨询工作指明了方向和目标。当今世界正面临百年未有之大变局，我国正处于并将长期处于复杂、激烈和深度的国际竞争环境之中，这都对建设国家高端智库并提供高质量咨询报告，支撑党和国家科学决策提出了新的更高的要求。

　　建设高水平科技创新智库，强化对全社会提供公共战略信息产品的能力，为党和国家科学决策提供支撑，是推进国家创新治理体系和治理能力现代化的迫切需要，也是科协组织服务国家发展的重要战略任务。中共中央办公厅、国务院办公厅印发的《关于加强中国特色新型智库建设的意见》，要求中国科学技术协会（简称"中国科协"）在国家科技战略、规划、布局、政策等方面发挥支撑作用，努力成为创新引领、国家倚重、社会信任、国际知名的高端科技智库，明确了科协组织在中国特色新型智库建设中的战略定位和发展目标，为中国科协建设高水平科技创新智库指明了发展目标和任务。

　　科协智库相较其他智库具有自身的特点和优势。其一，科协智库能够充分依托系统的组织优势。科协组织涵盖了全国学会、地方科学技术协会、学会及基层组织，网络体系纵横交错、覆盖面广，这是科协智库建设所特有的组织优势，有利于开展全国性的、跨领域的调查、咨询、评估工作。其二，科协智库拥有广泛的专业人才优势。中国科协业务上管理 210 多个全国学会，涉及理科、工科、农科、医科和交叉学科的专业性学会、协会和研究会，覆盖绝大部分自然科学、工程技术领域和部分综合交叉学科及相应领域的人才，在开展相关研究时可以快速精准地调动相关专业人才参与，有效支撑决策。其三，科协智库具有独立第三方的独特优势。作为中国科技工作者的群团组织，科协不是政府行政部门，也不受政府部门的行政制约，能够充分发挥自身联系广泛、地位超脱的特点，可以动员组织全国各行业各领域广大科技工作者，紧紧围绕党和政府中心工作，深入调查研究，不受干扰地独立开展客观评估和建言献策。

中国科协创新战略研究院是中国科协专门从事综合性政策分析、调查统计及科技咨询的研究机构，是中国科协智库建设的核心载体，始终把重大战略问题、改革发展稳定中的热点问题、关系科技工作者切身利益的问题等党和国家所关注的重大问题作为选题的主要方向，重点聚焦科技人才、科技创新、科学文化等领域开展相关研究，切实推出了一系列特色鲜明、国内一流的智库成果，完成《国家中长期科学和技术发展规划纲要（2006—2020 年）》评估，开展"双创"和"全创改"政策研究，服务中国科协"科创中国"行动，有力支撑科技强国建设；实施老科学家学术成长资料采集工程，深刻剖析科学文化，研判我国学术环境发展状况，有效引导科技界形成良好生态；调查反映科技工作者状况诉求，摸清我国科技人才分布结构，探索科技人才成长规律，为促进人才发展政策的制定提供依据。

为了提升中国科协创新战略研究院智库研究的决策影响力、学术影响力、社会影响力，经学术委员会推荐，我们每年遴选一部分优秀成果出版，以期对党和国家决策及社会舆论、学术研究产生积极影响。

呈现在读者面前的这套《中国科协创新战略研究院智库成果系列丛

书》，是中国科协创新战略研究院近年来充分发挥人才智力和科研网络优势所形成的有影响力的系列研究成果，也是中国科协高水平科技创新智库建设所推出的重要品牌之一，既包括对决策咨询的理论性构建、对典型案例的实证性分析，也包括对决策咨询的方法性探索；既包括对国际大势的研判、对国家政策布局的分析，也包括对科协系统自身的思考，涵盖创新创业、科技人才、科技社团、科学文化、调查统计等多个维度，充分体现了中国科协创新战略研究院在支撑党和政府科学决策过程中的努力和成绩。

衷心希望本系列丛书能够对科协组织更好地发挥党和政府与广大科技工作者的桥梁纽带作用，真正实现为科技工作者服务、为创新驱动发展服务、为提高全民科学素质服务、为党和政府科学决策服务，有所启示。

前　言

技术预见为科技政策和规划的制定提供了有力支撑。近年来，随着人工智能、纳米技术等新兴技术不断涌现，推动了产业转型升级和经济社会快速发展，但新兴技术带来的环境问题、伦理争议也亟须引起重视，特别是公众对新兴技术负面影响的关注。技术预见不仅要支撑产业创新，还要促进公众理解科学、支持科学，提高公众科学文化素质，共同为创新型国家建设贡献力量。

中国科协组织全国学会长期开展行业技术发展研究，研判技术发展趋势，为科技工作者和产业企业发展提供参考。2012 年，中国科协调宣部启动"2049 年的中国：科技与社会愿景展望"系列研究。该研究重在发挥学会的组织优势、人才优势和专业优势，前瞻领域科技发展的基本脉络、主要特点和展示形式，勾勒出科技给中国带来的发展愿景。中国机械工程学会、中国人工智能学会等充分参与，共完成了《制造技术与未来工厂》《生物技术与未来农业》《城市科学与未来城市》等多部报告，具有一定的社会影响力。

2019—2020 年，中国科协创新战略研究院技术预见研究组，围绕国家重大需求、世界科技前沿、经济主战场以及关系人民生命健康等领域，遴选生命健康领域、网络安全领域、新能源领域等若干重点领域，通过需求分析、德尔菲法、科学计量等方法开展技术预见研究。期间，邀请中国科学学与科技政策研究会秘书长陈光、中国科学院科技战略咨询研究院研究员陈凯华、中国科学技术发展战略研究院研究员王书华、上海科学学研究所研究员李万等知名技术预见专家，为开展中国科协特色的技术预见提供理论和方法指导。

本研究各领域技术预见的逻辑主要包括四个阶段。第一阶段是准备阶段。根据研究需求成立研究组及专家组，明确技术领域。第二阶段是研究阶段。开展愿景分析、需求分析、技术前沿分析和相关研究调研等，深入了解技术发展态势，提出初步技术课题。第三阶段是调查阶段。在技术课题基础上明确技术清单，开展德尔菲调查，通过专家意见等形成德尔菲调查结果。第四阶段是影响研判。在技术预见结论基础上，前瞻研判重点技术带来的经济社会发展影响，并对技术发展路径和保障技术发展环境提出建议。

最后，衷心感谢参与此次研究的北京理工大学图书馆、国家工业信息安全发展研究中心、国联汽车动力电池研究院有限责任公司等课题组成员的辛勤工作和大力支持，感谢技术预见顾问组对本次研究的全程技术指导。本次研究组织形成的书稿是我们智库在技术预见方面的第一次尝试，还有很多不尽如人意之处，还望读者批评指正。后续，中国科协创新战略研究院将继续联合各方面研究人员开展相关重点领域的技术预见研究，为服务国家战略决策贡献自己的一份力量。

目 录
CONTENTS

第一章　新形势下中国科协开展技术预见的实践与思考 ⋯ 001

　　第一节　技术预见面临的新形势 ⋯⋯⋯⋯⋯⋯⋯⋯⋯ 002

　　第二节　新形势下技术预见的新内涵 ⋯⋯⋯⋯⋯⋯⋯ 004

　　第三节　新形势下中国科协开展技术预见的实践 ⋯⋯⋯ 006

　　第四节　新形势下技术预见 2.0 的功能范围 ⋯⋯⋯⋯⋯ 008

　　第五节　新形势下技术预见的实施框架 ⋯⋯⋯⋯⋯⋯⋯ 010

　　主要参考文献 ⋯⋯⋯⋯⋯⋯⋯⋯⋯⋯⋯⋯⋯⋯⋯⋯ 012

第二章　生命健康领域技术预见研究 ⋯⋯⋯⋯⋯⋯⋯⋯ 013

　　第一节　社会发展愿景分析 ⋯⋯⋯⋯⋯⋯⋯⋯⋯⋯⋯ 013

　　第二节　现状与需求分析 ⋯⋯⋯⋯⋯⋯⋯⋯⋯⋯⋯⋯ 024

　　第三节　技术前沿分析 ⋯⋯⋯⋯⋯⋯⋯⋯⋯⋯⋯⋯⋯ 041

　　第四节　国内外相关成果分析 ⋯⋯⋯⋯⋯⋯⋯⋯⋯⋯ 061

　　第五节　技术预见结果与优先技术 ⋯⋯⋯⋯⋯⋯⋯⋯ 084

　　第六节　优先技术及领域的社会影响预判 ⋯⋯⋯⋯⋯ 130

　　第七节　技术发展的对策建议 ⋯⋯⋯⋯⋯⋯⋯⋯⋯⋯ 150

　　主要参考文献 ⋯⋯⋯⋯⋯⋯⋯⋯⋯⋯⋯⋯⋯⋯⋯⋯ 157

第三章　网络安全领域技术预见研究 ································· 162

　第一节　社会发展愿景分析 ··························· 162

　第二节　现状与需求分析 ····························· 167

　第三节　技术前沿分析 ······························· 176

　第四节　国内外相关成果分析 ························· 192

　第五节　技术预见结果与优先技术领域 ················· 210

　第六节　优先技术及领域的社会影响预判 ··············· 250

　第七节　技术发展的对策建议 ························· 268

　主要参考文献 ······································· 271

第四章　新能源重点领域技术预见研究 ················· 275

　第一节　社会发展愿景分析 ··························· 276

　第二节　现状与需求分析 ····························· 287

　第三节　技术前沿分析 ······························· 302

　第四节　技术预见成果分析 ··························· 321

　第五节　技术预见结果与优先技术领域 ················· 337

　第六节　优先技术及领域的社会影响预判 ··············· 379

　第七节　技术发展的对策建议 ························· 391

　主要参考文献 ······································· 397

附录1　德尔菲调查问卷 ······························· 398

附录2　各领域主要专家名单 ··························· 400

附录3　德尔菲调查回函专家名单 ······················· 403

第 一 章

新形势下中国科协开展技术
预见的实践与思考

中国科协创新战略研究院

技术预见作为一种重要的战略规划工具，是连接现在和未来的桥梁，在世界各国的科技政策制定和科技事业发展中发挥了重要作用。例如，为支撑我国面向 2035 年国家中长期科技发展规划研究编制工作，科技部于 2019 年 6 月启动了第六次国家技术预测。目前，随着技术创新周期和迭代周期不断缩短，技术的复杂性、潜在风险和不确定性也逐渐提高，以基因编辑、人工智能、纳米技术等为代表的新兴技术的未来发展，引发了社会公众对于未来社会愿景的担忧。特别是"基因编辑婴儿事件"，引发了全球对于新兴基因编辑技术的研发支持、试验和应用的争论与反思。2020 年 9 月，习近平总书记在科学家座谈会上提出"坚持面向世界科技前沿、面向经济主战场、面向国家重大需求、面向人民生命健康，不断向科学技术广度和深度进军"，这是在原有"三个面向"基础上践行"以人民为中心"发展思想的重要体现。2021 年 5 月 28 日，习近平总书记在两院院士大会和中国科协第十次全国代表大会的重要讲话中指出，"科技是发展的利器，也可能成为风险的源头。要前瞻研判科技发展带来的规则冲突、社会风险、伦理挑战，完善相关法律法规、伦理审查规则及监管框架"。

在当前风险社会情境下，如何有效地预见和科学地遴选技术，支撑"卡脖子"技术短板突破，规训和治理技术以规避风险，最大限度发挥科技正外部性，成为技术预见的重要研究内容。如果将长期以来由科技部门主导的支撑科技政策制定和研发领域划分的技术预见称为 1.0 时代，那么基于当前科技趋势和未来愿景需求，依靠科技工作者、协调多部门参与组织、动员社会各界共同参与、综合考量技术两面性的社会愿景导向的技术预见可以被视为技术预见 2.0。

本章分析当前技术预见面临的新形势和新挑战，结合中国科协开展技术预见的经验，提出具有中国科协特色的技术预见应该走出科技政策的藩篱，依靠广大科技工作者，联系动员社会公众，共同构建面向未来需求和社会愿景的技术预见，为后续的技术预见理论研究和实践操作提供参考。

第一节　技术预见面临的新形势

1. 新一轮科技革命和产业变革孕育兴起

当前，新一轮科技革命和产业变革正在孕育兴起，世界各国纷纷加强对未来新兴技术的探索、预见和支持，以掌握技术发展的主动权和话语权，支撑科技战略、相关技术标准的制定等。我国作为科技创新后发追赶型国家，经过几十年的科技投入和发展，目前已经从跟随为主步入到跟跑、并跑和领跑并存的新阶段。《2020 年全球创新指数报告》显示，我国处于世界第 14 名。当前，人工智能、区块链、云计算等新兴技术不断涌现。通过技术预见可以促使我国前瞻性地部署科技投入，优化技术体系和产业结构。这也是我国参与或主导制定新一轮技术范式，甚至牵头制定重要技术标准的机遇。同时，通过技术预见动员组织社会各界开展关键共性技术识别，凝聚共识，资源优化配置，有助于实现更多领域从"跟跑""并跑"向"领跑"转变，有助于突破"卡脖子"技术短板。美国于 2019 年和 2020 年两次召开会议研讨掌握"未来产业"的发展，提出人工智能、量子信息科学、先进制造、无线通信和合成生物学共 5 个"未来产业"领域，以重塑未来的竞争优势。

2. 科技的现代化风险亟须加强技术规训

随着技术负效应不断凸显，德国社会学家乌尔里希·贝克（Ulrich Beck）提出"风险社会"的概念，指出稀缺社会的财富分配逻辑正转向现代性的风险分配逻辑，技术风险被认为是风险社会的主要风险。当前，技术创新和社会化的周期大幅缩短，技术迅速发展并存在无序滥用的情况。对于新兴技术的预见，不仅要预测到积极效应，还要预见潜在风险和伦理争议。要充分考虑如何评估风险技术的潜在风险和长远影响，谁能够决定风险技术的运用和推广，如何通过负责任的研究和创新去应用这些技术以达成未来社会愿景，什么时间或在什么情景下才能运用这些技术，等等。例如，基因编辑技术（CRISPR-Cas9）发明者之一珍妮弗·杜德娜指出，要思考科技突破可能带来的未知后果和可预见的冲击，如果没有深思熟虑其潜在风险，那是不负责任的表现。这也需要技术预见不断拓宽功能范围，对技术发展中的时间、因素、正负效应等进行全面预见，通过科技向善更好地支撑社会健康有序发展。

3. 公众参与技术决策的意识提高

公众是新技术、新产品的使用者，也是技术风险的承担者。近年来，公众对于部分新兴争议技术发展具有较高关注度，参与技术发展的决策意识逐渐增强。如 Facebook、Twitter、YouTube 等于 2020 年 2 月要求 Clearview AI 停止采集用户数据；欧洲部分国家也因为大规模民众抗议而推迟面部识别技术的使用。同时，国内公众对于国内新兴科技公司收集用户信息、侵犯隐私的技术应用也存在较大担忧。党的十九届四中全会指出，"社会治理是国家治理的重要方面。必须加强和创新社会治理，完善党委领导、政府负责、民主协商、社会协同、公众参与、法治保障、科技支撑的社会治理体系"。但是我国公众在参与技术决策方面所需要具备的科学素质亟待提高。根据《2018 中国公民科学素质调查主要结果》，2018 年我国具备科学素质的公民比例达到 8.47%，其中，北京市和上海市公民具备科学素质的比例超过 20%，相当于美国 2004 年 24.5% 的水平；天津市公民具备科学素质的比例达 14.13%，相当于欧盟 27 国

2005 年 13.8% 的水平。这说明，我国公民科学素质水平与发达国家相比还需要进一步提升。

第二节　新形势下技术预见的新内涵

根据当前复杂国际形势对我国科技创新的影响、技术自身发展的复杂性和不确定性，技术预见 2.0 时代需要重点考虑几个问题：一是在新一轮科技革命孕育兴起和我国部分技术被"卡脖子"，以及技术风险和公众参与意识提高的形势下，对技术预见的功能应提出哪些新的要求；二是区别于科技部门牵头的政策制定导向的技术预见，新形势下的技术预见应该发挥哪些新作用；三是在新形势和新功能导向下，对技术预见的组织单位、参与人员、实施方法应提出哪些要求。

技术预见离不开对技术发展逻辑和趋势的探讨。从科技哲学视角看，技术发展存在两方面的制约因素，它在技术决定论和社会建构论的范式影响下共同实现技术的未来建构。从技术决定论角度看，无论是技术体系观还是技术组合观，技术发展都存在轨迹性和路径依赖性，即现有技术知识结构使得某种前进轨迹成为可能，而核心技术也奠定了一系列后续技术研发和创新的轨迹；但是颠覆性技术因其具有革命性和突发性，而提高了预测的难度。从社会建构论角度看，技术发展趋势受到社会需求的制约。当前技术的社会功能不断延伸，已经从军事领域走向经济社会发展，还与之融合形成复杂体系，所以技术路径的选择和社会化过程需要社会各界参与和选择。这个过程受到当前科技基础制约，也受到未来愿景和需求的牵引。从应对风险社会的视角审视 Martin、浦根祥等对技术预见的权威定义，技术预见具有三个方面的内涵：技术未来愿景的预测、技术价值的系统判断和技术实现的最优方式，也就是如何评估未来技术的效益，如何形成技术发展的共识及选择哪些实现的路径。

1. 价值理念上要注重技术价值的最大效益

几十年来，技术预见始终囿于科技领域并支撑科技政策的制定。近年来，技术预见的价值理念随着技术的社会功能不断丰富而演变，逐渐超出科技政策领域，而扩展到社会发展、公共利益等领域。日本作为开展技术预见规模最大、次数最多的国家，在1995—2015年间开展的5次技术预见的创新点分别为技术预测比较、引导科技创新、与技术革命相结合、科技与经济发展相协同、构筑社会愿景并指导技术发展。日本于2020年6月发布《2020科学技术白皮书》中提出面向未来的37项技术预测，为"超智能社会5.0"的愿景的实现提供支撑。所以，未来技术能够实现的、最大效益的评估要突破当代科技领域的局限并实现从社会系统角度出发进行整体性研判和预测的目的。

2. 技术决策中要形成最大的技术共识

技术选择的主体越多，技术推广和应用中的接受度就越高，而技术接受度则源自是否有共同的未来愿景和社会需求。浦根祥等指出的目前大部分预见实践活动中将技术的预测和选择的权力完全或大部分委托于科学界的"精英专家"的做法，是技术预测意义上的"预测"和"选择"，而不是技术预见意义上的。科技专家在技术和风险的未来认知、界定、预测方法等方面的局限，导致其建构"未来"的"社会性"不足，从而制约了技术预见的准确性。共识的广泛性是推动技术实现的关键因素，为吸纳多元化群体参与技术路径选择和技术决策提供支撑，这需要考虑如何让公众在未来愿景形成中表达诉求，提升公众参与度有助于提高公众对风险决策的接受程度。然而，如何有效组织多元化群体和公众参与依旧是技术预见方法的难点。

3. 技术实现中要选择最优的技术实现路径

技术的最大效益，不仅包括技术实现后的影响，还包含技术实现的最优路径的选择。通过技术预见和预期管理，实现研发主体、政府、公众、伦理学家的参与，从而保证技术从研发、设计到市场化过程中都能在国内外竞合态势、伦理规范等框架下开展，并在该框架下去进行预测、反思、协商和反馈。由于初始就分析潜在风险，让"未来"可以被"描述"，从而实现最大限度凝聚共识、最大效益设计、最低风险涉及等最优实现路径。在技术实现路径的预见中，需要区分专利、中试样品、市场产品等不同技术形态，然后在此基础上，调查技术各个阶段的影响因素，如人才、资金、产学研合作、国内外竞合关系等，为各个阶段推动技术研发、市场推广等全方位预测提供支撑。

第三节　新形势下中国科协开展技术预见的实践

中国科协是国家推动科学技术事业发展的重要力量之一。2018 年，中国科协围绕建设世界强国确定自身的新使命、新任务，以"1–9·6–1"战略思路打造科协系统改革发展，包括组织实施六项重点工程。其中，开展技术预见研究是智汇中国工程中的重要组成部分。当前我国开展技术预见的机构主要有 3 种类型：一是服务于国家科技政策和规划制定的主要机构，以中国科学院、中国科技发展战略研究院、国家自然科学基金委员会等最具代表性；二是服务于区域和行业发展决策的机构，例如上海市科学学研究所；三是技术预见方法研究机构，主要是各个高校的学者群体。在当前国内外形势以及"四个面向"的要求下，我国亟须开展面向未来愿景、面向社会发展、面向民生需求的社会各界广泛参与的技术预见，以最大限度凝聚形成未来愿景的共识。

中国科协是科技工作者之家，包括全国学会、协会、研究会、地方科学技术协会及基层组织等，具有"一体两翼"的组织优势，特别是全国学会作为学术团体，囊括了学科内产业链上下游企业、产学研各类创新主体以及其中的广大科技工作者。例如，中国机械工程学会拥有铸造分会、焊接分会、机械设计分会等 36 个专业分会，会员达到 18 万人。《中国科协 2019 年度事业发展统计公报》统计显示，各级科协所属学会 29675 个，其中中国科协所属全国学会 210 个，省级科协所属省级学会 3848 个；两级学会个人会员 1302.6 万人，团体会员 56.2 万人。如图 1.1 所示，中国科协可以发挥开放型、枢纽型、平台型的组织优势，通过全国学会组织动员各领域产业界、科学界的科技工作者参与技术预见活动，通过社会调查听取社会公众的意见，可以超脱职能部门和区域发展的局限，更好地聚焦关系国家、社会、公众、行业发展的基础性技术、共性技术、公益性技术的预见，更充分地凝聚广大科技工作者对于未来社会愿景

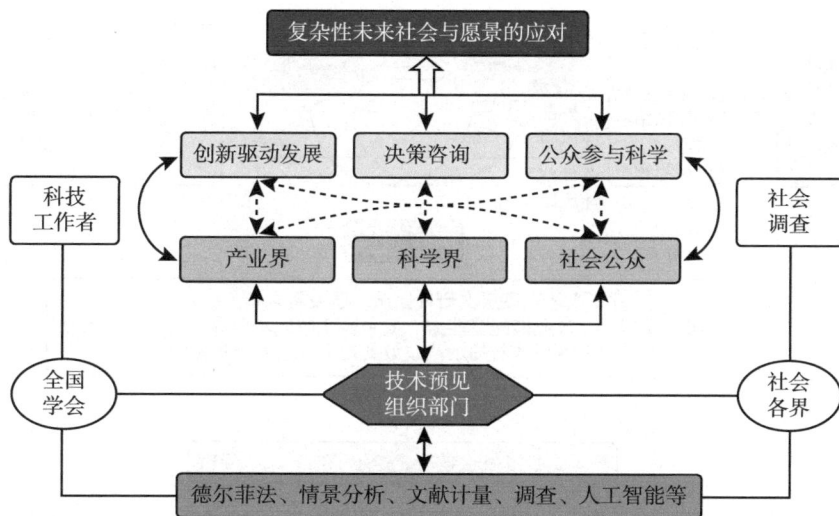

图 1.1　中国科协开展技术预见的机制框架

的共识，更好发挥科协为科技工作者服务、为创新驱动发展服务、为党和政府科学决策服务和为提高全民科学素质服务的"四服务"职能定位。

2019 年，中国科协创新战略研究院联合全国学会、国内优势单位，在集成电路、智能交通、网络安全、先进材料、生命健康、新能源 6 个领域开展具有科协特色的面向 2035 年技术预见。新形势赋予技术预见更丰富的内涵和更大的作用，通过技术预见调动社会各界参与未来社会愿景形成共塑，推动社会各界形成共识。在原有的技术实现时间的预测基础上，该次技术预见更加注重相关影响因素的调查和预测。从技术基础、未来需求和社会保障三个方面将技术实现的影响因素总结为技术供给侧、社会需求侧、环境保障侧。如图 1.2 所示。

为充分预见技术的发展趋势和实现时间，本次技术预见借鉴日本技术预见经验，德尔菲调查问卷中将技术实现分为实验室实现和应用推广两个阶段，并注重对影响因素的调查，以充分了解技术实现的各个阶段对于人才、资金、产业链配套和产学研合作等因素的需求，为政府和企业决策提供全面支撑，如图1.3 所示。

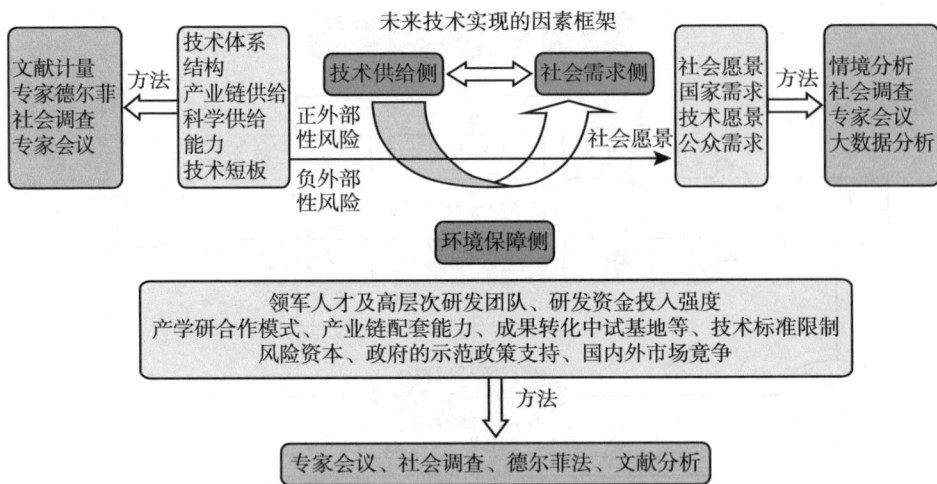

未来技术实现的因素框架

图 1.2　技术发展和实现的影响因素

第四节　新形势下技术预见 2.0 的功能范围

新形势下技术预见 2.0 框架的预见目的、预见方法和组织流程与技术预见 1.0 存在一定的差异，也具有更加广阔的内涵和功能。

一是技术预见要为决策咨询提供更全面的支撑，助力社会预见和前瞻性治理。中国科协是党和政府联系科技工作者的桥梁和纽带，在当前新兴技术的潜在风险和不确定性形势下，中国科协主导的技术预见要协调多政府部门、多产业领域的科技专家和多区域的社会公众参与，发挥好全国科技工作者状况调查站点的积极作用，在形成共塑未来社会愿景的基础上，从科技、政治、经济和文化等领域进行科技价值和风险的系统探索，预测技术的实现路径、制约因素、实现模式、潜在风险的因素，为区域经济发展和社会进步、产业升级和企业创新战略、环境保护和公众利益、风险预测和应对等提供支撑。

二是技术预见要为创新驱动发展提供路径支撑，为产业技术发展提供前瞻研判。企业是技术创新的主体，也是通过新技术形塑未来社会的关键主体。在当前中美贸易持续摩擦凸显我国"卡脖子"技术短板的情况下，发挥"一体两面向 2035 年的技术预见研究——"德尔菲调查问卷"

填写说明：请在相应栏目格处画"√"或做具体说明；请在"目前领先国家""对哪两项影响最大"两列中填写相应字母（A，B，C，D）

您对该课题熟悉程度	在中国的技术实验室实现		在中国的技术应用推广和普及		当前中国的研发技术水平（单选）	目前领先国家	对哪两项影响最大
熟悉 / 一般 / 不熟悉	技术在实验室实现时间：2021—2025年 / 2026—2030年 / 2031—2035年 / 无法预见	影响因素（不超过3项）：相关科学原理突破 / 高层次科研人才发展情况 / 研发设施及资金程度 / 国内研发合作团队 / 产学研政策配合 / 国外竞争支持限制	技术大规模普及时间：2021—2025年 / 2026—2030年 / 2031—2035年 / 无法预见	影响因素（不超过3项）：社会或风险预见 / 成果转化中试基地 / 产业链配套资金 / 科技中介服务能力 / 公众需求 / 市场竞争程度 / 公共伦理风险 / 国内示范推广 / 国外限制竞争	落后国际水平 / 接近国际水平 / 国际领先水平	A 美 B 日 C 欧 D 其他（请列出）	A 国家安全 B 产业升级 C 社会发展 D 生活质量
技术课题①：×××							
技术课题②：×××							
……							
其他：（重要但未包括的请专家补充）							

图 1.3　中国科协开展技术预见的德尔菲调查问卷示例

翼"和"科创中国"平台的作用，在实现技术的实现时间预测基础上，充分调动高等院校、科研院所、产业链各环节企业、公众等主体能动性，对技术需求和发展态势、产业链配套能力、产业技术体系短板、国内外竞争合作关系等进行研究和预测，为企业技术创新战略、产业升级和结构优化、区域产业集群高质量发展提供路径指导。

三是技术预见要促进公众参与理解科学，提高公众参与技术决策意识。无论是未来社会的建设，还是应对风险社会，技术决策和科技治理需要政府、专家和公众的共同参与，这是我国实现治理能力现代化的要求，也对公民科学素质提出了更高要求，即公众与科技专家对话、批判和质疑的能力。为促进公众参与理解科学，提高公众防范风险的能力，地方科协、地区学会、公益性组织等区域组织应积极参与，并充分挖掘区域特色文化和特殊技术需求，促进符合区域发展需求的技术研发、成果转化和市场推广。

四是技术预见要提高社会各界参与的积极性，实现社会愿景的多元化表达和共识凝聚。技术预见要凝聚社会各界的共识，为推动跨部门、跨行业、跨区域的利益相关者共同参与，需要"自上而下"和"自下而上"共同推动。不仅需要传统的科技专家作为科技未来发展趋势的代言人，政府官员等作为科技政策的代理人，在产业发展中还需要全产业链上的制造企业、供应商、配套企业等创新主体充分表达意见。不同区域的差异和技术需求则需要考虑倾听区域组织的声音。除了基于当前科技发展趋势而形成的愿景，具有未来建构和现实批判能力的科幻作家的声音同样重要。同时，基于公众的各种需求和想象而形成的愿景则反映了社会公众对于未来社会形态的美好愿望，需要在一定范围进行科学有效的社会调查和大数据分析。

第五节　新形势下技术预见的实施框架

第一阶段是准备阶段，根据研究需求成立研究组，并根据研究需要成立专家组，明确技术领域。第二阶段是研究阶段，开展愿景分析、需求分析、技术前沿分析和相关研究调研等，深入了解技术发展态势，提出初步技术课题。第三阶段是调查阶段，在技术课题基础上明确技术清单，开展德尔菲调查，通过专家意见等形成德尔菲调查结果。第四阶段是影响研判，在技术预见结论基础上，前瞻研判重点技术带来的经济社会发展影响，并对技术发展路径和保障技术发展环境提出建议（图1.4）。

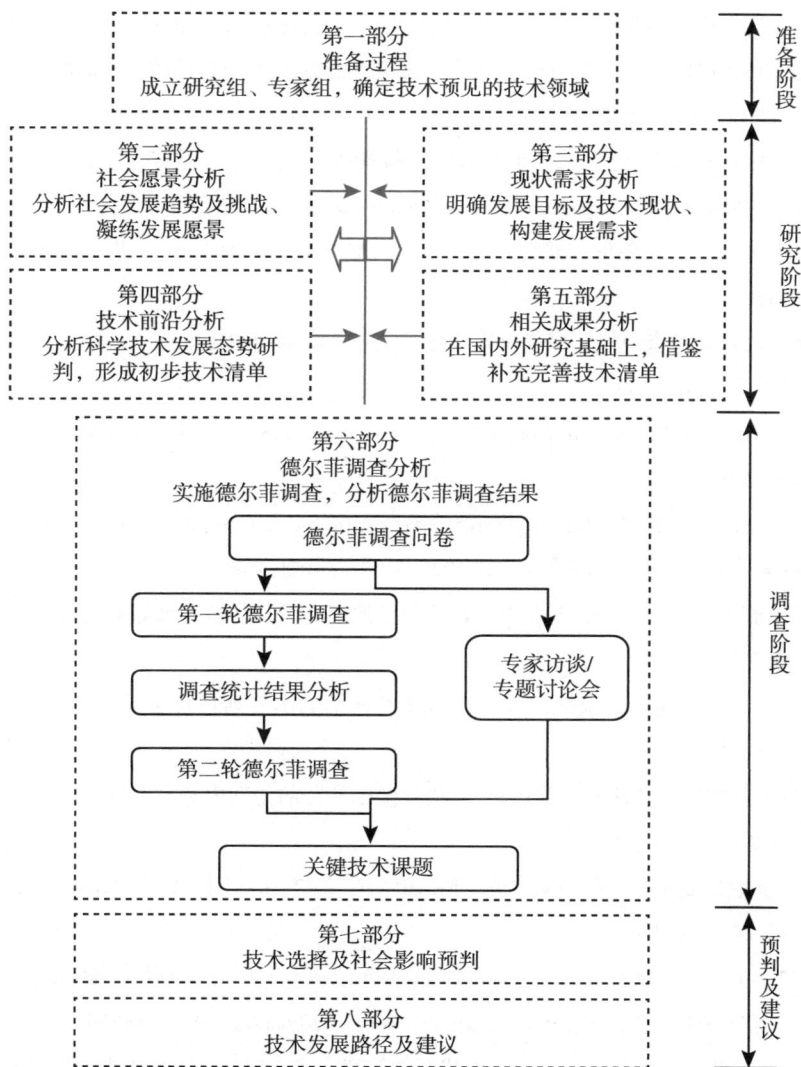

第一部分
准备过程
成立研究组、专家组，确定技术预见的技术领域

准备阶段

第二部分
社会愿景分析
分析社会发展趋势及挑战、凝练发展愿景

第三部分
现状需求分析
明确发展目标及技术现状、构建发展需求

研究阶段

第四部分
技术前沿分析
分析科学技术发展态势研判，形成初步技术清单

第五部分
相关成果分析
在国内外研究基础上，借鉴补充完善技术清单

第六部分
德尔菲调查分析
实施德尔菲调查，分析德尔菲调查结果

德尔菲调查问卷

第一轮德尔菲调查

调查统计结果分析

第二轮德尔菲调查

专家访谈/专题讨论会

关键技术课题

调查阶段

第七部分
技术选择及社会影响预判

第八部分
技术发展路径及建议

预判及建议

图 1.4　技术预见实施框架

主要参考文献

［1］世界知识产权组织. 2020 全球创新指数［EB/OL］. https://www.wipo.int/global_innovation_index/zh/2020/,（2020-09-02）/［2020-9-22］.

［2］乌尔里希·贝克. 风险社会［M］. 张文杰，何博闻，译. 南京：译林出版社，2004.

［3］TED‖CRISPR 发明者自述：详解人类基因编辑技术及背后的伦理问题［EB/OL］.（2018-11-29）［2020-06-22］. http://www.sohu.com/a/278648478_176673.

［4］中国科普研究所. 2018 中国公民科学素质调查主要结果［EB/OL］.（2018-09-19）［2020-6-20］. http://www.crsp.org.cn/m/view.php?aid=2318.

［5］曾国屏，高亮华，刘立，等. 当代自然辩证法教程［M］. 北京：清华大学出版社，2005.

［6］内森·罗森伯格. 探索黑箱：技术、经济学和历史［M］. 王文勇，吕睿，译. 北京：商务印书馆，2004.

［7］Arthur W B. The nature of technology：what it is and how it evolves［M］. New York：Free Press, 2009.

［8］Martin B R. Technology foresight：capturing the benefits from science-related technologies［J］. Research Evaluation. 1996, 6（2）：158-168.

［9］浦根祥，孙中峰，万劲波. 技术预见的定义及其与技术预测的关系［J］. 科技导报，2002（7）：15-18.

［10］李兵，魏阙，宋微，等. 日本技术预见工作的创新及启示［J］. 科技视界，2018（25）：17-18.

［11］刘婵娟，翟渊明，刘博京. "负责任创新"的伦理内涵与实现［J］. 浙江社会科学，2019（3）：95-99.

［12］中国机械工程学会简介［EB/OL］.［2022-06-01］. https://www.cmes.org/cmes/qjcmes/xhjianjie/index.html.

［13］中国科学技术协会. 中国科协 2019 年度事业发展统计公报［EB/OL］.（2020-06-19）［2020-09-01］. https://www.cast.org.cn/art/2020/6/19/art_97_125455.html.

［14］邬晓燕. 科幻小说：科技时代新的解读方式［J］. 自然辩证法研究，2007（5）：105-108.

第二章
生命健康领域技术预见研究

北京理工大学

第一节　社会发展愿景分析

2020 年 9 月，习近平总书记在科学家座谈会上提出"坚持面向世界科技前沿、面向经济主战场、面向国家重大需求、面向人民生命健康，不断向科学技术广度和深度进军"，这是在原有"三个面向"基础上践行"以人民为中心"发展思想的重要体现。面向人民生命健康，给科技事业指明了方向，成为新时期科技创新的主攻方向之一。人民的需要和呼唤，是科技进步和创新的时代声音。随着经济社会不断发展，人民对美好生活的新期待日益上升。提高社会发展水平、改善人民生活、增强人民健康素质对科技创新提出了更高要求。与此同时，我国人口老龄化程度不断加深，生物医药、医疗设备等领域科技发展滞后问题日益凸显，更加需要充分发挥科技作用，让科技为人民生命健康保驾护航。

同时，在中美贸易摩擦的新形势下，必须增强加快自主创新的紧迫感、危机感，尽快扭转核心技术"卡脖子"的被动局面。综合考虑技术依赖、贸易收益、产业链布局三大因素，美国可能优先选择脱钩收益大、成本低的行业，如医疗技术、药品、基础材料、特殊机器等。对此，短期内中国要制订应对预案，做好产品储备，避免技术脱钩后对国内产业和市场需求带来过大冲击；长期内，要加强上述领域技术研发，逐步提高技术自主可控程度。

无论是国内还是国际的新形势，都对生命健康领域的技术创新发展提出了更加紧迫的要求。为了实现到 2035 年基本实现社会主义现代化远景目标，为了实现关键核心技术重大突破，进入创新型国家前列，必须加速健康产业的变革发展，真正实现科技为民、科技便民、科技惠民。

随着经济社会的发展和人们生活水平的普遍提高，以及人类生活方式的改变，健康越来越受到各国人民的关注和重视，全球社会对健康的总需求急剧增加，各国政府也纷纷推出了国家健康战略。国家健康战略反映了一个国家对其国民健康的总体价值观和发展愿景，实施国家健康战略关系国家发展和人民根本福祉蓝图。本节总结了中国、美国、英国和日本等国家的生命健康领域发展愿景，并在分析我国生命健康领域发展愿景视角下，梳理了该领域的主要技术需求。

一、中国生命健康领域发展愿景

1. "健康中国 2030" 规划纲要

2016 年 10 月，中共中央、国务院印发了《"健康中国 2030" 规划纲要》。这是我国首次公布健康领域中长期战略规划，明确了我国在卫生健康方面的宏伟蓝图和行动纲领，确立了"以促进健康为中心"的"大健康观""大卫生观"，提出将这一理念融入公共政策制定实施的全过程，统筹应对广泛的健康影响因素，全方位、全生命周期维护人民群众健康。

该纲要提出健康中国"三步走"目标，即"2020 年，主要健康指标居于中高收入国家前列""2030 年，主要健康指标进入高收入国家行列"的战略目标和"2050 年，建成与社会主义现代化国家相适应的健康国家"的长远目标。该纲要还突出强调了三项重点内容：一是预防为主、关口前移，推行健康生活方式，减少疾病发生，促进资源下沉，实现可负担、可持续的发展；二是调整优化健康服务体系，强化早诊断、早治疗、早康复，在强基层基础上，促进健康产业发展，更好地满足群众健康需求；三是将"共建共享、全民健康"作为战略主题，坚持政府主导，动员全社会参与，推动社会共建共享，人人自主自律，实现全民健康。该纲要以人的健康为中心，按照从内部到外部、从主体到环境的顺序，依次针对个人生活与行为方式、医疗卫生服务与保障、生产与生活环境等健康影响因素，提出普及健康生活、优化健康服务、完善健康保障、建设健康环境、发展健康产业五个方面的战略任务：

一是普及健康生活。从健康促进的源头入手，强调个人健康责任，通过加强健康教育，提高全民健康素养，广泛开展全民健身运动，塑造自主自律的健康行为，引导群众形成合理膳食、适量运动、戒烟限酒、心理平衡的健康生活方式。

二是优化健康服务。以妇女儿童、老年人、贫困人口、残疾人等人群为重点，从疾病的预防和治疗两个层面采取措施，强化覆盖全民的公共卫生服务，加大慢性病和重大传染病防控力度，实施健康扶贫工程，创新医疗卫生服务供给模式，发挥中医治未病的独特优势，为群众提供更优质的健康服务。

三是完善健康保障。通过健全全民医疗保障体系，深化公立医院、药品、医疗器械流通体制改革，降低虚高价格，切实减轻群众看病负担，改善就医感受。加强各类医保制度整合衔接，改进医保管理服务体系，实现保障能力长期可持续。

四是建设健康环境。针对影响健康的环境问题，开展大气、水、土壤等污染防治，加强食品药品安全监管，强化安全生产和职业病防治，促进道路交通安全，深入开展爱国卫生运动，建设健康城市和健康村镇，提高突发事件应急能力，最大程度减少外界因素对健康的影响。

五是发展健康产业。区分基本和非基本，优化多元办医格局，推动非公立医疗机构向高水平、规模化方向发展。加强供给侧结构性改革，支持发展健康医疗旅游等健康服务新业态，积极发展健身休闲运动产业，提升医药产业发展水平，不断满足群众日益增长的多层次多样化健康需求。

2. "十三五"健康产业科技创新专项规划

2017年5月26日，为加快推进健康产业科技发展，打造经济发展新动能，促进未来经济增长，引领健康服务模式变革，支撑健康中国建设，科技部、国家卫生计生委等部门联合发布了《"十三五"健康产业科技创新专项规划》。

该规划的总体目标是：以保障全人群、全生命周期的健康需求为核心，重点发展创新药物、医疗器械、健康产品三类产品，引领发展以"精准化、数字化、智能化、一体化"为方向的新型医疗健康服务模式，着力打造科技创新平台、公共服务云平台等支撑平台，构建全链条、竞争力强的产业科技支撑体系，建设一批健康产业专业化园区和综合示范区，培育一批具有国际竞争力的健康产业优势品牌企业，助推健康产业创新发展。

具体目标包括：①技术突破。重点突破新药发现、高端医疗器械、个性化健康干预等关键科技问题，攻克 10 ～ 15 项重大关键共性技术，发展 20 ～ 30 项前沿性技术。②产品开发。重点开发 8 ～ 10 个原创性新药产品、10 ～ 20 项前沿创新医疗器械、50 种高端健康产品。③产业培育。积极推进新型健康产业培育，引领发展新型医疗健康服务，培育 5 ～ 10 个有国际影响力的健康品牌企业集群，建立 10 ～ 15 个健康产业专业化园区。

3. "十三五"国家科技创新规划

2016 年 8 月 8 日，国务院正式印发《"十三五"国家科技创新规划》。这是国家首次将"科技创新"作为一个整体进行顶层规划，描绘了未来五年科技创新发展的蓝图，确立了"十三五"科技创新的总体目标。该规划内容多与生命健康相关，涉及了免疫治疗、基因治疗、细胞治疗、干细胞与再生医学、基因组学、基因编辑技术、结构生物学、精准医疗、生殖健康及出生缺陷防控、体外诊断、疫苗、抗体、结构生物学、人体微生物组等多个热门领域。

该规划明确将持续攻克"核高基"（核心电子器件、高端通用芯片、基础软件）、集成电路装备、宽带移动通信、数控机床、油气开发、核电、水污染治理、转基因、新药创制、传染病防治等关键核心技术，着力解决制约经济社会发展和事关国家安全的重大科技问题。

该规划面向 2030 年，要求再选择一批体现国家战略意图的重大科技项目，力争有所突破，并在生命健康领域选择了脑科学与类脑研究、健康保障等重点方向率先突破。

同时，在构建具有国际竞争力的现代产业技术体系中，明确提出了发展先进高效生物技术；在健全支撑民生改善和可持续发展的技术体系中，明确提出了发展人口健康技术。

二、世界其他国家生命健康领域发展愿景

1. 美国生命健康领域发展愿景

自 1980 年起，美国卫生与公共服务部（HHS）每十年颁布一次"健康国民"（Healthy People）计划，用以指导全民健康促进和疾病预防实践，从而提高全体国民的健康水平。目前，"健康国民"计划已经进入了第 5 代。2020 年 8 月 18 日，HHS 推出了"健康国民 2030"计划框架，包括愿景、使命、基本原则、行动计划和总体目标，并确定了新目标。

"健康国民 2030"的愿景是建立一个所有人都能在一生中充分发挥其健康和福祉潜力的社会。其使命是促进、加强和评价国家为改善全体人民的健康和福祉所作的努力。

"健康国民 2030"制定的总体目标包括：实现健康、繁荣的生活和幸福，避免可预防的疾病、残疾、伤害和过早死亡。消除健康差距、实现健康公平、提升健康素养、改善所有人的健康和福祉。创造促进人人享有健康和福利潜力的社会、物质和经济环境。在全生命周期中促进健康的发展、健康的行为和健康的生活。吸引多个部门的领导层、关键选民和公众参与进来，采取行动、制定政策、改善所有人的健康和福祉。

"健康国民 2030"的行动计划包括：制定国家目标和可衡量的目标，以指导循证政策、方案和其他改善健康和福祉的行动；针对未来健康状况欠佳或健康风险较高的地区和人群，提供准确、及时、可获取的数据，并推动有针对性的行动；通过公共和私人努力提高影响力，以改善各个年龄段的人们及其居住社区的健康和福祉；为公众、项目、决策者和其他人提供工具，以评估改善健康和福祉的进展；分享和支持可复制、可扩展和可持续的循证方案和政策的实施；每两年报告一次 2020 年至 2030 年这十年的进展情况；促进研究和创新，

以实现"健康国民 2030"目标，并强调关键研究、数据和评估需求；促进发展和提供负担得起的健康促进、疾病预防和治疗手段。

同时，"健康国民 2030"计划在癌症、糖尿病、痴呆症（包括阿尔茨海默病）、艾滋病、免疫接种和传染病等 41 个健康领域，提出了 459 个拟议健康指标。

2. 英国生命健康领域发展愿景

英国《公共健康成果框架》（The Public Health Outcomes Framework）树立了英国公共健康的愿景、预期的结果和指标，旨在改善和保护公共健康。该框架集中于在整个公共健康卫生体系中要实现的两个高水平的成果（健康的预期寿命以及社区之间的预期寿命和健康预期寿命的差异），并将进一步的指标分为涵盖整个公共领域的四个健康领域。结果不仅反映了人们的寿命，而且关注了人们在各个阶段的生活。

《公共健康成果框架》每三年更新一次，最近一次更新是在 2019 年。《公共健康成果框架 2019—2022》的愿景是改善和保护国民的健康和福祉，最快地改善最贫困人口的健康。该框架的总体指标仍然是增加健康的预期寿命以及减少社区之间的预期寿命和健康预期寿命之间的差异。该框架覆盖了以下四个方面：

（1）改善更广泛的健康决定因素

其目标为客观改善影响健康、福祉和健康不平等的更广泛因素，包括低收入家庭儿童、18 岁以上有精神疾病的在押人员比例、长期健康状况不良者的就业（包括有学习障碍的成年人或与二级心理健康服务机构有联系的人）、病假率、受噪声影响的人口百分比等 19 个具体指标。

（2）健康改善

其目标为帮助人们过上健康的生活方式，做出健康的选择并减少健康不平等，包括产妇、低出生体重的足月婴儿、儿童生长发育、儿童和成人超重、吸烟率、药物和酒精治疗完成和药物滥用死亡、糖尿病患者的估计诊断率、癌症 1 期和 2 期诊断等 29 个具体指标。

（3）健康保护

其目标为保护人们的健康不受重大事件和其他威胁的影响，同时减少健康不平等现象，包括归因于微粒空气污染的死亡率比例、新的 STI 诊断、不同年龄段人群的疫苗接种覆盖率、晚期艾滋病患者、结核病的治疗完成、抗生素耐药性等 10 个具体指标。

（4）医疗保健公共卫生和预防过早死亡

其目标为减少可预防的疾病和过早死亡的人数，同时缩小社区之间的差异，包括婴儿死亡率、可预防原因的死亡率、75 岁以下所有心血管疾病（包括心脏病和脑卒中）的病死率、75 岁以下癌症的病死率、一系列特定传染病的病死率、包括患严重精神疾病的成人中 75 岁以下的流感 E09 过量的病死率、估计诊断痴呆患者的比率等 15 个具体指标。

3. 日本生命健康领域发展愿景

日本是较早推行健康战略的国家之一。进入 21 世纪后，日本政府在人群疾病谱发生改变、人口结构老化、医疗费用上升、国民健康需求增强的背景下，从预防保健入手，制订并实施"健康日本 21"计划（Healthy Japan 21），旨在减少疾病损伤带给社会的负担，延长国民健康寿命，防止早逝和生活障碍发生，提高生活质量，构建充满活力的社会。目前，"健康日本 21"计划已进入第 2 期。

2012 年 7 月，日本厚生省发布了"健康日本 21（第 2 期）"计划，明确了第二期计划时间为 2013—2022 年，其基本目标是：①延长健康预期寿命和减少健康不平等，包括延长健康的预期寿命（不限制日常活动的平均时间）和减少卫生差距（各州平均花费的时间间隔不限日常活动）两个具体指标；②预防与生活方式有关的疾病的发病和发展，包括癌症、心血管疾病、糖尿病和慢性阻塞性肺病四个领域的 14 个具体指标；③维持和改善从事社会生活所需功能，包括心理健康、儿童健康、老年人健康三个领域的 14 个具体指标；④建立社会环境以支持和保护健康，包括加强社区联系、参与健康促进活动的个人比例增加、从事健康促进和教育活动的法人数量增加、提供健康促进支持或咨询的无障碍机会的民间组织数目增加、致力于解决健康差距问题的地方政府数量增加（发现问题并针对需要帮助者制订干预计划的县的数量）五个具体指标；⑤改善与营养和饮食习惯、体育锻炼和运动、休息、饮酒、吸烟以及牙齿和口腔健康有关的日常习惯和社会环境的目标，包括营养与饮食习惯、体育锻炼、休息、饮酒、吸烟、牙齿和口腔健康领域的 29 个具体指标。

三、领域发展愿景视角下的主要技术需求

纵观国内外生命健康领域的发展战略，尤其是深入分析《"健康中国 2030"规划纲要》《"十三五"健康产业科技创新专项规划》和《"十三五"国家科技创新规划》，可以梳理出，我国生命健康领域的主要技术需求表现在战略前瞻领域关键核心技术、先进高效生物技术和人口健康技术三个方面。

1. 战略前瞻领域关键核心技术需求

（1）重大新药创制

围绕恶性肿瘤、心脑血管疾病等 10 类（种）重大疾病，加强重大疫苗、抗体研制，重点支持创新性强、疗效好、满足重要需求、具有重大产业化前景的药物开发，以及重大共性关键技术和基础研究能力建设，强化创新平台的资源共享和开放服务，基本建成具有世界先进水平的国家药物创新体系，新药研发的综合能力和整体水平进入国际先进行列，加速推进我国由医药大国向医药强国转变。

（2）重大传染病防治

突破突发急性传染病综合防控技术，提升应急处置技术能力；攻克艾滋病、乙型肝炎、肺结核诊、防、治关键技术和产品，加强疫苗研究，研发一批先进检测诊断产品，提高艾滋病、乙型肝炎、肺结核临床治疗方案的有效性，形成中医药特色治疗方案。形成适合国情的降低"三病两率"综合防治新模式，为把艾滋病控制在低流行水平、乙型肝炎由高流行区向中低流行区转变、肺结核新发感染率和病死率降至中等发达国家水平提供支撑。同时，为有效应对近年发生的新型冠状病毒感染（COVID-19）疫情，增强新发突发传染病的

防控能力，迫切需要围绕新型冠状病毒感染的病原学、流行病学、发病机制、疾病防治等相关重大科学问题，开展基础性、前瞻性的联合研究，从而为新型冠状病毒感染及新发突发传染病防控提供理论及技术支撑。

（3）脑科学与类脑研究

脑科学与类脑研究重大科技项目将围绕脑与认知、脑机智能和脑的健康3个核心问题，统筹安排脑科学的基础研究、转化应用和相关产业发展，形成"一体两翼"（以脑认知原理为主体，以类脑计算与脑机智能、脑重大疾病诊治为两翼）的布局，并搭建相关关键技术平台，抢占脑科学前沿研究制高点。发展类脑计算理论，研发类脑智能系统（模仿脑）。基于对脑认知功能的网络结构和工作原理的理解，研究具有更高智能的机器和信息处理技术。

（4）健康保障

围绕健康中国建设需求，加强精准医学等技术研发，部署慢性非传染性疾病、常见多发病等疾病防控，生殖健康及出生缺陷防控研究，加快技术成果转移转化，推进惠民示范服务。

2. 先进高效生物技术需求

（1）前沿共性生物技术

加快推进基因组学新技术、合成生物技术、生物大数据、3D生物打印技术、脑科学与人工智能、基因编辑技术、结构生物学等生命科学前沿关键技术突破，加强生物产业发展及生命科学研究核心关键装备研发，提升我国生物技术前沿领域原创水平，抢占国际生物技术竞争制高点。

（2）新型生物医药技术

开展重大疫苗、抗体研制、免疫治疗、基因治疗、细胞治疗、干细胞与再生医学、人体微生物组解析及调控等关键技术研究，研发一批创新医药生物制品，构建具有国际竞争力的医药生物技术产业体系。

（3）生物医用材料

以组织替代、功能修复、智能调控为方向，加快3D生物打印、材料表面生物功能化及改性、新一代生物材料检验评价方法等关键技术突破，重点布局可组织诱导生物医用材料、组织工程产品、新一代植介入医疗器械、人工器官等重大战略性产品，提升医用级基础原材料的标准，构建新一代生物医用材料产品创新链，提升生物医用材料产业竞争力。

（4）绿色生物制造技术

开展重大化工产品的生物制造、新型生物能源开发、有机废弃物及气态碳氧化物资源的生物转化、重污染行业生物过程替代等研究，突破原料转化利用、生物工艺效率、生物制造成本等关键技术瓶颈，拓展工业原材料新来源和开发绿色制造新工艺，形成生物技术引领的工业和能源经济绿色发展新路线。

（5）生物资源利用技术

聚焦战略生物资源的整合、挖掘与利用，推进人类遗传资源的系统整合与深度利用研究，构建国家战略生物资源库和信息服务平台，扩大资源储备，加强开发共享，掌握利用和开发的主动权，为生物产业可持续发展提供资源保障。

（6）生物安全保障技术

开展生物威胁风险评估、监测预警、检测溯源、预防控制、应急处置等生物安全相关技术研究，建立生物安全相关的信息和实体资源库，构建高度整合的国家生物安全防御体系。

3. 人口健康技术需求

（1）重大疾病防控

聚焦心脑血管疾病、恶性肿瘤、代谢性疾病、呼吸系统疾病、精神神经系统疾病等重大慢性疾病，消化、口腔、眼耳鼻喉等常见多发病，包虫、疟疾、血吸虫病等寄生虫疾病，以及伤害预防与救治技术等，加强基础研究、临床转化、循证评价、示范应用一体化布局，突破一批防治关键技术，开发一批新型诊疗方案，推广一批适宜技术，有效解决临床实际问题和提升基层服务水平。

（2）精准医学关键技术

把握生物技术和信息技术融合发展机遇，建立百万健康人群和重点疾病患者的前瞻队列，建立多层次精准医疗知识库体系和国家生物医学大数据共享平台，重点攻克新一代基因测序技术、组学研究和大数据融合分析技术等精准医疗核心关键技术，开发一批重大疾病早期筛查、分子分型、个体化治疗、疗效预测及监控等精准化应用解决方案和决策支持系统，推动医学诊疗模式变革。

（3）生殖健康及出生缺陷防控

解决我国出生缺陷防控、不孕不育和避孕节育等方面的突出问题，建立覆盖全国的育龄人口和出生人口队列，建立国家级生物信息和样本资源库，研发一批基层适宜技术和创新产品，全面提升出生缺陷防控科技水平，保障育龄人口生殖健康，提高出生人口素质。

（4）数字诊疗装备

以早期、精准、微创诊疗为方向，重点推进多模态分子成像、新型磁共振成像系统、新型 X 射线计算机断层成像、新一代超声成像、低剂量 X 射线成像、复合窥镜成像、新型显微成像、大型放射治疗装备、手术机器人、医用有源植入式装置等产品研发，加快推进数字诊疗装备国产化、高端化、品牌化。

（5）体外诊断产品

突破微流控芯片、单分子检测、自动化核酸检测等关键技术，开发全自动核酸检测系统、高通量液相悬浮芯片、医用生物质谱仪、快速病理诊断系统等重大产品，研发一批重大疾病早期诊断和精确治疗诊断试剂以及适合基层医疗机构的高精度诊断产品，提升我国体外诊断产业竞争力。

（6）健康促进关键技术

以定量监测、精准干预为方向，围绕健康状态辨识、健康风险预警、健康自主干预等环节，重点攻克无创检测、穿戴式监测、生物传感、健康物联网、健康危险因素干预等关键技术和产品，加强国民体质监测网络建设，构建健康大数据云平台，研发数字化、个性化的行为／心理干预、能量／营养平衡、功能代偿／增进等健康管理解决方案，加快主动健康关键技术突破和健康闭环管理服务研究。

（7）健康服务技术

推动信息技术与医疗健康服务融合创新，突破网络协同、分布式支持系统等关键技术，制定并完善隐私保护和信息安全标准及技术规范，建立基于信息共享、知识集成、多学科协同的集成式、连续性疾病诊疗和健康管理服务模式，推进"互联网＋"健康医疗科技示范行动，实现优化资源配置、改善就医模式和强化健康促进的目标。

（8）药品质量安全

瞄准临床用药需求，完善化学仿制药一致性评价技术体系，开展高风险品种、儿童用药、辅助用药的质量和疗效评价，以及药品不良反应监测和评估、药品质量控制等研究，提高我国居民的用药保障水平，提升药品安全风险防控能力。

（9）养老助残技术

以智能服务、功能康复、个性化适配为方向，突破人机交互、神经－机器接口、多信息融合与智能控制等关键技术，开发功能代偿、生活辅助、康复训练等康复辅具产品，建立和完善人体心理、生理等方面功能的综合评估监测指标体系和预警方法，建立和完善促进老龄健康的干预节点和适宜技术措施，建立和完善养老服务技术标准体系和解决方案。

（10）中医药现代化

加强中医原创理论创新及中医药的现代传承研究，加快中医四诊客观化、中医药治未病、中药材生态种植、中药复方精准用药等关键技术突破，制订一批中医药防治重大疾病和疑难疾病的临床方案，开发一批中医药健康产品，提升中医药国际科技合作层次，加快中医药服务现代化和大健康产业发展。

第二节　现状与需求分析

健康是促进人的全面发展的必然要求，是经济社会发展的基础条件，是民族昌盛和国家富强的重要标志，也是广大人民群众的共同追求。生命健康产业与经济社会发展和公众利益息息相关。本节将从产业创新需求、经济社会发展需求、公众利益与需求三个角度，对生命健康领域的技术需求进行分析。

一、产业创新需求分析

1.产业发展现状

生命健康产业，主要是指与人的生命健康有关的产业，包括生命信息、高端医疗、健康管理、照护康复、养生保健、健身休闲等领域的生命健康服务业以及为其提供支撑的生命信息设备、数字化健康设备和产品、养老康复设备、新型保健品、健身休闲用品等生命健康制造业。生命健康产业在发展中孵化出了大健康的新产业、新业态、新模式，特别是在互联网技术的加速推动下，实现着产业的跨界融合大发展。

随着中国经济实力的不断提升，国内居民生活水平得到快速的提高，"消费升级"与"生命健康"正成为今后一段时期内的核心关注领域。在政策支撑、人口老龄化带来需求、健康意识提升刺激消费等多重利好因素的推动下，我国大健康产业迎来发展。目前，虽然我国大健康产业发展仍处于初级阶段，但市场潜力巨大，规模不断增长。美国著名经济学家保罗·皮尔泽曾将大健康产业称为继 IT 产业之后的全球"财富第五波"，特别是对于中国来说，目前"健康中国"战略进一步提升了大健康产业的地位，未来大健康产业前景光明。2017年，国内大健康产业总产值约 6 万亿元。2018 年，这一规模已经超过 7 万亿元。随着新冠病毒感染疫情的暴发，人们在健康方面的消费比例上升，大健康产业迎来飞速发展。再叠加人口老龄化、"健康中国"战略背景，大健康产业的市场规模将呈量级增长的状态。2021 年中国健康产业规模大约为 10 万亿元；据国家统计局数据显示，到 2023 年，我国大健康产业预计将实现超 14 万亿元的产值。

近年来，伴随着"健康中国"理念上升为国家战略，一系列扶持、促进健康产业发展的政策相继出台，也吸引了大量投资加速涌入大健康领域。在市场需求推动及政策红利释放下，大健康产业引领了新一轮的高速发展浪潮，国内外各领域资源的密集介入，不断扩充着产业的规模、延伸与拓展产业领域的边界。与健康相关的企业数量、所生产的产品种类不断增多，健康产业的整体容量、涵盖领域、服务范围也在不断扩大。目前，我国健康服务产业链主要有五大基本产业群：一是以医疗服务机构为主体的医疗产业；二是以药品、医疗器械、医疗耗材产销为主体的医药产业；三是以保健食品、健康产品产销为主体的保健品产业；四是以健康检测评估、咨询服务、调理康复和保障促进等为主体的健康管理服务产业；五是健康养老产业。与此同时，我国大健康产业的产业链已经逐步完善，新兴业态正在不断涌现，健康领域新兴产业包括养老产业、医疗旅游、营养保健产品研发制造、高端医疗器械研发制造等。

2. 产业发展特点

随着经济发展和社会进步，健康需求越来越成为驱动未来经济增长的"核心驱动力"。当前，以创新药物、高端医疗器械为主体的医药产业持续增长和快速发展，医药产业在重塑未来经济产业格局中的引领性作用和支柱性地位不断增强。同时，新一代信息、生物、工程技术与医疗健康领域的深度融合日趋紧密，远程医疗、移动医疗、精准医疗、智慧医疗等技术蓬勃发展，以主动健康为方向的营养、运动、行为、环境、心理健康技术和产品正推动健康管理、健康养老、全民健身、健康食品、"互联网＋医疗健康"、健康旅游等健康产业新业态、新模式蓬勃兴起，健康产业整体发展呈现跨界融合、集群发展、快速放大、强劲增长之势，并在推动医疗服务模式变革，构建院内外连续性服务和医疗健康一体化体系等方面展现出巨大前景，广受科技界、产业界和投资界的关注，成为新一轮国际科技和产业竞争的前沿焦点。

目前，我国健康产业各行业竞相发展，呈现如下特点：

第一，健康产业成为国家战略性投资重点。由于健康产业对国民经济的贡献蕴含无限前景，健康产业的发展将成为我国国民经济的一大支柱，所以我国政府采取积极的政策引导健康产业的持续发展，增加对健康产业，尤其是生命科学研发的投入，通过出台各方面政策措施引导鼓励健康产业的发展，为改变不利于健康产业发展的现状，制定颁布各项政策和措施提供良好的平台。可以说健康产业正处于"市场与政策双轮驱动的格局"，未来健康产业将持续是我国的投资主线。

第二，我国正在形成集医疗、保健、养老等在内的多元化综合医药"大健康产业"。我国健康产业发展持续利好，医药、器械、保健产品等传统健康产业领域呈快速增长态势，产业链逐步完善；由于慢性病的侵袭、亚健康状态的蔓延、老龄化的加速、养生理念的培育、家庭收入的增加，令养老市场也迅速壮大；康复疗养、医疗信息化等新兴产业也开始异军突起，新兴业态产品呈现多元化趋势，健康需求也不再局限于体检和治病，种类正在不断增加。随着医改的深化，集医疗、保健、养老等在内的多元化综合医药"大健康产业"正在形成。

第三，健康产业从概念走向实践，其巨大的发展空间引领我国越来越多的企业跨界布局投入到健康产业中，推行"大健康产业战略"。目前国内约有数百家药企进入大健康产业，其中 30 多家为上市公司，广州医药集团有限公司、华润江中制药集团有限责任公司等企业都实施了大健康发展战略，进入了大健康产业领域。除制药企业外，阿里巴巴集团控股有限公司、深圳市腾讯计算机系统有限公司、美国谷歌公司、美国苹果电脑公司、韩国三星集团等 IT 巨头也在向健康医疗产业渗透。医疗健康产业已步入最好的投资周期，大健康产业"盛宴"已经开启。

第四，社会资本在健康医疗产业发展中比例逐年提高。社会资本办医发展空间巨大，只依靠公立医疗机构和现有的社区健康服务中心已远远不能满足现阶段人民群众正在迫切期待的高品质、多样化的健康服务供给。

第五，保健用品和保健服务业迅速崛起，市场正趋于成熟。近 20 年来，我国城乡居民保健品消费支出正以 15%～30% 的速度在增长，远远高出发达国家 13% 的增长率，形成了巨大的消费潜力，对我国健康产品市场的发展起到了重要的支撑和推动作用。

3. 产业创新动力

当前，支撑我国大健康产业快速发展的驱动因素除老龄化加速、健康消费需求增加和国家政策持续利好这两大因素外，科技创新也是促进大健康产业升级的重要因素。

（1）生物科学技术的重大突破为大健康产业提供发展动力

近年来，以重组 DNA 为核心的现代生物技术工程在技术方面不断取得重大突破，促使生命科学的发展进入新的领域。这些突破性的新型实验方法和手段极大地促进了传统生物学科如植物学、动物学、遗传学、生理学、生物医学等方面的发展，例如干细胞技术等生物技术目前已被广泛地应用于医药研发、临床治疗等领域，为大健康产业发展带来了一场新的技术革命。生命科学研究、生物技术的发展与不断取得的重大突破，全基因组检测与基因治疗、细胞治疗等技术的不断突破有望率先实现产业化，将为新阶段人类生命健康需求提供新手段和新途径。

（2）新一代信息技术与健康产业的结合是备受瞩目的新趋势

移动互联网、物联网、云计算、大数据等新一代信息技术的不断进步，为健康产业发展提供了新的动力，成为未来产业发展的新方向。物联网技术的发展将加快智能硬件和可穿戴设备研发，有助于居民更便捷、更准确地采集健康医疗等生命体征数据；云存储和云计算技术使健康信息得以进行低成本存储、处理、分析和共享；大数据分析技术有助于为慢性病患者提供精确的、科学的、有针对性的健康管理指导；移动互联网技术将使居民就医更方便、更快捷。当前，信息技术与大健康产业的融合与创新，成为未来健康产业发展的一个新方向，也为未来健康产业升级发展提供了新的动力。

4. 产业创新技术需求分析

随着生物技术与信息技术相互渗透融合、体制机制不断创新突破，基因检测、远程医疗、个体化治疗等生命健康服务新业态和新模式层出不穷，生命健康产业迎来了蓬勃发展的战略机遇期，同时也对产业技术创新提出了更高的要求，主要表现在以下几个方面。

（1）重大创新药物

为加速推进我国由医药大国向医药强国转变，基本建成具有世界先进水平的国家药物创新体系，在未来，我国将围绕恶性肿瘤、心脑血管疾病等 10 类（种）重大疾病，加强重大疫苗、抗体研制，重点支持创新性强、疗效好、满足重要需求、具有重大产业化前景的药物开发，以及重大共性关键技术和基础研究能力建设，促进新药研发的综合能力和整体水平进入国际先进行列。具体技术需求表现在：①新药靶标发现。重点开展大规模结构基因组研究、基于片段的药物设计，以及基于靶标结构的药物结构修饰与优化研究，多维度研究药物作用机制、潜在的脱靶效应，发现和选择合适的药物靶点，为原创性药物研发提供治疗靶标；②疫苗和抗体。支持病毒性疫苗、联合疫苗、基因重组蛋白质疫苗、多糖蛋白结合等细菌性疫苗及治疗性疫苗研究，支持抗体偶联药物、双特异性抗体、新靶点抗体及单克隆抗体药物研究；③小分子靶向药物。结合新型生物标志物和药物干预靶标，开展新化学实体（NCE）药物的新颖性、优效性和药代研究，改善药物递送系统的可及性以及药物的安全性，研发新型小分子靶向药物；④中药新药。突出重大疾病和中医优势病种，重点加强源于经典名方、院内制剂、名老中医经验方等中药复方新药以及中药组分或单体新药的研发，创制临床疗效突出、安全性高、质量可控、易于服用的中药新药。

（2）高端医疗器械

为了解决我国高端医疗器械严重依赖进口、核心部件国产化程度低的问题，需要加强数字诊疗装备、体外诊断产品、高值耗材等重大产品攻关，协同推进检测与计量技术提升、标准体系建设、示范应用推广等工作，打破进口垄断，降低医疗费用，提高产业竞争力，促进我国高端医疗器械行业的跨越发展，推动产业整体向创新驱动发展转型，其技术需求主要表现在以下几个方面：①数字诊疗装备。以早期、精准、微创诊疗为方向，突破新型成像、先进治疗和一体化诊疗等颠覆性技术，重点推进多模态分子成像、新型磁共振成像系统、新型 X 射线计算机断层成像、新一代超声成像、低剂量 X 射线成像、复合窥镜成像、新型显微成像、大型放射治疗装备、手术机器人、医用有源植入式装置等产品研发；②体外诊断产品。突破微流控芯片、单分子检测、自动化核酸检测等关键技术，开发全自动核酸检测系统、高通量液相悬浮芯片、医用生物质谱仪、快速病理诊断系统等重大产品，研发一批重大疾病早期诊断和精确治疗诊断试剂，以及适合基层医疗机构的高精度诊断产品；③组织器官修复和替代材料及植介入器械。以组织替代、功能修复、智能调控为方向，突破 3D 打印、人工智能等新技术应用，研发组织工程化产品、植介入医疗器械及配套手术器械、口腔植入及颌面修复材料、血液净化材料及设备等新一代生物医用材料器械，提升产品品质，实现进口替代；④便携式、小型化的移动医疗装备。重点突破远程、移动、智能一体化融合关键技术，开发适用于移动医疗的体征监测、疾病诊断、支持治疗相关设备与诊断软件，研发多种移动环境下的专用医疗设备、应急救治设备，并制定与之配套的标准规范与质量评价体系。

（3）新型诊疗服务

抢抓生物技术和信息技术融合发展的战略机遇，以恶性肿瘤、心脑血管、代谢性疾病、罕见病等为重点，攻克新一代基因测序技术、肿瘤免疫治疗、干细胞与再生医学、生物医学大数据分析等关键技术，建立重大疾病的早期筛查、分子分型、个体化治疗等精准化的应用解决方案和决策支持系统，推动医学诊疗模式变革。其技术需求表现在：①基因测序。研发用于临床 DNA 序列分析的小型临床测序仪，开发纳米孔测序等新一代测序相关技术，研究与测序仪或测序技术配套的新型相关试剂及校准和质量控制技术；②肿瘤免疫治疗。重点研究嵌合型抗原受体修饰的 T 细胞（CAR-T）和 T 细胞受体修饰的 T 细胞（TCR-T）等基因工程 T 细胞技术，选择特异性好的靶点和适中亲和力的识别受体等，提高其应用的安全性，研究通用型生产技术，研究新型的基因修饰肿瘤细胞疫苗技术，增加免疫细胞的应答，减少免疫逃逸，最终实现对肿瘤细胞的特异性免疫应答；③干细胞与再生医学。深入开展干细胞、生物材料、组织工程、生物人工器官，以及干细胞与疾病发生等方面的应用研究和转化开发，获得能够调控干细胞增殖、分化和功能的关键技术，利用干细胞体内外分化特性，结合智能生物材料、组织工程、胚胎工程，实现神经、肝脏、肾脏、生殖系统等组织器官再造，加快临床应用；④生物医学大数据分析。整合以生命组学数据、临床信息和健康数据为核心的多层次数据，开发用于不同层次数据的快速分析体系，研发海量个人多组学信息管理、注释、可视化与应用系统，构建支持精准医疗的大型知识库系统，开发系列工具，为精准医疗和智慧医疗提供支撑；⑤个体化治疗。研究基于基因型或分子特征谱的复杂疾病亚型的药效评估方法，开发基于分子影像的疾病疗效评估及预后监测产品，建立规模化的药物疗效与安全性个性化评价、个性化治疗、个性化筛选、耐药鉴定和检测的技术体系，研发个体化治疗方法与制剂，研发药物临床个性化应用方案和伴随诊断方法及试剂盒，在阐明现有药物的药效、毒性、耐药等个性化特征的基础上，对"型"下药，实现个体化精准治疗。

（4）智慧医疗服务

围绕健康风险监测、疾病预测预警、疾病诊疗与康复等环节，重点加强医疗卫生健康大数据应用的人工智能前沿技术研究，推动智能辅助诊断、智能临床决策等新模式发展，提高我国医疗大数据资源开发应用水平，缓解医疗资源供给难题，改善供给质量。其技术需求表现在：①智能诊断技术。加快推进医学影像大数据分析、图像处理、人工视觉、模式识别等关键技术突破，发展病灶识别、病理分型、心电图信号判读等自动诊断技术，提高诊断效率和质量。研究医学知识库构建、医学自然语言处理与分析、医学文档语义分析与理解、人工经验学习等关键技术，发展智能全科"机器人"辅助诊断系统；②智能治疗技术。加快增强现实、虚拟现实、计算机图形图像可视化、人工神经网络的深度学习、自然进化和人工免疫等算法、认知计算等关键技术的应用突破，推动治疗规划、外科手术、微创介入、活检穿刺、放疗等技术的智能化发展，提高治疗水平；③智能临床决策支持系统。积极发展医疗健康数据获取技术和建立医疗健康大数据平台，突破基于大数据的医疗效果比较分析技术，研制基于患者相似性比较的个性化诊疗决策支持系统。针对手术、急救、监护等复杂易错的关键医疗过程，推动关键医疗过程的智能监控与优化反馈，加强安全用药智能支持技术研发，降低医疗差错，提高医疗效率和水平。

（5）重大传染病防控

突破突发急性传染病综合防控技术，提升应急处置技术能力。积极防范输入性突发急性传染病，加强鼠疫等传统烈性传染病防控。强化重大动物源性传染病的源头治理，在新冠疫情暴发的情况下，尤其需要提高相关的传染病防控技术，针对疫情研判、疾病诊治、隔离防护等一线技术需求，从病源分析、传播阻断、快速检测、临床诊治、药物筛选、装备研制等方面，开展应急技术攻关和集成应用项目，为做好疫情防控提供科技支撑。同时，建立全球传染病疫情信息智能监测预警、口岸精准检疫的口岸传染病预防控制体系和种类齐全的现代口岸核生化有害因子防控体系，建立基于源头防控、境内外联防联控的口岸突发公共卫生事件应对机制，健全口岸病媒生物及各类重大传染病监测控制机制，主动预防、控制和应对境外突发公共卫生事件，也是未来健康产业的一大技术需求。

此外，攻克艾滋病、乙型肝炎、肺结核诊防治关键技术和产品，加强疫苗研制，研发一批先进检测诊断产品，提高艾滋病、乙型肝炎、肺结核临床治疗方案的有效性，形成中医药特色的治疗方案。形成适合国情的降低"三病两率"综合防治新模式，为把艾滋病控制在低流行水平、乙型肝炎由高流行区向中低流行区转变、肺结核新发感染率和病死率降至中等发达国家水平提供支撑，也是我国医疗健康产业需要重点关注的领域。

二、经济社会发展需求分析

2020 年是全面建成小康社会的大成之年，与此同时随着人口老龄化的到来、国民可支配收入水平的提高和健康消费升级，以及工业形式的发展，人们对生命健康技术需求不仅总量急剧增长，而且结构也在逐渐裂变，越来越呈现出多元化、层次化、动态化的特征，这种趋势性变化来得快且急，并且不可逆转。

1. 人口老龄化进程

中国已经成为世界上老年人口最多的国家，截至 2021 年末，全国 60 周岁及以上老年人口达 2.67 亿。据世界卫生组织预测，到 2050 年，中国将有 35% 的人口超过 60 岁，成为世界上老龄化严重的国家。老龄人口是各种疾病的高发群体。根据卫生调查统计，65 岁以上群体的慢性病患病率高达 89.4%，为 45～54 岁人群的 3 倍。人口老龄化将是未来几十年中国医疗健康需求持续攀升、集中暴发的直接原因。伴随着人口老龄化，中国的疾病谱发生了显著的变化，疾病结构已经高度类似发达国家。但是，由于中国幅员辽阔，城乡、地域发展差距明显，传染病、新生儿疾病、营养疾病等发展中国家常见的高发病种，在中国仍有着庞大的负担总量。疾病谱的变迁、疾病分布差异、疾病结构复杂，使中国面临的问题更为棘手。而且，中国过去 30 年的人口政策，造成了社会普遍的"1 对夫妻，4 个老人，1 个孩子"的家庭格局，这对中国传统的养老模式提出了挑战。不难预想，针对老龄化人群的生命健康技术需求将迎来前所未有的增长，这些技术需求包括疾病预防诊断技术、治疗、可再生医学器官 3D 打印技术、大数据健康管理和信息维护、养生和保健、临终关怀等技术手段。

2. 城乡居民收入增长

根据《经济蓝皮书夏季号：中国经济增长报告（2018—2019）》报告，2019 年全国居民人均可支配收入 30733 元，比上年名义增长 8.9%，扣除价格因素，实际增长 5.8%。其中，城镇居民人均可支配收入 42359 元，增长（以下如无特别说明，均为同比名义增长）7.9%，扣除价格因素，实际增长 5.0%；农村居民人均可支配收入 16021 元，增长 9.6%，扣除价格因素，实际增长 6.2%。2019 年，全国居民人均可支配收入中位数 26523 元，增长 9.0%，中位数是平均数的 86.3%。其中，城镇居民人均可支配收入中位数 39244 元，增长 7.8%，是平均数的 92.6%；农村居民人均可支配收入中位数 14389 元，增长 10.1%，是平均数的 89.8%。随着可支配收入水平的提升，人们在健康消费方面的支出不断增加，健康消费的内容也越来越丰富。目前我国仍处于以疾病治疗为主的阶段，而美国的大健康产业，不但重视疾病的治疗，而且重视疾病的预防、健康促进、慢性病管理等健康风险管理工作，范围涵盖家庭及社区保健服务、医院医疗服务、医疗商品、健康风险管理服务、长期护理服务等多个领域。对比之下，可以预见未来我国的健康消费将越来越主动化、前瞻化。人们的消费行为已经逐渐由被动的疾病治疗，转变为主动的亚健康与慢病管理以及健康生活方式改变。健康消费越来越理性化、专业化。越来越多的消费者倾向于选择专业的机构，在专业人员指导下消费健康产品。健康消费越来越个性化。健康观念的变化，深度挖掘和引导了消费的需求，这将使免疫治疗、基因测序、分子诊断、可穿戴医疗器械等技术手段成为未来 10 ～ 15 年中国生命健康领域需求发展的一股重要力量。

3. 工业经济发展形势

从工业经济发展形势来看，2019 年，我国把推动制造业高质量发展放到更加突出位置，各地密集出台一系列旨在改善制造业发展环境、抢占新兴产业高地、提升产业发展质量、增强企业盈利能力的政策措施，保障我国工业经济在复杂严峻的国内外形势下实现平稳增长。2020 年，我国工业经济仍运行在合理区间。从供给侧看，各地深入推进制造业高质量发展，不断优化营商环境，第五代移动通信技术、人工智能、区块链等新技术带动新兴产业快速发展，并让传统产业焕发新活力。党的十九届四中全会明确提出要"健全劳动、资本、土地、知识、技术、管理、数据等生产要素由市场评价贡献、按贡献决定报酬的机制"，数据等新型生产要素的充分利用必将为工业发展带来新机遇。从需求侧看，工业投资增速有望触底回升，工业品出口将实现小幅增长，工业品消费将趋稳向好，市场需求总体将有所改善。其中，我国生命健康产业发展势头强劲，其产业链已经逐渐形成并完善，且不断涌现出新兴业态，比如新药研发、营养保健产品研发、高端医疗器械研发等。无论在医疗的基础研究方面，还是基础设施建设方面，我国都积累了良好的发展基础。这就导致我们对慢性疾病的预防、传染病和重大疾病的诊断和治疗、肿瘤的防治、创新药物开发等方面技术有了更高的需求。

三、公众利益与需求分析

1. 降低健康风险

我国所面临的风险包括农业社会风险、工业社会风险、后工业社会风险，是三种风险的叠加，与用了几百年实现现代化的西方国家相比，我国的现代化进程突出表现为"压缩的现代化"，用快进般的步伐走完了西方国家几百年的进程。这种"压缩的现代化"不可避免地加强了风险的产生，可又没有给风险的制度化预期和治理留下足够的成长时间。就健康风险而言，老龄化与现代化的叠加使中国目前处于以"传染性疾病"为主的健康风险向以"慢性非传染性疾病"为主的健康风险转化的过程中，这两种风险相互交织，同时共存。肝炎、结核、艾滋病等主要传染病的最大患者群体仍在我国，而肿瘤、心脑血管疾病、糖尿病等慢性病发病率上升迅速也已成为我国居民死亡的主要原因。预防慢性病的关键是早发现、早干预、早治疗。健康体检是发现慢性病的最有效手段，值得称道的快速体外检测技术顺应现代社会快节奏的工作方式，并满足个性化的服务要求得以快速得到检验结果，有效地防控慢性病，为潜在患病者争取了大量的窗口期以提早抗衡疾病。

我国的城镇化进程正在加快，随着城市规模越来越大、人口密度越来越高，庞大的城市系统面对健康风险时显得越来越脆弱。而随着人口不断流出，农村在各种资源的分配上越来越处于弱势地位，应对健康风险的能力持续降低。加之现在人口的流动非常频繁，在人们的意识源头上对于传染病防护的欠缺，加大了健康风险发生的危害性，使我国的健康风险治理面临更加严峻的挑战。首先，近年来接连发生的"SARS""禽流感""新型冠状病毒感染"等疫情，不断加强人们的疾病风险感知。其次，教育水平的提高使得人们对信息的获取意愿和搜集能力更强，同时使越来越多的个体能够有意愿和能力表达自己的感知。最后，现代信息通信技术的发展，使得人们几乎可以随时随地接收信息，尤其是自媒体的发展，突破了单一信源、单一渠道、单向传播的传播模式，使个人的观点和文章可以借助网络迅速传播，能够引起人们共鸣和共情。健康风险感知强化有可能放大实际健康风险，引发不必要的心理恐慌，从而导致不当的风险感知。

通信技术的迭代进步使5G技术得以在医疗健康领域大放异彩，未来5G技术与医疗领域的创新将会催生出诸多医疗场景，在监护与护理、医疗诊断与指导、远程机器人等领域，5G技术将催生出无线监护和输液、远程查房、远程实时会诊、远程机器人检查和手术等新的应用场景，极大改变未来就医形式。

在传统中国社会，个人生活在社群组织中，这种基于血缘、地缘形成的社群组织往往是一种共同体，具有庇护个体、共同抵抗健康风险的作用。随着熟人社会向陌生人社会的转化，传统共同体机制的庇护难以为继，个人或家庭直接暴露在健康风险面前。在这种情况下，疾病损失不能用发生概率来测量，因为损失一旦作用于单一个体，对其而言就是要承担百分之百的损失。个人的焦虑感也无法通过统计学进行分解，每个人都担心自己会是承担全部后果的那个不幸者，这种焦虑感对每个人来说都是完整充分的。而且，由个体承担社会风险还会导致不同个体之间相互分化、隔离与不信任，从而进一步加剧社会焦虑。映射到每一个单独的个体，基因检测技术的推广与普及可以有效规避健康风险的到来，提前预警基因里潜藏的病症，缓解人们对于未知的恐惧。众所周知，肿瘤和癌症是当今世界医学界的难题，而基因测序技术的快速发展对肿瘤的早期筛查、诊断、个体化治疗起着至关重要的作用。研究表明，基因测序技术能够更快速、高效、敏感地检测循环游离肿瘤 DNA。此外，如今的高通量测序技术可以精确检测出 BRCA2、TP53、KRAS 等基因的突变，从而为患者制订个体化的治疗措施，也可以通过对肿瘤高发家族的人群进行全基因组检测，确定异常基因，从而进行早期干预治疗。

2. 实现健康公平

我国健康事业的发展并不均衡，各种健康不平等问题依旧比较突出，这些问题的有效解决已经成为真正实现"共建共享，全民健康"的"健康中国"战略这一核心目标的先决条件。

首先，我国不同地区之间的人口健康发展状况存在比较大的差距。我国幅员辽阔，不同地区在自然资源、气候环境、文化习俗、经济发展水平等方面长期存在较大差距。改革开放以来，虽然各地都经历了高速的经济增长，但是地区差距并未得到有效缓解。在这一背景下，人口健康的分布也呈现出明显的地区差异。例如，江苏、浙江等省份的人口预期寿命已经与美国、英国大致相当，而西藏自治区、云南省、贵州省等地的人口预期寿命则仍然处在摩尔多瓦、柬埔寨等贫穷国家的水平。这一现状影响了我国国民健康总体水平的提升。健康状况是与社会经济发展程度密切相关的。我国人口健康状况与经济发展水平差异的地区分布高度吻合，健康指标较差的省份同时也是经济发展较为落后的省份。改革开放以来，这种省际平均预期寿命和人均 GDP 的相关度，甚至出现了随时间推移不断上升的趋势。因此，不同地区之间在社会经济方面的不均衡发展，是导致各地人口健康差距的重要成因。

其次，与城乡二元分割的社会格局相一致，我国城乡居民的健康状况存在明显的差异。城镇居民平均寿命更长、死亡率更低。这与当前我国医疗资源配置的城乡不均衡性有很大关系。事实上，在疾病谱转变完成之后，心脑血管疾病、恶性肿瘤等慢性疾病已经成为城乡居民的主要死因，大量研究表明，这些疾病在城镇居民中更为高发。不过，由于医疗资源、健康素养、疾病管理等方面的差距，相应疾病的农村患者死亡风险远高于城镇患者。"互联网＋医疗"的应运而生，形成了一个医院与患者、城市与农村的共赢格局。从更大的层面来看，上一级专家云端部署，给出适合当地医疗条件的诊疗方案，由基层医生落实诊疗方案，让更多患者选择在当地就医检查治疗，这实际上推动了分级诊疗改革的落地。在城市积极建立医疗联合体，进一步促进各层级医疗机构协调联动，在农村全面推行县镇医疗服务一体化管理，落实县镇人员、业务、财务三统一政策，促进县级医院和乡镇卫生院深度融合，有利于将优质医疗资源带到群众家门口。

最后，我国还存在高达两亿多的乡城流动人口，受健康选择效应的影响，这些人通常在年富力强、身体健壮时，在城里从事繁重、危险的体力劳动，而在健康受损后返回农村生活。这在客观上造成了疾病和社会抚养负担从城市向农村转移，再加上农村医疗资源薄弱的现状，势必对缩小城乡差距、真正实现全民健康的目标产生不利影响。而加速实现健康平等，打破城乡与农村健康差异，5G技术的广泛应用会助力这一改变，医疗新生态领域也势必迎来健康公平的新秩序。也就是说，通过5G技术支持，人们可以更快速获得信息资源，更多的人可以在医疗大数据库里建立自己的医疗信息，通过数据推送可以不出家门就了解到医疗知识，而不是单纯从医生处获得普及，这就是互联提升时代带来"信息对等"，人人都享有更多的信息采集权。未来医疗不再是"千人一方"。在5G技术时代，每个人都可以参与到医疗中，甚至可以建立自己的医疗数据库，医生在诊断治病时，开具的药方会越来越倾向"个人定制"，这将给未来医疗领域带来全新生态，同时也将促使医疗机构增强服务意识、提升服务能力，使更多百姓享受到公平优质的医疗。为了缩小健康不平等问题，我们还需落实医疗资源配置领域的国民待遇，确保每个公民都有同等机会享有和使用公共卫生资源。这要求建立一个覆盖全民的统一医疗保障体系，实现远程分级诊疗，保证每个公民不会因为城乡户籍、工作性质等差异而影响其医疗资源的获取机会以及保障水平。这将有助于有效解决城乡医疗资源配置和利用方面的不平等，维护社会和谐与公平，并确保流动人口在离开户籍地后，也可以得到同等的医疗保障机会。

四、国家安全需求

1. 生物安全在国家安全体系的重要性

当今世界各国已经有共识，国家总体安全需要应对传统安全威胁和非传统安全威胁。传统安全威胁指在历史上由来已久的关于领土、民族、宗教冲突带来的军事、政治和外交冲突对国家安全的危害。非传统安全威胁是指除传统安全以外的其他对国家主权及人民生存与发展构成威胁的因素，主要包括经济安全、金融安全、生态环境安全、信息安全、资源安全、恐怖主义等。非传统安全威胁更加令世界头痛。伴随着当代交通技术、通信技术的普及和进步，伴随着经济全球化的推进，非传统安全威胁日益凸显其破坏性。

20 世纪伴随着生物技术的出现和发展，"生物安全"也逐渐被提出，成为影响国家安全的因素。并且，随着气候的变化、自然环境的恶化，全球生物安全的问题越加突出，重大新发、突发传染病、动植物疫情不断发生，人类社会之间的斗争运用生物恐怖袭击的风险加大，生物安全的形势日益严峻。目前，生物安全问题已经成为整个人类共同面临的重大生存和发展威胁之一。据报道，20 世纪 80 年代以来，世界范围内发现和确认的新发与再发传染病近 40 种，同时还有生物恐怖、转基因安全、外来生物入侵等问题，均对人类安全造成了极大的威胁。

进入 21 世纪，以解析生命本质、技术交叉融合为特征的新一轮生物科技变革，正广泛渗透到人类健康、经济、军事、安全等领域，引发国际社会的密切关注。生物安全是全球复杂政治经济生态体系中的关键一环，国际社会和中国面临着更趋严峻的生物安全形势。个别国家片面追求自身绝对安全，从而难以消除体系性对抗和生物恐怖主义的根源。重大传染病疫情频发带来巨大健康影响，根源于全球社会经济的巨大复杂系统。在席卷全球的新冠疫情危机亟须应对之时，发达国家、发展中国家都暴露出公共卫生安全应急体制机制的短板。生命科技的复杂变化和广域应用可能，使得既有的科技研发组织、科技应用监管模式、国防和国家安全体系、国际关系都面临严峻挑战。可以预计，只要以上情况没有显著改变，生物安全形势就不会得到根本扭转，在个别情况下还可能更加复杂化。因此，生物安全是有关国家主体、非国家行为体内部协调治理、外部博弈冲突的一个重要领域，在很大程度上体现了后冷战时代重要性凸显的非传统安全的非传统特点。

新冠疫情发生以来，习近平总书记不止一次谈到生物安全的问题。习近平总书记强调，要"把生物安全纳入国家安全体系，系统规划国家生物安全风险防控和治理体系建设，全面提高国家生物安全治理能力"。在全国抗疫的背景下，将生物安全提档升级，不仅是对国家安全体系构成要素的丰富，还是对总体国家安全观的完善和拓展，更是国家的战略选择。

2. 引发生物安全威胁的前沿生物技术类型

近年来，生命科学、生物科技等领域发展迅猛，新发传染病疫苗研发、网络生物安全防范等生物安全领域，都离不开强大的科技实力支撑。因此，筑牢国家生物安全防线，科技创新的手段必不可少。

从近五年世界大国在生物科技领域的重要战略和政策布局来看，基因编辑、基因驱动、合成生物学等前沿生物技术，都给人类社会的稳定与发展带来了全新风险，值得我们高度关注。

（1）基因编辑

得益于 CRISPR-Cas9 基因敲除技术等一系列新型基因编辑技术的出现，基因编辑技术近年来在全球范围内发展迅猛，已成功实现对特定基因片段的精确剪切。这一技术在疾病治疗、遗传育种、生物工程等方面具有广阔的应用前景。

目前，基因编辑技术的应用主要包括四个方面：一是基因功能研究，即通过基因敲除或者敲入，实现物种的单个或多个靶基因的敲除；二是基因治疗，即通过基因编辑在基因水平上实现错误基因序列的矫正，彻底治愈遗传疾病；三是基因调控，在不改变基因序列的情况下可逆抑制目的基因的表达；四是生物防御，即针对入侵物种及其传播媒介物种进行基因编辑，抵抗大规模突发的物种入侵威胁。基因编辑面临非常显著的技术风险与安全威胁：一是目前尚无法完全保证基因编辑技术的安全性和有效性，可能发生脱靶效应；二是关键技术信息公开化降低了技术门槛和关键实验材料获取愈发便捷等原因，导致走私、携带病原微生物菌毒种和生物两用设备的隐蔽性更强；三是最新型基因编辑技术可在短时间内完成对病原体、动植物甚至人类生物性状重大改变，且不留任何操作痕迹，甄别生物体是否发生基因编辑的难度加大；四是利用基因编辑技术和基因片段组装技术，在病毒序列原有的基础上增强病毒侵染力，组建致死率高、传染能力强、侵染宿主范围更广的新型病毒。目前约有 30 个国家制定了直接或间接禁止所有临床使用细菌系编辑的立法。例如，澳大利亚、加拿大等国立法禁止人类胚胎/生殖细胞基因编辑、体细胞核移植技术，并通常伴随着巨额罚款或者刑事制裁。

（2）基因驱动技术

基因驱动技术是通过刺激特定基因的有偏向遗传，改变某些物种生殖能力，从而导致种群规模发生重大变化。基因驱动技术的潜在应用领域广泛，例如，通过改变昆虫以及鼠类等的基因，切断相关传染病的传播源；又如，在农业中防控农作物害虫，弱化其对杀虫剂等农药的抵抗力。但基因驱动技术的风险同样不可小觑。在理论上，基因驱动技术可被用以降低人类生殖能力、改变人类特定种群数量。同时，基因驱动技术还可能被用来制造昆虫武器，进行登革热、寨卡等疾病的跨国传播。近年来，美国、欧洲国家等发达国家的生物科学家多次呼吁采取适当的生物安全防范措施，最大限度地降低基因驱动技术对环境、动植物和人类健康的不确定风险。

（3）合成生物技术

合成生物技术主要是基于合成生物学系统地采用工程手段、有目的地涉及人工生命体系，即"自下而上"地构建"最小基因组"或"自上而下"地合成"人工基因组"。以基因合成为代表的合成生物技术在医学领域的应用前景广泛，通过改造人体自身细胞或改造细菌、病毒等合成出人工生命体，形成对疾病特异信号或人工信号、特异性靶向异常细胞以及病灶区域等的感知能力，从而实现对人体生理状态的监测以及对典型疾病的诊断与治疗。人工生命体因其智能性、复杂性和安全可控性等优点，将提升人们对肿瘤、代谢疾病、耐药菌感染等顽疾的诊断、治疗和预防水平。然而，由于合成生物技术可在原有病毒或细菌基因组上任意增加生物毒性元件，形成了生物安全的新威胁，如通过合成生物技术对脊髓灰质炎病毒、天花病毒基因序列等进行人工设计，可合成出高致病性细菌和病毒。目前，通过基因合成技术已实现对"已灭绝"致病性病毒的"复活"。2018年，加拿大阿尔伯塔大学病毒学家戴维·埃文斯（David Evans）通过邮件订购的方式获得遗传基因片段，成功合成了类似天花病毒的马痘病毒。此外，人工改造生命体通常具有普通生物体所不具有的生存优势，一旦发生逃逸，有可能因无限增殖而破坏原有的自然生态平衡，导致生物多样性方面无法挽回的损失。

除上述三类重点技术外，包括纳米生物学、神经科学等前沿生物技术都需要予以重点关注。生物科技与互联网、高性能计算、人工智能和自动化等多学科技术交叉融合正在引领新一轮科技革命，前沿生物技术正在衍生出更多类型，可能引发的安全风险也日益加剧。如果任其无约束地发展，在可能造福人类的同时，也有可能摧毁人类的生存条件与社会秩序。

第三节　技术前沿分析

本节利用海量多源数据平台，综合采用文献计量学和计算机文本挖掘等定量分析技术，结合专家研判，从新兴热点、社会关注、技术转化价值和学科交叉四个维度，遴选形成九个学科方向上的若干技术前沿备选主题，分析生命健康领域主要国家和研究机构的竞争态势和前沿分布情况。

一、生命健康领域主题遴选

1. 生命健康领域的范围界定

从学科角度来说，生命科学和健康科学是相近的，它们都专注于研究地球上不同的生物体。生命科学试图了解地球上所有生物体（包括植物、动物和人类）是如何生存的，它们各自的生命过程、行为和结构，以及不同生物体彼此之间及其与环境之间的关系。健康科学实际上是生命科学的一个分支，它侧重于研究和理解人类和其他动物的功能。健康科学虽然也会关注特定动物或植物生命体的功能，但目的是获取足够的信息和知识来帮助人类治疗和预防各种疾病。

因此，本节将研究专注于面向保护人类身心健康和开发疾病治疗方法与疫苗的科学研究、应用技术和行业市场上，其与生命科学和健康科学的隶属关系，如图 2.1 所示。

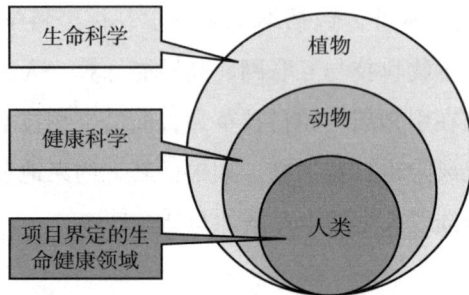

图 2.1　生命健康领域范围界定示意图

几个世纪以来，生命健康研究领域已经扩展到更具体和更专业的分支，领域包括护理学、医学、心理学、物理治疗以及最近的替代医学等。生命健康产业也被认为是当今世界上利润非常丰厚的行业之一。

2. 生命健康领域的主题显著性指标

生命健康领域主题来自爱思唯尔公司的 SciVal 数据分析平台的主题显著性功能模块。该模块基于 Scopus 数据库的约 7000 万条文献和 10 亿个引用链接，通过聚类算法和关键词自动抽取技术，将具有相同研究兴趣和知识基础组成的论文集合，形成全学科领域上的近 9.6 万个研究主题，每个主题给出显著性百分位数（Topic Prominence Percentile）。这个显著性指标越高，表示越多的研究者正在关注这个主题，说明这个主题的增长势头越猛。

主题显著性百分位数是一个测度主题的可见度和 / 或发展势头的指标。它进行统计分析，综合考虑了最近引用数量、最近浏览数量和期刊影响力 3 个参数，对每个主题 j 在第 n 年的显著性 P_j 进行估计，计算公式如下：

$$P_j = 0.945 \left[C_j - mean\left(C_j \right) \right] / stdev\left(C_j \right) + 0.391 \left[V_j - mean\left(V_j \right) \right] / stdev\left(V_j \right) + 0.1149 \left[CS_j - mean\left(CS_j \right) \right] / stdev\left(CS_j \right)$$

这里，C_j 是主题 j 中在第 n 年和 $n-1$ 年发表论文的引用量；V_j 是主题 j 中在第 n 年和 $n-1$ 年发表论文的 Scopus 浏览量；CS_j 是主题 j 中在第 n 年发表论文的平均 CiteScore（引用分），其中原始数据经过了对数转换，即：

$$C_j = \ln\left(C_j + 1 \right), \quad V_j = \ln\left(V_j + 1 \right), \quad CS_j = \ln\left(CS_j + 1 \right)$$

显著性 P_j 计算实质上是用标准化分数消除 3 个指标之间的量纲差异，再对每个主题近 2 年论文的引用数量、浏览数量、期刊评价指数与平均值的离散程度加权求和。在实际应用中，将所有主题的显著性 P_j 的原始数值进行排序，计算每个主题的百分位数得到最终的主题显著性指标。

需要注意的是，由于生命健康领域的各分支领域在引用特性上存在差异性，某个主题可能在整个生命健康领域中显著性较低，但在其所隶属的子领域仍是很重要的，因此在利用主题显著性指标遴选研究前沿时应综合考虑分支领域的特征，选择合适的层次和细分领域进行比较。

3. 生命健康领域的学科映射和主题遴选

SciVal 数据库的每个主题均分配到一个或多个 Scopus 数据库的学科分类目录（ASJC）。ASJC 共包括 27 个学科领域和 334 个细分学科。本报告将生命健康领域与 ASJC 的 146 个细分学科建立映射关系，筛选出生命健康领域下显著性指数位于前 1% 的 310 个主题进入技术前沿备选主题池。表 2.1 列出生命健康领域的 ASJC 主题映射目录以及各分类目录下遴选出的备选主题数量。

表 2.1　生命健康领域 ASJC 的映射表和筛选的备选主题

序号	Scopus 学科分类	Scopus 学科分类（中文翻译）	涵盖子学科数量	筛选备选主题数量
1	Biochemistry, Genetics and Molecular Biology	生物化学，基因和分子生物学	16	230
2	Dentistry	牙科	7	0
3	Engineering–Biomedical Engineering	生物医学工程	1	42
4	Health Professions	卫生健康职业	17	7
5	Immunology and Microbiology	免疫与微生物学	7	53
6	Medicine	医学	50	286
7	Neuroscience	神经科学	10	29
8	Nursing	护理学	24	12
9	Pharmacology, Toxicology and Pharmaceutics	药理学、毒理学和药物学	6	46
10	Psychology	心理学	8	16
总计			146	721
去重后主题总计				310

一个主题可能隶属于多个学科，计算所有备选主题的学科共现关系可以展示生命健康下属子学科的交叉程度。如图 2.2 所示，医学和生物化学、基因和分子生物学子学科中的备选主题数量最多，处于生命健康领域的核心位置，并与其他子学科多有重叠。

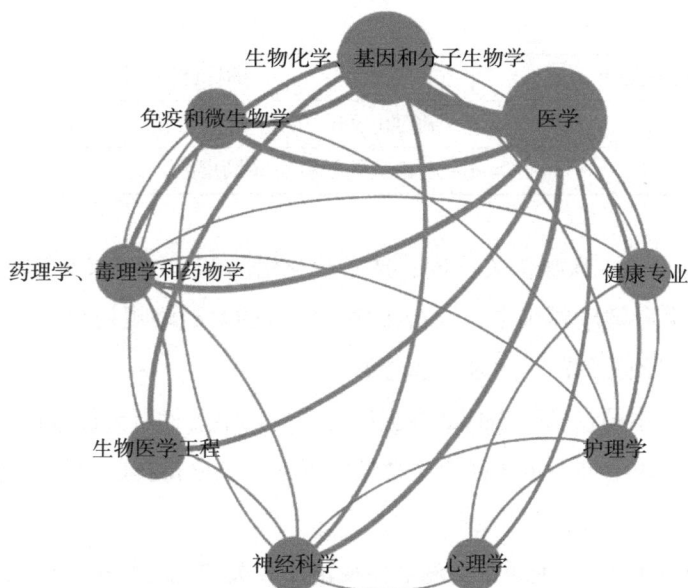

图 2.2 生命健康领域学科交叉示意图

二、技术前沿主题探测和分析

1. 技术前沿探测的特征指标体系

技术前沿是科技创新过程中最具潜力和前瞻性的研究方向。有效识别领域发展前沿，可以对未来的研究趋势做出有效预判，从而将人力、物力和财力精准投入最具战略研究价值的科技前沿。本报告技术前沿探测中使用显著性、新兴性、媒体关注度、技术转化潜力和学科交叉性等指标来满足不同应用需求的识别目的。表 2.2 分别针对特征指标提出了相应的计算方法。

表 2.2 研究前沿的特征指标体系

特征指标	指标计算方法
显著性	主题显著性百分位数
新兴性	主题论文数量的增长率
高媒体关注度	主题论文被新闻报道的数量

续表

特征指标	指标计算方法
高技术转化潜力	专利对论文的引用、产学合作率
学科交叉性	主题论文的学科交叉熵指数

按照新兴性、高媒体关注度、技术转化潜力和学科交叉性四个维度，对 310 个备选生命健康领域主题进行排序，结合国家战略规划和竞争态势分析，初步给出技术预见的前沿主题备选清单。

新兴热点主题：基于 SciVal 数据库对主题的显著性百分位数进行排序，排在前 1% 的主题中进一步选择论文数量年平均增长率排在前列的主题为新兴热点主题。

新兴热点前 10 个主题中与癌症免疫治疗相关的主题较多，见表 2.3，包括"免疫检查点抑制剂在肿瘤治疗中的应用""嵌合抗原受体 T 细胞（CAR-T 细胞）免疫疗法"和"T 淋巴细胞代谢重编程的方法和机制"，其中 CAR-T 细胞疗法是目前抗肿瘤免疫领域非常火热的研究主题之一，也是近十年来免疫医学的重大突破。各大制药公司与创新型公司纷纷抢占 CAR-T 细胞治疗市场。

表 2.3　新兴热点主题前 10

编号	技术主题
T947	纳米胶束性能及其药物控释研究
T403	免疫检查点抑制剂在肿瘤治疗中的应用
T1925	嵌合抗原受体 T 细胞（CAR-T 细胞）免疫疗法
T15752	T 淋巴细胞代谢重编程的方法和机制
T456	CRISPR-Cas9 基因工程的开发与应用
T15117	小胶质细胞与神经退行性疾病
T5235	环境中抗生素耐药基因研究
T8060	组织和器官的 3D 生物打印
T411	正念疗法对焦虑和抑郁的影响
T3007	寨卡病毒生物学研究

高关注度主题：基于社交媒体对主题的关注对主题进行排序，排在前列的主题为高关注度主题，见表 2.4。媒体关注度数据主要来自社交媒体平台Altmetrics.com，包括论文被科学类新闻媒体报道的数量等。

高关注度主题主要集中在传染病预防，如"寨卡病毒生物学研究"和"埃博拉病毒治病机理、临床表现与治疗"。结合 2020 年新冠肺炎的流行情况，今后对可能引起全球流行性暴发且尚无合理应急预案的传染性疾病的关注度和研究力度将有所增强；其次是健康管理方面，例如"电子烟的安全性评价与风险评价"和"膳食糖摄入量与肥胖、2 型糖尿病和心血管等疾病风险分析"主题，这些与人们对健康关注度明显上升有关。

表2.4　高关注度主题前 10

序号	技术主题
T3007	寨卡病毒生物学研究
T248	阿片类处方镇痛药与疼痛治疗
T455	人肠道微生物组学与肥胖
T3890	电子烟的安全性评价与风险评价
T456	CRISPR–Cas9 基因工程的开发与应用
T7277	尼安德特人基因组序列
T182	埃博拉病毒治病机理、临床表现与治疗
T2538	膳食糖摄入量与肥胖、2 型糖尿病和心血管等疾病风险分析
T952	运动性脑震荡研究
T403	免疫检查点抑制剂在肿瘤治疗中的应用

高技术转化潜力主题：基于 SciVal 数据库对主题中论文被专利引用的数量和产学合作率这两个指标来对主题的技术关联性进行测度，排在前列的主题为高专利转化潜力主题，见表 2.5。

这部分主题更多是关于基因技术的研究，如"CRISPR–Cas9 基因工程的开发与应用""CRISPR/Cas 系统及其在噬菌体中的作用"和"外显子组测序及基因组变异分析"，基因技术的快速发展和基因的潜在价值使得用专利制度保护基因技术已成为必然。

表 2.5　高技术转化潜力主题前 10

序号	技术主题
T456	CRISPR–Cas9 基因工程的开发与应用
T16225	CRISPR/Cas 系统及其在噬菌体中的作用
T1925	嵌合抗原受体 T 细胞（CAR–T 细胞）免疫疗法
T3663	抗体依赖性细胞介导抗体疗法
T9255	用于癌症治疗的抗体药物耦合物
T997	诱导多能干细胞重编程机制
T11537	BET 溴结构域抑制剂在肿瘤治疗中的应用
T2669	通用流感病毒抗体和疫苗研究
T8142	神经系统中的光遗传学
T1488	外显子组测序及基因组变异分析

学科交叉主题：基于 SciVal 数据库中对主题中的一组论文所属学科的分布进行测度，选择学科交叉度高的主题。

从学科交叉角度筛选的技术主题涉及较多的是医学影像和生物检测研究方向，如"光学相干断层血管造影""医学图像分析中的深度学习研究""3D 打印微流控芯片技术"，见表 2.6。随着医学成像技术和计算机技术的不断发展和进步，医学图像分析已成为临床医学中一个不可或缺的工具和技术手段，其中"医学图像分析中的深度学习研究"主题中将深度学习用于影像分析，能够从医学图像大数据中自动特区隐含的疾病诊断特征，已经成为医学图像分析的研究热点。

表 2.6　学科交叉主题前 10

序号	技术主题
T12877	光学相干断层血管造影
T39642	3D 打印微流控芯片技术

续表

序号	技术主题
T8060	组织和器官的 3D 生物打印
T8091	医学图像分析中的深度学习研究
T5235	环境中抗生素耐药基因研究
T7096	全基因组组装算法
T411	正念疗法对焦虑和抑郁的影响
T9264	抗菌聚合物作用机理、活性因子及应用
T18036	生态毒理学研究和风险评估
T7574	细胞外基质作为生物支架材料的结构与功能

2. 技术预见子领域划分

在生命健康技术预见子领域的选择上，综合考虑了我国国家战略规划、未来愿景和社会需求等方面，以及前期通过文献计量梳理的技术前沿情况，按照基础研究、技术研发和应用研究三个层次划分出 9 个子领域，即：脑科学、免疫治疗、干细胞与再生医学等基础研究；基因技术、生物材料和检测、医疗器械等技术研发；疾病预防、药物研发和健康管理等应用研究，如图 2.3 所示。

（1）脑科学

包括对各种脑功能神经基础的解析，脑结构、脑功能的机制阐明、对主要脑疾患的病因和发病机制的研究，在此基础上研发早期诊断指标和新的治疗对策，以及脑科学所启发的类脑研究可推动新一代人工智能技术等。脑科学的发展对于未来中长期社会经济的发展、抢占未来智能社会发展先机和国家科技战略支撑都具有战略性影响和全局性意义，必须高度关注。

（2）干细胞与再生医学

通过研究机体的正常组织特征与功能、创伤修复与再生机制及干细胞分化机理，寻找有效的生物治疗方法，促进机体自我修复与再生，或构建新的组

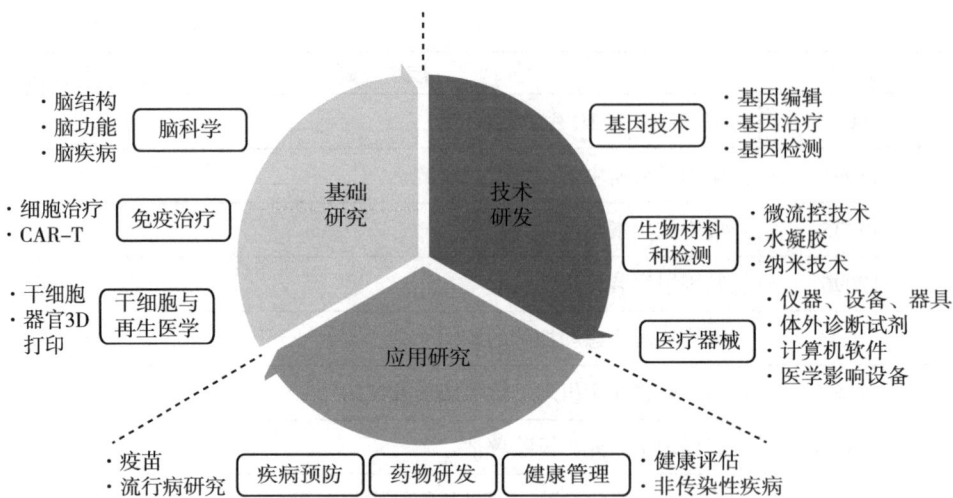

图 2.3　技术预见子领域划分

织与器官以维持、修复、再生或改善损伤组织和器官功能。我国是世界人口大国，由创伤、疾病、遗传和衰老造成的组织、器官缺损、衰竭或功能障碍也位居世界各国之首，基于干细胞的修复与再生能力的再生医学，有望解决人类面临的重大医学难题，引发继药物和手术之后的新一轮医学革命。

（3）免疫治疗

免疫治疗是指针对机体低下或亢进的免疫状态，人为地增强或抑制机体的免疫功能以达到治疗疾病目的的治疗方法，包括分子疫苗、抗体、细胞因子、细胞治疗、干细胞和免疫抑制剂等多种技术。肿瘤免疫治疗被认为是近几年来癌症治疗领域最成功的方法之一。

（4）基因技术

包括基因测序、检测、治疗和编辑等。基因组科学与生物信息学等相关领域已成为生命科学发展的主要生长点，这些领域的成果不仅具有广谱性和引领性，而且还可以直接用到临床实践，个体化基因组测序、编辑可以用于疾病的诊断和治疗，为更精准的分子医疗诊断提供手段和基本技术。

（5）生物材料和检测

生物医用材料是用于与生命系统接触和发生相互作用的，并能对其细胞、组织和器官进行诊断治疗、替换修复或诱导再生的一类天然或人工合成的特殊功能材料；纳米技术在医疗领域的应用包括成像、诊断和监护、药物传输系统、外科手术、组织的再生，以及在人造器官方面的应用等。生物检测主要包括非侵入式诊断仪器、体外诊断、微流控技术、液体活检、单细胞分析等方向。

（6）医疗器械

医疗器械包括直接或者间接用于人体的仪器、设备、器具、体外诊断试剂及校准物、材料以及其他类似或者相关的物品，也包括所需要的计算机软件、医学影像设备。

（7）疾病预防

包括新发传染病与复发传染病、病原微生物、耐药菌、疫苗、消毒、抗体药物等研究。

（8）药物研发

包括药物作用机理研究、化合物合成、活性研究等，还包括药物临床研究、人体药效学研究、剂量研究、人体药代动力学研究等。

（9）健康管理

健康管理包括健康的检测、分析、评估，人工智能应用于医疗，电子病历，医疗安全，健康差距，气候变化等方面，也包括心脑血管疾病、慢性呼吸系统疾病、糖尿病等慢性非传染性疾病干预、治疗和管理。

3. 代表技术主题解读

下面列出了生命健康 9 个技术预见子领域代表性的技术主题（表 2.7），并分别解读。

表 2.7　生命健康子领域代表性技术主题列表

序号	子领域	代表技术主题
1	脑科学	小胶质细胞与神经退行性疾病
2	干细胞与再生医学	组织和器官的 3D 生物打印

续表

序号	子领域	代表技术主题
3	免疫治疗	嵌合抗原受体 T 细胞（CAR–T 细胞）免疫疗法
4	基因技术	CRISPR–Cas9 基因工程的开发与应用
5	生物材料和检测	ctDNA 用于肿瘤液体活检
6	医学器械	医学图像分析中的深度学习研究
7	疾病预防	通用流感病毒抗体和疫苗研究
8	药物研发	用于癌症治疗的抗体药物偶联物
9	健康管理	膳食糖摄入量与肥胖、2 型糖尿病和心血管等疾病风险分析

（1）脑科学：小胶质细胞与神经退行性疾病

脑疾病研究是脑科学领域非常重要的一个方向，小胶质细胞是神经胶质细胞的一种，具有吞噬、清除、抗原递呈、促进损伤修复和分泌细胞外信号分子等多种功能。其中，吞噬功能在神经发育、脑组织维持、突触重塑、神经退行性疾病发生发展及淀粉样 β 蛋白的清除等方面都发挥着重要作用。美国马萨诸塞州综合医院的一个研究小组提出：靶向小胶质细胞中的免疫检查点可以减少重要神经退行性疾病的炎症方面，比如阿尔茨海默病、帕金森病和肌萎缩侧索硬化症。来自梅奥诊所的研究人员发现了衰老细胞的积累和认知相关的神经元损失之间的因果关系。在 tau 蛋白依赖性神经退行性疾病的 MAPTP301SPS19 小鼠模型中，研究人员发现了 p16INK4A 阳性的衰老星形胶质细胞和小胶质细胞的累积。

（2）干细胞与再生医学：组织和器官的 3D 生物打印

3D 生物打印以细胞和生物材料为基本单元，按仿生形态学、细胞特定微环境等要求用"三维打印"技术手段制造出个性化体外三维生物功能结构体。建立具有自主知识产权的 3D 生物打印及个性化医疗器械核心技术、推动我国现代医疗产业的发展已成为当务之急。据 SmarTech 报告称，预计到 2028 年，生物 3D 打印市场规模将达到 12 亿美元，而以 3D 生物打印技术为基础的个性化植入及介入医疗器械、个性化活体组织器官等产品不但将具有千亿元的市场空间，而且将为病损组织器官功能重建提供临床治疗新策略，给患者和整个社会带来福音。未来，3D 生物打印技术有望更加充分地发挥其在构建高精度复杂三维模型上的优势，成为个性化植入及介入器械制造、组织工程和体外仿生组织模型构建等诸多领域的关键核心技术。

（3）免疫治疗：嵌合抗原受体 T 细胞（CAR-T 细胞）免疫疗法

近年来，免疫治疗经历了一系列突飞猛进的发展，以特异性过继免疫细胞疗法及免疫检查点抗体疗法为代表的新型免疫治疗技术因其在临床研究中取得的显著疗效而成为学术界和产业界共同关注的焦点。其中，嵌合抗原受体 T 细胞免疫疗法因其在白血病、淋巴瘤、多发性骨髓瘤等病种的治疗中展现出显著的治疗效果而成为国内外研究的热点。2017 年，诺华与美国宾夕法尼亚大学合作研发的 CAR-T 产品 Kymriah 成功在美国获批上市。这也是全球首款上市的 CAR-T，用于治疗 25 岁以下急性淋巴细胞白血病（ALL）的复发或难治性患者，成为全球首个上市的自体细胞 CAR-T 疗法，是 CAR-T 细胞疗法发展史的里程碑。

（4）基因技术：CRISPR-Cas9 基因工程的开发与应用

CRISPR-Cas9 技术在 DNA 编辑方面的简洁和高效使其迅速成为当前生命科学炙手可热的技术领域之一，已广泛应用于多种模式生物包括酵母、斑马鱼、果蝇、线虫、小鼠、恒河猴等的基因组改造。CRISPR-Cas9 技术应用领域包括细胞和动物模型建立、功能基因组筛选、基因转录调节表观调控、细胞基因组活性成像和靶向治疗等。有研究表明，运用 CRISPR 技术敲除成年小鼠脑内的部分基因可以使小鼠免于由脆性 X 染色体综合征引起的夸大性重复性行为。这一发现显著加速了脑靶向治疗的发展。CRISPR 技术也可能由此彻底改变神经性疾病的治疗和我们对大脑功能的理解。

（5）生物材料和检测：ctDNA 用于肿瘤液体活检

ctDNA 检测作为液体活检主流方向，凭一管液体就可以进行肿瘤诊断、疗效评估、实时监控、个体化用药、预测复发等，在精准医疗大趋势下，既具有极高的科研价值，又具备推进精准医疗临床实践的巨大潜能，为实现肿瘤临床治疗的全流程管理提供了强有力的支持。2015 年，该技术被麻省理工学院评为"年度十大突破技术"之一，2017 夏季达沃斯"世界经济论坛"上，液态活检被评为全球十大新兴技术榜单之首。

（6）医疗器械：医学图像分析中的深度学习研究

随着人口老龄化的加剧以及民众健康意识的提升，医学影像检查次数每年以超过 30% 的速度增加，而影像科医生每年的增长速度不到 5%，这里面存在着严重的供需失衡。传统的人工读片等医学图像分析方法，已无法适应数量迅速增长的影像资料的诊断需求。而人工智能领域不断创新发展，促使深度学习方法的理论和应用成为研究的热点。根据 Global Market Insight 的数据统计：全球医疗 AI 市场中智能医学影像在 2024 年将达到 25 亿美元规模，占比 25%。深度学习作为一种分析工具目前在医学影像上的应用主要是检测、诊断与分类上，通过对医学影像的分析对医学影像诊断任务进行初始过滤和筛选、诊断。

（7）疾病预防：通用流感病毒抗体和疫苗研究

季节性流感病毒在全球范围内，每年可导致多达 65 万例死亡和 300 万～500 万例严重感染。世界卫生组织建议将每年接种流感疫苗作为预防流感的最有效方法。然而，由于流感病毒容易发生变异，而季节性流感疫苗的选择基于预测，一旦出现预测毒株和当季流行毒株有出入时，就会影响疫苗效力。另外，为新出现的流感病毒生产配套的疫苗，大约需要 6 个月，在此期间，人群仍然容易受到感染。因此，迫切需要一种能够不受流感病毒变异影响的通用流感疫苗，对多种流感病毒均能发挥作用，能提供长期的流感预防。通用疫苗的研究，目前主要集中在对血凝素 HA 分子茎部区的改造。鉴定新的保护性抗原表位有助于通用疫苗研发。2019 年，西奈山伊坎医学院设计了一种疫苗策略，基于包含相同茎部和不同头部的嵌合 HA 来开发疫苗，比如嵌合 H8/1 包含 H8 的头部和 H1 的茎部，嵌合 H5/1 则包含 H5 的头部和 H1 的茎部。通过连续接种，选择性地诱导针对 HA 茎部的抗体。佐剂灭活的制剂在黄金时间后引起了非常强烈的抗茎反应，这表明一次疫苗接种可能足以引发尚未出现的大流行性流感病毒的保护。

（8）药物研发：用于癌症治疗的抗体药物偶联物

最近几年，全球已经掀起了抗体偶联药物（ADC）的研发热潮。这是一类新颖的治疗用生物技术药物。它将单克隆抗体和强效高毒性小分子毒物通过生物活性连接子偶联而成，是一种定点靶向癌细胞的强效抗癌药物，被认为是未来疾病治疗的重要手段。大多数 ADC 使用两种有效的微管蛋白抑制剂，美登素和奥瑞他汀。重要的是，连接子药物化学的进步（血浆稳定性的提高和肿瘤部位细胞毒素的可控释放），使现代 ADC 技术得到了关键性的应用。对影响 ADC 活性的参数的优化促进了新的细胞毒性药物、单克隆抗体和连接子的开发，这些药物可以被设计或合成来生产有效的 ADC。

（9）健康管理：膳食糖摄入量与肥胖、2 型糖尿病和心血管等疾病风险分析

我国正处于一个向西方饮食与城市化生活方式转型的阶段，随之而来的是肥胖、2 型糖尿病和心血管的患病率的大幅上升，正确了解我国肥胖患病现状、健康危害、相关危险因素及其可能的预防措施对于肥胖和糖尿病的预防与控制具有重要的意义。研究内容包括成年人糖摄入量增加与心血管疾病病死率，加糖饮料与肥胖的遗传风险，饮用含糖饮料与冠心病风险，膳食糖摄入量与心血管健康，膳食糖与心血管代谢风险等一系列研究。

三、国家和机构竞争态势分析

1. 国家竞争态势分析

本部分在主题范围内分析世界各国的贡献度和影响力，其中贡献度指的是该国家在遴选的主题中论文数量居于世界首位的主题数量的多少，影响力指的是该国在遴选的主题中论文被引总频次居于世界首位的主题数量的多少。

国家竞争态势分析如图 2.4 所示，在图中，美国处于第一象限，且遥遥领先，领跑全球；中国处于跟跑的位置，相较于其他国家保持着显著的竞争优势；英国、印度、澳大利亚、德国在某些特定主题上具有优势。

对中国和美国的贡献度和影响力进行对比分析（图 2.5），贡献度方面，美国在 242 个主题上论文数量居全球首位，占所有主题的 78%；中国在 60 个主

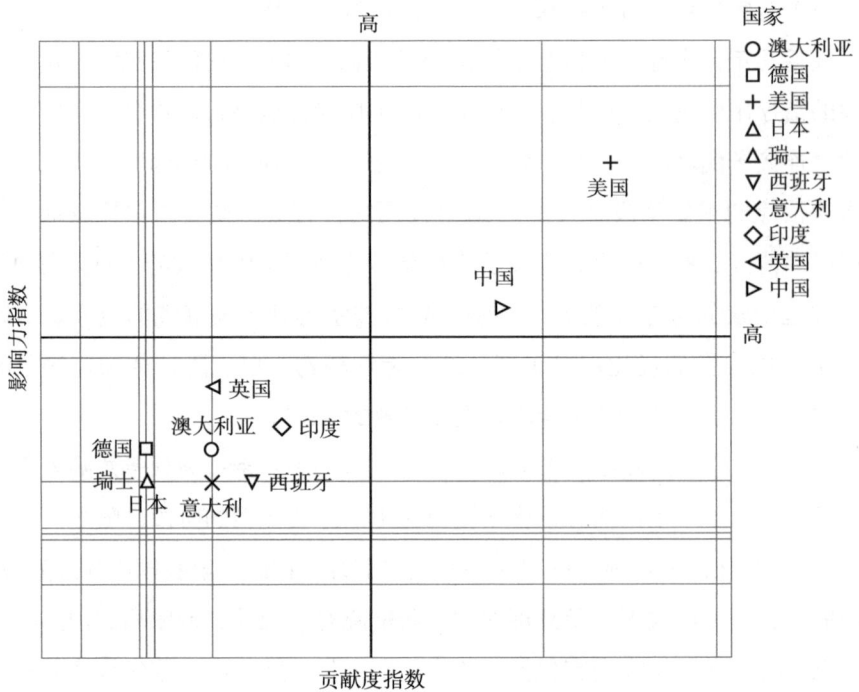

图 2.4　生命健康领域国家竞争态势图

注：图中对贡献度指数和影响力指数进行取对数处理后呈现。

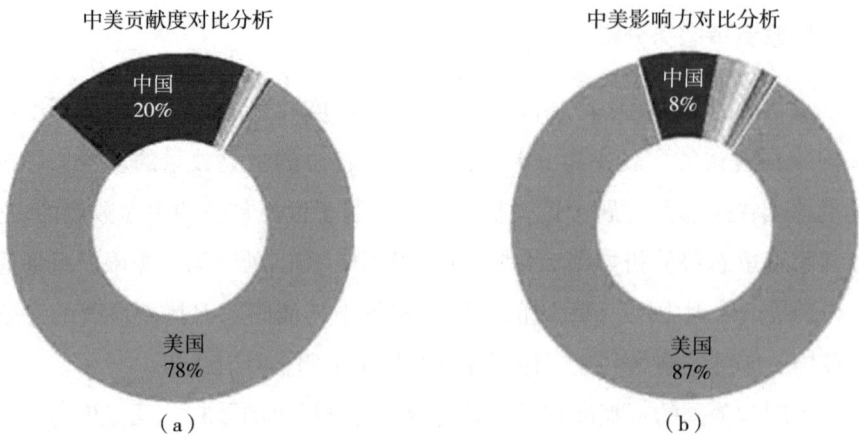

图 2.5　中美贡献度和影响力对比分析图

题上论文数量居全球首位（表2.8），占所有主题的20%；中美合计占比98%，几乎涵盖了所有主题。影响力方面，美国在269个主题上论文被引总频次居全球首位，占所有主题的87%；中国23个主题占比8%（表2.8）；中美合计占比93%。与贡献度相比，中国在影响力方面与美国的差距更大。

表2.8 中国贡献度和影响力居全球首位主题

指标	主题数量	代表性主题	主题编号
贡献度	60	长链非编码RNA在肿瘤研究中的作用及机制	T115
		基于DNA扩增电化学传感器的核酸检测	T877
		纳米胶束性能及其药物控释研究	T947
		多糖的结构特征、抗肿瘤机制、抗氧化及免疫调节活性研究	T2946
		荧光化学传感器与活体荧光成像	T897
影响力	23	基于DNA扩增电化学传感器的核酸检测	T877
		纳米胶束性能及其药物控释研究	T947
		纳米石墨烯在间充质干细胞的应用	T6651
		荧光化学传感器与活体荧光成像	T897
		多糖的结构特征、抗肿瘤机制、抗氧化及免疫调节活性研究	T2946

"长非编码RNA在肿瘤研究中的作用及机制"在中国贡献度居全球首位的主题列表中其全球论文产出最多。长非编码RNA可以通过调节细胞中蛋白的表达、信号通路及调控细胞周期等不同方式促进或抑制胰腺癌、肺癌、胃癌、乳腺癌的发生、发展。论文揭示了长非编码RNA在控制能量代谢和肿瘤发展中的调节机制，可能为肿瘤诊疗提供新的方法。

中国在"基于DNA扩增电化学传感器的核酸检测"主题上的贡献度和影响力均排名较高。电化学生物传感器由于其独特的优点如操作简便、响应快、成本低及易于小型化等被广泛应用于生物分子的检测，包括细菌及病毒感染类疾病诊断、基因诊断、DNA损伤研究、环境监测和药物检测等。

"纳米石墨烯在间充质干细胞的应用"属于论文数量不多但是影响力较高的主题，间充质干细胞具有低免疫原性及向缺血或损伤组织归巢的特征，成为再生医学中器官修复的理想种子细胞。石墨烯衍生物在干细胞研究中具有巨大的潜力，如三维石墨烯 –RGD 肽纳米复合材料可增强人脂肪源性间充质干细胞的成骨细胞分化，磁性氧化石墨烯不仅在低浓度下具有生物相容性，而且可以显著加速大鼠骨髓间充质干细胞中的成骨分化。

2. 机构发展水平评估

机构发展水平评估部分分别给出了贡献度和影响力处于全球前 10 的主题数量排在前列的机构。

贡献度处于全球前 10 的主题数量最多的前 10 所机构如表 2.9 所示，美国哈佛大学以 171 个主题排在首位；中国科学院以 94 个主题排在第二位，是前 10 机构中唯一的中国机构；美国科研机构还有美国国立卫生研究院、约翰斯·霍普金斯大学、霍华德·休斯医学研究所、密歇根大学和美国德州大学安德森癌症中心；法国机构在前 10 机构中占有 2 个席位，分别为法国国家健康与医学研究院和法国国家科学研究院；加拿大机构中多伦多大学进入全球前10。

表 2.9　贡献度处于全球前 10 的主题数量最多的前 10 所机构

机构排名	机　　构	贡献度处于全球前 10 的主题数量
1	哈佛大学	171
2	中国科学院	94
3	法国国家健康与医学研究院	86
4	美国国立卫生研究院	77
5	法国国家科学研究院	67
6	约翰斯·霍普金斯大学	44
7	霍华德·休斯医学研究所	37
8	多伦多大学	37

机构排名	机　　构	贡献度处于全球前 10 的主题数量
9	密歇根大学	36
10	美国德州大学安德森癌症中心	34

影响力处于全球前 10 的主题数量最多的前 10 所机构如表 2.10 所示，美国哈佛大学以 168 个主题排在首位，是贡献度和影响力均居于全球首位的机构；美国机构表现突出，在影响力前 10 的机构中占有 8 个席位，除哈佛大学外，分别是美国国立卫生研究院、霍华德·休斯医学研究所、加州大学旧金山分校、约翰斯·霍普金斯大学、麻省理工学院、加州大学圣地亚哥分校、宾夕法尼亚大学；中国科学院以 50 个主题排在全球第 4 位，相对于其贡献度排名来说略为靠后；法国国家健康与医学研究院以 44 个主题排在全球第 6 位。

表 2.10　影响力处于全球前 10 的主题数量最多的前 10 所机构

机构排名	机　　构	影响力处于全球前 10 的主题数量
1	哈佛大学	168
2	美国国立卫生研究院	73
3	霍华德·休斯医学研究所	62
4	中国科学院	50
5	加州大学旧金山分校	45
6	法国国家健康与医学研究院	44
7	约翰斯·霍普金斯大学	43
8	麻省理工学院	42
9	加州大学圣地亚哥分校	35
10	宾夕法尼亚大学	34

对照贡献度和影响力分别处于全球前 10 的主题数量最多的前 10 所机构，可以发现哈佛大学、中国科学院、法国国家健康与医学研究院、美国国立卫生研究院、约翰斯·霍普金斯大学、霍华德·休斯医学研究所这 6 所机构在贡献

度和影响力均排在全球前 10 位，在生命健康领域表现最为突出。

中国科学院共有 94 个主题贡献度处于全球前 10，其中贡献度处于全球首位的主题共计 26 个，中国科学院共有 50 个主题影响力处于全球前 10，其中影响力处于全球首位的有 9 个，影响力的表现没有贡献度表现突出（表 2.11）。

表 2.11　中国科学院贡献度和影响力居全球首位主题

指标	主题数量 / 个	代表性主题	主题编号
贡献度	26	纳米胶束性能及其药物控释研究	T947
		基于 DNA 扩增电化学传感器的核酸检测	T877
		Ag、CuO 等纳米颗粒对人类健康的毒性研究	T323
		环境中抗生素耐药基因研究	T5235
		纳米石墨烯在间充质干细胞的应用	T6651
影响力	9	基于 DNA 扩增电化学传感器的核酸检测	T877
		纳米胶束性能及其药物控释研究	T947
		纳米石墨烯在间充质干细胞的应用	T6651
		环境中抗生素耐药基因研究	T5235
		生物医用聚多巴胺功能涂层研究	T17051

"Ag、CuO 等纳米颗粒对人类健康的毒性研究"是中国科学院论文产出相对较前的主题。近年来，人们对于纳米颗粒进入环境后所带来的风险和益处存在着广泛的争论，为了评价纳米颗粒对生态系统和人类健康的潜在危害，研究者们对纳米颗粒的生态效应越来越关注。

"生物医用聚多巴胺功能涂层研究"主题是影响力排名较前的代表主题，聚多巴胺材料（PDA）由于具有制备简单多样、良好的生物 / 细胞相容性、二次修饰反应性等众多优点，成为当前研究的重要功能材料之一。在生物材料研究领域中，PDA 能够较好地应用于材料表面修饰或应用于功能材料纳米粒子的制备，是当前的研究热点。

第四节 国内外相关成果分析

本节梳理国内外最新发布的技术预见报告以及相关的技术战略报告，分析其相关需求以及关键技术预测结果，提出我国生命健康领域重点关注的问题和趋势。

一、日本第 11 次技术预见（健康／医疗／生命科学领域）

1. 实施背景

日本自 1971 年开展第 1 次技术预见以来，已连续完成了 10 次科学技术预测调查。2019 年 2 月，由日本科学技术政策研究所主持的日本第 11 次科学技术预测调查启动，调查结果于 2019 年 10 月公布。近年来，信息和通信技术（ICT）的快速发展给社会机制和人类行为方式带来了重大变化，社会本身和国际形势也变得更加不确定。在这种变化的时代，需要从中长期视角预见科学技术的发展及其给企业带来的各种可能性以及社会的需求，制定相关政策灵活应对未来的不确定性。在此背景下，日本第 11 次技术预见旨在提供有助于研究制定科技创新政策和战略的参考信息。

2. 健康／医疗／生命科学领域预见流程

本次展望未来的期间是面向未来 30 年，到 2050 年前后。先得出科学技术和社会的变化趋势和迹象，分别考察未来的社会形象（期望的未来形象）和未来的科学技术形象（科学技术发展的中长期视角）。然后，再将这些趋势和图像进行整合，以便通过科学技术的发展来审视未来的社会图像。在对未来社会图像进行分析时，提取了 50 幅未来社会图像。为了考察未来的科技形象，选择了 702 个科技专题，并对这些专题的重要性、国际竞争力和实施前景进行了专家问卷调查。围绕内容跨领域的相似性，对科技主题进行了聚类，并抽取"近距离科技领域"作为推广领域。最后，将 50 个基本愿景和 702 个科技主题联系起来，通过科技的发展，获得了理想社会的"基本情景"。

就"技术课题的重要度""日本国际竞争力""领先国家的技术前景""日本社会实现前景""科学技术实现的政策手段"和"社会实现的政策措施"，开展了两轮德尔菲问卷调查，第一轮参与调查的专家有 6697 名，第二轮参与调查的专家有 5352 名，目的是获得有关跨科学和技术的中长期发展方向的专家共识。主要结果如下，见表 2.12。

表 2.12　健康、医疗、生命科学领域德尔菲调查

领　　域	调查项目	概　　要
健康、医疗、生命科学	重要度	衰老、脑科学、医疗器械重要度相对较高
	竞争力	基于再生和细胞医学、基因治疗和免疫系统的相关治疗
	实现时间	脑科学，特别是在神经基础上对神经机能的阐明较慢
	政策手段	信息与健康、社会医学对 ELSI 需求较高

相对重要的是健康、医疗、生命科学领域，ICT、分析服务领域，材料、设备流程领域，都市、建筑、土木和交通领域，宇宙、海洋、地球、科学基础领域。其中，健康、医疗、生命科学领域及 ICT、分析服务领域，日本的国际竞争相对较低，材料、设备流程领域，都市、建筑、土木和交通领域，宇宙、海洋、地球、科学基础领域的国际竞争相对较高。

据预测，到 2035 年约 9 成的科技话题将适用于健康、医疗、生命科学领域和环境、资源、能源领域，以及材料设备、过程领域，总的来说，科学技术的实现及社会的实现都很慢。

在科学技术实现、社会实现、实现政策阶段中，ICT、分析服务领域和都市、建筑、土木和交通领域有必要加强法律法规的制定。健康、医疗、生命科学领域及 ICT、分析服务领域对伦理、法律、社会问题（ELSI）的需求很高。

值得关注的是，在本次预见中使用人工智能相关技术（主要是机器学习和自然语言处理）将数据处理与专家判断相结合。具体来说，利用人工智能相关

技术将 702 个科技专题分为 32 个集群，在此基础上进行专家讨论，提取了 8 个领域，"精准医学"是其中之一，具体含义是通过完全非侵入性、高灵敏度、高清晰度和实时监控，从个人到组织、器官、细胞和分子水平捕获生命现象。通过生物工程进行再生和细胞医学，以及通过下一代基因组编辑技术开发先进的医学技术，如基因治疗等。

在具体领域的划分上，主要从日本的社会特点和研究需求的角度出发，同时参考健康和医疗策略，重点关注几个问题：①对超龄社会的衰老研究；②应对灾害和紧急医疗灾难，以及 2020 年东京奥运会和残奥会等群众聚会；③环境流行病学。考虑应对全球性问题，例如世界卫生组织（WHO）报告中关于空气污染对健康造成损害的问题；④社会医学、健康差距问题等；⑤从药物形式的角度来看，再生/细胞医疗产品和基因治疗产品应被归类为药物领域。健康、医疗、生命科学领域的细分领域见表 2.13。

3. 健康 / 医疗 / 生命科学领域预见结果分析

最重要的主题是与"衰老""脑科学"和"医疗设备"相关的主题，其中与"衰老"相关的主题占据前两个位置（运动功能下降，阿尔茨海默病等），而这些科学技术与解决超龄社会的问题直接相关。其次是使用侵入性诊断设备和液体的疾病的早期诊断，以及旨在通过减轻患者负担来改善生活质量的医学科学技术。具有国际竞争力的主题包括使用干细胞（如 iPS 细胞）的再生和细胞医学、基因治疗和免疫系统治疗。

表 2.13　健康、医疗、生命科学领域的细分领域

细分领域	调查项目关键词	技术专题数
医药品（包括再生医疗、细胞治疗与基因治疗）	再生医疗，细胞治疗，基因治疗，抗病毒药物，蛋白质间相互作用，核酸医药，细胞内，药物运输系统，干细胞，iPS-ES 细胞，初期化，细胞打印，同种移植，自体免疫疾病，基因组测序，人工脏器，类器官，人工智能与模拟技术	20

续表

细分领域	调查项目关键词	技术专题数
医疗器械开发	护理仪器，非侵入式诊断仪器，医疗软件集成，癌细胞孤立化治疗材料，微小血管吻合器，可穿戴透析装置，分布式医院，监控仪器，外科医生的熟练技术，纳米科技医疗，家用医疗仪器，排泄辅助仪器，神经康复仪器	12
衰老和非传染性疾病	非传染性疾病，早期诊断，预防，非侵入，免疫，过敏，生活习惯，癌症，疲劳，组学，衰老，生殖细胞，脏器相关，元基因组，营养，运动	19
脑科学（包括精神和神经疾病、认知和行为科学）	神经通路，神经元与神经胶质相互作用，记忆与学习，认知、情绪与意识，社会性，神经变性疾病，认知症，精神分裂症，抗精神病药物，抑郁症，双相情感障碍，镇静剂，依赖症，自闭症，深部脑刺激疗法，神经疾病，睡眠障碍	10
健康危机管理（包括传染病、急救医疗、灾害医疗）	新发传染病与复发传染病，病原微生物，耐药菌，疫苗，监护，消毒，抗体药物，灾害医疗，急救医疗，血液替代物，集中治疗，治疗类选法，多脏器不全，大规模集聚，入院前急救诊疗，航空医学	10
信息与健康、社会医学	可穿戴传感器，智能设备，电子病历，诊疗信息，基因组信息，人工智能应用于医疗，遗传与环境的相互作用，地方保健，环境医学，流行病，健康和疾病的发育起源，医疗安全，健康差距，气候变化，伦理、法律与社会的议题	13
生命科学基础技术（包括测量技术、数据标准化等）	计算生物学，人工细胞，动态网络生物标记物，脑功能成像，细胞分析，生物分子相互作用，蛋白质动态结构分析，基因组信息数据库，非编码片段的功能分析，实验环境，量子测量	12

"脑科学"是一个相对缓慢的科技和社会实现前景，特别是在人类高阶精神功能方面，神经基础的阐明最慢（社会实现前景为 2041 年）。考虑到"培养和留住人力资源"作为实现科学技术和社会的政策手段，脑科学对人力资源的回答率最高，因此在研究和开发领域需要采取长期措施。

作为实现科学和技术社会的政策工具,"信息与健康、社会医学"应对 ELSI 问题的回答率最高。在适当处理与基因组、医疗、护理和日常生活等个人相关的各种信息的同时,将医疗技术的进步和市场联系起来被认为更加重要。表 2.14 给出了健康、医疗和生命科学领域重要性最高的前 10 位技术主题。

表 2.14 健康、医疗和生命科学领域重要性最高的前 10 位技术主题

排名	技术主题	所属类别	重要程度[①]
1	预防和治疗由于衰老引起的运动功能下降	衰老和非传染性疾病	1.56
2	基于神经退行性疾病(例如阿尔茨海默病)的发病前生物标记物的有效预防和治疗发病的疾病缓解疗法	脑科学	1.55
3	引入非侵入性诊断设备(如图像)和 AI 提高病变的快速识别能力并及早发现	医疗器械开发	1.46
3	血液对癌症和痴呆症的早期诊断和病理监测	衰老和非传染性疾病	1.46
5	可以远程治疗和护理痴呆症的超级分布式医院系统	医疗器械开发	1.36
6	阐明记忆、学习、认知和情感等大脑功能、意识、社会性、创造力等高阶神经功能	脑科学	1.27
6	控制耐药性感染的发生和传播的系统及关联技术	健康危机管理	1.27
8	基于免疫系统治疗癌症、自身免疫性疾病和过敏性疾病的治疗及其影响预测	衰老和非传染性疾病	1.24
9	基于抑郁和双相情感障碍的细胞水平脑病理学新疗法	脑科学	1.18
9	通过细胞移植和基因治疗治疗中枢神经网络功能障碍(帕金森病、肌萎缩性侧索硬化症、脊髓损伤等)	医药品	1.18

---

① 日本科技政策研究所的德尔菲调查问卷中的一项调查内容,旨在调查某项技术领域对日本实现 30 年后的理想社会的重要性,得分计算为非常高(+2),很高(+1),都不是(0),低(−1),非常低(−2)。

二、韩国第五次技术预见——医疗生命领域

1. 实施背景

韩国在亚洲是继日本开展技术预见活动后的首批追随者，既参照了日本早期的做法，又有自己的创新，并在开展技术预见过程中始终贯穿着致力于提升国家科技及经济竞争力的理念。自 1994 年以来，韩国每 5 年实施一次科学技术展望项目，通过分析未来社会需求的转变和科学技术发展的方向，为制定有关政策奠定基础。2015 年，韩国开始实施第五次技术预见，时间跨度为 25 年，预测的是 2040 年前后可能实现并在社会中扩散的技术，是从中期到长期的角度预测韩国社会的未来变化。

第五次科学技术展望目的可以归纳为三个主要目标。第一个是从内部和外部环境的变化来预测未来的社会，并预测和分析有望出现在整个科学和技术领域的未来技术。在这项研究中，研究者根据未来社会需求的变化和科学技术的发展得出了到 2040 年将会出现的未来技术。第二个是有助于制定科学技术规划和政策，通过反映未来社会的社会经济需求和科学技术发展前景，加强未来的应对能力。调查的结果将提供有关政策制定的基本数据，例如技术实现的时机、重要性以及实现未来技术的方式，并将用于介绍建立第四次科学和技术总体计划所需的技术信息（2018—2022）。第三个是从社会传播的角度预测技术的临界点，重点放在与人们的现实生活有关的重大创新技术上，预测了某种技术在社会中迅速传播的预期方面及其预期时机，并提出了将来实现技术普及的目标。

2. 医疗生命领域相关预见流程

为了分析未来的社会趋势和大趋势，报告首先从中长期角度分析了直到 2040 年韩国社会应该注意的全世界未来社会变化的趋势，通过分析趋势之间的联系来得出大趋势，同时分析了从第四届展望（2011 年）以来发布的国内外的未来展望报告、趋势分析和网站，并利用 STEEP（社会、技术、环境、经济和政治）分析对每个类别进行了环境扫描，得出趋势之间的聚类模式。最后得出

了总共5个大趋势和40个趋势。其中与医疗生命领域相关的趋势如表2.15所示。

表2.15　医疗生命领域相关趋势分析

大趋势	趋　　势	STEEP 分析
人类赋权	预期寿命的增加	社会问题
	出生率降低	
	扩大人类能力	技术问题
	人工智能与自动化	
超级连接创新	数字网络社会	社会问题
	超级连接技术	技术问题
	电子民主	政治因素
环境风险	水资源恶化危机	环境因素
	自然灾害增加	
	生态破坏	
社会复杂性加剧	社会灾难增加	环境因素
	健康风险因素增加	
经济体制重组	全球人口流动	社会问题
	世界人口增长	
	市场格局变化	经济因素

　　根据趋势分析的结果，报告确定了预计将对韩国社会产生重大影响的问题。每个问题都是根据其影响的预期时间进行分类的，得出了总共100个问题，其中65个具有短期影响（在10年内），而35个具有长期影响（11~25年内）。在提出的问题中，评估并选择了在韩国社会中特别强调的问题作为主要问题，最后选择了40个主要问题（18个短期问题，14个短、中期问题和8个长期问题）。然后，根据基于大数据的网络分析（基于自然语言分析的数据挖掘）对问题进行分组。在对每个主要问题进行深入分析的基础上，以科学和技术对策提出了未来社会的详细社会经济需求。医疗生命领域主要问题分类如表2.16所示。

表 2.16　医疗生命领域主要问题

序号	时间展望	主要问题	需求示例
1	短期	传染病的快速传播和新传染病的出现	—
2	短期	扩展针对老年人的业务	老年人事故管理系统
3	短期	对高质量医疗服务的需求不断增长	高性能医疗设备的开发
4	短期	不孕和生育率降低问题	反复流产的鉴定和治疗
5	长期	神经信息利用	脑图绘制完成
6	长期	疫苗的武器化	疫苗开发的系统生物学
7	长期	尖端生物技术应用范围扩大	现场病原微生物和病毒区分技术

　　第五次科学技术展望中新引入了创新技术的临界点分析，并预测了在政策利用方面实现未来技术的时间。在这里"创新技术"是与公众日常生活相关的融合技术，有望在未来的社会中产生巨大的连锁反应。技术的临界点是技术在整个社会迅速传播的时间。报告公布了达到 24 种创新技术临界点的预测时间，临界点分析为：首先，根据对韩国国内外新兴技术的案例分析，选择了有望在未来对社会和经济产生重大影响并且将产生巨大连锁反应的候选技术。然后，对科技预测委员会成员的成员进行了有关这些候选技术的调查，并根据结果，在调整了每种技术的名称和范围后，执行委员会选择了 24 种创新技术。最后，为这 24 种技术中的每一项指定了一个预测委员会成员，负责领导形成几方面的报告：临界点的定义、技术发展的过程和趋势、对技术发展阶段的展望，实现技术扩散的任务。每项技术达到临界点的时间是通过 2600 名韩国相关产业、学术界和研究领域的专家根据国内外情况进行的德尔菲调查预测的。

　　医疗生命领域有关临界点分析的详细信息如表 2.17 所示。

　　报告将未来技术定义为具体技术（产品、服务、系统等），认为这些技术将在 2040 年之前实现技术化，并可能对韩国的科学、技术、社会和经济产生重大影响。报告对技术的名称和描述进行了标准化，以提高对结果的理解和利用。未来技术清单是通过推选未来技术候选者并对其进行修订和调整而确定的。根据对主要问题网络的分析确定的 6 个未来问题组，通过审查需求和知识图谱的分析和解释结果，选择了清单的候选人。对衍生的候选技术进行了相似性和重复性的验证，对未来技术的适用性的审查、技术水平的调整、技术名称和技术描述进行补充，并且通过此过程，修改和调整未来技术候选人名单。执行委员会对该清单进行了审核，以确认未来技术名单。最终，根据未来的社会需求得出了总共 267 项有望在 2040 年出现的未来技术，以解决科技领域的重大问题和发展需求，其中医疗生命领域包含了 47 个技术主题。

表 2.17　医疗生命领域相关临界点的定义和预测

创新技术	临界点的定义	引爆点的预计时间 / 年	
		海外	国内
使用大数据的定制医疗服务	当将超过 100000 个人的个人信息整合到国家系统中并用于医疗目的时	2021（U.S.）	2025
穿戴式协助机器人	当为截瘫患者租用可穿戴式步行辅助机器人的成本降至每月不足 1000000 韩元时	2023（U.S.）	2027
遗传疗法	当用于治疗复杂疾病的两种以上基因治疗产品获得包括美国 FDA、EUEMA 和日本 PMDA 在内的监管机构的商业化批准时	2024（U.S.）	2028
干细胞	当开发出利用干细胞治疗 10 多种不治之症的疗法并应用于临床治疗时	2024（U.S.）	2028
人工器官	当开发出完全独立且可植入的人造肾脏并占肾脏植入手术的 16% 时	2024（U.S.）	2029
脑机接口	当使用脑机接口的四肢瘫痪患者占总患者的比例达到 16% 时	2025（U.S.）	2032

3. 医疗生命领域预见结果分析

报告在未来技术分析部分，对 267 种未来技术进行了评估，研究方法是针对科技专家进行的两轮德尔菲调查，以评估其特征、重要性、技术实现时机和所需的政府政策。医疗生命领域的技术主题评估结果分析如表 2.18 至表 2.20 所示。

表 2.18　医疗生命领域重要性最高的 13 项未来技术

清单编号	技术主题名称	重要度（满分 5 分）			
		平均分数	科技层面	公益层面	经济层面
170	通过调节衰老诱导物的抗衰老控制	4.50	4.5	4.4	4.6
175	基于表型基因型相关分析的大数据解释技术	4.50	4.5	4.5	4.5
148	完全植入式神经通路设备	4.47	4.7	4.4	4.3
157	基于液体活检分析的早期癌症诊断和治疗选择	4.47	4.4	4.5	4.5
161	生物标志物纳米芯片血液诊断试剂盒技术在癌症诊断中的应用	4.47	4.4	4.5	4.5
171	基于精准医疗技术的疾病预测与预后	4.47	4.5	4.5	4.4
174	基因编辑技术在疾病基因治疗中的应用	4.47	4.7	4.3	4.4
188	利用虚拟现实和 3D 打印的虚拟医疗技术	4.47	4.5	4.4	4.5
149	人机交互脑机接口技术	4.47	4.5	4.6	4.3
158	应用免疫增强剂的通用多价疫苗技术	4.43	4.4	4.5	4.4
168	基于纳米技术的通用流感疫苗	4.43	4.5	4.4	4.4
181	利用诱导多能干细胞的仿生人工器官技术	4.43	4.5	4.4	4.4
182	免疫诱导多能干细胞技术用于个人和通用细胞治疗的发展	4.43	4.6	4.3	4.4

表 2.19　医疗生命领域韩国预计率先实现或者跟其他国家同步实现的技术

清单编号	技术主题名称	技术实现时间 / 年		
		韩国	世界	差距
164	可穿戴设备现场生物危害检测技术	2025	2024	−1
166	用于实时生物特征信息识别和通信的人体植入设备	2025	2024	−1
175	基于表型基因型相关分析的大数据解释技术	2022	2020	−1
186	模拟休眠动物的生物样品的长期存储技术	2030	2029	−1

续表

清单编号	技术主题名称	技术实现时间 / 年		
		韩国	世界	差距
189	通过 3D 打印制造的超细 3D 高功能元件	2024	2023	−1
191	基于低温化学反应的金属 3D 打印技术	2025	2024	−1
147	基于神经信号和图像大数据的脑健康诊断和疾病预测脑保健服务	2026	2024	−2
151	头盔式可穿戴高分辨率脑成像设备	2026	2024	−2
162	免疫系统多组学试剂盒开发和治疗技术用于早期诊断复发性流产	2026	2024	−2
171	基于精准医疗技术的疾病预测与预后	2025	2023	−2
174	基因编辑技术在疾病基因治疗中的应用	2026	2024	−2

表 2.20　医疗生命领域需政府政策支持实现未来技术的占比

分类	人力培训	合作拓展	基础设施建设	研究经费增加	体制改革
总计	16.3%	4.1%	8.2%	67.3%	4.1%

三、中国工程科技医药卫生与人口健康领域 2035 技术预见

1. 实施背景

2015 年 3 月，中国工程院与国家自然科学基金委员会共同组织开展"中国工程科技 2035 技术预见"活动，旨在通过科学系统的方法，面向未来 20 年国家经济社会发展需求，勾勒出我国工程科技发展蓝图，为国家中长期科技规划提供有益的参考。医药卫生与人口健康领域由中国工程院医药卫生学部负责，组织领域内院士、专家，以国内外现有技术预见成果、文献计量和专利分析等为基础，提出备选技术需求清单，并针对医药卫生和人口健康 12 个子领域的 75 项技术，对领域内科技专家和产业专家进行德尔菲问卷调查。

2. 医药卫生和人口健康领域预见结果分析

经技术预见结果统计和领域专家研讨分析，提出本领域综合重要性最高的前 10 项关键技术方向，如表 2.21 所示。

表 2.21　医药卫生与人口健康领域关键技术方向

序号	子领域	技术方向
1	药物工程	新药发现研究与制药工程关键技术
2	认知与行为科学	人工智能与大脑模拟关键技术（交叉）
3	中医药学	中药资源保护、先进制药和疗效评价技术
4	生物物理与医学工程	新型生物材料与纳米生物技术
5	再生医学	细胞与组织修复及器官再生的新技术与应用
6	疾病防治	慢性病防控工程与治疗关键技术（包括肿瘤、心脑血管疾病、糖尿病、慢性阻塞性肺病及肾脏疾病等）
7	生物与分子医学	基于组学大数据的疾病预警及风险评估技术
8	预防医学	食品安全防控识别体系及安全控制技术
9	生殖医学	不孕不育治疗体系优化
10	预防医学	应对突发疫情、生物恐怖等生物安全关键技术

其中，排名前 3 的技术方向描述如下。

（1）新药发现研究与制药工程关键技术

目前，新药研究还处于发展阶段，与美国等发达国家相比仍然存在较大差距。新药研发需借助药物敏感性、毒性、耐药性等一系列指标，从而实现和发展包括基于表观遗传调控的新药发现技术，完善并促进我国制药工程的发展。

（2）人工智能与大脑模拟关键技术（交叉）

人工智能的目的，就是研究和完善等同于或超过人的思维能力的人造思维系统。目前，被人们广泛关注的技术有助听、助视等交流辅助技术，以及认知计算与神经系统关键技术，基于脑认知的视觉加工模型技术，基于视觉的自然环境感知技术，多层次神经信息检测技术，自动语言识别技术，利用计算机视觉原理开发出人造视网膜和仿脑制导系统技术等。人工智能和大脑模拟将成为未来科技进步的重要标志之一。为此，以美国为代表的一些发达国家设立了项目开展研究，并取得飞速进展。在"十三五"期间，我国将加大该技术方向的研究，但仍需长期加大跨学科合作研究的力度，不断解决神经系统疾病临床治疗和康复难以解决的问题。

（3）中药资源保护、先进制药和疗效评价技术

我国在该领域处于世界领先水平。目前，合理开发、利用和保护中药资源，实现资源的可持续利用，已成为医药行业必须高度重视和亟待解决的问题。同时，还需探索天然活性成分鉴定、分离技术和科学的中药疗效评价技术，促进中医制药领域的发展。

表 2.22 和表 2.23 分别列出我国医药卫生与人口健康领域遴选的前 10 项重要共性技术和颠覆性技术。

表 2.22　我国医药卫生与人口健康领域前 10 项重要共性技术

序号	子领域	技术方向
1	药物工程	新药发现研究与制药工程关键技术
2	生物与分子医学	基于分子检测和分子影像的精准诊断及疗效评价技术
3	整合医学与医学信息技术	面向社区的健康大数据及智能健康管理系统
4	中医药学	中药资源保护、先进制药和疗效评价技术
5	生物与分子医学	基于生物医学大数据的个性化健康管理技术
6	疾病防治	慢性病防控工程与治疗关键技术（包括肿瘤、心脑血管疾病、糖尿病、慢性阻塞性肺病及肾脏疾病等）
7	预防医学	环境污染与人类健康关系综合评价技术及相关疾病防治技术
8	预防医学	食品安全防控识别体系及安全控制技术
9	生殖医学	不孕不育治疗体系优化
10	法医学	法医分子遗传检验技术

表 2.23　我国医药卫生与人口健康领域前 10 项重要颠覆性技术

序号	子领域	技术方向
1	生物物理与医学工程	生物 3D 打印技术及生物 4D 打印技术的研发与应用
2	药物工程	新药发现研究与制药工程关键技术
3	生物物理与医学工程	基于声、光、电、磁的新型诊断治疗技术
4	生物与分子医学	体液免疫及修饰性免疫细胞治疗新技术
5	再生医学	基于合成生物学的人工生物系统建立技术
6	预防医学	环境污染与人类健康关系综合评价技术及相关疾病防治技术
7	生殖医学	不孕不育治疗体系优化
8	法医学	成瘾机制及干预技术（包括药物、网络等各类成瘾）
9	药物工程	智能药物递送体系与新型药物制剂技术
10	疾病防治	预防及干预药物与疫苗研发关键技术

四、咨询机构发布的生命科学与医疗趋势报告

1. 德勤《2020 年生命科学与医疗趋势报告》

德勤《2020 年生命科学与医疗趋势报告》由德勤公司的健康解决方案中心撰写发布。该中心就医疗市场的当前和未来问题发布了许多报告，数据源自其基础研究、案头研究、与在生命科学与医疗领域的客户和利益相关者的重要互动以及基于对全球网络中的深度和广度的见解。在《2020 年生命科学与医疗趋势报告》中列出了预测 2020 年世界的 10 项趋势。通过一系列描绘对每项预测进行了阐述和说明，设想患者、医疗卫生专业人员和生命科学组织在这个新世界的行为，描述了 2020 年的大趋势以及将要克服的一些制约因素。

（1）医疗消费者：了解情况且要求严苛的患者成为自己的健康护理者

人们更加了解自己的基因图谱、他们患有或者可能患有的疾病以及可以获得的医疗服务。他们对自己及亲人获得医疗服务和期望值达到历史高点。"量化自我"让人们愿意进行预防，投入时间、精力和金钱来保持健康。生病时，

患者需要有针对性的治疗，他们在某种程度上更愿意花钱。患者是真正的消费者，他们明白自己的选择权，希望利用相关信息和数据获得最佳治疗方案，倾向方便的就医流程和低廉的医疗费用。

（2）医疗服务系统：数字化医药时代——新的商业模式驱动新创意

医疗护理将不限制在诊所或者医院，家庭将会成为医疗护理的主要场所。专业的医疗救护将留给重伤和急诊。常规医疗机构主要针对一般手术，而慢性病的管理将交由社区医疗负责。特定患者群体的医疗护理将会由保险机构提供，这将主要按人口风险来划分。新的资金提供方案包括缴纳年度保险费用，集体保险预算，个人均摊或者个人健康预算。

（3）可穿戴设备与移动医疗

可穿戴设备如今已成为衡量消费者生活品质的一部分，用于搜集、跟踪并管理消费者的健康情况。消费者和医疗机构之间通过各种终端实现健康数据的无缝连接，以便医疗机构更好地了解消费者的身体状况。随处可见的可穿戴设备已经不再是健身发烧友的专属，带有生物传感功能的特殊设备也更加经济实惠。新的医患关系建立在健康意识的提升、数据的自我管理和预防先行的基础上，取代了曾经家长式的医护方式。

（4）健康数据无处不在，对分析工具和服务模式提出新要求

在很多国家，医疗健康数据变成了国家公共事业的重要组成部分，国家投入了大量的资金（与1950年前后美国高速公路的建设相类似）。目前，患者、医护人员、卫生部门利用这些数据来改进诊断和治疗，提升了医疗行业的生产力。制药企业全力和患者及卫生系统合作，通过对数据的挖掘研发更好的药物，以便更快地将这些产品投入市场并根据实际的效果来指导定价。

（5）监管合规和患者安全

新规则建立在2000年的监管框架下，鼓励通过科学与技术的结合进行创新。全世界优秀的监管机构都能够适应新的现实，颠覆性科技对传统医疗提出的在质量、安全和效率评估上带来的挑战。2014年，药品科学是监管流程的重心，但是今天，监管部门已经完全接受了一个基于病患疗效的，更加以数据驱动的方式。

（6）互联实验室——合作伙伴和新审查下的大数据

2020 年，研究与开发已几乎没有界限；研发模式已经互联，由各地的学术和其他合作伙伴联合建设。"仅限内部"发现的份额处于历史低点。研发活动分布广泛，由制药企业居中协调整合。研发工作的重点是了解疾病的生物学和遗传学因素，现行标准、护理费用以及治疗途径。网络化的研发连接了药品和技术，在预防和治疗疾病方面提高了患者的参与度。各企业研发战略将着眼于高价值低容量的西方市场和低价值高容量的新兴市场。

（7）医药商业模式本土仍然重要，但重点已从数量转向价值

处方和采购流程创造了"赢家通吃"的同类最佳药品。世纪之初的销售团队模式将不复存在，取而代之的是一个由医疗教育工作者和临床对话协调者组成的、更为面向客户的模式。如今，制药企业强化多渠道营销，以确保临床医生在任何时间和地点都能获得所需的信息。一项新的以成果为基础、商业化和承包制的模式让制药企业能够按照常规为临床提供服务。这些变化使得商业模式围绕疾病而不是地域展开。量身定制的治疗领域战略首先需要通过市场准入，然后才是销售和市场营销。本地数据和业务合作伙伴分享成果的风险，确保临床医生和制药企业在人口成果上有相同的利益，以及更有效地利用医疗保健预算。

（8）制药企业的配置——后台支持负责洞察力启动观察的单一、全球性的组织

全球商业服务（Global Business Services，缩写为 GBS）是所有后台功能的标准交付模式，包括财务、人力资源、采购、房地产、IT 和客户联系等。它是信息引擎，使公司能洞察整个价值链。GBS 负责终端到终端的过程管理，通过跨越综合共享服务中心和卓越中心（CoEs）的网络来进行全球化管理。它拥有丰富的技术和分析能力，领军人才开发，过程管理和绩效协议。后台是现代企业的神经中枢，使医药企业能够真正地由洞察力驱动。GBS 被看作是一个在推动整个企业正确的成本和资源分配上发挥核心作用的战略合作伙伴。

（9）新兴市场的新商业模式尚不成熟，但充满了创造力

虽然在美国、日本以及西欧的传统市场依然是制药企业的主要市场，但新的市场对于新的商业模式的需求日益加剧。巴西、俄罗斯、印度和中国的市场

受到拉美、越南、印度尼西亚以及非洲等新兴市场的挑战。这些都在酝酿一个更大的惊喜，包括孵化新的商业模式和领导新药物的研发。制药行业已经对各种新兴国家的医疗模式进行了应对，并开始相应的调整自己的策略。重点是准入、支付以及产出，强调整个地方医疗系统而不仅仅是药品。

（10）行为对企业声誉的影响信任的新黎明

医药产业已经开始采取实际行动消除自己在公众心中的负面形象。企业声誉已经困扰了这些制药企业几十年了，尽管对其中的大多数企业来说，想要完全修复声誉可能得花费数年时间，但修复企业声誉已然成了他们的头等大事。企业的繁荣让制药企业变得越来越包容和积极，以寻求更好地理解和满足利益相关者的需求。而企业形象也同等重要，这让制药企业开始在产品研发和价格调整过程中不断提升自己的透明度。

2. 克利夫兰医学中心《2020 年医疗领域十大创新》

克利夫兰医学中心是世界著名医疗机构之一。机构集合医疗、研究和教育三位一体，是提供专业医疗和最新治疗方案的非营利性机构。在由克利夫兰医学中心引领的年度医疗创新峰会上，2020 年对医学影响最大的十大创新被揭晓。新兴科技清单由克利夫兰医学中心的医生和研究人员选出，以下是根据预期的重要性排列的 2020 年十大医疗科技创新。

（1）双重作用的骨质疏松药物

骨质疏松是一种病理状态。这种情况下，骨骼会变得很脆弱，发生骨折的风险明显上升。患有骨质疏松症时，骨质流失是悄无声息地逐步发生的，通常在第一次骨折之前没有任何症状。美国食品药品监督管理局（FDA）最近批准了一种有双重作用的新药（romosozumab），这种药物具有更强大的增强骨质的效果，可以保护骨质疏松患者，使其避免发生更多次的骨折。

（2）微创二尖瓣手术的适用范围扩大

血液从心脏的左心房通过二尖瓣流向左心室。在 75 岁以上的人群中，约有十分之一的人存在二尖瓣功能不全，并导致发生二尖瓣反流。把微创瓣膜修复装置的准许使用范围扩大，将未能从其他治疗方法中有效缓解症状的患者群体也划入该使用范围，可为这些患者提供重要的、新的治疗选择。

（3）治疗转甲状腺素蛋白淀粉样变心肌病的首个药物

ATTR-CM 是一种令人担忧的心血管疾病，是一种渐进性的、未被充分诊断的、有潜在致命性的疾病。这种疾病中，淀粉样蛋白纤维沉积在心脏的左心室壁中从而使心壁硬化。一种防止沉积蛋白错误折叠的新药物可显著降低患者死亡风险。继 2017 年和 2018 年获得"快速通关"和"突破性发现"的赞誉之后，2019 年他法米地获得了 FDA 的批准，这是针对 ATTR-CM 这种关注度日益上升的疾病的首个治疗药物。

（4）减轻花生过敏的疗法

2.5% 的父母非常担心出现一种可怕的情况，那就是过敏反应随时可能使他们的孩子无法呼吸。尽管紧急使用肾上腺素可降低孩子在意外接触花生时所产生的过敏病情的严重程度和风险，但这些不足以完全缓解家长们不断出现的焦虑。一种新的口服免疫疗法药物可以逐渐建立人体对花生接触的耐受性。这一药物的开发为减少过敏反应提供了新的可能。

（5）闭环脊髓刺激

慢性疼痛让人非常痛苦，这也是需要开阿片类药物的重要原因。脊髓刺激是一种用于治疗慢性疼痛的常用方法，这种方法通过可植入的设备对脊髓进行电刺激。但是由于治疗不够或过度刺激事件而出现治疗结果不佳的情况并不少见。闭环刺激可以使设备与脊髓之间更好地交流，从而提供更合适的刺激并最大程度减轻疼痛。

（6）骨科修复中的生物制剂

骨科手术后，身体可能需要数月至数年才能恢复。细胞、血液成分、生长因子和其他天然物质等生物制剂具有替代或利用人体自身力量并促进愈合的能力。这些成分正在骨科医疗领域内使用，有可能加速患者术后恢复的改善。

（7）预防心脏植入装置感染的抗生素膜

全世界每年有 150 万名患者接受植入式心脏电子设备。在这些患者中，感染仍然是主要的可能危及生命的并发症。现在开发出了内含抗生素的包膜以包裹这些心脏设备，从而有效预防感染。

（8）苯丁二酸可降低他汀类药物不耐受患者的胆固醇水平

美国近40%的成年人都担心胆固醇过高。如果不及时治疗，这种疾病可能导致严重的健康问题，例如心脏病和脑卒中。尽管通常使用他汀类药物控制高胆固醇，但有些人使用他汀类药物会出现无法耐受的肌肉疼痛。苯丁二酸为这类患者提供了替代疗法，可以在降低低密度脂蛋白的同时避免他汀类药物的这些不良反应。

（9）PARP抑制剂用于卵巢癌患者的维持治疗

PARP，又叫多ADP核糖聚合酶抑制剂，可阻止肿瘤细胞中受损DNA的修复，尤其是存在修复机制缺陷的肿瘤中，最终增加肿瘤细胞的死亡。PARP抑制剂是卵巢癌治疗中最重要的新进展之一，可延长患者的无进展生存期，现已被批准用于晚期疾病的一线维持治疗。关于PARP抑制剂的另外几项大规模试验正在进行中，均旨在改善癌症治疗的效果。

（10）用于保留射血分数的心力衰竭的药物

保留射血分数（HFpEF）的心力衰竭，又叫作舒张性心力衰竭，指心室肌可正常收缩但不能正常舒张的病理状态。尽管保留射血分数（即收缩能力相对正常），但心脏无法正常充盈，因此导致没有足够的血液从心脏泵出。目前针对这种疾病主要建议对症治疗，仅仅缓解症状。SGLT2抑制剂是用于治疗2型糖尿病的一类药物，目前正在HFpEF中进行研究，表明该药可能成为一种新的治疗选择。

3. 福布斯发布2020年中国医疗行业增长的5个爆点

2020年，医药医疗相关细分领域依然值得期待，未来10年都会是医药医疗的黄金时间。原因为：①我国人口继续老龄化；②国民医药支出仍然会稳健增长；③实施的带量采购和医保政策重构了产业链，并开启了创新周期，带量采购以及医保谈判的威力显见。带量采购和医保政策促使资源向头部企业集中，强者恒强，弱者淘汰。

行业产业链重构带来机会。华医资本创始人刘云表示，从生产环节到流通环节，再到医疗服务终端，都出现了新医疗服务的机会。比如，生产环节，随着新型细胞疗法、基因治疗等个性化疗法的兴起，如何通过自动化和新技术手段建立"超级细胞工厂"，降低个性化药物的生产和运输成本，也非常值得深挖。在流通环节，传统代理商模式发展多年，催生了药品 CSO（销售外包组织），代表药品流通行业的第一次生产关系变化。以下是会在 2020 年出现显著变化的 5 个方面。

（1）创新药

2020 年，药品招采模式改革对市场产生持续影响。仿制药进入微利时代，但创新药就能凭借上市后独占期竞争少、降价压力小等优势，会有更多的自由度。带量采购也会促进制药企业对新药的开发力度和投入力度。

（2）创新药外包 CRO 爆发

这个爆点一定伴随着创新药的高速发展而发展。CRO 也即"研发外包组织"，是由制药企业在基础试验费用增长和监管要求日益严格，临床前研究的时间拉长，临床试验规模更大，临床试验的失败率不断增加，新药开发成本出现迅速增长等巨大压力下，用以应对研发创新困境的一种节省资金与人力的方式。根据 Frost 和 Sullivan 数据，我国研发外包服务市场规模已由 2014 年的 21 亿美元增至 2018 年的 59 亿美元，年复合增长率 29.2%，预期于 2023 年增至 214 亿美元，年复合增长率约为 29.6%。此外，我国药物研发外包服务市场渗透率提升将高于全球增速增长。

（3）消费性医疗服务

在消费升级趋势下，高端手术/服务占比提高，带动客单价持续提升。我国眼科、口腔等专科医药服务需求空间巨大，眼科、口腔疾病门诊患者数量保持稳健增长。医疗服务、疫苗、自费专科药和品牌中药等领域，受益于消费升级趋势，优质龙头企业有望维持快速成长。

（4）医疗器械领域发展潜力大

有数据显示，我国医疗器械市场规模近 5 年来一直保持稳步增长。我国正步入医疗器械行业发展黄金期，预计到 2023 年中国医疗器械市场规模将达 1690 亿美元。未来随着国家政策的扶持、不断扩大的市场需求、我国人口老龄化加速以及医疗器械行业的技术发展和产业升级，医疗设备将有望继续保持高速增长的良好态势，并实现从中低端市场向高端市场进口替代的愿景。

（5）5G助力智慧医疗

2020年，被称为5G应用的元年，5G正在加速朝人们的生活走来。在智慧医疗上，5G可提供包括远程手术、远程诊断、远程示教等细分应用产业，更好助力智慧医疗的发展，为患者提供更好更优质的服务。智慧医疗在未来的发展有如下三个值得关注的积极趋势：第一，用人工智能的"医生"补充人类医护人员，以解决未来医护人员稀缺的问题；第二，用人工智能提高药物挖掘的效率，加速药物开发的过程；第三，在人工智能的基础上，提高个性化用药的水平，并通过精准医疗最终攻克癌症这一难题。

4. 美世发布的《2019全球医疗趋势报告》

2019年6月20日，美世Mercer发布《2019全球医疗趋势报告》（2019 Medical Trends Around the World）。2019的调研继续就整体受众的健康状况、供应商因素和消费者习惯对于医疗成本的影响进行了深入探究。报告对全球204家保险公司进行了调研，癌症和循环系统疾病依然是排名最高的理赔原因。其中最主要的三大风险因素仍然是：代谢和心血管类风险、膳食相关风险和情感/心理风险。本次调研的主要发现包括：全球医疗通胀趋势并无缓解迹象，保险公司的重心开始转向培养消费者更明智地选择健康管理服务，虚拟健康管理正在逐步成为现实，生活方式因素继续助推医疗成本上涨。

五、小结

通过对比分析一些主要国家以及我国的在生命健康领域的技术预见和趋势报告，结合国内医疗领域现状，应重点关注以下问题。

（1）人口老龄化日趋严重，健康医疗行业迎来挑战和机遇

在全球范围内，预计至2050年会有近20亿人超过60岁，这个数字是2000年的3倍。经济合作与发展组织预测，世界老年人支持比（年龄在20～64岁的人与65岁以上的人的比例）将从2008年的4.2减少到2050年的2.1。在亚太地区，情况更加明显。在2050年，中国的养老保障比率将从7.9下降到

2.4。涉及的技术方向，例如"预防和治疗由于衰老引起的运动功能下降""血液对癌症和痴呆症的早期诊断和病理监测""基于免疫系统治疗癌症、自身免疫性疾病和过敏性疾病的治疗及其影响预测""通过调节衰老诱导剂的抗衰老控制"和"双重作用的骨质疏松药物"等。

（2）脑科学发展是未来的制胜关键

在过去的一个世纪里，诺贝尔奖涉及的神经科学中的重要发现都跟大脑的信息编码、储存相关。但是，我们只对神经细胞如何处理信息了解得很清楚，对整个大脑复杂的网络结构了解不多。对大脑中的信息处理不太了解，对各种感知觉、情绪，还有一些高等认知功能——思维、抉择甚至意识等，理解得比较粗浅。虽说脑科学已有相当的进展，但是未知的比已知的要多得多。脑科学将成为未来生命科学发展中很重要的一个领域。

脑科学研究的意义在于：脑科学是人类理解自然界现象和人类本身的终极领域，也是非常重要的前沿学科之一；脑疾病所带来的社会经济负担已超过心血管病和癌症，脑科学的发展对脑疾病的诊断治疗将有关键性的贡献；计算机技术和人工智能发展至今已面临瓶颈，对人脑认知神经机制的理解可能为新一代人工智能算法和机器的研发带来新的启示。

在分析的技术预见报告中涉及的技术主题如"基于神经退行性疾病（例如阿尔茨海默病）的发病前生物标记物的有效预防和治疗发病的疾病缓解疗法""阐明记忆、学习、认知和情感等大脑功能、意识、社会性、创造力等高阶神经功能""基于抑郁和双相情感障碍的细胞水平脑病理学新疗法""人机交互脑机接口技术"和"人工智能与大脑模拟相关技术"等。

（3）精准医疗是肿瘤治疗的未来方向

在日本的第 11 次技术预见中首次考虑了跨学科和融合，"精准医学"是其中一个领域，具体含义是通过完全非侵入性、高灵敏度、高清晰度和实时监控，从个人到组织、器官、细胞和分子水平捕获生命现象。通过生物工程进行再生和细胞医学，以及通过下一代基因组编辑技术开发先进的医学技术，如基因治疗等。精准医疗时代的到来势必推动着癌症治疗的进步。当前，我国癌症的发病率和死亡率不断攀升，严重威胁着人们的身体健康。据国家癌症中心发布的最新统计数据显示，我国平均每天超过 1 万人被确诊为癌症，每分钟约有 8 个人被确诊为癌症。面对如此严峻的形势，如何让患者得到更好的治疗，进而降低病死率是当务之急。

涉及的技术主题有"基于液体活检分析的早期癌症诊断和治疗选择""生物标志物纳米芯片血液诊断试剂盒技术在癌症诊断中的应用""基于精准医疗技术的疾病预测与预后""基因编辑技术在疾病基因治疗中的应用"等。

（4）人工智能与医疗的结合使得医养健康的未来发展更为值得关注

人工智能的最大机遇之一或许是医疗行业，据 ReportLinker 预测，到 2025 年，医疗行业的人工智能支出将从 21 亿美元跃升至 361 亿美元，其 50.2% 的复合年增长率（CAGR）是相当高的。不同于传统的劳动密集型医疗，新兴的人工智能医疗模式是知识驱动和数据密集的。因此，未来将会有众多的新的医疗服务模式依赖于新一代对用户友好、实时大数据分析的人工智能工具。

人工智能在医疗健康领域有巨大的潜力，除我们较熟悉的提升癌症治疗与诊断水平以外，人工智能还可以应用于众多的医疗场景，如胎儿监护、败血症早期发现、组合药物风险识别、再住院的预测、人口健康数据管理、帮助医生和患者基于最新的测试或监控数据，选择合适的药物剂量，协助放射医师识别肿瘤等疾病。

涉及的技术主题有"利用日常生活收集的生活方式大数据制定健康政策""通过 IC 芯片等提供医疗记录、药物记录和个人基因组信息管理系统，有助于实现精密医疗，提高医疗质量""持续收集基因组和医疗信息以及可穿戴传感器和智能设备获得的生物和行为信息建立健康医学数据库"等。

（5）防微杜渐：疫情检测与防控的重大意义日益凸显

2020 年的抗疫是对大众的一场健康卫生教育。武汉是这次疫情的重灾区，医院床位紧张、医护人员不够等问题突出。这次疫情暴露了我国医疗服务供给不足，公共卫生体系的质量和效率有待提升的问题。根据国家统计局的数据，截至 2018 年，全国执业医师总人数为 301.04 万人，平均"每万人拥有执业医师数"为 21.5 人。而根据 WHO 的统计，美国的这一数字为 26 人，日本为 24 人，欧洲国家多在 30 人以上。也就是说，即便不考虑新冠疫情导致的短期激增需求，我国的医疗服务供给仍然是相对不足的。加之未来 20 年老年人口数量会持续增加，全社会对医疗服务的需求仍将持续上升，因而对医生的需求会更大。疫情之后，我国市场对生命生物技术的需求，将越来越呈现爆发趋势。这将推动我国三方面的进步：一是原研药的加速；二是 5G 下智慧医疗的需求；三是高端生命生物技术的创新。

涉及的技术主题有"传染病流量预测 / 警报发布系统""利用病原体数据库分离鉴定未知病原体的技术""定量预测和评估新兴传染病对人类的影响"和"可应对紧急情况下（多器官衰竭）和大出血时的血液替代品"等。

第五节 技术预见结果与优先技术

一、技术课题备选清单

本节首先综合采用文献计量学、计算机文本挖掘的定量分析和专家研判相结合的方式，从新兴热点、社会关注、技术转化价值和学科交叉四个维度，遴选若干技术前沿备选主题。其次，梳理国内外最新发布的技术预见报告以及相关的技术战略报告，分析相关需求以及关键技术预测结果。最后，将基于文献计量学的遴选数据与国内外相关研究成果相结合，综合发展愿景和技术需求分析，给出 9 个子领域 95 个技术主题，并对技术主题的来源进行了标注说明，为德尔菲调查提供数据基础和准备（表 2.24）。

表 2.24　生命健康领域技术课题备选清单

序号	子领域	技术主题	来　　源
1	脑科学 （9 个）	纳米药物靶向输运透过血脑屏障的研究	高专利转化潜力
		运动对老年人认知和脑功能影响	高媒体关注
		神经系统中的光遗传学	高专利转化潜力、学科交叉
		正念疗法对焦虑和抑郁的影响	新兴热点、高媒体关注、学科交叉

续表

序号	子领域	技术主题	来　源
1	脑科学（9个）	昼夜节律和睡眠对身体和大脑健康的影响	高媒体关注，韩国技术预见有类似主题
		脑机接口中脑电图分析及稳态视觉技术	学科交叉，韩国技术预见有类似主题
		脑默认网络的神经机制、功能及临床应用研究	新兴热点、高媒体关注
		小胶质细胞与神经退行性疾病	新兴热点，日本技术预见有类似主题
		神经退行性疾病诊断和分类研究	学科交叉，日本技术预见有类似主题
2	干细胞与再生医学（8个）	诱导多能干细胞重编程机制	高专利转化潜力
		组织和器官的 3D 生物打印	新兴热点、学科交叉
		细胞外基质作为生物支架材料的结构与功能	学科交叉
		人诱导多能干细胞分化的心肌细胞	高专利转化潜力、学科交叉
		聚乙二醇水凝胶在组织工程中的应用研究	高专利转化潜力
		组织再生用丝素蛋白生物材料	学科交叉
		石墨烯与间充质干细胞的研究	新兴热点
		能够调控干细胞增殖、分化和功能的关键技术	产业需求
3	免疫治疗（8个）	三维体外肿瘤模型及其在肿瘤研究和药物评价的应用	学科交叉
		PD-1/PD-L1 抑制剂在肿瘤治疗中的应用	高专利转化潜力
		免疫检查点抑制剂在肿瘤治疗中的应用	新兴热点、高媒体关注、高专利转化潜力
		细胞穿透肽在核酸和肿瘤药物传递的应用	高专利转化潜力
		嵌合抗原受体 T 细胞（CAR-T 细胞）免疫疗法	新兴热点、高媒体关注、高专利转化潜力、产业需求，日本技术预见类似主题
		T 淋巴细胞代谢重编程的方法和机制	新兴热点

续表

序号	子领域	技术主题	来　源
3	免疫治疗（8个）	核酸适体在生物标志物检测和靶向药物中的应用	高专利转化潜力
		新型基因修饰肿瘤细胞疫苗技术	产业需求
4	基因技术（15个）	以组蛋白赖氨酸去甲基酶为靶点的抗癌治疗	高专利转化潜力
		全基因组组装算法	学科交叉
		外泌体与肿瘤细胞间通信	新兴热点
		CRISPR-Cas9 基因工程的开发与应用	新兴热点、高媒体关注、高专利转化潜力
		人肠道微生物组学与肥胖	新兴热点、高媒体关注
		环状 RNA 与基因调控表达	新兴热点
		RNA 甲基化修饰	新兴热点
		单细胞 RNA 序列分析与转录组学	新兴热点、高专利转化潜力
		全基因组水平上单核苷酸多态性表达定量	新兴热点、高媒体关注
		外显子组测序及基因组变异分析	高专利转化潜力、学科交叉
		靶循环 MicroRNA 扩增与癌症检测	学科交叉
		长链非编码 RNA 与肿瘤治疗	新兴热点
		宏基因组扩增子测序分析	新兴热点
		DNA 甲基化与表观基因组学	新兴热点
		纳米孔测序	产业需求、韩国技术预见类似主题
5	生物材料和检测（10个）	基于表面拉曼散射的体外检测	学科交叉
		抗菌聚合物作用机理、活性因子及应用	学科交叉
		纸基微流体学诊断分析	新兴热点
		肿瘤 DNA 的液体活检	高专利转化潜力
		3D 打印微流控芯片技术	学科交叉
		微流控技术在组织血管网络中的应用	学科交叉
		量子点在生物医学体外诊断的应用	学科交叉
		金属纳米颗粒对体内外免疫反应的影响	高专利转化潜力

序号	子领域	技术主题	来　源
5	生物材料和检测（10个）	金属纳米颗粒用于癌症治疗研究	学科交叉
		自组装纳米粒非病毒性基因载体	高专利转化潜力、学科交叉
6	医疗器械（8个）	医学图像分析中的深度学习研究	学科交叉
		肌电信号假肢与控制	学科交叉
		高分辨率功能的分子光学成像	学科交叉
		光学相干断层血管造影	学科交叉
		具有超灵敏和实时数据解释与判断能力的智能远程手术机器人系统	愿景分析、产业需求、韩国技术预见
		能够进行远程治疗和护理医疗系统	日本技术预见、韩国技术预见类似主题
		高通量液相悬浮芯片技术	愿景分析、产业需求
		基于AI的快速病理诊断系统	愿景分析、产业需求、日本技术预见
7	疾病预防（14个）	肝炎病毒与抗病毒药物研究	新兴热点、高媒体关注
		人类免疫缺陷病毒预防与风险评估	高媒体关注
		HIV中和抗体在抗HIV感染中的作用	高媒体关注、高专利转化潜力
		寨卡病毒生物学研究	新兴热点、高媒体关注
		通用流感病毒抗体和疫苗研究	高专利转化潜力、韩国技术预见类似主题
		埃博拉病毒治病机理、临床表现与治疗	高专利转化潜力
		生态毒理学研究和风险评估	学科交叉
		冠状病毒相关诊断、病理学和病因学研究	公众利益需求
		利用病原体数据库分离鉴定未知病原体的技术	公众利益需求、日本技术预见
		新兴传染病对人类影响的预测和评估系统	公众利益需求、日本技术预见
		传染病（流行病）疫情信息智能检测、预警	产业需求、日本技术预见、韩国技术预见
		病毒性疫苗、联合疫苗、基因重组蛋白质疫苗、多糖蛋白结合等细菌性疫苗及治疗性疫苗研究	产业需求

续表

序号	子领域	技术主题	来　源
7	疾病预防（14 个）	冠状病毒相关疫苗和药物方面的研究	公众利益需求
		重大疫情的生态环境风险综合评估与防控策略	愿景需求、公众利益需求
8	药物研发（12 个）	纳米胶束性能及其药物控释研究	新兴热点
		用于癌症治疗的抗体药物耦合物	高专利转化潜力
		药物研发、药剂与作用靶点研究	学科交叉
		抗生素耐药性与人类健康风险评估	新兴热点、学科交叉
		干扰素导基因的抗病毒机制及药物	高专利转化潜力
		阿片类处方镇痛药与疼痛治疗	新兴热点、高媒体关注
		BET 溴结构域抑制剂在肿瘤治疗中的应用	高专利转化潜力
		前蛋白转化酶枯草杆菌蛋白酶 9 抑制剂	新兴热点、高媒体关注
		基于靶标结构的药物结构修饰与优化研究	产业需求
		中药复方新药以及中药组分或单体新药的研发	产业需求
		通过药物运载系统实现将核酸药物靶向到目标组织和器官	日本技术预见
		基于 AI 的药物研发（化合物筛选、设计和靶点发现等）	日本技术预见
9	健康管理（11 个）	膳食糖摄入量与肥胖、2 型糖尿病和心血管等疾病风险分析	高媒体关注
		棕色脂肪、米色脂肪、白色脂肪对肥胖的不同影响	高媒体关注
		高温高热对健康的影响	高媒体关注、学科交叉
		食物过敏发病机制诊断预防和管理	高媒体关注、克利夫兰医学中心趋势报告类似主题
		长期暴露于大气颗粒物污染对健康的影响	学科交叉
		老年人肌减少症对健康的影响和研究	新兴热点
		1 型和 2 型糖尿病的药物治疗	新兴热点
		生殖健康及出生缺陷防控研究	愿景分析

续表

序号	子领域	技术主题	来　源
9	健康管理（11个）	医疗健康大数据云平台	愿景分析、产业经济需求、德勤报告、日本技术预见
		退行性骨质疏松症骨折风险机制和预防	日本技术预见、克利夫兰医学中心趋势报告类似主题
		通过调节衰老诱导剂的抗衰老控制	经济社会发展需求、韩国技术预见

二、德尔菲法调查概述

1. 德尔菲调查问卷

德尔菲调查问卷的设计必须坚持"全面、简洁、客观、可行、一致"的原则。本次技术预见项目采用中国科协创新战略研究院提供的项目调查问卷格式，设置了8个栏，旨在通过调查问卷的方式来获取专家对备选技术课题的判断：在中国的技术实验室实现时间及影响因素；在中国的技术应用推广普及时间及影响因素；当前中国的研发水平；目前领先国家；对未来的影响等方面。

调查问卷有8个需要被调查专家回答的问题，具体如下。

（1）您对该课题的熟悉程度

A. 熟悉；B. 一般；C. 不熟悉

（2）在中国的技术实验室实现时间

A. 2021—2025年；B. 2026—2030年；C. 2031—2035年；D. 无法预见

（3）在中国的技术实验室实现的影响因素（可做多项选择，不超过3项）

A. 科学原理突破；B. 相关学科发展情况；C. 学科交叉程度；D. 高层次人才及团队；E. 研发资金；F. 研发设施设备；G. 产学研合作；H. 国内政策支持；I. 国外竞争限制

（4）在中国的技术应用推广和普及时间

A. 2021—2025年；B. 2026—2030年；C. 2031—2035年；D. 无法预见

（5）在中国的技术应用推广和普及影响因素（可做多项选择，不超过 3 项）

　　A. 社会或风险资金；B. 成果转化中试基地；C. 产业链配套能力；D. 科技中介服务；E. 公众需求；F. 市场竞争程度；G. 危害性或伦理风险；H. 国内示范推广；I. 国外限制竞争

（6）当前中国的研发水平

　　A. 国际领先；B. 接近国际水平；C. 落后国际水平

（7）目前领先国家

　　A. 美国；B. 日本；C. 欧洲国家；D. 其他

（8）对哪两项影响最大

　　A. 国家安全；B. 产业升级；C. 社会发展；D. 生活质量

2. 德尔菲问卷调查专家筛选

被调查专家在很大程度上影响德尔菲调查结果。生命健康领域技术预见项目借鉴以往技术预见经验，在专家筛选上严格把关。被调查专家的组成结构全面，机构尽可能涵盖高校、科研院所、企业、医院和政府部门等机构，以保证调查的全面性；被调查专家必须具备权威性，本次技术预见邀请的专家均在相关领域具有高级职称。

依据相关原则，本次技术预见活动聘请国际宇航科学院院士、北京理工大学医工融合研究院副院长邓玉林教授为首席专家，采用"专家推荐制"来确定德尔菲调查专家。由专家组推荐一批专家，研究组核查被推荐的专家名单，最终形成德尔菲调查专家库。

3. 德尔菲调查流程

第一轮专家研讨会于 2019 年 12 月 7 日召开，技术预见和学科领域专家来自中国科学院、中国医学科学院、中国科学技术发展战略研究院、北京理工大学、北京大学、爱思唯尔出版集团等，主要意见有：①借鉴科技部专家介绍的国家第 6 次技术评价和预测实施过程，整理研究思路；②针对生命健康领域特点遴选科学前沿技术，探讨方法改进；③细分领域的划分需要进一步探讨；④

重点领域的解读要聚焦；⑤成立生命健康领域技术预见专家组。

由专家库专家开展两轮德尔菲调查。德尔菲调查涉及 9 个子领域 95 项技术课题，第一轮德尔菲调查，发放问卷 302 份，参与作答的专家主要来自高校和企业；第二轮德尔菲调查，根据第一轮反馈的结果，补充发放问卷 88 份，增加了医院和科研院所的专家比例。共回收问卷 98 份，回收比率为 25.13%。

综合两轮德尔菲调查结果对技术课题，对国家安全、产业升级、社会发展以及生活质量的重要性以及考虑技术课题的实现时间，在 95 项课题的基础上筛选出 20 项重点技术课题。

2020 年 10 月 27 日，研究组召开专家会议，将技术预见调查结果做了汇报。专家对调查结果进行深入分析，并结合国家重大战略需求，讨论后筛选出最重要的 11 项优先发展关键技术，即复杂脑疾病的诊断与调控技术，脑机接口与类脑人工智能技术，干细胞调控与类器官技术，免疫稳态与疾病防治关键技术，新一代基因测序、编辑技术与应用，纳米生物材料与生物检测应用技术，医疗器械的智能感知与智能交互关键技术，未知病原体的智能检测、预警与防控技术，源于传统中药的新药发现技术，多模态医疗健康大数据交互与应用技术，靶向药物智能递送系统。

4. 德尔菲调查统计

德尔菲调查回函专家的专业背景对于调查结果有重要影响，因此德尔菲调查表中特别区分了专家对技术课题的熟悉程度。从调查结果看，两轮德尔菲调查中，对技术课题"熟悉"和"一般"的专家分别占比 41.45% 和 40.60%，不熟悉的专家占比 17.95%（图 2.6）。德尔菲调查中对技术的判断在很大程度上取决于专家的专业知识水平，"熟悉"和"一般"的专家占比超过 80%，保证了德尔菲调查的专业性和可信度。

德尔菲调查中，假设"熟悉"技术课题的专家对技术课题的判断比对技术课题熟悉程度为"一般"的专家的判断要优。因此，在处理德尔菲调查问卷中"熟悉""一般"和"不熟悉"三类专家的判断时，分别赋予权重 4、2 和 1，用加权回函专家人数取代实际回函专家人数，统计对某一问题的认同度，使判断

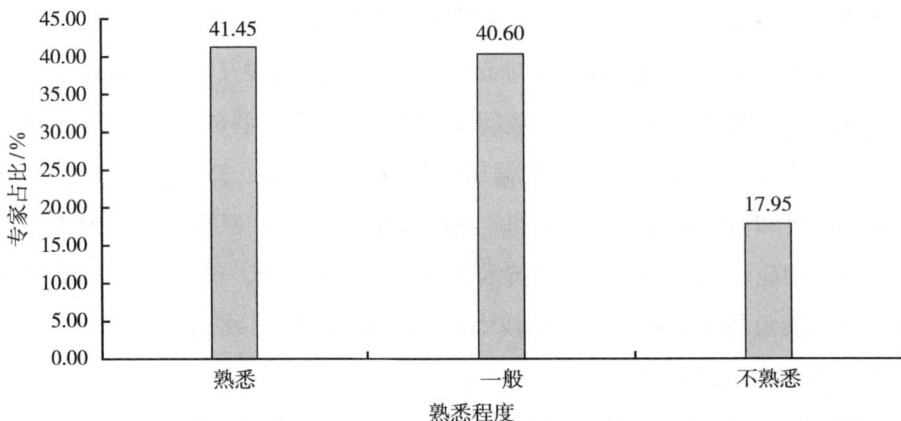

图 2.6　德尔菲调查专家熟悉程度分布

更趋向于熟悉技术课题的专家判断。

三、技术课题的实现时间

中位数法是国内外德尔菲调查统计预计实现时间的最常用方法。本研究采用该方法计算某一技术课题的预见实现时间。在德尔菲调查问卷中，"在中国的技术实验室实现时间"和"在中国的技术应用推广和普及时间"调查栏中设置了 4 个选项，分别为：A. 2021—2025 年；B. 2026—2030 年；C. 2031—2035 年；D. 无法预见。

在采用中位数法计算每个技术课题的预计实现时间的过程中，先将各位专家的预测结果在时间轴上按先后顺序排列，并将考虑专家熟悉程度的加权专家人数等分为两组，则：在中分值点的预测结果称为中位数，表示专家中有一半的人（加权专家人数）预测实现的时间早于它，而另一半人预测的时间晚于它，技术课题预见实现时间则为该中位数值。采用该方法对"在中国的技术实验室实现时间"和"在中国的技术应用推广和普及时间"进行计算，得到结果如下所示。

1. 实验室发明时间分析

对"在中国的技术实验室实现时间"进行统计分析，如图 2.7 所示。从预计结果看，生命健康领域多数技术课题在中国实验室实现时间集中在 2025 年前后，预计在 2023—2029 年实现的技术课题为 81 项，占德尔菲调查清单中课题总量的 85.26%。

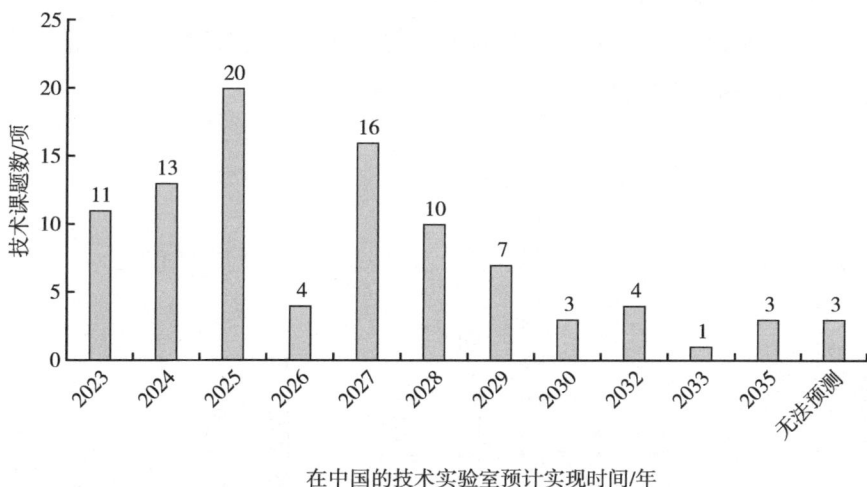

在中国的技术实验室预计实现时间/年

图 2.7　生命健康领域技术课题在中国技术实验室预计实现时间分布

图 2.8 为不同课题编号的技术课题的"在中国的技术实验室实现时间"。

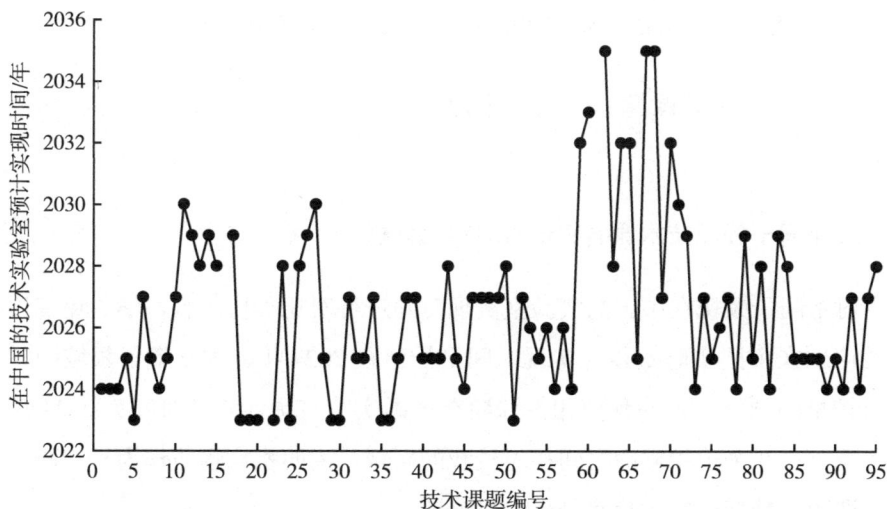

图 2.8　生命健康领域技术课题在中国的技术实验室预计实现时间

2. 社会推广时间分析

对"在中国的技术应用推广和普及时间"进行统计分析，从预计结果看，生命健康领域多数技术课题在中国技术应用推广和普及时间集中在 2029 年前后，预计在 2028—2033 年实现的技术课题为 62 项，占德尔菲调查清单中课题总量的 65.26%（图 2.9）。

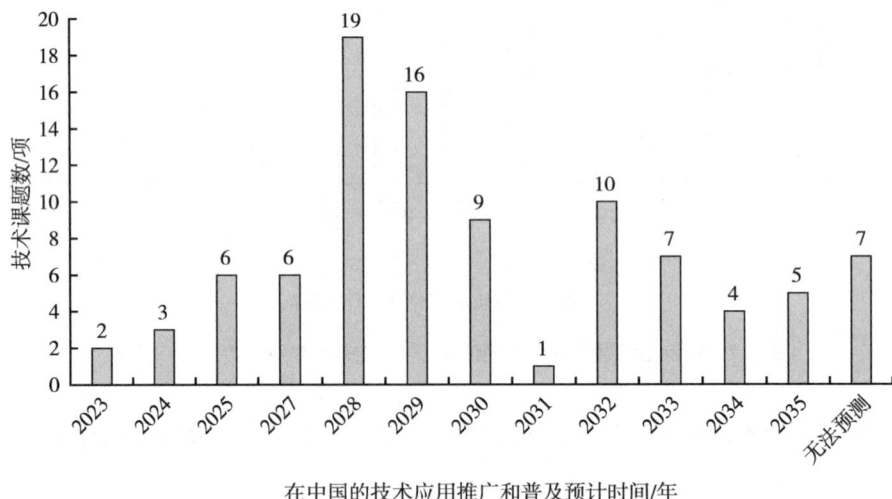

图 2.9　生命健康领域技术课题在中国技术应用和普及预计时间分布

图 2.10 为不同课题编号的技术课题的"在中国的技术应用推广和普及时间"。

3. 不同子领域技术课题实现时间对比分析

对不同子领域在中国的实验室实现时间进行对比分析。脑科学、免疫治疗相关课题在中国实验室预计实现时间平均值在 2024 年，为 9 个子领域中时间相对较早的领域；疾病预防相关课题在中国实验室预计实现时间为 2031 年左右，属于在 9 个子领域中时间相对较晚的领域，说明疾病预防作为长期研究的技术课题，其需要的实验室研究时间较长。

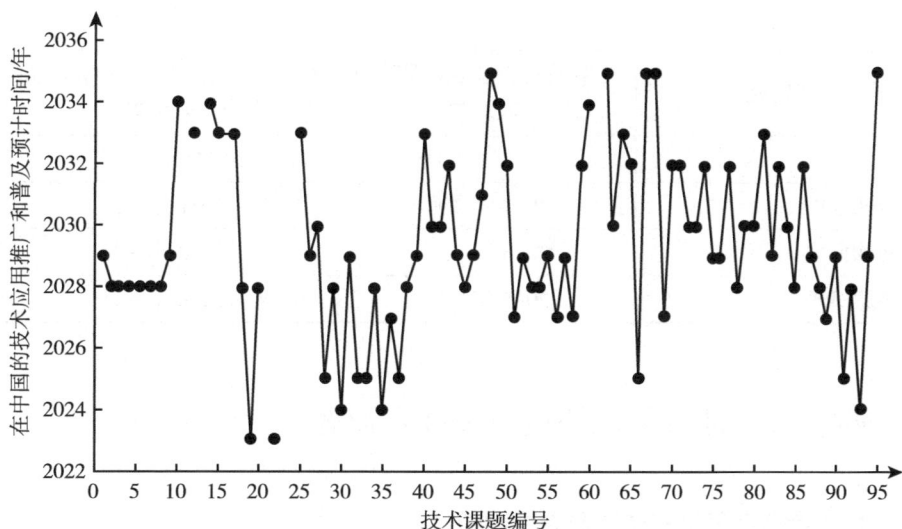

图 2.10 生命健康领域技术课题在中国的技术应用和普及时间

对不同子领域在中国的技术大规模普及时间进行对比分析，见表 2.25。免疫治疗和基因技术在中国的技术大规模普及时间平均值在 2027 年，为 9 个子领域中时间相对较早的领域；干细胞和再生医学相关技术课题在中国的技术大规模普及时间在 2033 年，为 9 个子领域中时间相对较晚的领域。

对在中国的实验室实现时间与大规模普及时间的差值进行分析，其中疾病预防子领域两个实现时间之间的差值最小，几乎为同时实现；干细胞和再生医学与生物材料和检测两个实现时间之间的差值最大，为 5 年。

表 2.25 生命健康领域不同子领域技术课题实现时间对比分析

子领域	在中国的实验室实现时间平均值	在中国的技术大规模普及时间平均值
1 脑科学	2024 年 6 月	2028 年 2 月
2 干细胞和再生医学	2028 年 6 月	2033 年 4 月
3 免疫治疗	2024 年 4 月	2027 年始
4 基因技术	2025 年 6 月	2027 年 3 月
5 生物材料和检测	2026 年 3 月	2031 年始

子领域	在中国的实验室实现时间平均值	在中国的技术大规模普及时间平均值
6 医疗器械	2025 年 1 月	2028 年始
7 疾病预防	2031 年 2 月	2031 年 7 月
8 药物研发	2026 年 3 月	2030 年 3 月
9 健康管理	2025 年 4 月	2028 年 5 月

四、生命健康领域的最重要技术课题

1. 生命健康领域对未来影响的判断

对生命健康 9 个子领域对未来国家安全、产业升级、社会发展和生活质量的影响进行分析，如表 2.26 所示。

整体来看，专家认为生命健康整体对社会发展、生活质量的影响最为突出。其中，疾病预防、基因技术、脑科学对国家安全的影响较为突出，免疫治疗、基因技术对产业升级的影响较为突出，而免疫治疗、干细胞和再生医学对社会发展的影响，健康管理、脑科学、疾病预防对生活质量的影响较为突出。

表 2.26　生命健康子领域对未来影响的程度

子领域	国家安全	产业升级	社会发展	生活质量
1 脑科学	11.2	23.4	34.9	30.6
2 干细胞和再生医学	5.6	25.1	42.3	27
3 免疫治疗	6.3	37.5	43.8	12.5
4 基因技术	20	34.4	27.2	18.3
5 生物材料和检测	5.1	31.1	38.7	25.2
6 医疗器械	3	31.9	35.4	29.7
7 疾病预防	29.9	4	35.6	30.5
8 药物研发	8.4	30.9	33.8	26.8

续表

子领域	国家安全	产业升级	社会发展	生活质量
9 健康管理	4.2	14.3	39.7	41.8
总计	12	25	36	27

2. 对国家安全最重要的 10 项技术主题

根据技术课题"对国家安全重要程度",遴选出未来对国家安全最重要的 10 项技术主题,包括"小胶质细胞与神经退行性疾病""诱导多能干细胞重编程机制""新型基因修饰肿瘤细胞疫苗技术""CRISPR-Cas9 基因工程的开发与应用""3D 打印微流控芯片技术""具有超灵敏和实时数据解释与判断能力的智能远程手术机器人系统""冠状病毒相关疫苗和药物方面的研究""干扰素导基因的抗病毒机制及药物""医疗健康大数据云平台""重大疫情的生态环境风险综合评估与防控策略"。具体见表 2.27。

表 2.27 对保障国家安全最重要的 10 项技术课题

子领域	技术课题编号	技术课题名称	在中国的实验室预计实现时间/年	在中国的技术大规模普及预计时间/年
1 脑科学	8	小胶质细胞与神经退行性疾病	2024	2028
2 干细胞和再生医学	10	诱导多能干细胞重编程机制	2027	2034
3 免疫治疗	25	新型基因修饰肿瘤细胞疫苗技术	2028	2033
4 基因技术	29	CRISPR-Cas9 基因工程的开发与应用	2023	2028
5 生物材料和检测	45	3D 打印微流控芯片技术	2024	2028
6 医疗器械	55	具有超灵敏和实时数据解释与判断能力的智能远程手术机器人系统	2026	2029
7 疾病预防	71	冠状病毒相关疫苗和药物方面的研究	2030	2032

续表

子领域	技术课题编号	技术课题名称	在中国的实验室预计实现时间 / 年	在中国的技术大规模普及预计时间 / 年
7 疾病预防	72	重大疫情的生态环境风险综合评估与防控策略	2029	2030
8 药物研发	77	干扰素导基因的抗病毒机制及药物	2027	2032
9 健康管理	93	医疗健康大数据云平台	2024	2024

3. 对产业升级最重要的 10 项技术主题

根据技术课题"对产业升级重要程度"，遴选出未来对产业升级最重要的 10 项技术主题（表 2.28），包括纳米药物靶向输运透过血脑屏障的研究、石墨烯与间充质干细胞的研究、三维体外肿瘤模型及其在肿瘤研究和药物评价的应用、以组蛋白赖氨酸去甲基酶为靶点的抗癌治疗、纸基微流体学诊断分析、高分辨率功能的分子光学成像、肝炎病毒与抗病毒药物研究、基于 AI 的药物研发（化合物筛选、设计和靶点发现等）、通过药物运载系统实现将核酸药物靶向到目标组织和器官，以及棕色脂肪、米色脂肪、白色脂肪对肥胖的不同影响。

表 2.28　对促进产业升级最重要的 10 项技术课题

子领域	技术课题编号	技术课题名称	在中国的实验室预计实现时间 / 年	在中国的技术大规模普及预计时间 / 年
1 脑科学	1	纳米药物靶向输运透过血脑屏障的研究	2024	2029
2 干细胞和再生医学	16	石墨烯与间充质干细胞的研究	无法预测	无法预测
3 免疫治疗	18	三维体外肿瘤模型及其在肿瘤研究和药物评价的应用	2023	2028

续表

子领域	技术课题编号	技术课题名称	在中国的实验室预计实现时间/年	在中国的技术大规模普及预计时间/年
4 基因技术	26	以组蛋白赖氨酸去甲基酶为靶点的抗癌治疗	2029	2029
5 生物材料和检测	43	纸基微流体学诊断分析	2028	2032
6 医疗器械	53	高分辨率功能的分子光学成像	2026	2028
7 疾病预防	59	肝炎病毒与抗病毒药物研究	2032	2032
8 药物研发	84	基于 AI 的药物研发（化合物筛选、设计和靶点发现等）	2028	2030
8 药物研发	83	通过药物运载系统实现将核酸药物靶向到目标组织和器官	2029	2032
9 健康管理	86	棕色脂肪、米色脂肪、白色脂肪对肥胖的不同影响	2025	2032

4. 对社会发展最重要的 10 项技术主题

根据技术课题"对社会发展重要程度"，遴选出未来对社会发展最重要的 10 项技术主题（表 2.29），包括"昼夜节律和睡眠对身体和大脑健康的影响""诱导多能干细胞重编程机制""PD–1/PD–L1 抑制剂在肿瘤治疗中的应用""环状 RNA 与基因调控表达""微流控技术在组织血管网络中的应用""基于 AI 的快速病理诊断系统""利用病原体数据库分离鉴定未知病原体的技术""传染病（流行病）疫情信息智能检测、预警""长期暴露于大气颗粒物污染对健康的影响""生殖健康及出生缺陷防控研究"。

表 2.29　对促进社会发展最重要的 10 项技术课题

子领域	技术课题编号	技术课题名称	在中国的实验室预计实现时间／年	在中国的技术大规模普及预计时间／年
1 脑科学	5	昼夜节律和睡眠对身体和大脑健康的影响	2023	2028
2 干细胞和再生医学	10	诱导多能干细胞重编程机制	2027	2034
3 免疫治疗	19	PD-1/PD-L1 抑制剂在肿瘤治疗中的应用	2023	2023
4 基因技术	31	环状 RNA 与基因调控表达	2027	2029
5 生物材料和检测	46	微流控技术在组织血管网络中的应用	2027	2029
6 医疗器械	58	基于 AI 的快速病理诊断系统	2024	2027
7 疾病预防	67	利用病原体数据库分离鉴定未知病原体的技术	2035	2035
7 疾病预防	69	传染病（流行病）疫情信息智能检测、预警	2027	2027
9 健康管理	89	长期暴露于大气颗粒物污染对健康的影响	2024	2027
9 健康管理	92	生殖健康及出生缺陷防控研究	2027	2028

5. 对生活质量最重要的 10 项技术主题

根据技术课题"对生活质量重要程度"，遴选出未来对生活质量最重要的 10 项技术主题（表 2.30），包括"昼夜节律和睡眠对身体和大脑健康的影响""组织和器官的 3D 生物打印""嵌合抗原受体 T 细胞（CAR-T 细胞）免疫疗法""靶循环 MicroRNA 扩增与癌症检测""金属纳米颗粒对体内外免疫反应的影响""肌电信号假肢与控制""肝炎病毒与抗病毒药物研究""BET 溴结构域抑制剂在肿瘤治疗中的应用""1 型和 2 型糖尿病的药物治疗""膳食糖摄入量与肥胖""2 型糖尿病和心血管等疾病风险分析"。

表2.30　对提升生活质量最重要的 10 项技术课题

子领域	技术课题编号	技术课题名称	在中国的实验室预计实现时间/年	在中国的技术大规模普及预计时间/年
1 脑科学	5	昼夜节律和睡眠对身体和大脑健康的影响	2023	2028
2 干细胞和再生医学	11	组织和器官的 3D 生物打印	2030	无法预测
3 免疫治疗	22	嵌合抗原受体 T 细胞（CAR-T 细胞）免疫疗法	2023	2023
4 基因技术	36	靶循环 MicroRNA 扩增与癌症检测	2023	2027
5 生物材料和检测	48	金属纳米颗粒对体内外免疫反应的影响	2027	2035
6 医疗器械	52	肌电信号假肢与控制	2027	2029
7 疾病预防	59	肝炎病毒与抗病毒药物研究	2032	2032
8 药物研发	79	BET 溴结构域抑制剂在肿瘤治疗中的应用	2029	2030
9 健康管理	91	1 型和 2 型糖尿病的药物治疗	2024	2025
9 健康管理	85	膳食糖摄入量与肥胖、2 型糖尿病和心血管等疾病风险分析	2025	2028

五、技术发展的制约因素

1. 实验室技术实现的制约因素分析

对生命健康 9 个子领域在实验室技术实现的制约因素进行分析，如表 2.31 所示。整体来看，专家认为生命健康领域在实验室技术实现的制约因素中，科学原理突破、高层次人才及团队以及学科交叉程度影响较大；其次为相关学科发展情况、研发基金、产学研合作、研发设施设备；国内政策支持和国外竞争限制影响相对较小。

受科学原理突破因素制约程度较高的子领域包括免疫治疗、健康管理等；

受相关学科发展情况制约程度较高的子领域包括健康管理、疾病预防；受学科交叉制约程度较高的子领域包括疾病预防、脑科学；受高层次人才及团队因素制约程度较高的包括免疫治疗和脑科学；受研发资金因素制约程度较高的包括免疫治疗、药物研发；受研发设施设备制约程度较高的包括脑科学、生物材料和检测、干细胞和再生医学、药物研发；受产学研合作因素制约程度较高的包括生物材料和检测、医疗器械；受国内政策支持因素制约程度较高的包括健康管理、医疗器械和药物研发；受国外竞争限制因素制约程度较高的包括医疗器械和药物研发。

表 2.31　生命健康领域实验室技术显现制约因素分析

子领域	实验室技术实现的制约因素分析（专家认同度，%）								
	科学原理突破	相关学科发展情况	学科交叉程度	高层次人才及团队	研发资金	研发设施设备	产学研合作	国内政策支持	国外竞争限制
1 脑科学	49.7	42.0	63.5	60.2	25.0	22.8	18.7	6.0	0.0
2 干细胞和再生医学	61.0	34.6	59.8	52.2	31.1	21.2	15.7	4.8	1.3
3 免疫治疗	75.0	0.0	25.0	100.0	62.5	0.0	37.5	0.0	0.0
4 基因技术	57.8	51.1	42.2	58.9	40.0	13.3	25.6	7.8	0.0
5 生物材料和检测	33.0	54.4	55.2	31.9	19.8	21.6	48.4	9.6	1.5
6 医疗器械	46.7	36.5	59.8	44.1	27.5	13.5	43.6	12.6	4.2
7 疾病预防	59.0	58.5	80.7	41.0	36.0	0.0	15.7	9.2	0.0
8 药物研发	50.7	35.1	31.3	55.9	55.5	21.1	21.9	12.3	2.3
9 健康管理	66.8	63.3	30.7	30.6	42.6	10.8	23.0	22.6	0.0
总计	55.5	44.1	50.1	51.5	38.2	13.4	26.8	9.8	0.9

　　对技术课题在实验室技术实现的制约因素进行分析，遴选出受科学原理突破制约最大的 10 项技术课题，如表 2.32 所示，包括"正念疗法对焦虑和抑郁的影响""石墨烯与间充质干细胞的研究""能够调控干细胞增殖、分化和功能的关键技术""细胞穿透肽在核酸和肿瘤药物传递的应用""以组蛋白赖氨酸去甲基酶为靶点的抗癌治疗""金属纳米颗粒对体内外免疫反应的影响""高分辨

率功能的分子光学成像""冠状病毒相关疫苗和药物方面的研究""干扰素导基因的抗病毒机制及药物""生殖健康及出生缺陷防控研究"。

表 2.32 受科学原理突破制约最大的 10 项技术课题

子领域	技术课题编号	技术课题名称	在中国的实验室预计实现时间/年	在中国的技术大规模普及预计时间/年
1 脑科学	4	正念疗法对焦虑和抑郁的影响	2025	2028
2 干细胞和再生医学	16	石墨烯与间充质干细胞的研究	无法预测	无法预测
2 干细胞和再生医学	17	能够调控干细胞增殖、分化和功能的关键技术	2029	2033
3 免疫治疗	21	细胞穿透肽在核酸和肿瘤药物传递的应用	无法预测	无法预测
4 基因技术	26	以组蛋白赖氨酸去甲基酶为靶点的抗癌治疗	2029	2029
5 生物材料和检测	48	金属纳米颗粒对体内外免疫反应的影响	2027	2035
6 医疗器械	53	高分辨率功能的分子光学成像	2026	2028
7 疾病预防	71	冠状病毒相关疫苗和药物方面的研究	2030	2032
8 药物研发	77	干扰素导基因的抗病毒机制及药物	2027	2032
9 健康管理	92	生殖健康及出生缺陷防控研究	2027	2028

对技术课题在实验室技术实现的制约因素进行分析,遴选出受相关学科发展情况制约最大的 10 项技术课题,如表 2.33 所示,包括"脑默认网络的神经机制、功能及临床应用研究""聚乙二醇水凝胶在组织工程中的应用研究""嵌合抗原受体 T 细胞(CAR–T 细胞)免疫疗法""DNA 甲基化与表观基因组学""自组织纳米粒非病毒性基因载体""基于 AI 的快速病理诊断系统""通用流感病毒抗体和疫苗研究""HIV 中和抗体在抗 HIV 感染中的作用""前蛋白转化酶枯草杆菌蛋白酶 9 抑制剂""通过调节衰老诱导剂的抗衰老控制"。

表 2.33　受相关学科发展情况制约最大的 10 项技术课题

子领域	技术课题编号	技术课题名称	在中国的实验室预计实现时间/年	在中国的技术大规模普及预计时间/年
1 脑科学	7	脑默认网络的神经机制、功能及临床应用研究	2025	2028
2 干细胞和再生医学	14	聚乙二醇水凝胶在组织工程中的应用研究	2029	2034
3 免疫治疗	22	嵌合抗原受体 T 细胞（CAR–T 细胞）免疫疗法	2023	2023
4 基因技术	39	DNA 甲基化与表观基因组学	2027	2029
5 生物材料和检测	50	自组织纳米粒非病毒性基因载体	2028	2032
6 医疗器械	58	基于 AI 的快速病理诊断系统	2024	2027
7 疾病预防	63	通用流感病毒抗体和疫苗研究	2028	2030
7 疾病预防	61	HIV 中和抗体在抗 HIV 感染中的作用	无法预测	无法预测
8 药物研发	80	前蛋白转化酶枯草杆菌蛋白酶 9 抑制剂	2025	2030
9 健康管理	95	通过调节衰老诱导剂的抗衰老控制	2028	2035

对技术课题在实验室技术实现的制约因素进行分析，遴选出受学科交叉程度制约最大的 10 项技术课题，如表 2.34 所示，包括"纳米药物靶向输运透过血脑屏障的研究""脑机接口中脑电图分析及稳态视觉技术""细胞外基质作为生物支架材料的结构与功能""免疫检查点抑制剂在肿瘤治疗中的应用""全基因组组装算法""基于表面拉曼散射的体外检测""医学图像分析中的深度学习研究""肝炎病毒与抗病毒药物研究""基于 AI 的药物研发（化合物筛选、设计和靶点发现等）""医疗健康大数据云平台"。

对技术课题在实验室技术实现的制约因素进行分析，遴选出受高层次人才及团队制约最大的 10 项技术课题，如表 2.35 所示，包括"脑机接口中脑电图分析及稳态视觉技术""石墨烯与间充质干细胞的研究""三维体外肿瘤模型及其在肿瘤研究和药物评价的应用""环状 RNA 与基因调控表达""长链非编码

RNA 与肿瘤治疗""基于表面拉曼散射的体外检测""医学图像分析中的深度学习研究""冠状病毒相关诊断、病理学和病因学研究""BET 溴结构域抑制剂在肿瘤治疗中的应用""通过调节衰老诱导剂的抗衰老控制"。

表 2.34 受学科交叉程度制约最大的 10 项技术课题

子领域	技术课题编号	技术课题名称	在中国的实验室预计实现时间 / 年	在中国的技术大规模普及预计时间 / 年
1 脑科学	1	纳米药物靶向输运透过血脑屏障的研究	2024	2029
1 脑科学	6	脑机接口中脑电图分析及稳态视觉技术	2027	2028
2 干细胞和再生医学	12	细胞外基质作为生物支架材料的结构与功能	2029	2033
3 免疫治疗	20	免疫检查点抑制剂在肿瘤治疗中的应用	2023	2028
4 基因技术	27	全基因组组装算法	2030	2030
5 生物材料和检测	41	基于表面拉曼散射的体外检测	2025	2030
6 医疗器械	51	医学图像分析中的深度学习研究	2023	2027
7 疾病预防	59	肝炎病毒与抗病毒药物研究	2032	2032
8 药物研发	84	基于 AI 的药物研发（化合物筛选、设计和靶点发现等）	2028	2030
9 健康管理	93	医疗健康大数据云平台	2024	2024

表 2.35 受高层次人才及团队制约最大的 10 项技术课题

子领域	技术课题编号	技术课题名称	在中国的实验室预计实现时间 / 年	在中国的技术大规模普及预计时间 / 年
1 脑科学	6	脑机接口中脑电图分析及稳态视觉技术	2027	2028

续表

子领域	技术课题编号	技术课题名称	在中国的实验室预计实现时间/年	在中国的技术大规模普及预计时间/年
2 干细胞和再生医学	16	石墨烯与间充质干细胞的研究	无法预测	无法预测
3 免疫治疗	18	三维体外肿瘤模型及其在肿瘤研究和药物评价的应用	2023	2028
4 基因技术	31	环状 RNA 与基因调控表达	2027	2029
4 基因技术	37	长链非编码 RNA 与肿瘤治疗	2025	2025
5 生物材料和检测	41	基于表面拉曼散射的体外检测	2025	2030
6 医疗器械	51	医学图像分析中的深度学习研究	2023	2027
7 疾病预防	66	冠状病毒相关诊断、病理学和病因学研究	2025	2025
8 药物研发	79	BET 溴结构域抑制剂在肿瘤治疗中的应用	2029	2030
9 健康管理	95	通过调节衰老诱导剂的抗衰老控制	2028	2035

对技术课题在实验室技术实现的制约因素进行分析，遴选出研发资金制约最大的 10 项技术课题（表 2.36），包括"昼夜节律和睡眠对身体和大脑健康的影响""诱导多能干细胞重编程机制""PD-1/PD-L1 抑制剂在肿瘤治疗中的应用""外泌体与肿瘤细胞间通信""微流控技术在组织血管网络中的应用""光学相干断层血管造影""传染病（流行病）疫情信息智能检测、预警""抗生素耐药性与人类健康风险评估""用于癌症治疗的抗体药物耦合物""膳食糖摄入量与肥胖、2 型糖尿病和心血管等疾病风险分析"。

对技术课题在实验室技术实现的制约因素进行分析，遴选出研发设施设备制约最大的 10 项技术课题（表 2.37），包括"神经系统中的光遗传学""细胞外基质作为生物支架材料的结构与功能""人诱导多能干细胞分化的心肌细胞""T 淋巴细胞代谢重编程的方法和机制""纳米孔测序""基于表面拉曼散射的体外检测""高分辨率功能的分子光学成像""新兴传染病对人类影响的预测和评估系统""基于 AI 的药物研发（化合物筛选、设计和靶点发现等）""高温、高热对健康的影响"。

表 2.36 受研发资金制约最大的 10 项技术课题

子领域	技术课题编号	技术课题名称	在中国的实验室预计实现时间/年	在中国的技术大规模普及预计时间/年
1 脑科学	5	昼夜节律和睡眠对身体和大脑健康的影响	2023	2028
2 干细胞和再生医学	10	诱导多能干细胞重编程机制	2027	2034
3 免疫治疗	19	PD-1/PD-L1 抑制剂在肿瘤治疗中的应用	2023	2023
4 基因技术	28	外泌体与肿瘤细胞间通信	2025	2025
5 生物材料和检测	46	微流控技术在组织血管网络中的应用	2027	2029
6 医疗器械	54	光学相干断层血管造影	2025	2028
7 疾病预防	69	传染病（流行病）疫情信息智能检测、预警	2027	2027
8 药物研发	76	抗生素耐药性与人类健康风险评估	2026	2029
8 药物研发	74	用于癌症治疗的抗体药物耦合物	2027	2032
9 健康管理	85	膳食糖摄入量与肥胖、2 型糖尿病和心血管等疾病风险分析	2025	2028

表 2.37 受研发设施设备制约最大的 10 项技术课题

子领域	技术课题编号	技术课题名称	在中国的实验室预计实现时间/年	在中国的技术大规模普及预计时间/年
1 脑科学	3	神经系统中的光遗传学	2024	2028
2 干细胞和再生医学	12	细胞外基质作为生物支架材料的结构与功能	2029	2033
2 干细胞和再生医学	13	人诱导多能干细胞分化的心肌细胞	2028	无法预测

续表

子领域	技术课题编号	技术课题名称	在中国的实验室预计实现时间/年	在中国的技术大规模普及预计时间/年
3 免疫治疗	23	T 淋巴细胞代谢重编程的方法和机制	2028	无法预测
4 基因技术	40	纳米孔测序	2025	2033
5 生物材料和检测	41	基于表面拉曼散射的体外检测	2025	2030
6 医疗器械	53	高分辨率功能的分子光学成像	2026	2028
7 疾病预防	68	新兴传染病对人类影响的预测和评估系统	2035	2035
8 药物研发	84	基于 AI 的药物研发（化合物筛选、设计和靶点发现等）	2028	2030
9 健康管理	87	高温、高热对健康的影响	2025	2029

对技术课题在实验室技术实现的制约因素进行分析，遴选出受产学研合作制约最大的 10 项技术课题（表 2.38），包括"纳米药物靶向输运透过血脑屏障的研究""组织和器官的 3D 生物打印""三维体外肿瘤模型及其在肿瘤研究和药物评价的应用""嵌合抗原受体 T 细胞（CAR–T 细胞）免疫疗法""以组蛋白赖氨酸去甲基酶为靶点的抗癌治疗""金属纳米颗粒用于癌症治疗研究""医学图像分析中的深度学习研究""病毒性疫苗、联合疫苗、基因重组蛋白质疫苗、多糖蛋白结合等细菌性疫苗及治疗性疫苗研究""纳米胶束性能及其药物控释研究""1 型和 2 型糖尿病的药物治疗"。

表 2.38　受产学研合作制约最大的 10 项技术课题

子领域	技术课题编号	技术课题名称	在中国的实验室预计实现时间/年	在中国的技术大规模普及预计时间/年
1 脑科学	1	纳米药物靶向输运透过血脑屏障的研究	2024	2029

续表

子领域	技术课题编号	技术课题名称	在中国的实验室预计实现时间/年	在中国的技术大规模普及预计时间/年
2 干细胞和再生医学	11	组织和器官的 3D 生物打印	2030	无法预测
3 免疫治疗	18	三维体外肿瘤模型及其在肿瘤研究和药物评价的应用	2023	2028
3 免疫治疗	22	嵌合抗原受体 T 细胞（CAR-T 细胞）免疫疗法	2023	2023
4 基因技术	26	以组蛋白赖氨酸去甲基酶为靶点的抗癌治疗	2029	2029
5 生物材料和检测	49	金属纳米颗粒用于癌症治疗研究	2027	2034
6 医疗器械	51	医学图像分析中的深度学习研究	2023	2027
7 疾病预防	70	病毒性疫苗、联合疫苗、基因重组蛋白质疫苗、多糖蛋白结合等细菌性疫苗及治疗性疫苗研究	2032	2032
8 药物研发	73	纳米胶束性能及其药物控释研究	2024	2030
9 健康管理	91	1 型和 2 型糖尿病的药物治疗	2024	2025

对技术课题在实验室技术实现的制约因素进行分析，遴选出国内政策支持制约最大的 10 项技术课题（表 2.39），包括"运动对老年人认知和脑功能影响""组织和器官的 3D 生物打印""新型基因修饰肿瘤细胞疫苗技术""外显子组测序及基因组变异分析""全基因组组装算法""抗菌聚合物作用机理、活性因子及应用""能够进行远程治疗和护理医疗系统""重大疫情的生态环境风险综合评估与防控策略""中药复方新药以及中药组分或单体新药的研发""膳食糖摄入量与肥胖""2 型糖尿病和心血管等疾病风险分析"。

表 2.39　受国内政策支持制约最大的 10 项技术课题

子领域	课题编号	技术课题名称	在中国的实验室预计实现时间／年	在中国的技术大规模普及预计时间／年
1 脑科学	2	运动对老年人认知和脑功能影响	2024	2028
2 干细胞和再生医学	11	组织和器官的 3D 生物打印	2030	无法预测
3 免疫治疗	25	新型基因修饰肿瘤细胞疫苗技术	2028	2033
4 基因技术	35	外显子组测序及基因组变异分析	2023	2024
4 基因技术	27	全基因组组装算法	2030	2030
5 生物材料和检测	42	抗菌聚合物作用机理、活性因子及应用	2025	2030
6 医疗器械	56	能够进行远程治疗和护理医疗系统	2024	2027
7 疾病预防	72	重大疫情的生态环境风险综合评估与防控策略	2029	2030
8 药物研发	82	中药复方新药以及中药组分或单体新药的研发	2024	2029
9 健康管理	85	膳食糖摄入量与肥胖、2 型糖尿病和心血管等疾病风险分析	2025	2028

　　对技术课题在实验室技术实现的制约因素进行分析，遴选出受国外竞争限制制约最大的 10 项技术课题（表 2.40），包括"聚乙二醇水凝胶在组织工程中的应用研究""基于表面拉曼散射的体外检测""金属纳米颗粒对体内外免疫反应的影响""肌电信号假肢与控制""医学图像分析中的深度学习研究""具有超灵敏和实时数据解释与判断能力的智能远程手术机器人系统""高通量液相悬浮芯片技术""阿片类处方镇痛药与疼痛治疗""前蛋白转化酶枯草杆菌蛋白酶 9 抑制剂""基于 AI 的药物研发（化合物筛选、设计和靶点发现等）"。

表2.40 受国外竞争限制制约最大的 10 项技术课题

子领域	技术课题编号	技术课题名称	在中国的实验室预计实现时间/年	在中国的技术大规模普及预计时间/年
2 干细胞和再生医学	14	聚乙二醇水凝胶在组织工程中的应用研究	2029	2034
5 生物材料和检测	41	基于表面拉曼散射的体外检测	2025	2030
5 生物材料和检测	48	金属纳米颗粒对体内外免疫反应的影响	2027	2035
6 医疗器械	52	肌电信号假肢与控制	2027	2029
6 医疗器械	51	医学图像分析中的深度学习研究	2023	2027
6 医疗器械	55	具有超灵敏和实时数据解释与判断能力的智能远程手术机器人系统	2026	2029
6 医疗器械	57	高通量液相悬浮芯片技术	2026	2029
8 药物研发	78	阿片类处方镇痛药与疼痛治疗	2024	2028
8 药物研发	80	前蛋白转化酶枯草杆菌蛋白酶 9 抑制剂	2025	2030
8 药物研发	84	基于 AI 的药物研发（化合物筛选、设计和靶点发现等）	2028	2030

2. 技术应用推广和普及的制约因素分析

对生命健康 9 个子领域在技术应用推广和普及制约因素进行分析，如表 2.41 所示。整体来看，专家认为生命健康领域在技术应用推广和普及的制约因素中，成果转化中试基地、社会或风险资金、产业链配套能力制约程度较高；其次为公众需求、市场竞争程度、危害性或伦理风险、国内示范推广；科技中介服务和国外限制竞争的制约程度相对较小。

受社会或风险资金制约程度较高的子领域包括基因技术、疾病预防和健康管理；受成果转化中试基地制约程度较高的子领域包括基因技术、脑科学；受产业链配套能力制约程度较高的包括生物材料和检测、药物研发；受科技中介服务制约程度较高的包括脑科学、生物材料和检测；受公众需求制约程度较高的包括免疫治疗、医疗器械、脑科、干细胞和再生医学；受市场竞争程度制约程度较高的包括生物材料和检测、药物研发、健康管理；受危害性或伦理风险制约程度较高的包括免疫治疗、疾病预防；受国内示范推广制约程度较高的包括医疗器械、免疫治疗、脑科学；受国外限制竞争影响程度较高的包括药物研发、生物材料和检测。

表 2.41　生命健康领域技术应用推广和普及因素分析

子领域	技术应用推广和普及的制约因素（专家认同度，%）								
	社会或风险资金	成果转化中试基地	产业链配套能力	科技中介服务	公众需求	市场竞争程度	危害性或伦理风险	国内示范推广	国外限制竞争
1 脑科学	33.3	68.0	51.1	25.6	35.5	6.9	19.5	35.7	2.1
2 干细胞和再生医学	42.8	58.5	58.5	9.8	35.3	15.7	22.7	16.9	2.9
3 免疫治疗	37.5	12.5	12.5	0.0	100.0	12.5	75.0	37.5	0.0
4 基因技术	80.0	81.1	48.9	6.7	24.4	18.9	4.4	31.1	0.0
5 生物材料和检测	18.4	51.6	61.4	14.1	25.4	31.4	26.4	27.1	8.0
6 医疗器械	50.4	48.1	59.3	6.5	36.0	11.2	7.0	46.8	5.7
7 疾病预防	72.0	59.5	74.4	3.9	31.5	8.0	37.6	13.1	0.0
8 药物研发	45.0	57.3	61.1	2.9	29.8	31.3	18.0	20.3	10.7
9 健康管理	70.0	53.6	38.0	8.9	32.4	28.1	20.1	29.9	1.8
总计	53.1	56.9	53.1	8.3	36.5	18.6	24.3	27.6	3.3

对技术课题在技术应用推广和普及的制约因素进行分析，遴选出社会或风险资金制约最大的 10 项技术课题（表 2.42），包括"神经退行性疾病诊断和分类研究""能够调控干细胞增殖、分化和功能的关键技术""细胞穿透肽在核酸和肿瘤药物传递的应用""以组蛋白赖氨酸去甲基酶为靶点的抗癌治疗""微流控技术在组织血管网络中的应用""肌电信号假肢与控制""传染病（流行病）疫情信息智能检测、预警""冠状病毒相关诊断、病理学和病因学研究""基于

AI的药物研发（化合物筛选、设计和靶点发现等）""医疗健康大数据云平台"。

表2.42　受社会或风险资金制约最大的10项技术课题

子领域	技术课题编号	技术课题名称	在中国的实验室预计实现时间/年	在中国的技术大规模普及预计时间/年
1 脑科学	9	神经退行性疾病诊断和分类研究	2025	2029
2 干细胞和再生医学	17	能够调控干细胞增殖、分化和功能的关键技术	2029	2033
3 免疫治疗	21	细胞穿透肽在核酸和肿瘤药物传递的应用	无法预测	无法预测
4 基因技术	26	以组蛋白赖氨酸去甲基酶为靶点的抗癌治疗	2029	2029
5 生物材料和检测	46	微流控技术在组织血管网络中的应用	2027	2029
6 医疗器械	52	肌电信号假肢与控制	2027	2029
7 疾病预防	69	传染病（流行病）疫情信息智能检测、预警	2027	2027
7 疾病预防	66	冠状病毒相关诊断、病理学和病因学研究	2025	2025
8 药物研发	84	基于AI的药物研发（化合物筛选、设计和靶点发现等）	2028	2030
9 健康管理	93	医疗健康大数据云平台	2024	2024

对技术课题在技术应用推广和普及的制约因素进行分析，遴选出受成果转化中试基地制约最大的10项技术课题（表2.43），包括"小胶质细胞与神经退行性疾病""能够调控干细胞增殖、分化和功能的关键技术""三维体外肿瘤模型及其在肿瘤研究和药物评价的应用""CRISPR–Cas9基因工程的开发与应用""抗菌聚合物作用机理、活性因子及应用""具有超灵敏和实时数据解释与判断能力的智能远程手术机器人系统""肝炎病毒与抗病毒药物研究""通用流感病毒抗体和疫苗研究""前蛋白转化酶枯草杆菌蛋白酶9抑制剂""高温、高

热对健康的影响"。

表 2.43　受成果转化中试基地制约最大的 10 项技术课题

子领域	技术课题编号	技术课题名称	在中国的实验室预计实现时间 / 年	在中国的技术大规模普及预计时间 / 年
1 脑科学	8	小胶质细胞与神经退行性疾病	2024	2028
2 干细胞和再生医学	17	能够调控干细胞增殖、分化和功能的关键技术	2029	2033
3 免疫治疗	18	三维体外肿瘤模型及其在肿瘤研究和药物评价的应用	2023	2028
4 基因技术	29	CRISPR-Cas9 基因工程的开发与应用	2023	2028
5 生物材料和检测	42	抗菌聚合物作用机理、活性因子及应用	2025	2030
6 医疗器械	55	具有超灵敏和实时数据解释与判断能力的智能远程手术机器人系统	2026	2029
7 疾病预防	59	肝炎病毒与抗病毒药物研究	2032	2032
7 疾病预防	63	通用流感病毒抗体和疫苗研究	2028	2030
8 药物研发	80	前蛋白转化酶枯草杆菌蛋白酶 9 抑制剂	2025	2030
9 健康管理	87	高温、高热对健康的影响	2025	2029

对技术课题在技术应用推广和普及的制约因素进行分析，遴选出受产业链配套能力制约最大的 10 项技术课题（表 2.44），包括"纳米药物靶向输运透过血脑屏障的研究""组织和器官的 3D 生物打印""新型基因修饰肿瘤细胞疫苗技术""外显子组测序及基因组变异分析""纸基微流体学诊断分析""肌电信号假肢与控制""肝炎病毒与抗病毒药物研究""人类免疫缺陷病毒预防与风险评估""药物研发、药剂与作用靶点研究""生殖健康及出生缺陷防控研究"。

表 2.44　受产业链配套能力制约最大的 10 项技术课题

子领域	技术课题编号	技术课题名称	在中国的实验室预计实现时间 / 年	在中国的技术大规模普及预计时间 / 年
1 脑科学	1	纳米药物靶向输运透过血脑屏障的研究	2024	2029
2 干细胞和再生医学	11	组织和器官的 3D 生物打印	2030	无法预测
3 免疫治疗	25	新型基因修饰肿瘤细胞疫苗技术	2028	2033
4 基因技术	35	外显子组测序及基因组变异分析	2023	2024
5 生物材料和检测	43	纸基微流体学诊断分析	2028	2032
6 医疗器械	52	肌电信号假肢与控制	2027	2029
7 疾病预防	59	肝炎病毒与抗病毒药物研究	2032	2032
7 疾病预防	60	人类免疫缺陷病毒预防与风险评估	2033	2034
8 药物研发	75	药物研发、药剂与作用靶点研究	2025	2029
9 健康管理	92	生殖健康及出生缺陷防控研究	2027	2028

　　对技术课题在技术应用推广和普及的制约因素进行分析，遴选出受科技中介服务制约最大的 10 项技术课题（表 2.45），包括"昼夜节律和睡眠对身体和大脑健康的影响""人诱导多能干细胞分化的心肌细胞""全基因组水平上单核苷酸多态性表达定量""纳米孔测序""3D 打印微流控芯片技术""自组织纳米粒非病毒性基因载体""能够进行远程治疗和护理医疗系统""冠状病毒相关诊断、病理学和病因学研究""用于癌症治疗的抗体药物耦合物""退行性骨质疏松症骨折风险机制和预防"。

　　对技术课题在技术应用推广和普及的制约因素进行分析，遴选出受公众需求制约最大的 10 项技术课题（表 2.46），包括"正念疗法对焦虑和抑郁的影响""人诱导多能干细胞分化的心肌细胞""三维体外肿瘤模型及其在肿瘤研究和药物评价的应用""嵌合抗原受体 T 细胞（CAR–T 细胞）免疫疗法""人肠道微生物组学与肥胖""金属纳米颗粒用于癌症治疗研究""能够进行远程治疗和护理医疗系统""冠状病毒相关诊断、病理学和病因学研究""阿片类处方镇痛药与疼痛治疗""生殖健康及出生缺陷防控研究"。

表 2.45 受科技中介服务制约最大的 10 项技术课题

子领域	技术课题编号	技术课题名称	在中国的实验室预计实现时间/年	在中国的技术大规模普及预计时间/年
1 脑科学	5	昼夜节律和睡眠对身体和大脑健康的影响	2023	2028
2 干细胞和再生医学	13	人诱导多能干细胞分化的心肌细胞	2028	无法预测
4 基因技术	34	全基因组水平上单核苷酸多态性表达定量	2027	2028
4 基因技术	40	纳米孔测序	2025	2033
5 生物材料和检测	45	3D 打印微流控芯片技术	2024	2028
5 生物材料和检测	50	自组织纳米粒非病毒性基因载体	2028	2032
6 医疗器械	56	能够进行远程治疗和护理医疗系统	2024	2027
7 疾病预防	66	冠状病毒相关诊断、病理学和病因学研究	2025	2025
8 药物研发	74	用于癌症治疗的抗体药物耦合物	2027	2032
9 健康管理	94	退行性骨质疏松症骨折风险机制和预防	2027	2029

表 2.46 受公众需求制约最大的 10 项技术课题

子领域	技术课题编号	技术课题名称	在中国的实验室预计实现时间/年	在中国的技术大规模普及预计时间/年
1 脑科学	4	正念疗法对焦虑和抑郁的影响	2025	2028
2 干细胞和再生医学	13	人诱导多能干细胞分化的心肌细胞	2028	无法预测

续表

子领域	技术课题编号	技术课题名称	在中国的实验室预计实现时间/年	在中国的技术大规模普及预计时间/年
3 免疫治疗	18	三维体外肿瘤模型及其在肿瘤研究和药物评价的应用	2023	2028
3 免疫治疗	22	嵌合抗原受体 T 细胞（CAR-T 细胞）免疫疗法	2023	2023
4 基因技术	30	人肠道微生物组学与肥胖	2023	2024
5 生物材料和检测	49	金属纳米颗粒用于癌症治疗研究	2027	2034
6 医疗器械	56	能够进行远程治疗和护理医疗系统	2024	2027
7 疾病预防	66	冠状病毒相关诊断、病理学和病因学研究	2025	2025
8 药物研发	78	阿片类处方镇痛药与疼痛治疗	2024	2028
9 健康管理	92	生殖健康及出生缺陷防控研究	2027	2028

对技术课题在技术应用推广和普及的制约因素进行分析，遴选出受市场竞争程度制约最大的 10 项技术课题（表 2.47），包括"脑机接口中脑电图分析及稳态视觉技术""组织再生用丝素蛋白生物材料""核酸适体在生物标志物检测和靶向药物中的应用""全基因组组装算法""宏基因组扩增子测序分析""纸基微流体学诊断分析""高通量液相悬浮芯片技术""寨卡病毒生物学研""通过药物运载系统实现将核酸药物靶向到目标组织和器官""1 型和 2 型糖尿病的药物治疗"。

对技术课题在技术应用推广和普及的制约因素进行分析，遴选出受危害性或伦理风险制约最大的 10 项技术课题，如表 2.48 所示，包括"神经系统中的光遗传学""诱导多能干细胞重编程机制""组织和器官的 3D 生物打印""嵌合抗原受体 T 细胞（CAR-T 细胞）免疫疗法""CRISPR-Cas9 基因工程的开发与应用""金属纳米颗粒用于癌症治疗研究""肌电信号假肢与控制""传染病（流行病）疫情信息智能检测、预警""冠状病毒相关疫苗和药物方面的研究""阿片类处方镇痛药与疼痛治疗"。

表 2.47　受市场竞争程度制约最大的 10 项技术课题

子领域	技术课题编号	技术课题名称	在中国的实验室预计实现时间/年	在中国的技术大规模普及预计时间/年
1 脑科学	6	脑机接口中脑电图分析及稳态视觉技术	2027	2028
2 干细胞和再生医学	15	组织再生用丝素蛋白生物材料	2028	2033
3 免疫治疗	24	核酸适体在生物标志物检测和靶向药物中的应用	2023	无法预测
4 基因技术	27	全基因组组装算法	2030	2030
4 基因技术	38	宏基因组扩增子测序分析	2027	2028
5 生物材料和检测	43	纸基微流体学诊断分析	2028	2032
6 医疗器械	57	高通量液相悬浮芯片技术	2026	2029
7 疾病预防	62	寨卡病毒生物学研究	2035	2035
8 药物研发	83	通过药物运载系统实现将核酸药物靶向到目标组织和器官	2029	2032
9 健康管理	91	1 型和 2 型糖尿病的药物治疗	2024	2025

表 2.48　受危害性或伦理风险制约最大的 10 项技术课题

子领域	技术课题编号	技术课题名称	在中国的实验室预计实现时间/年	在中国的技术大规模普及预计时间/年
1 脑科学	3	神经系统中的光遗传学	2024	2028
2 干细胞和再生医学	10	诱导多能干细胞重编程机制	2027	2034
2 干细胞和再生医学	11	组织和器官的 3D 生物打印	2030	无法预测
3 免疫治疗	22	嵌合抗原受体 T 细胞（CAR-T 细胞）免疫疗法	2023	2023

续表

子领域	技术课题编号	技术课题名称	在中国的实验室预计实现时间/年	在中国的技术大规模普及预计时间/年
4 基因技术	29	CRISPR-Cas9 基因工程的开发与应用	2023	2028
5 生物材料和检测	49	金属纳米颗粒用于癌症治疗研究	2027	2034
6 医疗器械	52	肌电信号假肢与控制	2027	2029
7 疾病预防	69	传染病（流行病）疫情信息智能检测、预警	2027	2027
7 疾病预防	71	冠状病毒相关疫苗和药物方面的研究	2030	2032
8 药物研发	78	阿片类处方镇痛药与疼痛治疗	2024	2028

对技术课题在技术应用推广和普及的制约因素进行分析，遴选出受国内示范推广制约最大的 10 项技术课题（表 2.49），包括"脑机接口中脑电图分析及稳态视觉技术""能够调控干细胞增殖、分化和功能的关键技术""三维体外肿瘤模型及其在肿瘤研究和药物评价的应用""长链非编码 RNA 与肿瘤治疗""基于表面拉曼散射的体外检测""基于 AI 的快速病理诊断系统""重大疫情的生态环境风险综合评估与防控策略""纳米胶束性能及其药物控释研究""食物过敏发病机制诊断预防和管理""长期暴露于大气颗粒物污染对健康的影响"。

表 2.49　受国内示范推广制约最大的 10 项技术课题

子领域	技术课题编号	技术课题名称	在中国的实验室预计实现时间/年	在中国的技术大规模普及预计时间/年
1 脑科学	6	脑机接口中脑电图分析及稳态视觉技术	2027	2028

续表

子领域	技术课题编号	技术课题名称	在中国的实验室预计实现时间 / 年	在中国的技术大规模普及预计时间 / 年
2 干细胞和再生医学	17	能够调控干细胞增殖、分化和功能的关键技术	2029	2033
3 免疫治疗	18	三维体外肿瘤模型及其在肿瘤研究和药物评价的应用	2023	2028
4 基因技术	37	长链非编码 RNA 与肿瘤治疗	2025	2025
5 生物材料和检测	41	基于表面拉曼散射的体外检测	2025	2030
6 医疗器械	58	基于 AI 的快速病理诊断系统	2024	2027
7 疾病预防	72	重大疫情的生态环境风险综合评估与防控策略	2029	2030
8 药物研发	73	纳米胶束性能及其药物控释研究	2024	2030
9 健康管理	88	食物过敏发病机制诊断预防和管理	2025	2028
9 健康管理	89	长期暴露于大气颗粒物污染对健康的影响	2024	2027

对技术课题在技术应用推广和普及的制约因素进行分析，遴选出受国外限制竞争制约最大的 10 项技术课题（表 2.50），包括"脑机接口中脑电图分析及稳态视觉技术""诱导多能干细胞重编程机制""基于表面拉曼散射的体外检测""肿瘤 DNA 的液体活检""3D 打印微流控芯片技术""高分辨率功能的分子光学成像""用于癌症治疗的抗体药物耦合物""药物研发、药剂与作用靶点研究""阿片类处方镇痛药与疼痛治疗""1 型和 2 型糖尿病的药物治疗"。

表 2.50　受国外限制竞争制约最大的 10 项技术课题

子领域	技术课题编号	技术课题名称	在中国的实验室预计实现时间/年	在中国的技术大规模普及预计时间/年
1 脑科学	6	脑机接口中脑电图分析及稳态视觉技术	2027	2028
2 干细胞和再生医学	10	诱导多能干细胞重编程机制	2027	2034
5 生物材料和检测	41	基于表面拉曼散射的体外检测	2025	2030
5 生物材料和检测	44	肿瘤 DNA 的液体活检	2025	2029
5 生物材料和检测	45	3D 打印微流控芯片技术	2024	2028
6 医疗器械	53	高分辨率功能的分子光学成像	2026	2028
8 药物研发	74	用于癌症治疗的抗体药物耦合物	2027	2032
8 药物研发	75	药物研发、药剂与作用靶点研究	2025	2029
8 药物研发	78	阿片类处方镇痛药与疼痛治疗	2024	2028
9 健康管理	91	1 型和 2 型糖尿病的药物治疗	2024	2025

六、技术课题的目前领先国家和地区

1. 目前我国国际领先的技术课题

我国目前领先国际水平的技术课题主要分布在基因技术、疾病预防和药物研发子领域（表 2.51）。技术课题包括"外显子组测序及基因组变异分析""冠状病毒相关诊断、病理学和病因学研究""冠状病毒相关疫苗和药物方面的研究""中药复方新药以及中药组分或单体新药的研发"。

表 2.51　目前我国国际领先的技术课题

子领域	技术课题编号	技术课题名称	在中国的实验室预计实现时间/年	在中国的技术大规模普及预计时间/年
4 基因技术	35	外显子组测序及基因组变异分析	2023	2024

续表

子领域	技术课题编号	技术课题名称	在中国的实验室预计实现时间 / 年	在中国的技术大规模普及预计时间 / 年
7 疾病预防	66	冠状病毒相关诊断、病理学和病因学研究	2025	2025
7 疾病预防	71	冠状病毒相关疫苗和药物方面的研究	2030	2032
8 药物研发	82	中药复方新药以及中药组分或单体新药的研发	2024	2029

2. 目前我国接近国际水平的技术课题

我国目前在脑科学、干细胞和再生医学、免疫治疗、基因技术、生物材料和检测、医疗器械、疾病预防、药物研发、健康管理各个子领域都有接近国际水平的技术课题（表 2.52），技术课题包括"小胶质细胞与神经退行性疾病""能够调控干细胞增殖、分化和功能的关键技术""PD-1/PD-L1 抑制剂在肿瘤治疗中的应用""全基因组组装算法""自组织纳米粒非病毒性基因载体""医学图像分析中的深度学习研究""利用病原体数据库分离鉴定未知病原体的技术""病毒性疫苗、联合疫苗、基因重组蛋白质疫苗、多糖蛋白结合等细菌性疫苗及治疗性疫苗研究""药物研发、药剂与作用靶点研究""膳食糖摄入量与肥胖、2 型糖尿病和心血管等疾病风险分析"。

表 2.52　目前我国接近国际水平的 10 项技术课题

子领域	技术课题编号	技术课题名称	在中国的实验室预计实现时间 / 年	在中国的大规模普及预计时间 / 年
1 脑科学	8	小胶质细胞与神经退行性疾病	2024	2028
2 干细胞和再生医学	17	能够调控干细胞增殖、分化和功能的关键技术	2029	2033

续表

子领域	技术课题编号	技术课题名称	在中国的实验室预计实现时间/年	在中国的大规模普及预计时间/年
3 免疫治疗	19	PD-1/PD-L1 抑制剂在肿瘤治疗中的应用	2023	2023
4 基因技术	27	全基因组组装算法	2030	2030
5 生物材料和检测	50	自组织纳米粒非病毒性基因载体	2028	2032
6 医疗器械	51	医学图像分析中的深度学习研究	2023	2027
7 疾病预防	67	利用病原体数据库分离鉴定未知病原体的技术	2035	2035
7 疾病预防	70	病毒性疫苗、联合疫苗、基因重组蛋白质疫苗、多糖蛋白结合等细菌性疫苗及治疗性疫苗研究	2032	2032
8 药物研发	75	药物研发、药剂与作用靶点研究	2025	2029
9 健康管理	85	膳食糖摄入量与肥胖、2 型糖尿病和心血管等疾病风险分析	2025	2028

3. 目前我国落后国际水平的技术课题

我国目前落后国际水平的技术课题主要分布在免疫治疗、基因技术、药物研发和健康管理子领域（表 2.53），技术课题包括"细胞穿透肽在核酸和肿瘤药物传递的应用""T 淋巴细胞代谢重编程的方法和机制""核酸适体在生物标志物检测和靶向药物中的应用""新型基因修饰肿瘤细胞疫苗技术""纳米孔测序""干扰素导基因的抗病毒机制及药物""用于癌症治疗的抗体药物耦合物""老年人肌减少症对健康的影响和研究""纳米胶束性能及其药物控释研究""基于靶标结构的药物结构修饰与优化研究"。

表 2.53　目前我国落后国际平均水平的 10 项技术课题

子领域	技术课题编号	技术课题名称	在中国的实验室预计实现时间/年	在中国的技术大规模普及预计时间/年
3 免疫治疗	21	细胞穿透肽在核酸和肿瘤药物传递的应用	无法预测	无法预测
3 免疫治疗	23	T 淋巴细胞代谢重编程的方法和机制	2028	无法预测
3 免疫治疗	24	核酸适体在生物标志物检测和靶向药物中的应用	2023	无法预测
3 免疫治疗	25	新型基因修饰肿瘤细胞疫苗技术	2028	2033
4 基因技术	40	纳米孔测序	2025	2033
8 药物研发	77	干扰素导基因的抗病毒机制及药物	2027	2032
8 药物研发	74	用于癌症治疗的抗体药物耦合物	2027	2032
9 健康管理	90	老年人肌减少症对健康的影响和研究	2025	2029
8 药物研发	73	纳米胶束性能及其药物控释研究	2024	2030
8 药物研发	81	基于靶标结构的药物结构修饰与优化研究	2028	2033

4. 美国领先的技术课题

目前，美国领先的技术课题涉及脑科学、干细胞和再生医学、免疫治疗、基因技术、生物材料和检测、医疗器械、疾病预防、药物研发、健康管理各个子领域（表 2.54），领先的主要技术课题包括"神经退行性疾病诊断和分类研究""能够调控干细胞增殖、分化和功能的关键技术""三维体外肿瘤模型及其在肿瘤研究和药物评价的应用""细胞穿透肽在核酸和肿瘤药物传递的应用""以组蛋白赖氨酸去甲基酶为靶点的抗癌治疗""金属纳米颗粒对体内外免疫反应的影响""医学图像分析中的深度学习研究""通用流感病毒抗体和疫苗研究""药物研发、药剂与作用靶点研究""棕色脂肪、米色脂肪、白色脂肪对肥胖的不同影响"。

表 2.54　美国领先的 10 项技术课题

子领域	技术课题编号	技术课题名称
1 脑科学	9	神经退行性疾病诊断和分类研究
2 干细胞和再生医学	17	能够调控干细胞增殖、分化和功能的关键技术
3 免疫治疗	18	三维体外肿瘤模型及其在肿瘤研究和药物评价的应用
3 免疫治疗	21	细胞穿透肽在核酸和肿瘤药物传递的应用
4 基因技术	26	以组蛋白赖氨酸去甲基酶为靶点的抗癌治疗
5 生物材料和检测	48	金属纳米颗粒对体内外免疫反应的影响
6 医疗器械	51	医学图像分析中的深度学习研究
7 疾病预防	63	通用流感病毒抗体和疫苗研究
8 药物研发	75	药物研发、药剂与作用靶点研究
9 健康管理	86	棕色脂肪、米色脂肪、白色脂肪对肥胖的不同影响

5. 日本领先的技术课题

目前，日本领先的技术课题主要集中在基因技术、疾病预防和药物研发，如表 2.55 所示，主要技术课题包括"人肠道微生物组学与肥胖""靶循环 MicroRNA 扩增与癌症检测""HIV 中和抗体在抗 HIV 感染中的作用""寨卡病毒生物学研究""生态毒理学研究和风险评估""新兴传染病对人类影响的预测和评估系统""重大疫情的生态环境风险综合评估与防控策略""中药复方新药以及中药组分或单体新药的研发"。

表 2.55　日本领先的技术课题

子领域	技术课题编号	技术课题名称
4 基因技术	30	人肠道微生物组学与肥胖
4 基因技术	36	靶循环 MicroRNA 扩增与癌症检测

续表

子领域	技术课题编号	技术课题名称
7 疾病预防	61	HIV 中和抗体在抗 HIV 感染中的作用
7 疾病预防	62	寨卡病毒生物学研究
7 疾病预防	65	生态毒理学研究和风险评估
7 疾病预防	68	新兴传染病对人类影响的预测和评估系统
7 疾病预防	72	重大疫情的生态环境风险综合评估与防控策略
8 药物研发	82	中药复方新药以及中药组分或单体新药的研发

七、德尔菲调查综合评估

综合两轮德尔菲调查结果对技术课题对国家安全、产业升级、社会发展以及生活质量的重要性以及考虑技术课题的实现时间，在 95 项课题的基础上筛选出 20 项重点技术课题。专家对调查结果进行深入分析，并结合国家重大战略需求，讨论后筛选出重要的 11 项优先发展关键技术。

1. 德尔菲综合评估原则

以上针对不同子领域技术课题对国家安全、产业升级、社会发展以及生活质量的重要性进行了分析，我们筛选 1 个以上（含 1 个）重要性指标位列子领域第 1 位或者 4 个重要性指标综合打分排在子领域内第 1 位的主题，作为重要技术课题，供专家进一步遴选作为参考和依据。

2. 德尔菲综合评估结果

筛选出的 20 项重点技术课题，包括：脑科学子领域的"昼夜节律和睡眠对身体和大脑健康的影响""脑默认网络的神经机制、功能及临床应用研究"和"神经退行性疾病诊断和分类研究"；干细胞和再生医学子领域的"诱导多能干细胞重编程机制"和"组织和器官的 3D 生物打印"；免疫治疗子领域的"三维体外肿瘤模型及其在肿瘤研究和药物评价的应用"和"新型基因修饰肿瘤细胞疫苗技术";基因技术子领域的 "CRISPR-Cas9基因工程的开发与应用"和 "环状 RNA 与基因调控表达";生物材料和检测子领域的 "3D 打印微流控芯片技术"和 "金属纳米颗粒对体内外免疫反应的影响";医疗器械子领域的 "高通量液相悬浮芯片技术"和 "基于 AI 的快速病理诊断系统";疾病预防子领域的 "利用病原体数据库分离鉴定未知病原体的技术"和 "传染病(流行病)疫情信息智能检测、预警";药物研发子领域的 "抗生素耐药性与人类健康风险评估""中药复方新药以及中药组分或单体新药的研发"和 "基于 AI 的药物研发(化合物筛选、设计和靶点发现等)";健康管理子领域的 "膳食糖摄入量与肥胖、2 型糖尿病和心血管等疾病风险分析"和 "医疗健康大数据云平台"。

表 2.56 给出了筛选出的 20 项重点技术课题在中国的实验室预计实现时间、在中国的技术大规模普及预计时间、当前中国研发水平、目前领先国家,以及实验室技术实现的制约因素和技术应用推广和普及的制约因素。

据 20 项重点技术课题在中国的实验室预计实现时间分析,预计 2025 年之前实现的有 10 项,预计在 2025—2030 年实现的有 9 项,预计在 2030—2035 年实现的有 1 项。据 20 项重点技术课题在中国的技术大规模普及预计时间分析,预计 2025 年之前实现的有 1 项,预计在 2025—2030 年实现的有 14 项,预计在 2030—2035 年实现的有 4 项,目前无法预测的有 1 项。

对 20 项重点课题的分析显示,目前中国大部分课题都处于接近国际领先水平的位置,美国大部分课题都处于国际领先位置。

实验室实现的制约因素方面排在前两位的集中在学科交叉程度、科学原理突破、研发资金、相关学科发展情况方面。技术应用推广和普及的制约因素排在前两位的集中在成果转化中试基地、社会或风险资金、产业链配套能力和危害性或伦理风险方面。

表 2.56　生命健康领域德尔菲综合评估筛选 20 项重点技术课题

子领域	技术课题编号	技术课题名称	在中国的实验室预计实现时间/年	在中国的技术大规模普及预计时间/年	当前中国研发水平	目前领先国家	实验室技术实现的制约因素		技术应用推广和普及的制约因素	
							第一	第二	第一	第二
脑科学	5	昼夜节律和睡眠对身体和大脑健康的影响	2023	2028	接近国际水平	美国	高层次人才及团队	相关学科发展情况	成果转化中试基地	公众需求
	7	脑默认网络的神经机制、功能及临床应用研究	2025	2028	接近国际水平	美国	学科交叉程度	相关学科发展情况	成果转化中试基地	社会或风险资金
	9	神经退行性疾病诊断和分类研究	2025	2029	接近国际水平	美国	学科交叉程度	科学原理突破	产业链配套能力	成果转化中试基地
干细胞和再生医学	10	诱导多能干细胞重编程机制	2027	2034	接近国际水平	美国	学科交叉程度	研发资金	成果转化中试基地	危害性或伦理风险
	11	组织和器官的 3D 生物打印	2030	无法预测	接近国际水平	美国	学科交叉程度	产学研合作	产业链配套能力	成果转化中试基地
	18	三维体外肿瘤模型及其在肿瘤研究和药物评价中的应用	2023	2028	接近国际水平	美国	科学原理突破	科学原理突破	成果转化中试基地	公众需求
免疫治疗	25	新型基因修饰肿瘤细胞疫苗技术	2028	2033	落后国际水平	美国	科学原理突破	研发资金	产业链配套能力	危害性或伦理风险
基因技术	29	CRISPR-Cas9 基因工程的开发与应用	2023	2028	接近国际水平	美国	研发资金	科学原理突破	成果转化中试基地	危害性或伦理风险
	31	环状 RNA 与基因调控表达	2027	2029	接近国际水平	美国	科学原理突破	相关学科发展情况	社会或风险资金	成果转化中试基地

续表

子领域	技术课题编号	技术课题名称	在中国的实验室预计实现时间/年	在中国的技术大规模普及预计实现时间/年	当前中国研发水平	目前领先国家	实验室技术实现的制约因素		技术应用推广和普及的制约因素	
							第一	第二	第一	第二
生物材料和检测	45	3D打印微流控芯片技术	2024	2028	接近国际水平	美国	学科交叉程度	相关学科发展情况	产业链配套能力	成果转化中试基地
	48	金属纳米颗粒对体内外免疫反应的影响	2027	2035	落后国际水平	美国	产学研究合作	学科交叉程度	成果转化中试基地	危害性或伦理风险
医疗器械	57	高通量液相悬浮芯片技术	2026	2029	接近国际水平	美国	科学原理突破	学科交叉程度	社会或风险资金	成果转化中试基地
	58	基于AI的快速病理诊断系统	2024	2027	接近国际水平	美国	学科交叉程度	产学研合作	国内示范推广	社会或风险资金
疾病预防	67	利用病原体数据库分离鉴定未知病原体的技术	2035	2035	接近国际水平	美国	科学原理突破	学科交叉程度	产业链配套能力	危害性或伦理风险
	69	传染病（流行病）疫情信息智能检测、预警	2027	2027	接近国际水平	美国	学科交叉程度	研发资金	社会或风险资金	危害性或伦理风险
	76	抗生素耐药性与人类健康风险评估	2026	2029	落后国际水平	美国	研发资金	相关学科发展情况	社会或风险资金	成果转化中试基地
药物研发	82	中药复方新药以及中药组分或单体药物新药的研发	2024	2029	国际领先	日本	研发资金	学科交叉程度	产业链配套能力	成果转化中试基地
	84	基于AI的药物研发（化合物筛选、设计和靶点发现等）	2028	2030	接近国际水平	美国	学科交叉程度	研发资金	社会或风险资金	产业链配套能力
健康管理	85	膳食糖摄入量与肥胖、2型糖尿病和心血管等疾病风险分析	2025	2028	接近国际水平	美国	研发资金	科学原理突破	社会或风险资金	成果转化中试基地
	93	医疗健康大数据云平台	2024	2024	接近国际水平	美国	学科交叉程度	相关学科发展情况	社会或风险资金	市场竞争程度

第六节　优先技术及领域的社会影响预判

两轮德尔菲调查结束后，研究组将技术预见调查结果向专家组汇报，并组织召开专家会议对调查结果进行深入分析和研讨。专家组结合国家重大战略需求、未来社会发展需求和愿景分析，同时兼顾技术覆盖领域，整合出面向 2035 年重要的 11 项关键技术，即"复杂脑疾病的诊断与调控技术""脑机接口与类脑人工智能技术""干细胞调控与类器官技术""免疫稳态与疾病防治关键技术""新一代基因测序、编辑技术与应用""纳米生物材料与生物检测应用技术""医疗器械的智能感知与智能交互关键技术""未知病原体的智能检测、预警与防控技术""源于传统中药的新药发现技术""多模态医疗健康大数据交互与应用技术"和"靶向药物智能递送系统"。

一、脑科学子领域发展趋势及社会影响预判

1. 脑科学发展概述

脑科学研究是 21 世纪人类所面临的重大挑战，科技发达国家早已充分认识到脑科学研究的重要性，并在既有的脑科学研究支持外相继启动了各自有所侧重的脑科学计划。2013 年，美国启动"创新性神经技术大脑研究"计划，欧盟推出了由 15 个欧洲国家参与、预计未来十年内的投入将超过 10 亿欧元的"人类脑计划"。2014 年，日本启动了大型脑图谱计划。2016 年，韩国未来创造科学部发布《大脑科学发展战略》。同年，"脑科学与类脑研究"被我国"十三五"规划纲要确定为重大科技创新项目和工程之一，侧重以探索大脑认知原理的基础研究为主体，以发展类脑人工智能的计算技术和器件及研发脑重大疾病的诊断干预手段为应用导向。2018 年，北京脑科学与类脑研究中心和上海脑科学与类脑研究中心相继成立，标志着我国脑计划正式拉开序幕。

2. 复杂脑疾病的诊断与调控技术

近年来，脑疾病已成为全球性的公共卫生问题和社会问题。许多疾病和症状都是由大脑衰退、损坏引起的，如神经退行性疾病、帕金森综合征、心脑血管病、脑瘫、脑萎缩、失眠健忘、焦虑抑郁和儿童孤独症等。在中国人寿命"三大杀手"中，心脑血管病与帕金森综合征占了两席（另一个是癌症），而神经退行性疾病随着老龄化社会进程加快，也成为日益突出的社会健康问题，目前还缺乏有效的治疗手段和对症良药。脑疾病所带来的社会经济负担已超过心血管病和癌症，脑科学的发展对脑疾病的诊断治疗将有关键性的贡献，这是脑科学面临的一大挑战。

"复杂脑疾病的诊断与调控技术"主要涉及脑疾病的早期有效干预、早期识别和诊断，发病机理，药物治疗和非药物治疗，康复和预防复发等方面，相关的技术主题有"小胶质细胞与神经退行性疾病""神经退行性疾病诊断和分类研究"和"正念疗法对焦虑和抑郁的影响"等。应用多学科手段的集成，如应用新的脑影像技术、光遗传技术、脑电技术和细胞、分子生物学技术等，开展对主要脑疾患（如阿尔茨海默病、帕金森病、精神分裂症、抑郁症、自闭症、中风等）的病因和发病机制的研究，以及在此基础上研发早期诊断指标和新的治疗对策已成为迫切的社会需求，也是当今脑科学研究的热点领域，具有重要的临床价值和社会意义。

3. 脑机接口与类脑人工智能技术

随着云计算、物联网、传感器网络、大数据等新技术持续突破，人工智能发展日趋深入。在实现依靠海量数据、建立以数据驱动的模型学习能力后，基于认知仿生驱动的类脑计算已逐步成为下一阶段人工智能发展的新动力。它将有力地推进新的产业革命，甚至改变社会范式。不仅如此，它还将为人脑功能和结构研究提供有力的方法和手段，甚至提供崭新的思路。

"脑机接口与类脑人工智能技术"的核心在于脑科学、计算科学、信息科学和医学等学科领域密集的交叉融合，类脑计算现在基本可以看到两个方向：

人工神经网络从功能层面模仿大脑的能力；而神经拟态计算则是从结构层面去逼近大脑，其结构也有两个层次，一是神经网络层面，与之相应的是神经拟态架构和处理器，二是神经元层面，与之相应的是元器件。目前"深度学习"对脑信息处理机制的模拟还是十分初级的。相关的技术主题有"脑机接口中脑电图分析及稳态视觉技术"等。未来应培养多学科交叉融合的复合型人才，进一步促进多领域的密切合作与交流，充分借助脑科学的研究成果，利用脑的框架结构和工作原理，以解析神经系统算法为目标的计算神经科学作为桥梁，从而把人工智能推向新的阶段——类脑人工智能。类脑人工智能研究无疑是脑科学的重要组成部分，它和脑工作原理的基础研究相互促进，将成为未来科学研究和产业革命新的爆发点和增长点。

二、干细胞与再生医学子领域发展趋势及社会影响预判

1. 干细胞与再生医学发展概述

干细胞与再生医学研究已成为当今生命科学研究领域的前沿和热点，日益表现出巨大的临床应用前景和产业潜力，有望解决人类面临的重大医学难题。干细胞是一类具有自我更新、高度增殖和多向分化潜能的细胞群体，可以进一步分化成为各种不同的组织细胞，从而构成机体各种复杂的组织和器官。干细胞可以应用到几乎涉及人体所有的重要组织器官及人类面临的许多医学难题，在细胞替代、组织修复、疾病治疗等方面具有巨大潜力。干细胞相关研究目前在国际范围内取得了一系列重大突破与进展，并呈现蓬勃发展态势。从 1990 年骨髓移植，到 2007 年胚胎干细胞技术成功应用于基因组编辑，再到 2012 年动物克隆及诱导多能干细胞技术研究，干细胞及其相关研究近年内三次获得诺贝尔生理与医学奖。我国将干细胞与再生医学研究确立为重要战略部署领域，对干细胞与再生医学的基础研究、关键技术、资源平台建设以及产业化发展给予了大力支持。2011 年科学技术部发布的《"十二五"生物技术发展规划》中将干细胞领域技术研发列为"十二五"期间重点突破的核心关键技术之一，重点布局干细胞领域的基础研究及技术研发。2012 年国务院印发的《生物产业发展

"十二五"规划》中也高度重视再生医学与生物技术的融合，新型医用生物材料及组织工程器官的开发和产业化发展。2015 年科学技术部将"干细胞研究与转化研究"设立为科技改革后首批重点研发计划的试点专项，计划"十三五"期间（2015—2020 年）在干细胞基础与转化方面持续加强投入与布局，整体提升我国在干细胞及其转化应用领域的核心竞争力，加快科研成果的应用[35]。

2. 干细胞调控与类器官技术

类器官的提出起源于 2009 年 Clever 等对于小肠干细胞分离培养，实验表明单个细胞可以通过自组织形式构建成肠道的隐窝绒毛结构。其培养原理主要来自对干细胞巢的理解，干细胞周围的细胞可构成微环境，即干细胞巢。在正常肠上皮，巢因子分布于干细胞周围，并形成浓度梯度，离干细胞巢距离越远则巢因子浓度越低，而促进分化因子浓度越高。类器官是由多细胞系组成的体外三维培养物，是由干细胞驱动以自组织的方式而构建形成，能够模拟天然器官结构和功能。与传统二维培养物相比，类器官更能模拟体内细胞运动及多细胞间信号交流，且能在扩增中维持基因稳定性。与动物实验相比，类器官能模拟动物实验不易或不能准确代表的人体发育和疾病的发生、发展过程。

"干细胞调控与类器官技术"已经在多个领域展现出巨大的应用潜力：可以作为胎儿发育和组织维持研究的体外模型；可以为获取人类组织提供新渠道，为生物学机制的研究，尤其是在活体组织中开展研究提供了巨大的机遇；也可以用于模拟疾病，从寨卡病毒感染等传染病，到囊性纤维化等单基因疾病，再到癌症等复杂疾病，都可以利用类器官来模拟；对于起始干细胞可以利用基因编辑技术使其携带某种特定的基因变异，或从具有多种不同遗传背景的个体中获取，从而使构建的类器官也携带特定的基因，使其成为研究基因型与表型因果关系的绝佳模型。干细胞调控与类器官主要涉及相关的技术主题有"组织和器官的 3D 生物打印""诱导多能干细胞重编程机制"和"能够调控干细胞增殖、分化和功能的关键技术"等。尽管构建某种类器官可能需要多种细胞类型的参与，以形成真正复杂的结构（如在肾脏的构建中，至少需要 10 种细胞）。但作为模型，类器官在细胞类型表现、器官结构和成熟功能等方面并不完美，如类器官缺乏血管和免疫细胞，这使得这些器官无法在细胞不死亡的情况下生长到一定规模。由于利用多能干细胞构建类器官要比对分化的干细胞进行二维单层细胞培养更为复杂，这些类器官也会存在更大的可变性。因此，尽管类器官研究目前面临许多挑战，但仍具有重要的研究意义和临床价值。

三、免疫治疗子领域发展趋势及社会影响预判

1. 免疫治疗发展概述

免疫治疗包括激活免疫疗法和抑制免疫疗法，分别通过诱导、增强或抑制免疫应答来治疗疾病。广义来说，基于人体免疫系统，例如通过免疫分子（如抗体、细胞因子治疗等）、免疫细胞（如体外提取／扩增的淋巴细胞、巨噬细胞、树突状细胞、天然杀伤细胞、血小板等）而开发的治疗方案都属于免疫治疗的范畴。在癌症治疗方面，传统的治疗方法包括细菌／病毒感染增强免疫反应、肿瘤疫苗免疫等。一直以来，对于肿瘤的治疗采用的主要是"三板斧"：手术、放疗和化疗。由于免疫学及分子生物学方面技术的发展，肿瘤免疫治疗取得了快速进展。2013 年，杂志《科学》（Science）评选出 2013 年度十大科技突破，居首位的就是"肿瘤免疫治疗"。事实上，肿瘤免疫治疗始于 100 多年前，当时发现应用链球菌和金黄色葡萄球菌毒素能够控制某些肿瘤的生长，后来将这种毒素称为 Coley 毒素。在此之后免疫治疗方面又有一些新的发现，如可以增加抗肿瘤活性的细胞因子：干扰素（INF-γ）、白介素 -2（IL-2），另外淋巴因子诱导的杀伤细胞（LAK）和肿瘤浸润淋巴细胞（TIL）也迅速在临床中应用。但是以前许多临床医生认为免疫治疗作用差，无法与三大常规疗法（手术、放疗和化疗）相提并论。但是随着免疫学技术的不断发展和免疫编辑理论的提出，科学家不断提高了免疫治疗的抗肿瘤效果，不断提出了新的免疫治疗策略。

2. 免疫稳态与疾病防治关键技术

免疫稳态与人类生命健康和重大疾病防治密切相关，是一门基础和临床

医学相结合、技术创新与产业化融合发展的学科，在推动人类健康基本问题研究、寻找疾病防治新举措以及促进生物技术产业整体发展中发挥了举足轻重的作用。其主要研究内容包括探究免疫应答发生发展的基本规律和物质基础，揭示免疫相关性疾病发生发展的细胞与分子机制，促进传染性疾病、自身免疫性疾病、肿瘤、移植排斥、免疫缺陷等众多疾病的诊断与防治，进一步推动科研成果转化并服务人类健康。目前免疫学研究及其转化应用已经成为多国政府、科技和企业界高度关注和大力投入的重要方向，也是代表国家科技实力与医学研究水平的战略必争之地。发展免疫学研究及其转化应用对于推动基础和临床医学进步、促进国民健康和社会发展有着不可估量的重要意义。近年来，免疫学研究取得了许多重要成果，免疫应答调控的基本原理不断丰富。随着生物医学研究新技术体系的建立与交叉融合以及系统医学、转化医学理念的不断深化，国际范围内免疫学的基础与临床应用研究出现了前所未有的加速发展态势。

"免疫稳态与疾病防治"主要涉及相关的技术主题有"PD-1/PD-L1 抑制剂在肿瘤治疗中的应用""免疫检查点抑制剂在肿瘤治疗中的应用""嵌合抗原受体 T 细胞（CAR-T 细胞）免疫疗法""T 淋巴细胞代谢重编程的方法和机制"和"新型基因修饰肿瘤细胞疫苗技术"等。未来，随着国家支持力度的不断加大，我国在免疫学基础研究与疾病防治应用领域的自主创新能力将不断提高，国际竞争力将会得到全面提升，免疫学及其转化研究的人才队伍将会日益壮大，也将为我国免疫学在生物医学领域发挥引领作用，并为国民健康与人类进步贡献力量。

四、基因技术子领域发展趋势及社会影响预判

1. 基因技术发展概述

基因技术的核心——基因工程又称为基因重组工程，就是采用类似工程设计的方法，将某一个（或几个）特定基因经过人工有目的地改造、修饰后，通过表达载体导入另一种属生物细胞中，使其产生人们所预期的、有生物活性的

蛋白质的整个工艺过程。形象地说，即对基因进行"剪""粘""载""住"这四步简单的处理。

基因技术为医学发展提供了广阔的前景，它可以改变现有医生的看病模式，科学家将解开人体基因组的全部密码，许多人会拥有记载着个人、生理和疾病奥秘的基因组图，它被复制到芯片上，去看医生时只要带上它，医生就会根据芯片上的遗传信息，做出综合评估和给出处理意见。基因研究还能带来诊断技术的更新。由于病因性基因异常在发病前已存在，利用基因诊断技术可以在疾病发病前，甚至在胚胎期做出诊断，免除人们因疾病带来的痛苦和经济上的负担。

经专家研判，总结"新一代基因测序、编辑技术与应用"作为基因技术的优先技术领域，相关技术主题有"全基因组组装算法""单细胞 RNA 序列分析与转录组学""外显子组测序及基因组变异分析""纳米孔测序"和"CRISPR-Cas9 基因工程的开发与应用"等。

2. 新一代基因测序技术与应用

随着人类基因组测序计划的完成，人类进入了后基因组时代。阻碍当前基因测序技术更广泛应用的限制要素在于测序平台缺乏移动性、测序数据分析的复杂性和技术难度、基因测序周转时间太长以及昂贵的基因测序设备。

第四代基因测序技术固态纳米孔测序，缩略词 SONAS（SOlid-state NAnopore Sequencing）可一次性实现孔径小于 5 nm 的纳米孔阵列的大规模和并行制造，结合独特的样品制备技术（gPrep）和集成的生物信息学套件，SONAS 大幅改进当前的测序技术。SONAS 的直接读取技术可在单分子水平上实现极高的灵敏度，无须进行数字 PCR 或其他类型的扩增，大大简化了工作流程。此外，由于平均读取长度上的优势与高检测吞吐量相配合，SONAS 可望实现低成本碱基检测，并通过系统的超高精度（每个碱基 > 99.9%，即优于目前的最佳水平一个数量级）保证了高质量的结果。同时，释放潜在的检测市场必需一种低成本、高精度、高通量、测序速度快和读取长度长的实时测序系统。SONAS 技术可以发展成为不同的高价值、高增长产品和应用，例如基因组图谱

（gMapper）、数字 PCR（dPCR）和单细胞系统（sCell）的开发将在下一阶段进行，未来可扩展更大的商业市场。

近几年，随着基因测序技术的进步，基因测序的价格也在持续降低，基因测序逐步进入了医疗健康行业。例如，做试管婴儿时基因测序服务可以对移植前胚胎进行遗传病筛查；35 岁以上的产妇做无创产前检测时，推荐技术也是基于二代高通量基因测序的和统计学手段来判断胎儿是否存在非整倍体染色体疾病。除了无创产前和遗传病检测，基因测序另一热门应用方向是癌症早筛，即通过检测血液中跟肿瘤相关的 ctDNA，来诊断患者的癌症时期。还有一些通过检测甲基化表观遗传学位点来进行早期癌症预判的情形，也需要基因测序技术支持。在癌症分型上，医学界也是通过基因突变的基因测序来确定，一定程度上指导了精准医疗的靶向用药。在这次新冠疫情的冲击下，基因测序的又一个临床应用——病原体研究和微生物组学也被印证了是一个蓬勃发展的市场。高通量基因测序技术大大提升了新冠病毒感染的检出效率，从采样到最终得出结论，基本一天即可。

3. 新一代基因编辑技术与应用

人类利用生物技术精确操控并对遗传物质进行改造始于 1989 年同源重组技术，21 世纪逐步发展至使用三代位点特异性基因编辑工具锌指核酸酶（ZFN）、转录激活样效应因子核酸酶（TALEN）和成簇规律间隔短回文重复（CRISPR）技术等更加精确可控的基因编辑技术。随着不断优化的 CRISPR 逐渐投入临床应用，基因编辑技术重大突破频繁占据新闻的头版头条，其中，CRISPR 技术及其相关成果更是"前所未有"的三次（2013 年、2015 年、2017 年）入选了《科学》杂志评选的全球年度十大科技突破，可以预见，未来基因编辑必定是引领下一代生物疗法的重大技术。

2020 年 10 月 7 日下午，诺贝尔化学奖被授予基因编辑领域的两位先驱，美国加州大学伯克利分校教授詹妮弗·杜德纳（Jennifer Doudna）和德国马普感染生物学研究所教授埃马纽尔·夏彭蒂耶（Emmanuelle Charpentier），以表彰他们在 CRISPR/Cas9 基因编辑技术方法研究上做出的突出贡献。CRISPR/

Cas9 基因编辑技术以核糖核酸（RNA）做向导，把 Cas9 酶带到相应的位置，然后用这种酶切割病毒 DNA。这项技术是生物医学史上第一种可高效、精确、程序化修改细胞基因组包括人类基因组的工具，具有成本低、易上手、效率高等优点，使得对基因的修剪改造"普通化"，不仅在基础科学领域引发变革，而且还涌现出很多造福人类的创新性成果和新疗法，CRISPR/Cas 工具箱日渐扩展的应用确立了这一系统在基因组编辑，甚至是基因工程领域的前沿位置。

技术的突破与更新迭代是目前基因编辑技术的研发重点，研发方向可以归纳为基因编辑技术的精确度突破、安全性提高，以及新型基因编辑技术的开发。我国在基因编辑技术特别是 CRISPR/Cas9 的研发和应用方面走在了世界前列。2013 年以来，我国关于 CRISPR/Cas9 技术的专利申请呈现逐年增长趋势，主要集中在对 CRISPR/Cas9 系统本身进行改造，从而提高基因编辑的特异性、效率以及安全性方面。

基因编辑技术已在疾病治疗领域表现出良好的应用潜力，相关基础研究已经实现了对视网膜色素变性、白血病、心脏病，以及杜氏肌营养不良等多种疾病的有效干预，并实现了特异性靶向敲除癌症融合基因、HIV 病毒基因，推进了疾病研究进程；同时，还通过与干细胞、CAR–T 等先进生物技术的联用，助力基因疗法、再生医学疗法、癌症免疫疗法的开发和升级。与此同时，基因编辑产业格局正在逐渐形成，据 BCC research 最新发布的基因编辑全球市场报告预测，到 2027 年全球基因组编辑市场将从 2022 年的 43 亿美元达到 128 亿美元，复合年增长率为 24.7%，其中，CRISPR 技术在全球基因编辑市场中占主导地位。拜耳、诺华、辉瑞等多家大型跨国制药公司已布局相关业务，而专注 CRISPR 等基因编辑技术的初创公司也陆续上市，显示出这一领域的巨大产业发展前景。全球主要基因编辑技术公司的总部均设在美国，表明了美国在该领域的强大竞争力。CRISPR 技术和 CAR–T 的结合，是美国各生物制药公司欲争抢先机的项目。我国应布局优势领域，打造产学综合平台，加速推进基因编辑技术的原始创新和技术转移。

需要特别注意的是，自基因编辑技术问世以来，科学界就面临着严肃的伦理学问题冲击。2015 年 1 月，杜德纳等 18 位科学家在美国加利福尼亚纳帕谷召开的创新基因组计划会议上，围绕人类卵细胞、精子和胚胎等生殖细胞的基因改造进行了讨论，会后科学家在《科学》杂志上发表文章，敦促全球科学界现阶段避免使用任何基因编辑工具来改造人类胚胎用于临床研究，建议召集公开会议来教育非科学人士，并进一步探讨基因工程的研究和应用如何能更加负责地开展下去。2018 年，南方科技大学研究员贺建奎宣布创造了世界上首例基因编辑婴儿，这种行为在全球引起巨大争议并遭到许多研究人员的反对，122 名中国科学家发表联合声明，认为其言论"对于中国科学在全球的声誉和发展都是巨大的打击"。我国应尽快制定符合我国国情，且有利于基因编辑研究成果转化的伦理规范和相关监管政策，促进基因编辑技术产业有序发展。

五、生物材料和检测子领域发展趋势及社会影响预判

1. 生物材料和检测发展概述

生物材料的定义归纳起来可理解为一类用于人工器官修复、理疗康复、诊断检查、治疗疾病等医疗保健领域，对人体组织和血液不会产生不良影响的功能材料。生物材料的发展已经有非常长的历史，自人类认识了解材料起就有了生物材料端倪。早在公元前 3500 年，古埃及人就利用棉花纤维、马鬃做缝合线。16 世纪，人们开始用黄金板修复颚骨，用金属种植牙齿等。20 世纪 40 年代，随着医学以及材料学的发展，尤其是新型材料的研发成功，如高分子材料的大力发展，为生物材料的研究与应用提供了极大的发展机会。目前可以说从人体天灵盖到脚趾骨、从内脏到皮肤、从血液到五官、除了脑以及大多数内分泌器官，其他都可用人工器官来代替。生物材料分为三个发展阶段：一是惰性生物材料，即材料与组织细胞无界面作用；二是生物材料的生物化，即材料与组织细胞亲和性改善，关注界面间的相互作用；三是组织工程支架材料，不仅关注材料与组织细胞的亲和性，还关注材料本身的成型、力学性能和降解能力。我国 80% ～ 90% 的生物材料成果仍处于研发阶段，企业基本生产中、低端产品，70% 的高端产品依靠进口，因此我国生物材料生产起步较晚、技术水平较低，生物材料尚未形成规模。

2. 纳米生物材料与生物检测应用技术

纳米生物材料顾名思义，即纳米尺度的生物材料。纳米材料是指在三维空间中至少有一维处在纳米尺度范围（1 nm ～ 100 nm）或由它们作为基本单元构成的材料。纳米材料具有表面与界面效应、小尺寸效应、量子尺寸效应和宏观量子隧道效应。生物材料主要包括金属材料、无机材料和有机材料三大类，并且生物材料要求必须具有良好的生物相容性、可吸收性、无毒和无蓄积性。

纳米生物材料与生物检测应用技术已经在多个领域展现出巨大的应用潜力，如可以识别肿瘤组织的微环境，从而增强肿瘤组织和其周围正常组织的对比度，使得纳米探针有肿瘤早期检测中有着广泛的应用，可以通过荧光标记分子来研究抗原 – 抗体、DNA 链段、酶与底物等生物分子间相互作用的重要研究工具，也可以通过噬菌体展示技术将外源基因插入噬菌体基因组，获得具有生物活性融合蛋白的技术高通量、高效率、低成本的筛选配体分子。纳米生物材料与生物检测应用主要涉及相关的技术主题有"量子点在生物医学体外诊断的应用""金属纳米颗粒对体内外免疫反应的影响""基于表面拉曼散射的体外检测"和"3D 打印微流控芯片技术"等。可以预见，随着生物检测技术手段的不断完善和发展，它在生物医学分析检测领域的发展必将突飞猛进。

六、医疗器械子领域发展趋势及社会影响预判

1. 医疗器械发展概述

当前，以人工智能、云计算、大数据、5G 网络、物联网等为代表的新一代信息技术迅猛发展，并与医疗器械行业加速融合。可穿戴健康监测设备、人工智能辅助诊断系统等智能化医疗器械加速普及应用，改变了传统疾病预防、检测、治疗模式，为提高健康服务质量提供了新手段。传统医疗软件主要依托于医疗器械存在，新技术发展为医疗软件赋予了新的技术，形成了新的产业体

系。终端方面，智能化终端涌现出智能健康穿戴式设备、AR/VR 设备、手术机器人等多种产品形态，通过采用感知、识别、物联网、大数据技术实现生理信号的持续、全面、快速采集，为智能化医疗产业发展提供链接新基础。网络方面，随着 5G 技术的商用，网络层为智能化医疗器械的发展提供实时高速、可靠性高、低时延的信息传输。平台方面，通过人工智能、大数据、云计算等技术的应用，主要实现信息的存储、运算和分析，将散乱无序的信息进行分析处理，为前端应用输出有价值的信息。应用方面，能够实现成熟、多样化、人性化的信息应用，特别是基于 5G 技术的无线医疗监测与护理应用、医疗诊断与指导应用、远程操控应用等。

2. 医疗器械的智能感知与智能交互关键技术

与人工智能 AI 时代同步，未来 5 到 10 年医疗器械向数字化、智能化转型成为大势所趋，医疗器械的智能感知与智能交互关键技术的应用场景集中在医学影像辅助诊断、医学智能虚拟助手、疾病筛查与预测、智能临床决策支持、辅助药物研发和医用机器人等领域。相关技术主题有"医学图像分析中的深度学习研究""具有超灵敏和实时数据解释与判断能力的智能远程手术机器人系统""能够进行远程治疗和护理医疗系统"和"基于 AI 的快速病理诊断系统"等。医学影像辅助诊断主要指通过计算机视觉技术对医疗影像进行快速读片和智能诊断。通过大量学习，医学影像、人工智能辅助诊断产品可以辅助医生进行病灶区域定位，有效减少漏诊、误诊问题。目前，人工智能技术与医学影像相结合的应用包括肺癌检查、糖网眼底检查、食管癌检查以及部分疾病的核医学检查和病理检查等。

医学智能虚拟助手是指通过语音识别、自然语言处理等技术，将患者的病症描述与标准的医学指南作对比，为用户提供医疗咨询、自诊、导诊等服务的信息系统。智能问诊是虚拟助理广泛应用的场景之一。智能问诊是指机器通过语义识别与用户进行沟通，听懂用户对症状的描述，再根据医疗信息数据库进行对比和深度学习，为患者提供诊疗建议，包括用户可能患有的健康隐患、应当在医院进行复诊的门诊科目等。

疾病筛查与预测主要指通过基因测序与检测，提前预测疾病发生的风险。基因测序是一种新型基因检测技术，通过分析测定基因序列，可用于临床的遗传病诊断、产前筛查、罹患肿瘤预测与治疗等领域。

人工智能利用机器学习和自然语言处理技术可以自动抓取来源于异构系统的病历与文献数据，并形成结构化的医疗数据库。大数医达等企业正是基于自己构建的知识图谱，形成智能临床决策支持产品，为医生的诊断提供辅助，包括病情评估、诊疗建议、药物禁忌等。

辅助药物研发指利用人工智能开发虚拟筛选技术，发现靶点、筛选药物，以取代或增强传统的高通量筛选（HTS）过程，提高潜在药物的筛选速度和成功率，改善传统药物研发需要的模拟量大、测试周期长、成本高等问题。通过深度学习和自然语言处理技术可以理解和分析医学文献、论文、专利、基因组数据中的信息，从中找出相应的候选药物，并筛选出针对特定疾病的有效化合物，从而大幅缩减研发时间与成本。

智能手术机器人是一种计算机辅助的新型的人机外科手术平台，主要利用空间导航控制技术，将医学影像处理辅助诊断系统、机器人以及外科医师进行了有效的结合。手术机器人不同于传统的手术概念，外科医生可以远离手术台操纵机器进行手术，是世界微创外科领域一项革命性的突破。

可以预见，国产医疗器械如大型数字化影像设备、手术机器人、分子生物学诊断产品、个性化定制器械及家用医疗器械等一大批高性能医疗器械，将不断得到应用和上市。同时相应的医疗器械监管也要转变观念，加快评审审批制度改革，探索有效监管方式，建立科学监管体系。

七、疾病预防子领域发展趋势及社会影响预判

1. 疾病预防发展概述

当前，由未确证的和新出现的病原体引发的疾病负担在日益加重，这对人类的生命健康安全造成了越来越严重的威胁。新冠疫情成为近百年来人类遭遇的影响范围最广的全球性大流行病。此次疫情给人类生命安全和健康带来了重

大威胁。

　　重大传染性疾病作为人类共同面对的四大非传统安全威胁之一，是涉及国家安全的重大问题，需要科技创新提升防控能力。因此，应该发展先进、敏感、高通量的技术手段，解决新发传染病的病原学诊断问题。研究内容包括发展以生物芯片为基础的未知病毒的高通量快速筛查、分离和鉴定技术体系研究，建立基因数据库，发展非培养性病原性细菌鉴定系统。在发生新发传染病暴发或流行时，能够很快将未知病毒鉴定到属的水平，缩小范围，继而分离和鉴定病毒；能够对临床标本直接进行基因的克隆、测序、分析，使用序列信息，进行筛查、鉴定和分析。

2. 未知病原体的智能检测、预警与防控技术

　　未知病原体传染病是人类面临的一个重要威胁，人口的增长、迅速的城市化、自然生态环境的改变、人和野生动物接触的机会增加、经济的全球化、跨国旅行人口数量的激增、跨国旅行速度的加快以及抗生素的滥用等大大增加了新发传染病的风险。根据 WHO 的研究报告，自 1967 年以来，至少有 40 多种新的病原体被发现，重要的包括艾滋病毒、埃博拉病毒、马尔堡病毒、SARA病毒、禽流感病毒、猪流感病毒和新型冠状病毒等。新型疾病正以前所未有的速度（平均每年新增 1 种）出现，并跨越国境在全世界传播。新发传染病由于没有分析检测和诊断治疗手段，加之人群普遍缺乏免疫力，易造成重大社会影响。有些新发突发传染病可能造成重大的人员伤亡，严重影响社会稳定和经济发展。2019 年新冠疫情、2003 年 SARS 的流行给了我们很好的警示。因此加强重大疫病预防控制工作中的重要新发突发传染病的快速检测能力建设对于国家安全和社会民生均具有重要意义。

　　未知病原体的智能检测、预警与防控技术涉及未知病原体快速检测、病原体检测装置以及病原体检测方法与流程、新病型和未知病原体检测的基因组学研究、病毒快速检测的基因测序类仪器、预警、预测和评估新兴传染病的综合系统、风险评估与防控策略的研究等。相关技术主题有"通用流感病毒抗体和疫苗研究""冠状病毒相关诊断、病理学和病因学研究""利用病原体数据库分

离鉴定未知病原体的技术""新兴传染病对人类影响的预测和评估系统""传染病（流行病）疫情信息智能检测、预警""冠状病毒相关疫苗和药物方面的研究""重大疫情的生态环境风险综合评估与防控策略"等。

依据现在的科学技术，我们无法预测何时、何地，会发生何种新发传染病。传统应对传染病的策略是被动的：疾病出现后，研究和明确病原体，继而开展如传播途径、流行特点、动物宿主、传播媒介等研究。未来的研究将对有可能发生的传染病进行预警，这需要开展前瞻性研究，从野生动物和媒介生物切入，研究动物微生物群落，发现已知和未知病原体，发现新的细菌和病毒，评估其对人类的致病、传播和流行风险，为预防控制未来可能发生的传染病，提供新的理论或学说。

传染病防控应具备全局性、系统性的思维，利用人工智能、大数据分析、可视化技术等形成更全面的疫情态势分析、疫情监测分析、防控救治资源调配等，为政府部门提供辅助决策支撑。此次新冠疫情中，智能数据分析改变了疾病暴发的追踪和管理方式，各国政府、疾病控制中心和世界卫生组织等机构运用大数据、人工智能、云计算等数字技术，使其在疫情监测分析、病毒溯源、防控救治、资源调配等方面更好地发挥支撑作用。在未来，人工智能生物技术定能在疾病防控、卫生安全领域创造更多的可能。

八、药物研发子领域发展趋势及社会影响预判

1. 药物研发发展概述

药物研发是促进人类健康和福祉的最重要的转化科学活动之一。然而，现代新药开发是一个非常复杂、昂贵且漫长的过程。西方发达国家开发一个全新药物平均需要 12 年，研发费用高达 26 亿美元。这是因为已知的化合物空间过于巨大，据估计含有 $10 \sim 60$ 个分子。如何降低成本，加快新药开发，已成为行业中一个具有挑战性和迫切性的问题。

在新药研发中利用人工智能已经成为一种共识，并已经广泛应用于药物开发的各个阶段，例如药物靶标的识别与验证、药物设计、老药新用、提高研发

效率、生物医学信息的汇总与分析、决策优化以及招募患者进行临床试验等。人工智能强大的能力为抵消传统药物开发方法中出现的效率低下和不确定性提供了机会，同时将过程中的偏见和人为干预程度水平降至最低。人工智能在药物开发中的其他用途包括预测类药分子的合成路线、药理特性、蛋白特征以及药效、药物组合和药物 – 靶标关联分析和老药新用。此外，通过产生新的生物标记和治疗靶标、基于组学标记的个性化医学以及发现药物和疾病之间的联系，使得利用组学分析识别新的通路和靶标成为可能。

中医药蕴藏不可估量的潜在价值。挖掘这些潜在价值将对人类健康有重大益处，甚至能从根本上改变人类对健康医疗的认识。在中医药领域，应用大数据时代的理念与技术的研究也已经悄然展开。研究方向涉及针对中药信息多元融合问题，高效快速中药药效成分辨识、作用机理解析、中药配伍规律、中药质量控制、中药设计方法体系研究等。

药物靶向递送是药物研究的一个重要领域，旨在提高药物在病灶部位的富集程度并减少其全身性分布，从而有望实现高效低毒的治疗，有针对性的药物递送可以通过最大限度地减少对健康细胞的负面影响来帮助降低化学疗法的毒性作用。伴随着材料化学，分子药物学及纳米生物技术等相关领域的日新月异，受刺激而响应的可编程智能体系为在剂量、时空等尺度上实现精准的药物递送提供了可能。

2. 源于传统中药的新药发现技术

中医药是中华民族数千年来与疾病斗争的智慧结晶，具有丰富的临床实践经验和完整的理论体系，是世界传统医药中最璀璨的一颗明珠。随着《中华人民共和国中医药法》的颁布与实施，中医药将迎来前所未有的发展机遇。在中医药理论指导下组方或以中药为资源发现和研发创新药物，一直是我国新药创制的重要途径，我国原创并得到国际认可的创新药物如青蒿素、石杉碱甲、丁苯酞等都来源于中药。

随着经济和科技的不断发展，以及人民健康需求的不断提升，我国对中药新药的注册要求也在不断提升，特别是国家食品药品监督管理总局药品审评中心提出"以临床价值为导向的药物创新"的理念和实施药物临床优效性评价后，一方面将药物回归到治疗疾病的本质，另一方面，也给中药新药的研发提出了新的要求和挑战。而且，近 20 年来生命科学的飞速发展，很多疾病的发病机制和相关基因都逐渐得到阐明，为药物的发现提供了一批新的靶点和筛选模型。

源于传统中药的新药发现技术涉及基于系统生物学和化学生物学的中药作用靶点发现技术、复合代谢模型、中药方剂体外代谢指纹、中药活性成分发现及其辨识关键技术、中药微量成分结构与功能研究的关键技术和中药药效学评价技术等，相关技术主题有"中药复方新药以及中药组分或单体新药的研发"和"基于 AI 的药物研发（化合物筛选、设计和靶点发现等）"。

天然产物具有极高的结构多样性，超乎人类的想象，而且生物进化赋予了天然产物很好的生物相容性，使得天然产物的化学结构能够匹配人体各类靶标的空间需求。这些独特优势决定了中药化学成分在药物发现中具有重要作用。我国特色的新药研发之路是以继承和创新为指导，基于中药传统理论、确切疗效和临床经验，并积极借鉴利用现代科学技术手段，发展能够为当今国际主流医药体系认可的创新药物。

3. 靶向药物智能递送系统

近年来，刺激响应型的智能纳米药物递送系统在疾病（如肿瘤等）的成像监测病症、靶向药物运输、可控药物释放等生物医学领域的应用日益受到人们的关注。靶向药物智能递送系统涉及药物控释技术、药物靶向技术、药物吸收及通过生物屏障技术，以及相应的药物递送的材料和载体类型、装置、物理化学改性、修饰等技术，相关技术主题有"纳米胶束性能及其药物控释研究""药物研发、药剂与作用靶点研究""基于靶标结构的药物结构修饰与优化研究""通过药物运载系统实现将核酸药物靶向到目标组织和器官"，以及脑科学子领域的"纳米药物靶向输运透过血脑屏障的研究"，免疫治疗子领域的"细胞穿透肽在核酸和肿瘤药物传递的应用"，生物材料和检测子领域的"自组装纳米粒非病毒性基因载体"等。

药物递送纳米机器人成为肿瘤治疗的新利器。2018年，国家纳米科学中心研究组基于 DNA 纳米技术构建了用于肿瘤治疗的智能型 DNA 纳米机器人。该纳米机器人通过特异性 DNA 适配体功能化，可以选择性结合肿瘤相关内皮细胞表面特异性表达的核仁素受体，实现精确靶向定位肿瘤血管内皮细胞，并作为响应性的分子开关，打开 DNA 纳米机器人，在肿瘤位点释放凝血酶，诱导血栓形成，阻塞血供，导致肿瘤组织坏死。智能化的纳米机器人为治疗恶性肿瘤治疗提供了全新策略，为恶性肿瘤的治疗提供了新的可能。

脑相关疾病包括脑神经痛、脑胶质瘤和阿尔茨海默病等迄今尚无好的治疗方法，其中的一个重要原因是绝大多数药物难以穿过血脑屏障。研制可穿透血脑屏障的载体系统，实现小分子药物、蛋白药物、多肽药物和核酸药物等的脑靶向递送，可望在脑神经痛、脑胶质瘤和阿尔茨海默病等重大脑疾病的治疗上取得突破。

虽然智能纳米药物递送系统在肿瘤检测和治疗中的应用已经取得了很大进展，但是目前仍然还有很多问题亟须解决。例如，如何提高药物递送效率和保证纳米的生物安全性，通过成像实时跟踪药物释放实现精准治疗；多功能药物复合纳米体系下的诊疗多样化；提高药物传递体系的光灵敏性、生物成像监测、治疗性能等。智能纳米药物递送系统针对肿瘤复杂的微环境，构建更智能、更综合的治疗方案，将是未来重要的发展方向。

九、健康管理子领域发展趋势及社会影响预判

1. 健康管理发展概述

健康管理，就是针对健康需求对健康资源进行计划、组织、指挥、协调和控制的过程。健康管理的手段可以是对健康风险因素进行分析，对健康风险进行量化评估，或对干预过程进行监督指导。

随着《"健康中国 2030"规划纲要》《"健康中国"行动》《"十三五"健康促进与工作规划》等的出台，健康管理在医疗卫生事业中的地位得到极大提

升，主动健康管理服务成为趋势，个性化、定制化的健康管理服务的市场需求快速升高，市场空白正在快速被缩小。在人口老龄化、疾病谱变化、技术演进的三大趋势下，健康管理正在成为一片创新创业的大蓝海。健康管理是综合医疗技术的体现，其发展是多产业协同助力的结果，以不同角度进行健康管理发展探索，市场多产业协同发展的步调已逐步形成。目前，以大数据为基础的精准医学、智慧医疗、智能服务等供给侧应用发展呈现出蓬勃发展之势，有望在催生新的科学发现、加速疾病防控技术突破、改善医疗供给模式、重构医疗健康服务体系等方面发挥创新引领作用，以信息化驱动健康医疗领域的科技创新与模式变革成为国际科技竞争的战略布局重点。

经专家研判，总结"多模态医疗健康大数据交互与应用技术"作为健康管理的优先技术领域，主要涵盖"医疗健康大数据云平台"技术主题。

2. 多模态医疗健康大数据交互与应用技术

医疗健康大数据可广泛应用于临床诊疗、药物研发、卫生监测、公众健康、政策制定和执行等领域，涵盖生物、临床、心理、行为、社交、环境、商业等与人类健康活动具有直接或间接相关性的所有数据源，其海量性、多样性的特点和与大数据分析、人工智能等技术的结合可为健康医疗产业带来创造性变化，全面提升健康医疗领域的治理能力和水平。目前医疗健康大数据分析技术首先需要解决多模态医疗数据的存储问题。医疗数据是多模态数据，既有结构化和半结构化的化验单、处方数据等，也有完全非结构化的医疗影像数据，还包括基因测序的组学数据、时间序列数据等。构建覆盖多模态的医疗数据存储模型和处理这些数据的云平台，是当前医疗健康大数据技术的首要问题。其次是安全和隐私问题。医疗健康大数据云平台一定要做好数据的隐私保护、加密和数据访问管理等。

脑卒中、帕金森病、阿尔茨海默病等是常见的神经系统疾病，已经成为严重威胁我国人口健康的重大神经系统疾病。自然人机交互是新一代的人机交互方式，它使计算系统具有强感知能力、多通道能力与自然性等特点。中国科学院软件研究所和中国医学科学院北京协和医院在国家重点研发计划"云计算和大数据"重点专项项目"云端融合的自然交互设备和工具"的支持下，将自然人机交互技术与神经系统疾病临床诊断方法结合，研制了"多模态自然人机交互神经系统疾病辅助诊断工具"，利用笔式、姿态、智能实物、语音、触屏移动设备等多通道交互技术进行神经系统疾病的早期预警与辅助诊断，为神经功能评价提供预警筛查、临床诊断、预后评估、康复监测以及长程跟踪等关键技术支撑。目前，基于该系统已收集神经系统疾病临床病例 5226 人，累计进行医学临床检查约 2 万多次，建立了包括手写、语音、步态、抓握、生理、影像的医学数据库，在国家健康医疗相关领域发挥了重要作用，入选了国家卫健委颁发的"医疗健康人工智能应用落地 30 最佳案例"。

"全息数字人"是健康医疗大数据科技发展的未来愿景，旨在以感知和智能技术推进健康科技发展，将高水平健康服务架构在信息网络之上，实现优质医疗资源和医学智慧在线共享，提供全天候在线模式的新型健康服务，引领万亿规模的健康新产业发展。"全息数字人"具体建设内容包括：①健康医疗电子化。人的一切健康服务和医疗信息都数字化、可记录、可追溯，发挥移动互联网和可穿戴技术优势进行连续、动态、高精度的生理健康状态监测检测；②行为心理的客观化。拓展健康数据收集的纵深度和完整性，将生命体征监测数据种类拓展到更为广泛的心理、营养、微生态等方面；③网络世界的真实化。通过虚拟现实和增强现实技术，让人体感知、人体意图判断和环境识别等功能与真实世界建立必然的对应关系；④社会环境的人性化。明确社会环境对健康的影响因素及其对人体重要生物学过程的作用及机制，寻找健康干预的生物学靶点，突破社会环境的健康干预理论及人性化量化监测难题；⑤自然环境的智能化。研究自然和近人体环境的传感与传输机理，探索低负荷、高精度生理信息获取的科学方法，通过电子工具和数据共享，实现优质一体化服务整合。

第七节　技术发展的对策建议

一、生命健康领域技术发展建议

1. 加强基础研究，实现科学原理突破

"从 0 到 1"的基础研究是整个科学体系的源头，是所有技术问题的总机关，只有重视原始创新的基础研究，才能真正带动学科发展，从而进行下一步的科学创新发展研究。2020 年 9 月 11 日，习近平总书记在人民大会堂主持召开的科学家座谈会上，提出要加快解决制约科技创新发展的一些关键问题，其中就包括要持之以恒加强基础研究。我国面临的很多"卡脖子"技术问题，根本原因是基础理论研究跟不上，源头和底层的东西没有搞清楚。基础研究一方面要遵循科学发现自身规律，以探索世界奥秘的好奇心来驱动，鼓励自由探索和充分的交流辩论。另一方面要通过重大科技问题带动，在重大应用研究中抽象出理论问题，进而探索科学规律，使基础研究和应用研究相互促进。

从生命健康领域的德尔菲调查结果来看，专家认为生命健康领域在实验室技术实现的制约因素中科学原理突破影响最大，免疫治疗、健康管理、疾病预防、基因技术、药物研发和脑科学等子领域都已经到了技术突破的紧迫阶段。如在脑科学领域，破解大脑的基本运作机理，不但有助于治疗抑郁症、帕金森病和阿尔茨海默病等一系列脑疾病，而且还可以在此基础上推动类脑研究和人工智能的应用。当前，生命健康领域新一轮科技革命和产业变革蓬勃兴起，国际竞争向基础研究竞争前移，开辟生命健康新领域、提出新理论、发展新方法，取得重大开创性的原始创新成果，是国际科技竞争的制高点。

2. 面向人民生命健康和国家战略重大需求，发展关键应用技术

习近平总书记在原有"坚持面向世界科技前沿、面向经济主战场、面向国

家重大需求"的基础上，提出将"面向人民生命健康"作为科技事业发展的新方向，这必将推动生命健康相关科学研究迈上新台阶，带动生命健康产业进入快速发展新阶段。在生物医药与健康领域，科学家和科技工作者需全面克服医疗新技术、新药研发和医学装备技术面临的"卡脖子"问题，服务人民健康事业发展。基于干细胞与再生医学、生物治疗技术和大数据健康管理等新技术的生物医药和健康产业在引领未来经济社会发展中的战略地位不断增强，将成为民生福祉和国家繁荣的重要支柱。

以问题为导向、以需求为引领，集中优势力量聚焦国家急迫需求和长远发展中的重大问题、关键领域，凸显出加强自主创新的重要性和紧迫性。从生命健康领域国家和机构竞争态势分析，以及德尔菲调查结果来看，美国一直领跑全球，中国处于跟跑的位置，接近国际水平和落后国际水平的技术主题相对较多，不实现关键领域的技术自主创新，就难以摆脱跟在别人后面跑的困境。德尔菲调查显示疾病预防、基因技术和脑科学等都是对国家安全非常重要的子领域。然而，基因测序产业上游被外企垄断，测序仪、测序试剂的"卡脖子"技术如鲠在喉，疫苗产业原料及生产设备被外资垄断，高价值的医疗器械仍需要进口是我国的基本情况。在当前针对中国的技术、人才和信息封锁越来越逼近"源头"之际，更加需要坚定决心推动生命健康领域前沿科技领域的自主创新，一个一个拔掉那些"卡脖子"的技术瓶颈，加快突破关键核心技术制约。

3. 优化学科布局，实现学科交叉融合

为促进我国生命健康领域的科技进步，提高科研水平，要瞄准国际生命健康前沿领域，针对国家重大战略需求，优化学科布局和研发布局，完善共性基础技术供给体系。要加强基础研究、注重原始创新，聚焦脑科学、干细胞与再生医学、免疫治疗、基因技术、生物材料、高端医疗器械、疾病预防、药物研发等前沿领域，实施一批具有前瞻性、战略性的国家重大科技项目。要以国家重大需求为导向，将生命健康定位于"大国计、大民生、大学科、大专业"，不断优化服务生命全周期、健康全过程的学科专业结构，体现"大健康"理念

和新科技革命内涵，对现有专业建设提出理念内容、方法技术、标准评价的新要求，主动设置和发展智能医学等新兴医学、交叉医学专业。

生命健康领域与互联网、人工智能、大数据的深度融合，形成了包括脑机接口与类脑人工智能、医疗器械的智能感知与智能交互、多模态医疗健康大数据交互与应用等系列关键技术，将从根本上解决人类社会面临的许多重大问题。建立结构合理、优势互补、团结协作的医工协同创新团队和多学科交叉、多团队合作、多技术集成的创新平台，通过学科专业交叉，在人才培养、科学研究、社会服务等领域产生广泛融合。

4. 加强战略研判，适时开展大科学计划或大科学工程

生命健康技术直接关系到社会发展、国民经济增长、城乡人民健康水平和生活环境质量的改善。在激烈的国际竞争中，优先占据科学技术的制高点，解决重大战略性科技问题，选择有可能带动技术革命和产业革命的重大科学方向，实现源头创新，对解决国家重大战略需求和冲击世界科学技术前沿具有重要意义。要加强重大创新领域战略研判和前瞻部署，要强化事关国家安全和经济社会发展全局的重大科技任务的统筹组织，强化国家战略科技力量建设。制订实施生命健康领域战略性科学计划和科学工程，适时布局和开展大科学计划或大科学工程。

中国以发展中国家的身份参与了人类基因组计划等一些国际大科学计划和大科学工程，这些参与推动了我国在基础理论研究、重大关键技术突破等方面由学习跟踪向并行发展的转变。牵头组织国际大科学计划和大科学工程，是解决全球关键科学问题的有力工具，有利于面向全球吸引和集聚高端人才，培养和造就领军科学家，形成具有国际水平的管理团队和良好机制，打造高端科研试验和协同创新平台，全面提升我国生命科学领域的协同创新能力，增强科技创新实力、提升国际话语权，带动我国科技创新由跟跑为主向并跑和领跑为主转变。

二、生命健康领域保障技术发展的建议

1. 增强全生命周期健康管理理念，加快将健康融入所有政策

2020年6月2日，习近平总书记在主持召开专家学者座谈会并发表重要讲话时强调，要推动将健康融入所有政策，把全生命周期健康管理理念贯穿城市规划、建设、管理全过程各环节。

加快将健康融入所有政策，就要树立"大卫生、大健康"理念，增强全生命周期健康管理理念，通过完善各方面政策，充分保障公民的健康教育、公平获得基本医疗卫生服务、获取健康信息、获得紧急医疗救助等各种权利，推动卫生健康事业从以治病为中心转变为以人民健康为中心，努力全方位、全周期维护人民健康。

加快将健康融入所有政策，就要加大健康知识传播力度，将健康教育纳入国民教育体系，建立健康知识和技能核心信息发布制度；制定并实施健康影响评估制度，将公民主要健康指标的改善情况纳入政府目标责任考核，对各项经济社会发展规划、政策、工程项目进行系统的健康影响评估；建立政府主导、部门合作、全社会参与的全民健康素养促进长效机制和工作体系，全面提高我国城乡居民健康素养水平。

有了全民健康，才有全面小康。2020年是全面建成小康社会决胜之年，只有加快"将健康融入所有政策"的步伐，全面深入实施"健康中国"战略，促进卫生健康事业不断发展、人民健康水平持续提升，才能为全面建成小康社会奠定更为坚实的健康根基。

2. 加强顶层设计，制定产业发展行动纲要

2020年10月29日中国共产党第十九届中央委员会第五次全体会议通过了《中共中央关于制定国民经济和社会发展第十四个五年规划和二〇三五年远景目标的建议》，强调要全面推进健康中国建设。按照会议要求，为了促进生命健康领域的进一步发展，要加快研究制定生命健康产业发展行动纲要，明确部

门任务分工，提出生命健康产业新业态发展的总体规划、目标原则、重点领域和政策保障措施。研究建立生命健康产业新业态发展协同推进机制，相关部门就新业态、新技术、新模式发展应用和监督管理等方面的重大问题定期会商。发挥健康产业相关领域智库作用，加强对国际国内健康新业态发展形势研判。

根据上文德尔菲法的调查结果，我国目前领先国际水平的技术课题主要分布在基因技术、疾病预防和药物研发子领域；在脑科学、干细胞和再生医学、免疫治疗、基因技术、生物材料和检测、医疗器械、疾病预防、药物研发、健康管理各个子领域都有接近国际水平的技术课题；落后国际水平的技术课题则主要分布在免疫治疗、基因技术、药物研发和健康管理子领域。在制定生命健康产业发展行动纲要时，要充分考虑到各子领域的发展状况，努力保持并扩大现有领先领域的技术优势，大力发展落后领域，缩小与国际领先水平的差距进而实现赶超，从而推动整个生命健康领域的协调发展。

3. 突出创新驱动，健全产业科技创新体系

从上文的研究结果可以看出，生命健康领域在技术应用推广和普及的制约因素中成果转化中试基地、社会或风险资金、产业链配套能力制约程度较高。因此，为了促进健康产业的发展，必须建立起以技术创新为驱动的产学研协同创新体系。

随着健康中国战略成为国家优先发展战略，供给侧结构性改革，新旧动能转换的深入推进，健康事业和产业迎来了飞速发展的历史机遇期。健康产业应利用有利时机，依托创新驱动战略，加快业态创新、技术创新、产品创新、管理创新以及服务创新，加快催生健康新产业、新业态、新模式，鼓励企业拓展自主研发，支持产业业态融合联动发展，不断扩大其涵盖领域与服务范围。

要推动建立适应健康新业态、新模式发展的产、学、研、用协同创新体系，加快前沿健康科学技术转化应用机制，推动创新成果驶入临床应用"快车道"。以健康科技研发创新、健康产品开发设计、综合性专业化中介服务等产业领域为主导，构建全链条新业态科技支撑体系。涵盖医、药、食、养、游全健康产业链，跨界融合、三产融合，创造多层次、多领域的创新叠加效应。扶

持医药产业的基础研发，药材种植加工生产，高科技生物医药开发，加强生命科学研究，优化多元办医格局，探索智慧医疗。发展养老养生、旅游保健、健身休闲、康复疗养、健康食品、保健品、健康管理、心理咨询、健康保险、文化产业等多个产业层次，推动上下游产业协同发展，互相促进，融合创新，形成更为全面多元的产业发展格局。

鼓励技术创新和模式创新相结合。创建科技成果转化服务平台，推广应用最新技术和移动健康终端产品，不断提升产业层次和服务质量，如集成医疗影像技术、基因技术、前沿生物技术、3D 技术，可穿戴医疗保健设备、VR、AI、物联网等颠覆性创新技术的发展，为医疗和保健的转型提升带来了契机，如3D 打印技术已成为未来临床医学发展的关键技术之一，通过 3D 打印制造的人工关节等器官已成为患者恢复健康的希望，为国民健康的改善提供坚实的技术基础。

4. 加强人才培养，激发人才创新活力

高层次人才及团队以及学科交叉程度在实验室技术实现的制约因素中影响较大，尤其是免疫治疗和脑科学领域，受高层次人才及团队因素制约程度较高。因此，为了实现生命健康领域实验室技术的突破，必须加强人才尤其是高层次人才的培养、健全科技人才评价体系、激发科技人才创新活力。

贯彻尊重劳动、尊重知识、尊重人才、尊重创造方针，深化生命健康领域人才发展体制机制改革，全方位培养、引进、用好人才，造就更多国际一流的科技领军人才和创新团队，培养具有国际竞争力的青年科技人才后备军。着力打造一批高水平、国际化的大健康人才培养高地和创新平台。构建面向未来的国际化大健康教育体系，服务国家战略，为公共卫生体系建设和人类健康提供人才保障和科技支撑。培养生命健康基础或应用研究、生命健康服务业、生命健康制造业等的创新创业人才；培养有全球视野和社会责任感、跨文化交流能力强、解决全球健康问题、引领未来的世界顶尖复合型大健康人才；同时，将加快互联网和大数据技术与健康产业结合，以跨领域、跨学科交叉融合方式应对人类健康挑战，借助科技力量促进人类健康发展。

健全以创新能力、质量、实效、贡献为导向的科技人才评价体系。加强学风建设，坚守学术诚信。健全创新激励和保障机制，构建充分体现知识、技术等创新要素价值的收益分配机制，完善科研人员职务发明成果权益分享机制。加强创新型、应用型、技能型人才培养，实施知识更新工程、技能提升行动，壮大高水平和高技能人才队伍。

5. 重视伦理审查，增强行业监管

科学技术的发展是双刃剑，在生命健康领域，正确地应用科学技术将促进健康，造福人类。不当应用，不但给个人造成严重伤害，而且会危及人类本身。近来在我国医学、科学界发生的一系列事件应当引起我们的高度重视。技术在生命健康领域的应用，除了开发和引进技术，解决"能不能"的问题（即技术能力问题），还必须规范技术的应用，管理好"该不该"的问题（即伦理道德问题）。伦理和科学并不是矛盾的双方，而是相辅相成，在临床研究设计与执行的过程中从伦理角度出发，可以平衡试验各方的利益，使研究能够更科学、有效地开展。伦理意识应该伴随生物医学研究能力的提升而同步强化，以保障生命健康产业的可持续发展，维护人民健康权益和生命安全，履行对人类健康生存目标的担当。

目前，国内专门针对伦理审查的法规仅有 2010 年原国家食品药品监督管理总局颁布的《药物临床试验伦理审查指导原则》和 2016 年卫生健康委员会发布的《涉及人的生物医学研究伦理审查办法》，这 2 部法规为框架性文件，对于某些前沿研究类型的伦理审查缺少指导意义，例如以数据收集为主的医学研究伦理、基因编辑伦理等。因此，应适时根据生物医学研究的新进展、新问题出台新的伦理审查指导原则或指南，研究机构也应根据法规要求，结合单位自身条件和特色，制订实施细则、制度和标准操作规程，将法规落在实处，提高伦理审查质量、充分保护受试者合法权益。此外，还要建立规范、统一的生物医学研究伦理审查行业标准，进行同行监督，相互学习、相互促进，以期使生物医学研究及伦理审查健康发展。有条件的医疗机构伦理委员会可肩负起研究者的培训工作，使其了解国家相关法规政策、树立正确的生物医学研究伦理

意识、了解伦理审查流程，伦理委员会可以为前沿生物医学研究设计提供伦理咨询，协助完善方案设计、寻找伦理辩护等，进而提高生物医学研究能力与水平。

主要参考文献

［1］行俭. 用科技护航人民生命健康.［EB/OL］.（2020-09-18）［2020-12-10］. http://www.qstheory.cn/llwx/2020-09/18/c_1126510334.htm?ivk_sa=1023197a.

［2］施小明. 全球国家健康战略概况及对建设健康中国的启示［J］. 中华预防医学杂志，2016，50（8）：668-672.

［3］国家卫生健康委员会规划发展与信息化司. 解读：《"健康中国2030"规划纲要》［EB/OL］.（2016-10-26）［2020-02-11］. http://www.nhc.gov.cn/guihuaxxs/s3586s/201610/a2325a1198694bd6ba42d6e47567daa8.shtml.

［4］Office of Disease Prevention and Health promotion.Healthy People 2030 Framework［EB/OL］.［2020-02-12］. https://www.health.gov/healthypeople/about/healthy-people-2030-framework.

［5］Public Health England. Public Health Outcomes Framework［EB/OL］.［2020-02-15］. https://www.gov.uk/government/collections/public-health-outcomes-framework.

［6］Public Health England and Department of Health and Social Care Public Health Outcomes Framework 2019 to 2022：at a glance［EB/OL］.［2020-02-17］.https：//www.gov.uk/government/consultations/public-health-outcomes-framework-proposed-changes-2019-to-2020.

［7］National Institute of Health and Nutrition. Health Japan 21（the second term）［EB/OL］.［2020-02-18］. https://www.nibiohn.go.jp/eiken/kenkounippon21/en/kenkounippon21/mokuhyou.html.

［8］Minister of Health，Labour and Welfare，A Basic Direction for Comprehensive Implementation of National Health Promotion［EB/OL］.（2012-07-10）［2020-02-18］. https://www.mhlw.go.jp/file/06-Seisakujouhou-10900000-Kenkoukyoku/0000047330.pdf.

［9］李旭辉. 我国生命健康产业发展的条件与基础［J］. 产业创新研究，2019（3）：11-13，30.

［10］中国青年网. 报告：2021 年中国健康产业规模达 10 万亿元［EB/OL］.（2022-05-11）［2022-12-08］. https://baijiahao.baidu.com/s?id=1732542150969560468&wfr=spider&for=pc.

［11］2023 年我国大健康产业预计超 14 万亿元产值［EB/OL］.（2022-06-06）［2022-12-08］. http://health.familydoctor.com.cn/a/202206/2811359.html.

［12］《"十三五"健康产业科技创新专项规划》［EB/OL］（2017-05-26）［2020-02-11］. https://www.most.gov.cn/tztg/201706/t20170613_133484.html.

［13］深圳市健康产业发展促进会. 深圳生命健康产业科技发展研究报告（2015）［EB/OL］.（2016-01-26）［2020-02-26］. https://wenku.baidu.com/view/cd8a519afe00bed5b9f3f90f76c66137ee064f80.html.

［14］赛迪顾问. 科技创新促进大健康产业升级［EB/OL］.［2020-02-20］.http://dy.163.com/v2/article/detail/DKRG2K0505118SRU.html.

［15］党俊武，李晶. 老龄蓝皮书：中国城乡老年人生活状况调查报告（2018）［M］. 北京：社会科学文献出版社，2018.

［16］张自然，张平，袁富华. 经济蓝皮书夏季号：中国经济增长报告（2018—2019）［M］. 北京：社会科学文献出版社，2019.

［17］张忠斌. 社会风险的刑法规制与刑事审判的展开［N］. 人民法院报，2018-08-29（006）.

［18］彭翔，张航. 健康中国视角下健康风险治理探讨［J］. 宁夏社会科学，2019（1）：108-113.

［19］人民网. 5G 助力远程医疗创造多个"世界第一"［EB/OL］.（2019-08-20）［2020-02-27］. https://baijiahao.baidu.com/s?id=1642345742501791785&wfr=spider&for=pc.

［20］李国治，邓卫东. 基因组测序技术及其应用研究进展［J］. 安徽农业科学，2018，46（22）：20-22，25.

［21］韩凤荣. 新冠疫情应对青年总体国家安全观教育的启示［J］. 北京青年研究，2020，29（3）：101-105.

［22］王小理. 生物安全时代：新生物科技变革与国家安全治理［J］. 国际安全研究，2020，38（4）：109-135，159-160.

［23］徐升. 用科技创新筑牢国家生物安全防线［J］. 科学大观园，2020（5）：76.

［24］薛杨，俞晗之. 前沿生物技术发展的安全威胁：应对与展望［J］. 国际安全研究，2020，38（4）：136-156，160.

［25］文部科学省科学技術・学術政策研究所《第11回科学技術予測調査》［EB/OL］. （2019–11）［2020–04–16］. https://nistep.repo.nii.ac.jp/?action= pages_view_main&active_action=repository_view_main_item_detail&item_id=6657&item_no=1&page_id=13&block_id=21

［26］王国进. 技术预见在韩国［J］. 世界科学，2002（11）：39–40.

［27］The 5th Science and Technology Foresight（2016–2040）［EB/OL］. （2017–04）［2020–04–18］. https://www.kistep.re.kr/board.es?mid=a20401000000&bid=0046&act=view&list_no=35988&tag=&nPage=1.

［28］陈进东，张永伟，梁桂林，周晓纪，孙胜凯. 中国工程科技2035关键技术选择与评估［J］. 中国软科学，2019（8）：144–153.

［29］孙殿军，孙长颢，张凤民，等. 中国工程科技医药卫生与人口健康领域2035技术预见研究［J］. 中国工程科学，2017，19（01）：96–102.

［30］英国德勤公司的健康解决方案中心. 2020年生命科学与医疗趋势报告大胆的未来［EB/OL］. （2016–01–06）［2020–04–17］. http://www.199it.com/archives/425980.html.

［31］克利夫兰医学中心揭秘2020年医疗领域十大创新［EB/OL］. （2019–11–06）［2020–04–20］. https://newsroom.clevelandclinic.org/2019/11/06/克利夫兰医学中心揭秘2020年医疗领域十大创新.

［32］福布斯中国. 2020年医疗行业增长的5个爆点［EB/OL］. （2020–01–20）［2020–04–21］. http://www.forbeschina.com/business/46745.

［33］美世：2019全球医疗趋势报告［EB/OL］. （2019–06–20）［2020–04–23］. http://www.199it.com/archives/895567.html.

［34］宝枫生物安. 触目惊心，每三十秒就有中国人死于脑疾病［EB/OL］. （2019–03–18）［2020–11–02］. https://www.douban.com/note/710752240/?_i=9791140C2zucEr.

［35］杨雄里院士谈当前脑科学的发展态势和战略［EB/OL］. （2018–02–05）［2020–11–03］. https://www.sohu.com/a/221020764_465915.

［36］周琪. 中国及中国科学院干细胞与再生医学研究概述［J］. 生命科学，2016，28（8）：833–838.

［37］苏泽莹，管柳柳，陈斯泽. 类器官的培养及应用的研究进展［J］. 广东药科大学学报，2020，36（5）：737–742.

［38］干细胞与再生医学领域年度盘点——干细胞自组装形成类器官（1）［EB/OL］. （2018–01–17）［2020–11–05］. https://www.sohu.com/a/217363986_308897.

［39］概述免疫治疗的起源与发展史［EB/OL］. （2017–09–18）［2020–11–06］.

https://news.medlive.cn/cancer/info-progress/show-134577_53.html.

［40］曹雪涛. 国家应高度重视免疫学及其与疾病防治研究［J］. 中华医学杂志，2019，99（1）：1-3.

［41］陈开枝，何志业，曹旭，等. 应对生物安全与公共安全的新一代测序技术［C］// 中国管理科学研究院商学院管理创新成果汇编（一）. 全国科技振兴城市经济研究会，2020：151-157.

［42］火石创造. 2020 年全球基因检测行业发展研判及趋势分析［EB/OL］.（2020-05-12）［2020-10-21］. https://www.sohu.com/a/395085747_115035.

［43］许丽，王玥，姚驰远，等. 基因编辑技术发展态势分析与建议［J］. 中国生物工程杂志，2018，38（12）：113-122.

［44］周淑千. 生物医用材料发展现状与趋势展望［J］. 新材料产业，2019（7）：43-47.

［45］国云，周敏. 量子点生物传感器及其在生物医学分析检测中的应用［J］. 传感器与微系统，2017，36（11）：6-9，13.

［46］未来十年内或将是医疗器械智能化的大趋势［EB/OL］.（2019-07-04）［2020-11-03］. http://m.elecfans.com/article/977037.html.

［47］AI 赋能医疗器械 5G 支持应用创新——智能化医疗软件发展趋势分析［EB/OL］.（2019-09-12）［2020-11-03］. https://www.sohu.com/a/340602397_505926.

［48］李克强：改革疾病预防控制体制 完善传染病直报和预警系统［EB/OL］.（2020-05-22）［2020-11-04］. http://lianghui.people.com.cn/2020npc/n1/2020/0522/c431623-31719387.html.

［49］点亮生命之光［EB/OL］.（2020-06-03）［2020-11-04］. https://3g.163.com/dy/article/D8S1RINI05149LPQ.html.

［50］代表探讨新型传染病防控 | 精准防控：数据库·预警·快捷［EB/OL］.（2020-03-09）［2020-11-04］. http://news.jcrb.com/jxsw/202003/t20200309_2126854.html.

［51］未知病原体检测、鉴定技术体系研究［EB/OL］.［2020-11-04］. http://www.sklid.cn/index.php?s=/Home/Index/info/id/51/.

［52］丁伯祥，胡健，王继芳. 人工智能在药物研发中的应用进展［J］. 山东化工，2019，48（22）：70-73.

［53］姜勇，李军，屠鹏飞. 再议新形势下中药创新药物的发现与研发思路［J］. 世界科学技术 - 中医药现代化，2017，19（6）：892-899.

［54］张卫东. 中药新药发现的若干思考［C］//2013 全国中药与天然药物高峰论坛暨第十三届全国中药和天然药物学术研讨会论文集.［出版者不详］，2013：6.

［55］肿瘤治疗的新利器 药物递送纳米机器人［EB/OL］.（2020-05-22）［2020-11-05］. https://tech.ifeng.com/c/7zeEDxOfO6K.

［56］沈一平，郭一飞. 肿瘤靶向多肽纳米药物递送系统研究进展［J］. 科学技术创新，2020（6）：15-17.

［57］药物开发中的人工智能：现状与未来展望（下）［EB/OL］.（2020-09-15）［2020-11-05］. https://baijiahao.baidu.com/s?id=1677872526934421730&wfr=spider&for=pc.

［58］云计算和大数据重点专项项目成果"多模态自然人机交互神经系统疾病辅助诊断工具"入选国家卫健委"医疗健康人工智能应用落地 30 最佳案例"［EB/OL］.（2019-07-29）［2020-11-03］. http://www.most.gov.cn/gnwkjdt/ 201907/t20190729_147984.htm.

［59］金小桃，王光宇，黄安鹏."全息数字人"——健康医疗大数据应用的新模式［J］. 大数据，2019，5（1）：3-11.

［60］新华社. 加快"将健康融入所有政策"［EB/OL］.（2020-06-08）［2020-11-02］. http://www.gov.cn/xinwen/2020-06/08/content_5518040.htm.

［61］赵燕. 以创新驱动助推健康产业拓展升级［J］. 科技经济导刊，2019，27（27）：191-192.

［62］推动健康产业新业态发展的四点建议［EB/OL］.（2019-01-03）［2020-11-04］. https://www.pishu.cn/psgd/528509.shtml.

［63］李丰杉，余勤. 国内外生物医学伦理现状与展望［J］. 中国新药杂志，2020，29（18）：2113-2117.

第三章
网络安全领域技术预见研究

国家工业信息安全发展研究中心

第一节　社会发展愿景分析

新一代信息技术高速发展以及在社会生产生活各领域的深入融合应用，深刻影响人类社会历史发展进程，提升了生产效率，开辟了生活新空间。当前，技术深入应用的同时也伴生新的安全风险，各类网络安全隐患对国家政治、经济、文化以及公民在网络空间的合法权益带来严峻挑战。没有网络安全就没有国家安全，网络安全是国家安全的重要组成，网络安全技术为维护国家网络安全提供了重要的技术基础，为支撑经济社会发展构建了坚实的安全屏障。党的十九届五中全会明确了我国"十四五"期间发展的战略任务和 2035 年远景目标，强调要统筹发展和安全，全面加强网络安全保障体系和能力建设，对网络安全技术和防护能力提出了新的、更高的要求。技术预见作为一种战略规划工具，在世界各国的科技政策制定中发挥了重要作用，开展网络安全技术预见通过分析研判网络安全领域发展态势和走向，提出网络安全技术优先方向，能够为网络安全领域技术和产业发展提供路径指引，为网络安全领域相关战略政策制定提供研究支撑。

一、我国网络安全保障的愿景

新冠疫情加速全球数字化转型步伐，国家、经济、社会、个人活动在网络空间的具象和映射不断清晰，网络安全的重要意义不断凸显。信息技术应用发展作为关系国计民生的战略性、基础性、先导性领域，为以数据为核心要素的数字经济创新发展提供了关键依托，特别是在数字基础设施建设提速的背景下，网络安全技术正在成为经济社会发展的重要保障。

1. 维护网络安全，保障国家安全、社会稳定和人民群众利益

伴随网络技术的快速发展，网络空间已经成为精准打击、实施战略威慑、煽动意识形态斗争、截取经济情报、窃取敏感信息、破坏国家安全和经济社会稳定的新阵地。网络空间成为大国博弈的新战场，各国在网络空间的博弈手段层层升级。近年来，具有国家背景的网络安全对抗从幕后走向台前，网络攻击事件时有发生，委内瑞拉、乌克兰等国因网络攻击而发生多次大规模停电事件，敲响了网络安全的警钟。党中央、国务院高度重视网络安全工作，2014 年中央网络安全和信息化领导小组成立以来，习近平总书记围绕网络安全工作作出一系列重要讲话指示批示，对网络安全领域目标任务、重大任务作出战略部署，明确提出"没有网络安全就没有国家安全，就没有经济社会稳定运行，广大人民群众利益也难以得到保障。"网络安全对国家、组织和个人来说都是最基础的保障。2016 年 12 月，国家互联网信息办公室发布《国家网络空间安全战略》提出，推进网络空间和平、安全、开发、合作、有序，维护国家主权、安全、发展利益，建设网络强国。发展网络安全技术的根本目标就是满足国家安全、网络安全等重大战略需求，需超前部署、统筹布局，加速推进一批网络安全领域关键共性技术研究，夯实国家网络空间安全保障基础，切实维护国家安全。

2. 发展网络安全技术，为制造强国网络强国建设筑牢安全基石

网络安全和信息化是一体之两翼、驱动之双轮。5G 技术、云计算、移动互联网、大数据、人工智能等新技术新应用日益成熟，带来了新的网络安全问题，操作系统漏洞成为移动互联网安全的重大威胁，智能互联设备成为新的攻击目标，工业控制系统互联互通加大了安全风险。传统常规防护手段无法满足互联网发展的安全需求。筑牢网络安全防线，是网络强国和制造强国建设的重要基石。建设网络强国，要有自己的技术，有过硬的技术。发展新型基础设施，培育数字经济发展，推广便民惠民的数字应用，依赖于高质量的网络安全技术做支撑，更依赖于核心技术的快速突破。2018 年 4 月，习近平总书记在全国网络安全和信息化工作会议上强调，要积极发展网络安全产业，做到关口前移，防患于未然。在 2019 年网络安全宣传周期间对网络安全作出重要指示中，习近平总书记要求坚持网络安全教育、技术和产业融合发展，形成人才培养、技术创新、产业发展的良性生态。需围绕制造强国网络强国战略部署，加强关键信息基础设施安全保障，抓紧攻关网络发展的前沿技术和具有国际竞争力的关键核心技术，加快推进国产自主可控替代计划，构建安全可控的信息技术体系，推动网络安全技术研发和产业发展，促进整体网络安全保障能力提升。

3. 提升网络安全防御和威慑能力，使网络空间可量化、可预测

网络安全的本质在对抗，对抗的本质在攻防两端能力较量，对抗的目的在于强网络安全防御能力和威慑能力。随着网络安全呈现出政治化发展趋势，国家间网络攻击和博弈开始浮出水面，网络攻击行为成为实现长期政治目的和短期行动目标的重要手段之一。大国间网络空间的互动较量频繁，网络战形态初步显现，使得网络安全形势变得更加错综复杂。近年来，世界主要国家积极发展网络空间力量，成立网络司令部，有国家背景的网络攻击行为增多，针对国家关键信息基础设施，例如油气管网、水电设施的网络攻击破坏事件造成重大影响。安全形势日益严峻，各种漏洞防不胜防，传统的边界式防护体系已经无法适应新网络安全形势要求。维护网络安全，需要从应对更加隐蔽和复杂的网络威胁出发，立足攻防的视角，以构建网络空间态势感知能力为基础，发展多层次全天候的网络安全纵深防御体系，加强对网络威胁的感知、分析和应对，使网络空间威胁可感、可知、可分析、可预测。

二、世界主要国家网络安全保障的愿景

目前许多国家纷纷制定更新国家网络安全战略，网络空间已经成为海、陆、空、天之后的第五大主权空间，各国纷纷将网络安全视为影响经济社会

发展稳定的战略性议题，作为国家安全战略的优先方向加强资源投入和力量部署。例如，美国始终将网络安全作为国家安全的优先事项，拜登政府执政以来，在白宫设置了多个网络安全事务高级职位，签署了一系列加强网络安全、供应链安全等行政令，提升应对网络威胁的防护能力。俄罗斯高度重视信息安全，将其视为国家安全战略体系中的重要一环，目标包括保障国家和社会安全，即保卫国家主权、保持政治和社会稳定，保护俄罗斯的领土完整，保证公民的基本权利和自由，以及保卫关键信息基础设施。法国发布的《国防与国家安全白皮书》中将网络攻击确定为最大外部威胁之一，并加强了网络空间军事能力的部署。澳大利亚更新发布了《2020年网络安全战略》，提出了更加全面的战略目标，加大资金支撑力度，其战略重点是积极防范网络攻击，将带来的损害降到最低程度，并对针对澳大利亚国家利益的恶意网络行动作出响应。

1. 强化关键基础设施安全防护

关键基础设施安全防护是各国网络安全的重点防护领域，且随着针对关键信息基础设施的持续性、组织化网络攻击的增多，关键信息基础设施安全防护的极端重要性进一步凸显。美国国土安全部发布的《网络安全战略》明确提出把消除关键基础设施脆弱性作为五大主要方向之一，强调保护美国联邦政府信息系统，减少美国联邦机构系统中存在的漏洞，确保达到适当的网络安全水平。俄罗斯国家杜马通过《重要信息基础设施安全法案（草案）》建议重要信息基础设施安全防护机制，降低设施遭受攻击的安全威胁及脆弱性，并针对破坏重要基础设施的行为规定了严格处罚措施。欧盟《网络与信息安全指令》侧重建立合作机制，加强关键基础设施的保护并要求各成员国将其纳入国家法律。近年来，勒索病毒等网络安全事件频发，德国、意大利以及东盟等纷纷宣布成立网络安全专门机构，来加强网络安全防护的机制化保障。

2. 打击网络空间犯罪活动威胁

提高识别、预防、阻止和应急处置网络风险能力，有效控制网络犯罪是各国网络安全重要目标之一。从国际上看，英国提出网络安全战略优先行动之一是继续提高察觉和分析尖端网络威胁的能力。美国网络安全战略把防止并打击网络空间犯罪活动作为目标，美国国土安全部致力于通过打击跨国犯罪组织和复杂的网络犯罪分析来降低网络风险。2016 年，俄罗斯《信息安全学说》提出，要加强提高信息威胁应对能力，同时，俄罗斯积极推动制定全球性打击网络犯罪公约，加强各国在打击网络空间犯罪领域的协作。

3. 提升风险识别和态势感知能力

随着网络空间形势变化，主动防御、溯源反制成为网络空间安全防护能力的重要标志。2015 年，美国网络安全战略以国家战略为指引，逐渐从"积极防御"转变为"网络威慑"，其中网络空间态势感知能力构建则是实现对网络空间探测感知的关键手段，以实现从被动保障到主动威慑的变化。2019 年初，欧盟启动网络防御态势感知项目，追求基于一般和特定的威胁环境，提供相应态势感知能力，以便从环境中观察、理解和评估网络攻击的风险。俄罗斯《网络安全战略构想（2014）》明确规定发展国家网络防御和网络威胁预警系统，鼓励相关组织和个人开展网络防御系统的创建和研发活动。

4. 增强网络攻防对抗能力

当前，有组织的国家级网络攻击对国家安全提出了严峻的挑战，加快建设网络空间军事能力成为各国在网络空间领域的重要战略目标。2017 年 2 月，北约各成员国防长于一致通过《网络防御行动计划》，其中包括"网络空间纳入作战领域"的行动路线图。同年，北约协作网络空间防御卓越中心发布《塔林手册 2.0》，意图抢先在网络空间领域制订于已有利的"网络战争法则"。2017 年 12 月，特朗普政府发布的《国家安全战略》中提出美国会考虑"按需"对敌方实施网络行动。2020 年 12 月，拜登发表了关于网络安全的声明，明确表示只加强网络防御是不够的，美国将率先破坏和威慑任何实施大规模网络攻击行为的对手。2021 年 3 月，拜登政府制定发布的《临时国家安全战略纲要》将网络安全作为优先执政事项之一，提出了将追究对破坏性的恶意网络行为的责任，迅速地采取对称性的回应。

第二节 现状与需求分析

与其他新兴技术的原生属性不同，网络安全技术是一种伴生技术，为其所服务的技术应用而研发，通常作为底层支撑技术保障各领域安全稳定运行。随着网络与现实关系愈发紧密，网络空间与物理空间的边界逐步模糊，经济社会运行和人们生产生活都高度依赖以信息技术为支撑的技术底座，国家安全、产业创新、经济社会发展、公众正常生活都需要不同的网络安全保障手段和技术支撑。

一、国家安全需求

1. 网络战形态逐步清晰，网络空间疆域需要技术守卫

网络空间成为大国博弈的新战场，各国在网络空间的博弈手段层层升级。从美国在伊朗实施的无人机精准打击行动，到阿塞拜疆和亚美尼亚冲突中无人装备的大规模使用，网络信息技术的运用能力已经成为衡量国家军事实力的重要指标。美国早在 2009 年就成立了网络司令部，到 2018 年，美国网军 133 支网络任务部队已经形成全面作战能力；2017 年德国联邦国防军设立了专职从事信息战的网络空间作战司令部"网络与信息空间司令部"，将逐步扩展至超过 1 万人。具有国家背景的网络组织活动频繁，美方曾用网络攻击手段使伊朗火箭控制系统陷入瘫痪，网络战逐步从概念走向实战，必须从作战视角看待网络安全。

随着以 5G、数据中心、工业互联网等新型基础设施建设加快推进，其支撑后疫情时代经济社会发展的战略性、基础性、先导性的作用将进一步凸显，新基建将承载更多关系国计民生的重要信息系统以及关键的数据资源，加快各个领域数字化转型的同时，也引入了网络安全风险。面对各国激烈角逐制网权的变局，需创新自适应的多层联动技术体系，构建以快打快、以智对智的积极防御屏障，突破"御攻击于外"的网络边防关键技术，形成威胁感知和攻击预判能力。同时要加强网络空间态势感知和网络攻击探测应对，尤其是自主域名

解析、网络攻防、态势感知、主动防御相关技术。

2. 互联网主权纷争升级，防范网络断供风险依赖技术突破

美国作为互联网诞生地和孕育地，所拥有的天然优势不仅体现在网络资源分配权上，还体现在网络技术和网络空间攻防实力的领先上。随着网络安全对抗加剧，出于对美国互联网域名解析权绝对控制的担忧，俄罗斯于 2019 年通过独立互联网（Runet）法案，建设独立的域名系统并开展断网测试，模拟在受到网络制裁或严重网络攻击等危急情况下暂时切断外部网络，以测试国家局域网 "Runet" 的使用。这种担心并不是多余的，中断域名解析服务、发动网络攻击、关键设备和系统后门攻击等方式对特定国家实施断网制裁的行为曾经真实发生过。2021 年 6 月，美国以 "违反制裁" 为由封禁了 30 多个伊朗新闻媒体网站的域名，反映出美国在互联网资源方面的垄断性优势。

我国互联网仍是 "接入者" 或 "租用者"，因为我国不拥有国际互联网根域名服务器，所以并不具备独立的域名解析和寻址能力。而且，我国现阶段大量使用美国企业为代表的设备产品，存在被植入软件级、芯片级漏洞和后门的可能，这些设备在特定时期和条件下容易被利用以破坏网络节点设备、底层通信协议等网络基础设施，可能会造成大规模的、持续性的网络瘫痪。在极端情况下，我国可能面临中断国际互联网通信、区域网络瘫痪以及网络生态被严重破坏等严重后果。为加强对互联网断供风险的应对，我国亟须发展域名解析解决备用和预防方案，突破现有域名解析体系的限制。

3. 网络窃听窃密事件频现，网络空间安全需确保技术可控

"棱镜门" 事件使得美国国家安全局与联邦调查局主导的秘密窃听行动公之于众，使得全球对网络监听风险有所认识，警惕性不断提升。2020 年，美国政府和有关部门违反国际法和国际关系准则，通过控制各国使用的通信设备加密装置，对国外政府、企业和个人实施大规模、有组织、无差别的网络窃密与监听、监控，中国也曾是网络窃密和监听、监控的严重受害者。为防范网络窃听风险，我国亟须推动网信领域技术、产品、服务、系统的自主研发创新。针

对现阶段，我国大量使用的操作系统、芯片等软硬件的底层技术大多依赖于国外的困境，短期解决方案是对信息和信息系统实施安全监控管理，防止非法利用信息和信息系统，保障网络和信息安全。而长期来看则是依靠自身技术研发和创新，全面掌握网络和信息领域核心技术，实现信息产业从硬件到软件的自主研发、生产、升级、维护和全程可控，避免受制于人。

二、产业创新需求分析

1. 网络安全产业步入高速发展期，技术创新是重要驱动力量

根据 Gartner 数据分析，全球网络安全产业中，北美、欧洲、亚太分别占据全球份额的 41%、27% 和 22%，其中中国占据 4%。根据各研究机构公布的我国 2019 年网络安全产业规模和增速数据，我国网络安全产业增速约为 25%，远远高于 9% 的全球增速。由此看出，我国网络安全产业发展潜力和市场空间巨大。但是，相比于领先国家，我国的网络安全企业数量多但规模较小，缺乏龙头企业引领产业发展，集聚效应不明显，研发攻关力量相对分散、安全产品与技术服务能力不强等现象普遍存在。

根据知名咨询机构 Cybersecurity Ventures 2018 年发布的全球网络安全 500 强名单，其中约 70% 企业总部设立在美国，相比之下，我国仅有 9 家入围，而无一家企业入围其 2019 年全球网络安全厂商 150 强榜单，这与我国网络大国地位不相符。从上市公司情况看，美国网络安全领域头部上市公司的营收和市值都远超我国网络安全企业，美国 2019 年营收超过 50 亿元人民币的公司至少有 7 家，年营收超过 200 亿元人民币的公司至少有 4 家。我国网络安全产业头部企业数量相对美国偏少，整体营收水平偏低，盈利能力普遍不强。未来，我国网络安全企业的创新发展有助于整体带动网络安全产业提质增效，而拥有自主可控的网络安全技术将是促进产业发展的核心驱动力。

2. 新兴领域安全需求持续增长，基础性技术支撑有待加强

网络安全政策法规持续完善优化，推动行业和领域应用加速。从行业看，

除政府、电信、金融、能源、军队等传统重点行业领域之外，教育、制造、交通等行业对网络安全产品和服务的个性化需求也逐渐显现。从具体领域看，除重要网络基础设施外，融合应用、个人信息保护等新兴领域的防护需求迅速扩大，对安全产品和服务发展提出新的需求。一系列安全市场细分领域迅速成长，如基础设施安全、移动安全、数据安全、工业信息安全等领域有了新的需求和机遇。以工业信息安全产业为例，我国工业信息安全产业规模从 2016 年的 43.46 亿元增长到 2019 年的 93.9 亿元，产业规模增速为 30%。但从目前的网络安全产业结构来看，我国在各细分市场中均有企业可提供相应的产品和服务，但网络安全产业体系仍不够完善，大部分企业仍然集中在传统安全领域，工业互联网安全、云平台安全等领域相关的企业数量仍然偏少。

另外，数字经济快速发展，新兴技术创新步伐不断加快，新技术广泛应用伴生的安全问题逐步显现。5G 技术、物联网、云计算、大数据、人工智能应用同时带来安全隐患。例如，5G 的海量连接特性拓展连接对象范围和深度的同时，也将导致网络攻击入口和攻击对象增多，容易成为攻击跳板，毫秒级传输速率对企业的应急响应能力提出更大考验。黑客可能运用人工智能技术更加高效地发现目标系统中的漏洞，并通过被感染设备的自主学习机制发动攻击，受感染设备相互通信并参与攻击，导致更大的威胁影响。这些新兴领域安全需求不断增多，但我国网络安全技术产业支撑能力仍显不足，网络安全和新技术亟须加快突破，以带动安全保障能力的快速提升。

3. 网络安全技术概念加速变革，新兴概念落地依赖技术突破

从网络安全技术演进视角来看，伴随网络威胁严重程度由低到高，网络安全技术思路可以分为三个阶段。第一阶段从 20 世纪 80 年代末起，个人电脑普及推动信息化发展，网络攻击以木马病毒为主，数量有限，技术单一，与之对应的是以"查黑"为核心的第一代网络安全技术，即"黑名单"机制。第二阶段从 2000 年开始，互联网逐渐普及，第一代网络安全技术在面对样本量以每天上百万的规模快速增长时，效率低下的弊端凸显，"黑名单"机制逐渐失效，以"白名单"为核心的网络安全技术开始流行。第三阶段从 2015 年前后

起，网络安全形势日益严峻，海量数据汇聚风险凸显，传统的边界式防护体系过时，以"查行为"为核心的安全体系正在成长中，以尽可能全面地采集大数据为基础，以机器学习、人工智能的行为分析为核心，关键是威胁检测与应急响应。这一阶段的重要任务则是构建完整的网络安全防御体系，加强对网络威胁的感知、分析和应对，其主要技术理念是以智能分析为核心的主动防御理念，包括威胁情报、高级威胁防护、取证溯源、网络测量、行为分析、威胁捕捉、态势感知等安全技术。

网络与信息系统安全技术领域，以传统的技术产品维度划分，根据一般意义的分类以及网络安全技术发展趋势，应包括密码技术、数据安全、系统安全、内容安全、应用安全、网络攻防、新一代信息技术安全。结合网络安全技术演进阶段可以发现，第一阶段和第二阶段的网络安全技术方向和产品以终端安全、网络与边界安全、应用安全、身份与访问管理领域的技术，目前相关技术项目发展较为成熟，例如防火墙技术、认证技术、入侵检测技术、操作系统安全加固、数据安全技术、安全扫描技术、防病毒技术、备份与容灾恢复、隔离网闸、网站保护、无线局域网（WLAN）安全等，而目前第三阶段的技术则是结合机器学习、人工智能等前沿技术手段，推动网络安全技术智能化、主动化发展。

三、经济社会发展需求分析

1. 关键信息基础设施安全保护需求

我国关键信息基础设施的安全稳定运行关乎国家的经济发展，是国家网络安全防护的重点对象。

从防护范围来看，政府机关和能源、金融、交通、水利、卫生医疗、教育、社保、环境保护、公用事业等行业领域，电信网、广播电视网、互联网等信息网络，云计算、大数据和其他大型公共信息网络服务的单位，国防科工、大型装备、化工、食品药品等行业领域科研生产单位，以及广播电台、电视台、通讯社等细分单位管理和网络设施和信息系统，这些一旦遭到破坏、丧失功能或者数据泄露，可能严重危害国家安全、国计民生、公共利益的，都属于关键信息基础设施保护范围。

从防护手段来看，我国大部分关键信息基础设施是以满足等级保护要求、满足合规性要求为出发点，来部署防护技术手段。由于网络空间技术快速迭代、攻防技术不断升级等多种原因，我国尚未形成具有整体协同能力的防御体系。监测威胁是否存在，摸清根源来自哪里，如何快速感知和动态防御等方面的能力尚不健全，还存在短板弱项。

从防护要求来看，实时监测安全威胁、动态调整防护策略、安全事件快速应急处置，构建全方位、全天候、全过程、全覆盖的体系化整体保障能力已成为确保关键信息基础设施网络安全的必然趋势。想要达到攻击可防御、行为可检测、攻击可溯源、威胁可预警、事件可处置等网络安全工作的目标，必须推动关键信息基础设施网络安全从单一防护向体系化防御、从被动防护向主动防御、从局部静态防护向整体动态防御的根本性转变，这对网络安全态势感知、预警监测技术的需求十分迫切。

2. 工业互联网安全保障需求

全球范围内，新一代信息技术在工业领域应用快速普及，各国抢占以工业互联网发展为突破口的制造业数字化转型的战略制高点。2017 年底，党中央、国务院作出发展工业互联网的重大部署，明确了工业互联网发展的重大任务，我国工业互联网发展逐渐进入实践深耕阶段，广泛应用于石油石化、钢铁建材、生物医药等行业领域。工业互联网极大扩展了网络空间的边界和功能，打破了传统工业相对封闭可信的制造环境和强调高可靠性的格局，越来越多的生产设备、生产系统等暴露在互联网上，造成工业领域信息安全风险不断增加，工业信息安全形势更为复杂。以往存在于互联网的病毒、木马、高级持续性攻击等安全风险向工业互联网渗透。对工业互联网、平台等发起的攻击，将传导蔓延至联网的工业生产设备、生产系统，直接影响工业生产的稳定运行，造成巨大的经济损失和社会影响。根据工业和信息化部等十部门联合发布的《加强工业互联网安全工作的指导意见》，设备、控制、网络（含标识解析系统）、平台以及数据安全是工业互联网安全的重要组成，目前标识解析安全、数据安全等新兴领域安全保障技术需求较为迫切。另外，安全隐患识别、态势感知、分析溯源、应急处置等工业互联网安全技术和产品也亟待发展充实。

3. 智慧城市网络安全治理需求

信息技术在城市治理领域的引用逐步深入，以"智慧城市"等为代表的新型治理模式逐步发展成熟，物联网、大数据、云计算的安全风险也引入智慧城市建设之中。

一是基于传感器的智慧城市多领域应用，加剧了物联网技术设备安全隐患，包括城市无线网络提供、智能网格化管理、智慧城市管理等应用都基于大量物联网设备和技术。智能家用电器、智能工控设备本身的安全防护脆弱，极易遭受攻击或被利用发起攻击，造成设备或系统瘫痪。

二是基于大数据的挖掘与分析技术隐含数据泄露隐患。智慧城市运营的各类分析预测均基于大数据应用，个人隐私信息、城市管理、民生服务的安全运营影响巨大，大量城市数据的安全保护需求也巨大。如果有人利用公开的智慧城市应用和便捷的云计算资源，通过大数据计算获取机密信息，那轻则造成商业损失，重则威胁社会安全。

三是城市重要资源系统遭受网络攻击的危险加大。智慧城市提倡全面物联、泛在感知，城市的水、电、油、气等管网系统和交通系统，都有可能成为攻击者的对象。而一旦这些城市的生命系统遭到破坏，城市的运行管理将遭到重大打击，影响市民正常生活。因此，智慧城市运营需要加强联网设备安全、数据安全和物联网安全防护。

4. 数字政府建设数据安全需求

数字政府建设是落实网络强国、数字中国、智慧社会战略的重要举措，也是推动国家治理能力和治理水平现代化的有力举措。数字政府建设有赖于信息系统跨部门互联互通、技术标准统一互联，其中，实现数据资源共建共享是核心基础，因此，针对数字政府存储的海量国家基础数据的管理至关重要，对数据保护提出更高的要求。

一是大量数据集聚提升安全运维难度。国际上针对政府部门网络攻击事件时有发生，根据美国电信巨头威瑞森公司《2018 年数据泄露调查报告》显示，政府数据泄露事件频发，危害程度已经超过医疗和金融行业。

二是跨部门信息系统互联互通提升公民隐私保护需求。政务部门收集大量公民信息，因而增加了个人隐私暴露的风险。例如，抗击新冠疫情期间，医院、检疫机构、公安机关、社区、交通运营部门、电信运营商等各部门都拥有公民的信息。在这一过程中，对数据共享流通的准确性、时效性要求更高，客观上可能因为防范措施不严密带来公民信息泄露的风险，因此，需要对数据共享的各阶段各环节进行检查、控制和管理。

三是政务应用移动端普及突出数据安全风险。越来越多的人转向使用智能手机接收政府信息，在网上办事。例如，健康码、行程码在疫情防控期间给人们的生活提供而来极大的便利，但是关于数据权责的划分、数据收集应用等问题仍然有待明确和解决。

四、公众利益的需求分析

1. 信息高度共享释放个人信息保护需求

传统网络安全公司解决大型企业、政府、军队网络内部安全问题。如今互联网发展带来"万物互联"时代，使人民生活更加方便的同时也带来如何防止个人信息泄露、避免遭受不法分子恶意攻击的问题。移动互联网的渗透，带来互联智能设备快速扩展，也带来人们对移动支付、手机安全的担忧。全球许多知名企业都遭遇了重大信息泄露事件，给企业带来了巨大的经济损失和企业声誉上的损害。据 IBM 发布的《2019 年全球数据泄露成本报告》显示，2019 年的前 5 年内数据泄露的成本上升 12%，平均成本已经达到 392 万美元。

互联网平台汇聚海量用户数据，智能手机、平板电脑、可穿戴设备等多种类型终端，通过社交、支付、娱乐、短视频等各类 App 收集包括个人信息数据在内的各类数据。数据挖掘与分析技术的加持使数据价值不断提升，用户个人信息泄露和非法利用、数据非法跨境流动等风险不断增加，各类恶性事件频发。例如，2019 年 2 月，中国某公司数据库未做访问限制，直接被开放在互联网上，超过 250 万人的数据可被获取，68 万条数据发生泄露，数据类型包括个人信息、人脸识别图像及图像拍摄地点等。2019 年 4 月，某视频网站后台源代码泄露，其中包含了很多配置文件、密钥、密码等敏感信息。因此，万物互联网时代的个人信息保护需求巨大，亟须加强数据保护技术研发。

2. 车联网等物联网技术的人身安全保障需求

随着移动通信技术、物联网等技术集群式突破，实现人类社会数字化、网络化向智能化的跃升，车联网、无人驾驶的普及也面临着车载系统破解而产生的重大安全隐患。在车联网发展中，每辆车及其车主的信息都将随时随地连接到网络并被感知，暴露在公共场所中的信号可能会被窃取、干扰和修改，从而直接影响车联网的体系安全。一是个人信息泄露，包括用户数据、车联网应用数据等；二是非法操控，车联网一旦被黑客入侵，可能面临被远程解锁、启动、动力系统控制等非法操作，造成车辆被盗取甚至行驶安全事故；三是拒绝服务，黑客对平台端的服务器发起攻击，造成平台联网功能受限或无法使用，导致车辆运行异常，威胁乘坐人的人身安全。

2016 年，某黑客团队曾利用特斯拉汽车系统的安全漏洞成功在无物理接触的前提下完成远程攻击，实现了对汽车信号灯、显示屏、门窗锁等操作的远程控制。根据 360 公司发布的《2018 智能网联汽车信息安全年度报告》显示，仅 2018 年就有 14 起智能网联汽车信息安全事件发生，包括 5 起数据泄露事件和 9 起汽车破解事件。在车联网环境中如何确保信息的安全性和隐私性，进而避免受到恶意攻击和破坏，防止个人信息、业务信息和财产丢失或被他人盗用，亟待从安全技术方面进行加强。

3. 加强网络治理技术支撑维护广大网民利益的需求

随着网络普及率的逐步提升，人们愈发依赖网络空间，同时网络谣言和虚假新闻等网络违法犯罪行为层出不穷，再加上个性化算法推荐、深度造假等技术的应用，网络监管治理难度随之提升。各国政府在加强立法、强化执法的基础上，都在积极通过加强网络治理的技术手段支撑，消除打击网络违法行为的影响力。美国于 2011 年提出网络身份证国家战略，提出建设可信的网络身份表示生态系统。2019 年 8 月，美国联邦调查局向第三方供应商寻求社交媒体早期警报工具，以预防枪击、不当舆论等事件，这项计划将通过从公众档案中收集姓名、图片等信息，与其他公开来源信息结合，使用标记特定关键字的算法监测进行识别。

我国已经拥有世界上最大规模的网民群体，截至 2020 年底，我国网民规模达 9.89 亿户，互联网普及率达 70.4%。与此同时，随着移动通信技术的深度普及应用，以及网络直播、新媒体等网络传播形态的出现，虚假谣言、网络暴恐内容传播、电信网络诈骗等问题威胁不容忽视，将严重侵害广大人民群众的切身利益，对社会稳定、公共安全造成了极大隐患。因此，在加强法律法规体系建设的同时，亟须加强内容安全领域新兴技术应用研究，完善以技术管技术的手段支撑。

第三节　技术前沿分析

本章将立足情报研究视角，选取网络安全领域高质量会议论文为基础数据源，运用机器学习、自然语言处理和复杂网络等方法，开展网络与信息安全领域技术前沿分析，旨在识别三类技术：①热点技术，某学科领域内，近年来受到科研人员广泛关注并已产出相应研究成果的主要研究方向和技术主题，反映了学科领域的研发现状和技术结构全貌；②前沿技术，对学科领域内其他研究方向和技术主题产生广泛影响的，其研究成果可供参考借鉴和分享使用的一类技术，反映了学科领域的重要研发基础或技术交叉前沿，是学科领域内的"思想源泉"或"集大成者"；③潜在前沿技术，某学科领域内，未来由于科学交叉融汇而产生的新兴研究方向和技术主题，反映了学科领域内具有重要研发前景、值得深入探索的技术交叉点。

一、技术领域概述与研究方法

1. 技术领域划分

伴随新一代信息技术安全技术发展迅速，新模式新业态不断涌现，新兴应用场景增多，主要安全应用场景也包括云服务安全、物联网安全、移动互联网安全、人工智能安全、区块链等新一代信息技术安全。同时在网络空间博弈和对抗加剧的大背景下，网络空间安全防御等技术重要性尤为凸显。结合当前发展现状、需求、短板，在网络安全领域下划分并选取以下 7 个子领域，分别为密码技术、数据安全、系统安全、内容安全、应用安全、网络攻防、新一代信息技术安全。

2. 数据及方法

在网络安全领域中，高质量的会议论文汇聚了学术界的研究焦点，揭示了领域中基础科学研究的成果产出和研究现状。同时，考虑到网络安全领域技术发展创新活跃、迭代较快，所以相比于期刊论文，会议论文具有更好的时效性。本报告选取中国计算机学会（China Computer Federation，CCF）提供的 A、B、C 三类国际学会会议，通过 Scopus 数据库检索下载，时间跨度为 2015 年至 2019 年，获取 9073 篇论文，以论文的标题、摘要、关键词字段作为分析数据，作为基础研究热点及前沿的分析挖掘基础。

本报告以网络安全领域高水平会议论文为分析对象，综合运用无监督聚类方法、复杂网络方法和突发词检测算法展开深度挖掘分析。具体而言，先基于 Python 语言，利用 NLTK 包对文本数据进行预处理，利用 TFIDF 方法对文本进行向量化表示，采用 K-means++ 算法对数据进行聚类，对各个聚类簇进行解读和研判，形成网络安全领域的研究热点。然后，再基于复杂网络结构洞理论，展开研究前沿分析和挖掘，最后利用链路预测算法识别潜在基础研究前沿。

二、技术前沿发展态势分析

1. 热点技术分析

通过对基础数据源进行文本预处理、向量化表示处理、K-means++ 聚类，通过计算轮廓系数，确定聚类簇数量 K=120 时，具有较好的聚类效果。本步骤共获取到 120 个聚类簇，其中含 112 个有效类和 8 个混杂类，经解读，形成网络与信息安全领域的热点技术。通过对上述 112 个聚类簇进行可视化和模块划分（图 3.1），又可以形成 15 个技术大类（表 3.1）。

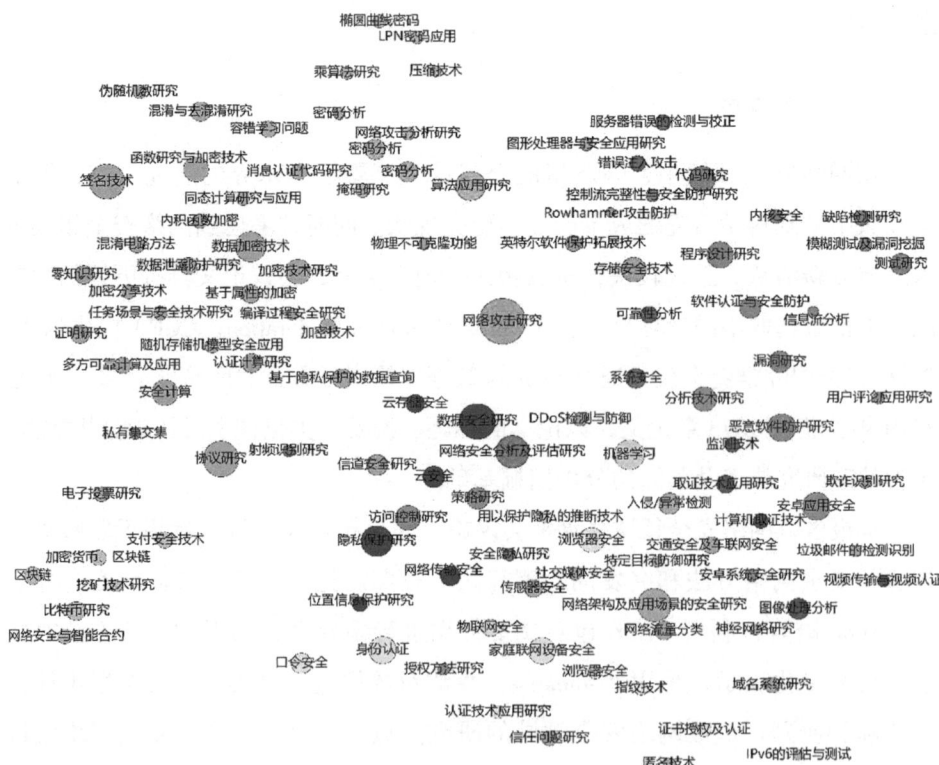

图 3.1　网络与信息安全领域热点技术分布图

注：图中每个节点代表一个聚类簇，即热点技术，节点颜色代表该节点归属的类别，共15类。

网络安全防御子领域的技术大类包括网络攻防技术、漏洞挖掘研究、可靠分析研究等3项。其中，研究热点主要包括网络攻击监测及防护、信息流分析检测、入侵异常检测等技术研究。应用安全子领域的技术大类包括安全计算研究、授权技术、安全检测技术、取证技术、可靠分析研究、信息内容安全技术等6项。其中，研究热点主要包括证明研究、安全计算、流量分析等安全技术，以及基于车联网、社交媒体等不同应用场景的安全防护技术研究。数据安全子领域安全的技术大类包括算法研究、隐私保护研究、加密技术等3项。其中，技术研究热点包括函数研究与加密技术、数据加密技术、随机存储模型安全应用、加密分享技术等加密研究，以及云安全、数据存储安全、网络传输安全等安全应用的研究，图像处理分析、计算机取证技术、视频传输与视频认证等技术。新一代信息技术安全子领域的技术大类包括人工智能和机器学习、区块链技术、认证技术等3项。其中，技术研究热点包括身份认证、认证技术应用、指纹技术、证书授权认证等认证技术研究，以及加密货币、支付安全技术、挖矿技术、智能合约等区块链应用技术研究。

此外，网络安全领域的技术研究热点还包括DDoS检测与防御、网络安全分析与评估、安全隐私研究、射频识别研究等的问题。

2. 前沿技术分析

以网络与信息安全领域热点技术分布图（图3.1）为对象，计算网络中各节点的限制度指标并升序排列，取Top20的热点技术作为网络与信息安全领域的前沿技术（表3.2）。总的来看，网络安全分析及评估研究是网络安全领域基础研究的前沿热点之一，涉及安全模型、网络安全治理框架、信息理论安全分析、安全评估等基础性综合性的研究问题，这也是网络安全领域覆盖面广、参与主体多、环节复杂的客观体现。

网络安全防御子领域占据7项研究前沿，包括网络攻击研究、系统安全、英特尔软件保护拓展技术、程序设计研究、代码研究、信道安全研究、存储安全技术。可以看出，当前网络攻击的手段多样化复杂化趋势日益凸显，针对网络攻击的防御技术手段研究是现实中网络安全防御面临的紧迫课题，也是网络安全领域研究的前沿领域。

表 3.1 网络安全技术研究热点

技术大类	网络安全技术研究热点
网络攻防技术	网络攻击研究、存储安全技术、英特尔软件保护拓展技术、物理不可克隆功能、Rowhammer 攻击防护、图形处理器及安全应用研究、信道安全研究
漏洞挖掘研究	软件认证与安全防护、信息流分析、漏洞研究、测试研究、模糊测试及漏洞挖掘、内核安全、代码研究、控制流完整性与安全防护研究、程序设计研究
算法研究	算法应用研究、掩码研究、密码分析、网络攻击分析研究、乘算法研究、压缩技术、椭圆曲线密码、LPN 密码应用
加密技术	签名技术、函数研究与加密技术、消息认证代码研究、数据加密技术、基于隐私保护的数据查询、数据泄露防护研究、场景与安全技术研究、随机存储模型安全应用、混淆电路方法、加密分享技术、内积函数加密、消息认证代码研究、容错学习、伪随机数研究
安全计算研究	零知识研究、证明研究、编译过程安全研究、多方可靠计算机应用、安全计算、认证计算研究、私有集交集、电子投票研究、协议研究
区块链技术研究	加密货币、区块链、支付安全技术、挖矿技术研究、智能合约、比特币研究
隐私保护研究	云存储安全、数据安全研究、隐私保护研究、位置信息保护研究、网络传输安全
认证技术	口令安全、身份认证、物联网安全、家庭联网设备安全、认证技术应用研究
授权技术	浏览器安全、指纹技术、证书授权认证
安全检测技术	网络架构及应用场景安全、网络流量分类、神经网络研究、域名系统研究、匿名技术、IPv6 评估及测试、交通安全及车联网安全、欺诈识别研究、垃圾邮件的检测识别、入侵异常检测、社交媒体安全
可靠分析研究	可靠性分析、服务器错误检测与校正、系统安全、监测技术、错误注入攻击

续表

技术大类	网络安全技术研究热点
取证技术	图像处理分析、取证技术应用研究、计算机取证技术、视频传输与视频认证
人工智能和机器学习	机器学习、用于保护隐私的推断技术
信息内容安全技术	恶意软件防护研究、安卓应用安全、用户评论应用研究、分析技术研究
其他	DDoS 检测与防御、网络安全分析与评估研究、安全隐私研究、射频识别研究

　　应用安全子领域占据 6 项研究前沿，包括分析技术研究、浏览器安全、协议研究、认证计算研究、网络架构及应用场景的安全研究、入侵 / 异常检测。可见，通过不断认证和加密技术手段，巩固了网络安全技术应用的信任机制，为网络安全其他子领域的研究实践构建了良好的环境。

　　数据安全子领域占据 2 项研究前沿，包括算法应用研究和数据安全研究。这反映出，随着信息技术与各领域日益融合发展，网络安全风险和挑战随之而来。其中，数据安全、隐私保护等问题都是当下网络安全技术领域的研发前沿。

　　新一代信息技术安全占据 4 项研究前沿，包括机器学习、身份认证、物联网安全、家庭联网设备研究。这说明，新一代信息技术广泛应用所带来的负面效应值得高度警惕，强化网络安全保障是新一代信息技术快速发展的必要前提。

表3.2　网络与信息安全领域前沿技术及研究内容

序号	前沿技术	限制度（对数值）	技术研究内容
1	网络安全分析及评估研究	−3.226	信息理论安全分析、安全设计模型、物理层安全分析、关键基础设施接入认证、安全硬件评估、5G 技术安全弹性、信息安全感知、回复偏见评估、网络安全治理框架

续表

序号	前沿技术	限制度 （对数值）	技术研究内容
2	网络攻击研究	−3.217	攻击模型、攻击影响及测量、漏洞攻击、边信道攻击、密钥重装攻击、跨处理器缓存攻击、DDoS 攻击、算法替换攻击、基于网络的时序攻击、高速缓存攻击、电磁攻击、暂稳态效应攻击、注入攻击、高级持续性威胁攻击
3	算法应用研究	−3.203	启发式遗传算法、混合调度算法、节点映射算法、指纹索引算法、误差分解算法、预测算法、多路算法、反馈优化算法
4	分析技术研究	−3.198	自动二进制分析、恶意账户识别、模糊预测识别、静态分析、动态分析、实时分析、自动取证分析
5	机器学习	−3.197	网络流量的分类、对抗性机器学习、对抗训练、入侵检测、恶意软件检测
6	系统安全	−3.189	安全性监测、嵌入式监测、工业控制系统、机器人控制系统、自动驾驶
7	浏览器安全	−3.184	网页攻击防护、边信道攻击防护、钓鱼攻击防护、移动浏览器安全、脆弱性测试、数据渗漏、隐私浏览、脚本注入攻击防护、缓存投毒防护、广告屏蔽、浏览记录嗅探、行为分析、流量分析、基于内容的安全、语义分析、恶意网站、网站指纹、跨网站指令码、网站会话劫持
8	协议研究	−3.182	距离边界协议、定制协议、同步协议、安全加密协议、WireGuard 协议、认证协议、邻居拓扑发现协议、拜占庭容错协议、跨协议攻击、秘钥交换协议、接入认证协议、会话恢复协议、安全传输协议、单点登录协议
9	英特尔软件保护拓展技术	−3.182	RSA 加密算法、非对称加密算法、安全计算、公钥密码系统、可信任执行环境
10	程序设计研究	−3.18	自动程序分区、机器学习程序、程序异常检测、基于模式的程序分析、加密程序认证

续表

序号	前沿技术	限制度（对数值）	技术研究内容
11	数据安全研究	−3.177	参与感知、数据可追溯性、数据流通、数据隐私、数据完整性、数据泄露攻击、加密数据处理、信息流监测、数字取证、目标数据提取、数据可视化、云计算安全、分布式数据存储、数据恢复、数据匿名化、水印关联数据、Hadoop 架构、敏感数据、属性加密
12	代码研究	−3.173	二维码攻击、非可塑性代码、破坏性代码判读、基于指令交换的代码、代码检测、纠删码、代码注入、代码生成、代码克隆、漏洞检测
13	认证计算研究	−3.171	批处理认证计算、随机状态计算、认证外包、并行计算、多方认证计算、云计算场景
14	信道安全研究	−3.17	篡改检测、高容量加密信道、边信道、窃听信道、啸声信道、多秘钥信道、弹性噪声信道、确定性信道
15	家庭联网设备安全	−3.168	恶意 USB 设备检测、蜜罐技术、中间人欺骗、ZigBee 协议、访问控制、机器学习进行分类、蓝牙低能量欺骗攻击、MAC 地址随机化
16	身份认证	−3.168	生物识别、行为认证、消息认证、动态认证、静态认证、移动和可穿戴设备认证、多因素验证防止网络钓鱼
17	存储安全技术	−3.165	污染分析、存储加密、嵌入式设备安全、取证分析、对象能力模型、存储追踪、存储脆弱性、分布式共享内存、旁路攻击、核心转储、RAM 加密、内存泄漏攻击、易失存储、碎片收集、存储损坏保护、可证安全
18	网络架构及应用场景的安全研究	−3.164	后量子加密、自组织网络、软件定义网络、内容中心网络、基于内容的加密、去中心授权、拓扑感知网络、移动易构网络、可视化网络、工业网络防护、对等网络、动态网络
19	入侵 / 异常检测	−3.164	异常检测系统设计、检测规则的生成、工业控制系统的检测、物联网设备的检测、检测告警的可视化

序号	前沿技术	限制度 （对数值）	技术研究内容
20	物联网安全	-3.161	短程通信、无线检测网络、配对加密、群证明、信息物理系统安全、代理加密转换、认证秘钥协议、硬件攻击、DDos 攻击、密钥管理、固件分析

3. 潜在前沿技术分析

针对网络与信息安全领域热点技术分布网络，利用链路预测方法，预测尚未产生连接或连接较弱，但未来可能产生连接的节点对。未来可能产生交叉融汇的潜在前沿技术如表 3.3 所示。

在网络安全领域的基础研究潜在前沿中，位列靠前的技术研究热点有椭圆曲线密码在算法研究中的应用、乘算法在压缩技术中的应用、零知识研究与网络安全分析及评估研究、证明研究在隐私保护中的应用等。同时，比特币、区块链、安全计算等在网络攻击和网络防御研究中产生不同程度的交叉。此外，基础研究潜在前沿还包括测试技术在漏洞挖掘中的应用、图像处理分析与网络架构与应用场景的安全研究。

表 3.3 未来可能产生交叉融汇的潜在前沿技术

序号	潜在前沿技术		产生链接的可能性[①]
1	算法应用研究	椭圆曲线密码	0.068494
2	网络攻击研究	比特币研究	0.062968
3	压缩技术	乘算法研究	0.061756
4	网络攻击研究	安全计算	0.05285
5	隐私保护研究	安全计算	0.043564
6	网络攻击研究	区块链	0.041524
7	漏洞研究	测试研究	0.036528
8	隐私保护研究	证明研究	0.036349

续表

序号	潜在前沿技术		产生链接的可能性[①]
9	零知识研究	网络安全分析及评估研究	0.036244
10	网络架构及应用场景的安全研究	图像处理分析	0.035869

注：①运用链接预测方法通过已知的网络节点以及网络结构等信息预测网络中尚未产生连动的两个节点之间产生链接的可能性。

4. 网络安全技术研究热点分析

本章采用无监督机器学习方法、复杂网络理论以及突发监测算法，对科技文献数据开展深度挖掘和分析，揭示网络安全领域基础研究热点及前沿，得出结论如下。

网络安全技术基础研究热点包括 15 个技术大类、112 项研究热点，其中，网络安全防御领域研究热点包括网络攻击监测及防护、信息流分析检测、入侵异常检测等技术研究等；应用安全领域包括证明研究、安全计算、流量分析等安全技术，以及基于车联网、社交媒体等不同应用场景的安全防护技术研究；数据安全子领域包括数据加密技术、随机存储模型安全应用、加密分享技术等加密技术研究，以及云安全、数据存储安全、网络传输安全等安全应用的研究等。新一代信息技术领域热点有认证技术应用、证书授权认证等认证技术研究，以及加密货币、支付安全技术、挖矿技术、智能合约等技术研究。

网络安全领域研究前沿包括安全模型、网络安全治理框架、信息理论安全分析、安全评估等网络安全分析及评估研究，在网络防御子领域针对网络攻击的防御技术手段研究是现实中网络安全防御面临的紧迫课题；应用安全子领域设计认证和加密技术手段研究，巩固了网络安全技术的信任机制，为网络安全其他子领域的研究实践构建了良好的环境；数据安全以及新一代信息技术安全子领域涉及的机器学习、数据安全、隐私保护等问题都是当下网络安全技术领域的研发前沿。

在网络安全领域的基础研究潜在前沿中，位列靠前的技术研究热点有椭圆曲线密码在算法研究中的应用、乘算法在压缩技术中的应用、零知识研究与网络安全分析及评估研究、证明研究在隐私保护中的应用等。

三、国家和机构竞争态势分析

围绕上述分析得出的网络空间安全防御、应用安全、数据安全、新一代信息技术安全等网络安全技术研究大类，基于当前网络安全技术发展态势，对各国网络安全发展对比分析如下。

1. 各国竞相发展网络安全攻防技术，美、俄、以等国处于第一梯队

随着网络空间安全对抗呈现出政治化发展趋势，国家级网络攻击事件与日俱增。各国间的网络空间对抗逐渐演变成为保卫国家安全的重要途径，网络作战部队、网络攻击武器库都体现出一个国家的网络威慑能力。美国作为全球网络空间的超级霸主，其网络攻击能力、情报获取能力首屈一指。美国国家安全局掌握着规模庞大的网络武器库，其中包括知名的"震网病毒""永恒之蓝病毒"。俄罗斯也已掌握了一些高水平的网络攻击技术，拥有包括网络攻击性武器、通信干扰武器和情报收集武器等在内的武器库。与此同时，俄罗斯还注重主动防御，为抵制美国在互联网根服务器的垄断和在网络空间的霸权，组织开展"断网"演习，确保在紧急时刻将俄内网与互联网"无缝切换"。

除了美国和俄罗斯这两个"网络超级大国"，以色列的网络能力也一直处于世界领先水平，以色列国防军 8200 部队承担着情报搜集、网络攻防等重要任务，是网络防御和网络战任务的主力。以色列强大的网络对抗能力离不开军方与网络安全企业之间密切的技术合作，网络安全企业发展壮大得益于部队退役人员丰富的实战经验和军用安全技术的转化。许多欧洲国家注重并完成了对网络安全能力的构建，如英国、德国、法国及荷兰皆设有"网络司令部"，负责对网络空间中恶意活动的防御，包括进攻性防御。北约一年一度的虚拟网络战——全球最大规模、最具影响力的网络安全演习"锁盾"，是各成员国展示检验强大的网络安全实力的战场。在爱沙尼亚举行的"锁盾 2019"中，法国、捷克、瑞典位列前三名，展现出他们应对攻击的快速响应能力。我国积极参与东盟国家组织开展的网络安全应急演练，并在国内开展各类网络安全应急演练、安全对抗技术竞赛等活动，增加网络安全对抗的实战经验。同时，大力发

展全方位的态势感知、威胁预警技术，建设探测和感知高强度持续性网络攻击的能力，以应对愈发常态化的网络空间威胁挑战。

2. 网络安全防御市场多元化发展，我国部分领域处于领先阵营

为应对日益增加不断变化的外部威胁、增强网络空间防御能力，各个层次的安全防御技术和措施必不可少。网络安全产业发展日趋成熟，终端安全、网络边界安全、应用安全、身份与访问管理等各个细分产业的竞争日益激烈。美国在网络安全产业各个领域都具有最强实力，以色列及英国、法国、德国等欧洲国家也在多个领域展现出较强实力，中国的安全企业在边界防护技术和应用安全检测技术领域中脱颖而出。

终端安全产品是部署在终端设备上，用于防御基于文件的恶意软件、检测和阻止应用程序的恶意活动，并提供安全事件告警及响应的解决方案。终端安全市场中具有一流技术水平的多为美国企业，加拿大、英国、西班牙、芬兰和罗马尼亚的相关企业也具有较高技术水准。Gartner 2018 年的魔力象限报告[①]评选出的行业领导者包括美国安全厂商趋势科技、赛门铁克和英国安全厂商Sophos。除了入选的多数美国厂商，加拿大安全厂商 Malwarebytes 被评为有远见者；西班牙安全厂商 Panda Security 和芬兰安全厂商 F-Secure，罗马尼亚厂商 Bitdefender 被评为特定领域者。

边界安全旨在抵御网络外来威胁，一般涉及防火墙、入侵检测等安全技术。来自美国安全厂商的边界防护类产品仍处于世界领先地位，中国多个安全厂商的产品和技术也跻身于世界前列，在国际市场中占有一席之地。当前，防火墙技术已趋于成熟，多数国家的安全厂商都能够提供优质的防火墙产品。在Gartner 2018 年的魔力象限报告[②]中，评选出美国厂商思科、Palo Alto、Fortinet和以色列安全厂商 Check Point 为领导者，中国厂商华为入选挑战者；除多数

---

① The Gartner 2018 Magic Quadrant for Endpoint Protection Platforms（EPP）：What's Changed？［EB/OL］.（2018-4-30）［2022-12-14］. https://solutionsreview.com/endpoint-security/gartners-2018-magic-quadrant-for-endpoint-protection-platforms-epp-whats-changed/.

② Gartner Magic Quadrant for Enterprise Network Firewalls［EB/OL］.（2018-10-4）［2022-12-14］. https://www.gartner.com/en/documents/3891177.

美国厂商外，还有法国安全厂商 Stormshield、韩国安全厂商安博士、中国企业深信服、山石网科和新华三入选特定领域者。入侵检测的概念虽然早在 1980年就被提出，但近几年来的仍是安全领域研究热点。

身份与访问管理技术在网络边界日益模糊的今天承担着越来越多边界防护的功能，旨在实现跨系统和应用程序管理的数字身份和访问权限管理。美国企业在这一细分领域处于绝对优势地位，丹麦、日本、法国和德国相关企业的身份与访问管理技术也处于国际先进水平。在 Gartner 2018 年的魔力象限报告[①]中，处于领导者象限的甲骨文、IBM、SailPoint、One Identity、CA Technologies和 Saviynt 均为美国安全厂商；处于挑战者象限的包括丹麦安全厂商 Omada，英国安全厂商 Micro Focus（NetIQ）和日本厂商 Hitachi ID Systems。除了入选的美国安全厂商，还有法国安全厂商 Atos（Evidian）和德国企业 SAP 被评选为特定领域者。

应用安全旨在保障应用程序使用过程和结果的安全，其细分领域中较为常见的安全技术包括应用安全检测技术和 Web 应用防火墙（WAF）。在这一细分领域中，美国安全厂商仍具有绝对市场优势，其次是以色列安全厂商和欧洲安全厂商，中国企业的安全检测类技术也得到了认可。应用安全检测技术旨在通过静态或动态的测试发现应用程序中的安全漏洞。根据 Gartner 2017 年的魔力象限报告[②]，美国安全厂商 IBM、Veracode、HPE、Synopsys、WhiteHat Security 被评选为行业领导者。除入选的多数美国安全厂商外，以色列安全厂商 Checkmarx 入选挑战者象限；韩国安全厂商 Fasoo、中国网络安全厂商绿盟科技、巴西安全厂商 N–Stalker、英国安全厂商 PortSwigger、德国安全厂商 Virtual Forge、荷兰安全厂商 ERPScan 评选为特定领域者。WAF 旨在保护特定的 Web 应用程序或 Web 应用程序集免受跨站点脚本（XSS）和 SQL 注入等攻

---

① Magic Quadrant for Identity Governance and Administration［EB/OL］.（2018–2–21）［2022–12–14］. https://www.gartner.com/en/documents/3859472.

② Magic Quadrant for Application Security Testing［EB/OL］.（2017–2–28）［2022–12–14］. https://www.gartner.com/en/documents/3623017.

击。在 Gartner 2018 年的魔力象限报告 [①] 中，仅以色列安全厂商 Imperva 和美国厂商 Akamai 被评为领导者。除了众多美国安全企业入选，以色列安全厂商 Radware 被评选为有远见者；瑞士安全厂商 Ergon Informatik，德国企业 Rohde & Schwarz Cybersecurity 被评选为特定领域者。

3. 数据安全技术持续演进发展，各国持续强化隐私保护力度

传统意义上的数据安全往往注重防止数据的丢失。数据备份和恢复作为一个系统保护数据的必备功能，经历了从本地到云端的发展。在这一传统的安全领域仍是多数美国安全厂商占据市场主导地位的格局，而瑞士企业具有世界领先的数据备份和恢复技术水平。在 Gartner 2017 年的报告 [②] 中，入选魔力象限的 10 家企业中有 9 家位于美国。入选领导者企业的包括 Dell EMC、IBM、Commvault、Veritas Technologies 和 Veeam，其中 Veeam 是瑞士安全企业。中国已有许多安全企业提供数据备份和恢复类产品或服务，技术水平日趋成熟，但是并未达到国际领先水平。

随着网络攻击大幅增长，数据泄露事件频发，企业更多地将注意力转移到数据泄露防护的技术上。数据泄露防护产品能够基于内容检查或上下文分析来有效阻止敏感数据通过未授权途径泄露，以保护企业的知识产权。美国企业在该领域处于领先地位，英国、俄罗斯、罗马尼亚、韩国等国家的安全企业也能够提供先进的数据泄露防护技术。根据 Gartner 2017 年的魔力象限报告 [③]，该行业领导者均为美国安全企业，分别是赛门铁克、Digital Guardian、Forcepoint 和 Intel Security。此外，英国安全厂商 Clearswift、俄罗斯安全厂商 InfoWatch 和 SearchInform、罗马尼亚安全厂商 CoSoSys，以及韩国安全厂商 Somansa 入选特定领域者。数据泄露防护技术在中国网络安全市场中仍处于起步状态，仅少数

---

① Gartner Magic Quadrant for Web Application Firewalls［EB/OL］.（2018–8–29）［2022–12–14］. https://www.gartner.com/en/documents/3888676.

② Gartner Magic Quadrant for Data Center Backup and Recovery Solutions［EB/OL］.（2017–7–31）［2022–12–14］. https://www.gartner.com/en/documents/3775264.

③ Gartner Magic Quadrant for Enterprise Data Loss Prevention［EB/OL］.（2017–2–16）［2022–12–14］. https://www.gartner.com/en/documents/3606038.

企业提供专业产品或服务，据世界一流水平相差甚远。

近几年来，世界主要国家和地区更加关注对个人信息保护，出台了加强数据安全的法律法规，如欧盟《一般数据保护条例》（GDPR）、英国《数据保护法案》（Data Protection Act）、瑞典《瑞典数据法案》（Swedish Data Act）、爱尔兰《2018 数据保护法案》等。强制性措施的出台一方面规范了数据控制者和处理者在数据的收集、使用、保存、分享、转移等过程的行为，另一方面也使隐私保护成为网络安全领域的研究热点，促进了对数据合规与隐私保护技术和解决方案的研究及技术成果转化。看似存在新兴市场，却已经被大量的美国安全厂商占据。在 Forrester 2018 年对欧盟通用数据保护法规（GDPR）和隐私管理软件的新兴市场的评估中[1]，确定了该类别中的 12 个较好的供应商，其中 11 个来自美国，分别是 AuraPortal、AvePoint、IBM、LogicGate、MetricStream、Nasdaq BWise、OneTrust、PossibleNOW、RSA、SAI Global 和 TrustArc，唯一与之实力相当的只有德国企业 SAP。与世界大多数国家相同，中国也将个人信息隐私保护作为数据安全技术研究的重点领域，目前还停留在法规标准制定和技术研发阶段，并未形成能够走向市场的技术成果。

4. 新一代信息技术安全研究不断推进，国家间竞争日益激烈

云安全不同于传统的信息安全，网络环境的边界不复存在，维护网络安全的工作重点不再是对威胁的防御而是转移到对内部运营的安全管理。云访问安全代理（CASB）是当前云安全领域的关注的技术热点之一。CASB 位于云服务提供商和企业之间，帮助企业实现对云端应用安全的访问及保护云端敏感数据。CASB 主要市场位于云服务采用率较高的北美，因而提供 CASB 产品的多为北美企业。根据 Gartner 2019 年的报告[2]，该行业领先企业包括以微软为代表

---

[1]　The Forrester New Wave™: GDPR And Privacy Management Software, Q4 2018［EB/OL］.（2018-11-27）［2022-12-14］. https://www.forrester.com/report/The-Forrester-New-Wave-GDPR-And-Privacy-Management-Software-Q4-2018/RES142698.

[2]　Gartner Magic Quadrant for Cloud Access Security Brokers［EB/OL］.（2019-10-22）［2022-12-14］. https://www.gartner.com/en/documents/3970548.

的云服务提供商，以迈克菲、赛门铁克为代表的安全厂商，以及以 Netskope、Bitglass 为代表的云安全初创企业。CASB 技术在中国仍处于研发阶段，在中国的众多安全企业及云服务提供商中，仅 360 提供 CASB 产品。

物联网作为新兴的技术领域，其安全生态和标准建设才刚刚起步。美国已开启物联网安全框架及技术的研究工作。由美国多所大学合作进行的跨学科物联网安全研究项目（SITP）致力于研究和定义新的密码学计算模型和安全机制以及研制能够正确使用以上机制的软硬件框架。此外，来自法国、德国、意大利、西班牙和英国的 12 个企业和科研机构联合开展"Brain-IoT"项目研究，旨在建立一个提高物联网设备互操作性和安全性的框架和方法。中国积极开展物联网安全技术发展和安全威胁相关研究，华为、中国信通院等机构对外发布物联网安全白皮书。安全技术研发方面，欧美企业也走在前列。美国安全企业赛门铁克联合芯片供应商德州仪器，以及密码服务提供商 wolf SSL，在硬件层面提供嵌入式安全。英国芯片生产商 ARM 收购英国物联网安全公司 Stream Technologies 并将其技术整合到 Mbed 物联网设备管理平台中。

随着生产生活各个领域的"智能化"发展，人工智能技术暴露出一系列的安全问题，引发了各国对人工智能技术安全性的思考。美国成立人工智能国家安全委员会，研究人工智能可能对其国家安全造成的影响，并统筹应对人工智能安全挑战。另外启动 AI Next 项目，致力于开发第三代人工智能技术，其中抗性人工智能可用于解决当前智能系统存在的数据安全问题。欧洲政策研究中心成立了人工智能和网络安全工作组，致力于人工智能和网络安全的交叉领域研究。欧盟委员会在对现有安全和责任框架的研究基础上，于 2020 年 2 月发布《关于人工智能、物联网、机器人对安全和责任的影响的报告》，阐述了完善当前产品安全法规的必要性。中国积极开展人工智能安全相关概念的研究。北京智源人工智能研究院联合多个高校、科研院所和产业联盟发布《人工智能北京共识》，强调了提高人工智能系统的成熟度、鲁棒性、可靠性和可控性，以确保数据的安全性、人工智能系统本身的安全性，以及人工智能系统所部署的外部环境的安全性。

第四节　国内外相关成果分析

一、网络安全技术战略趋势预测分析

2020 年 1 月，世界经济论坛发布的《全球风险报告》中，再次将网络攻击、数据欺诈及数据窃取、关键信息基础设施等网络安全风险列入全球发展面临的突出风险，这些风险威胁下一代网络信息技术潜力的挖掘和利用，制约推动数字红利进一步释放并惠及更多人口。[①] 近年来，网络安全厂商、业界专家、行业智库等对未来网络安全技术进行了预测和评论，引导和推动行业技术发展布局、研究新的网络安全解决方案、推动技术发展和行业进步。本节基于数十家网络安全厂商、智库、媒体预测，总结得出网络安全防护突出威胁以及未来网络安全技术的重点方向。

1. 网络安全防护面临的主要威胁及特点趋势

（1）勒索软件

勒索软件自 2018 年起对全球企业造成巨大困扰，卡巴斯基报告，仅在 2019 年就有 174 个城市成为勒索软件的威胁对象，比 2018 年同期增长了 60%。行业预测，未来黑客、间谍以及希望从盗窃和勒索软件中获得经济利益的网络攻击者并不会减少，而且随着网络的普及，勒索软件攻击区域会增长，这显然是未来十年的趋势。

（2）数据泄露

根据福布斯公司发布的预测报告，尽管 AWS、Azure 和谷歌公司在发展云计算业务的同时增加了安全措施，但庞大的数据存储依然容易受到攻击，并且这些攻击的数量和质量会继续增长。英国国防部和国防科技实验室下属"国防与安全加速器"发布的《未来安全技术趋势》提到，大数据的使用可能会无意

---

① The Global Risks Report 2020［EB/OL］.（2020-1-15）［2022-12-14］. https://www. weforum.org/reports/the-global-risks-report-2020/.

中造成敏感信息泄露。Bitglass 发布的《2020 预测：并购、数据隐私、复杂的攻击和错误配置》报告称，云计算数据库的错误配置将继续困扰世界各地的企业，并将成为数据泄露的主要原因。例如，2020 年 2 月，全球领先的酒店管理公司美高梅（MGM.US）客户数据泄露，该公司超过 1060 万酒店客人的个人信息被发布在一个黑客论坛上，被泄露数据包括姓名、家庭住址、电话邮件和出生日期。

（3）深度伪造

2019 年已经出现利用深度伪造技术事件，2020 年美国大选期间，通过社交媒体诋毁候选人，通过伪造的视频向选民传递误导性的政治信息。Forcepoint 公司预计，随着深度伪造真实性和潜力的增加，深度伪造将在未来对人们生活的各个方面产生显著影响。益百利《2020 年数据泄露行业预测》提到，网络犯罪分子可能使用所谓的深度伪造视频和音频技术破坏大型商业企业运营，除了破坏金融市场之外，还可能造成地缘政治冲突和摩擦。

（4）云安全威胁

云计算的安全性引发担忧，有 85% 的企业管理者将云计算安全威胁视为最大的网络安全威胁之一。SophosLabs 2020 威胁预测报告提到，云计算很少的失误会导致重大漏洞和安全问题。趋势科技预测，用户配置错误和不安全的第三方参与将加剧云平台中的风险。Splunk 公司预测，黑客在云中能够发现容易攻击的目标，最先进、最具破坏性的云计算攻击有可能在 2020 年以机器速度进行。Beyond Trust 专家认为，网络犯罪分子目前已使用多种技术来针对基于云计算的更新机制。大多数用户了解所使用的应用程序能够自动更新，但对云计算可能带来的安全威胁并不十分了解。

（5）关键信息基础设施安全

近几年，关键信息基础设施安全防护已经是多国网络安全防护的重中之重。2019 年已经发生多起针对电力、能源领域的攻击事件，例如 2019 年 3 月委内瑞拉古里水电站疑遭攻击导致委境内大范围停电事件，针对英国核电的网络攻击事件等。Check Point 指出，未来针对公共事业和关键基础设施的网络攻击将持续增长。趋势科技预测，关键基础设施未来将受到更多攻击和生产停机的困扰。

（6）5G 安全

2019 年 11 月，普渡大学和艾奥瓦大学的研究人员对 5G 网络的安全问题提出质疑，并通过研究发现了存在于 5G 网络中的 11 个安全漏洞。利用这些漏洞，黑客可轻易获取被攻击者的位置和通信信息。未来，更多的关键基础设施和重要应用都将架构在 5G 网络之上，一定程度上会吸引更多黑客研究 5G 的脆弱性。5G 网络切片技术引入使得网络边界变模糊，之前所依赖的物理边界防护机制难以应对，给 5G 安全带来挑战。益百丽《2020 年数据泄露行业预测》认为，随着城市中更多免费的公共 WiFi 系统投入使用，黑客将可能通过使用无人机连接到街道上不安全网络设备的方式来盗窃消费者数据。

（7）人工智能技术的双面性

人工智能的进步将机器学习技术带入到包括网络安全在内的信息技术和产品中。同时，与人工智能应用伴生的网络风险也在加大。Web 应用安全厂商 Netsparker 的预测分析提到，网络犯罪分子可利用人工智能开发日益复杂的恶意软件、升级攻击方法，这要求部署更高级别的安全解决方案，而不是利用和依赖已知的漏洞和攻击特征。防火墙厂商 FIRENON 研判，人工智能可能是网络安全的根本性挑战，例如攻击者训练数据中毒，模拟盗窃和对抗性样本，使得网络攻击自动化。

（8）移动恶意软件

移动设备和移动应用软件普及带来安全负面影响。移动设备数量不断增加，设备上所存储的数据数量也在不断增加，用于访问核心系统的每个设备都是需要保护的端点。卡巴斯基实验室发布的《2020 年的高级持久威胁：滥用个人信息和更复杂的攻击即将到来》提到，移动 APT 发展速度较快。SophosLabs 2020 预测报告认为，移动恶意软件快速发展，移动恶意软件攻击将加剧。例如，随着移动支付不断普及，网络犯罪分子利用诈骗软件向消费者收取数百美元费用、银行凭证盗窃者逃避游戏商店控制等。

（9）网络流量加密

网络上采用流量加密的方式进行业务传输的比重日益增大，据 Gartner 统计，超过 80% 的企业数据传输被加密，半数的恶意软件活动将利用某种类型的加密来隐藏交付、命令、控制活动。因此，流量加密导致传统深度包检测技术（DPI）失效，越来越多的网络攻击行为采用加密手段，形成对监管手段的挑战。

2. 行业网络安全技术发展趋势和关键技术布局

通过对龙头安全厂商、相关智库、行业专家的研究分析、产品布局、行业观点、技术研发梳理发现，围绕当前突出的网络安全威胁，相应安全理念甚至技术研发探索正在加速起步。

（1）技术主权意识引导网络安全技术发展

网络空间是建立在各国主权之上的一个相对开放的信息领域。网络主权是国家主权在网络空间的自然延伸和体现。中国工程院院士方滨兴指出了网络空间主权应该具有"尊重主权、互不侵犯、互不干涉内政、主权平等"等基本原则，将网络空间类比于物理空间，指出网络空间主权的四个基本要素包括：信息通信技术系统所承载的"领网"，相当于领土；信息通信技术系统中的进行数据操作的"虚拟角色"，相当于人口；信息通信技术系统中的电磁信号所承载的"数据"，相当于资源；用于规范和统一数据操作的"活动规则"，相当于政权。

保护"网络空间主权"不受侵犯，行使网络空间自卫权，仅靠建设"网络边防"并不足以抵御外部攻击。网络安全纵深防御（Cybersecurity Defense-in-Depth）作为对边界防御的改进，更加适合在网络攻击日益复杂多样的场景中实现深度检测、实时响应、主动防御的信息安全防护。在网络空间的防御中，纵深防御战略是指采用多样化、多层次、纵深的防御措施保障信息和信息系统安全，主要目的是在攻击者成功地破坏了某种防御机制的情况下，网络安全防御体系仍能够利用其他防御机制为信息系统提供保护，使其能够攻破一层或一类保护的攻击行为，无法破坏整个信息基础设施和应用系统。

网络空间中的数据资源，在信息化快速发展的当今时代已成为国家重要的基础性战略资源。在资源上不受制于任何国家或组织是实现网络空间的独立权的重要一步。美国、俄罗斯、印度、新加坡等国家都出台了限制数据跨境流动或数据存储本地化的政策法规。欧盟出台的《一般数据保护条例》更是将对个人信息数据的保护上升到了新的高度，使其足以有效对抗域外执法活动，宣告了欧盟对其数据主权的控制。与此同时，消费者的个人数据保护意识也在不断提高，反映出与保护、规范个人信息采集和利用相关的安全需求，对数据安全保护技术和解决方案起到了促进作用。Gartner 公布 2020 年十大战略科技发展趋势报告指出，透明度和可追溯性已经成为支持此类数字道德和隐私保护需求的关键要素，这就要求有关企业必须关注人工智能与机器学习、个人数据隐私所有权与控制、符合道德的设计等领域以增强透明度，并构建和强化企业信誉。IDC 预测，到 2020 年，全球超过 50% 的跨国公司将实现云、IT 基础架构和数据治理设置的安全和自动化，符合 GDPR 等法规需求。

实现网络空间独立除了拥有充足的"数据"资源外，还要实现关键技术的自主化，拥有不受制于人的"活动规则"才是网络空间中政权稳固的关键。然而，目前广泛使用的互联网依赖于根域名解析体制，很有可能受到美国的控制和影响。俄罗斯为确保境内域名的稳定和安全使用，着手建立俄罗斯的国家域名系统，该系统包括一系列相互关联、用于存储和获取相关网址、域名信息的软件和硬件设备。在紧急情况下，政府相关部门将启用独立互联网，将整个国家的网络系统与国际互联网断开。我国应努力攻关核心技术、发展独立域名解析体系和寻址技术，以突破现有域名系统的限制。

（2）以"主动防御"理念为核心的技术探索增多

以往主流的网络安全防护技术和产品，大多基于"被动防御"思路，基于先前经验知识进行静态分层防御，综合采用防火墙、入侵检测、主机监控、身份认证、防病毒软件、漏洞修补等手段构筑堡垒。随着网络空间复杂程度提升，这类防御手段在对抗未知攻击时候力不从心。业界相继开展了技术创新和研发工作，相关技术理论项目包括以下几类。

网络空间态势感知技术（Cyberspace Situation Awareness）：网络安全风险态势感知系统是主动安全防御体系的"指挥中心"。态势感知技术是以安全大数据为基础，通过在一定时间和空间内对相关网络信息系统的全部数据流量进行采集获取，结合机器学习和人工智能，对海量异构的安全数据进行挖掘和关联分析，对攻击、威胁、流量、行为、运维和合规等六大态势进行感知，生成全方位的安全全景视图，使用户能够快速准确地掌握网络当前的安全态势，及时发现威胁处理风险，支撑安全决策和应急响应，建立安全预警机制，增强整体安全防护能力，匹配攻击关联规则，并对未来可能发生的攻击事件进行预测。态势感知过程包括要素获取、态势理解和态势预测。由于单维度的安全防御手段已经难以应对复杂的网络环境，对网络安全态势感知模型和技术的研究已成为网络安全技术焦点，态势感知关键技术可包括层次化分析、机器学习、免疫系统和博弈论技术。目前，态势感知仍处于新兴的网络安全细分领域，企业渗透率尚且处于早期。

拟态防御（Cyber Mimic Defense）：2008年中国工程院院士邬江兴率先提出和创建了网络空间拟态防御理论。拟态防御是网络空间拟态防御的简称，是一种主动防御行为。该理论不再追求建立一种无漏洞、无后门、无缺陷、无菌无毒、完美无瑕的运行场景或防御环境来对抗安全威胁，其基本思想类似于生物界的拟态防御，在网络空间防御领域，在目标对象给定服务功能和性能不变前提下，其内部架构、冗余资源、运行机制、核心算法、异常表现等环境因素，以及可能附着其上的未知漏洞后门或木马病毒等都可以做策略性的时空变化，从而对攻击者呈现出"似是而非"的场景，以此扰乱攻击链的构造和生效过程，使攻击成功的代价倍增。拟态防御在技术上以融合多种主动防御要素为宗旨：以异构性、多样或多元性改变目标系统的相似性、单一性；以动态性、随机性改变目标系统的静态性、确定性；以异构冗余多模裁决机制识别和屏蔽未知缺陷与未明威胁；以高可靠性架构增强目标系统服务功能的柔韧性或弹性；以系统的视在不确定属性防御或拒止针对目标系统的不确定性威胁。目前，拟态防御网络设备和系统经数年研究取得了突破性进展，但尚未进行产业化布局。

可信计算（Trusted Computing）：计算运算的同时进行安全防护，以密码为基因实施身份识别、状态度量、保密存储等功能，及时识别"自己"和"非己"身份，从而破坏与排斥进入机体的有害物质，相当于为网络信息系统培育了免疫能力。通过可信计算环境、可信边界、可信网络通信形成主动免疫三重防护框，让攻击者进不去、非授权者拿不到重要信息、窃取保密信息看不懂、系统和信息改不了、系统工作瘫不成、攻击行为赖不掉，以确保为完成计算任务的逻辑组合不被篡改和破坏，实现正确计算。目前我国可信计算技术自 1992 年立项研究的主动免疫综合防护系统，经过长期技术攻关，已形成自主创新的可信计算 3.0 体系。未来发展方向是坚持自主可控、安全可信，构建完整的产业链，使信息系统安全可信。

（3）整体性安全防护理念变革推动技术突破

互联网带来无数应用的同时也伴生无限多的黑客。伴随安全形势的变化，国内网络安全防御体系从最初的查杀黑名单，即只要不在黑名单里，都认为是合法，到第二代的查白名单，即将所有合法常用应用软件纳入白名单，一旦出现不在白名单中的文件，即触发安全防御行为限制文件操作并进行安全鉴定。这种安全防护理念的变化体现出对网络空间行为信任度的降低。而近期所提出的第三代"查行为"式防护理念则是理想型防护理念，以威胁情报累积、分析和挖掘，对可疑行为进行审查。这种防护理念的优化也推动技术研发和突破，零信任网络访问安全（Zero Trust Network Access）则是与"查行为"思路类似的安全架构。

在传统的基于"墙"的物理边界防御模型在万物互联时代暴露出其局限性，在某种程度上成为企业拥抱新兴技术的障碍，零信任网络访问安全理念下的零信任架构就是在不可信的网络环境中重建信任，技术本质是构建以身份为基石的业务动态可信访问控制机制。技术核心思想是，默认情况下不应该信任网络内部和外部的任何人 / 设备 / 系统，需要基于认证和授权重构访问控制的信任基础，实施以身份为中心进行访问控制。

（4）人工智能技术赋能网络安全智能化发展

人工智能极大地加速了对新威胁的识别以及对新威胁的响应。借助人工智能技术加强网络安全监测和防御，以实现智能化和自动化网络安全防御，是最具潜力的发展方向和发展趋势，也是保证网络空间安全效率较高的方式方法。机器学习技术已经逐步走进网络安全领域，承担技术工人持续匮乏背景下的机器人自动分析工作。

一方面，可利用人工智能预测能力和机器学习进化能力，提升传统网络安全技术手段效率，包括物联网设备入侵检测，基于人工智能的轻量级预测模型，可在设备上或网络上实时监测和阻止攻击活动，甚至在低计算能力设备上也可自主驻留和操作；人工智能也通过处理数以百万计的数据点分析生成预测，量化网络安全风险；通过分析内外部流量的无数个数据源之前的关联，进行网络流量异常检测。目前，市场上已经出现带有机器学习的智能防火墙产品，防御关口前移的防扫描、反扫描类安全产品。

另一方面，人工智能技术赋能网络安全，可形成新型防御思路和技术手段。在身份识别认证方面，身份认证作为网络安全的核心，是系统安全的第一道也是最重要的一道防线，而传统的基于特定知识的身份识别方法具有一定遗忘和丢失风险，基于生物特征，即通过计算机利用人体所固有的生理特征（指纹、虹膜、面相、DNA 等）或行为特征（步态、击键习惯等）来进行身份识别和身份验证技术，由于生物信息的普遍性、唯一性、稳定性和不可复制性，基于生物识别的身份认证能够确保个人数字身份与他们的真实身份相匹配。全球研究机构 Markets and Markets 最新发布的研究报告显示，2024 年全球数字身份解决方案市场将增长至 305 亿美元，2019—2024 年的复合增长率为17.3%，而重要驱动力之一则是生物识别技术的应用，即基于生物识别的身份认证技术。

在威胁情报自动化分析方面，传统防御机制分局以往的经验——构建防御策略、部署安全产品，难以应对未知攻击。威胁情报自动化通过对威胁情报的收集、处理可以直接将相应结果分发到安全人员和安全设备，实现精准的动态防御，达到"未攻先防"的效果。例如，Infosecurity Magazine 提到将威胁情报与 AI 结合用于阻止网络犯罪，将威胁情报数字化，转变为数字资源，并对数据进行深入分析，识别特定威胁甚至威胁参与者的行为模式，预测攻击者的下一步行动。随着应对经验累积增多，人工智能系统不仅应该能够识别攻击中的大型标记并将其颠覆，还应能够深入了解内部系统以快速识别攻击。

在入侵检测方面，利用海量数据挖掘、多元素数据融合，基于人工智能数据分析和数据可视化技术，感知网络状态下可能存在的威胁，实时了解甚至预测攻击状态、受到的攻击类型、可能发生攻击的时间、哪些设备容易受到攻击等情况，可称作基于机器学习的攻击预测 / 入侵检测。利用 AI 增强安全防御能力将是未来网络安全技术发展的重要方向之一。

（5）量子安全加密技术产业化应用有望推进

2020 年 2 月，全球知名科技商业媒体《麻省理工技术评论》（*MIT Technology Review*）发布 2020 年度"十大突破性技术"（10 Breakthrough Technologies 2020）榜单，将基于量子物理的网络安全通信列为首位，以应对日益严峻的网络安全问题。这种技术依赖于"量子纠缠"的粒子行为，纠缠的光子在不破坏其内容的情况下无法被秘密读取，以确保网络传输的信息无法被破解。[①]

量子安全加密技术是未来重要的新技术趋势之一。在传统加密方法在庞大数据量支撑下无法满足信息安全需求的背景下，量子加密技术根据"海森堡测不准定理"和"单量子不可复制定理"建立量子密码术概念。经过 30 多年的研究与发展，逐渐形成了量子密码理论体系，涉及量子密钥分配、量子密码算法、量子密钥共享、量子密钥存储、量子密码安全协议、量子身份认证等方面。目前，我国在量子加密技术方面已经处于世界领先地位，但距离实际应用尚有一段距离，还需要论证和检验。

基于量子密码技术的保密通信不仅可用于国防安全，还可用于涉及秘密数据、票据，以及政府、电信、证券、银行等各领域。有关机构曾预测，到 2020 年，国内量子通信市场规模将达 210 亿元，其中，专网 105 亿元、公网 75 亿

---

① The Top 10 Breakthrough Technologies For 2020［EB/OL］.（2020–2–26）［2022–12–14］. https://www.forbes.com/sites/bernardmarr/2020/02/26/mit-names-top-10-breakthrough-technologies-for-2020/?sh=5da3b189d482.

元、其他领域 30 亿元。随着量子通信在各领域的不断渗透，国内量子加密潜在市场规模有望达到 500 亿元至 1000 亿元。到 2020 年国内量子通信设备领域市场规模将达到 30 亿元，建设运维领域规模达到 30 亿元，而运营领域市场规模有望达到 150 亿元。量子通信规模有望不断扩大，未来应用前景广阔。

此外，量子计算研究被认为将带来颠覆性影响，作为另外一个重要的研究方向，2020 年 4 月 9 日，美国智库兰德公司发表《在量子计算时代保护通信安全：管理加密风险》报告，指出量子计算机有可能破解现代信息和通信基础设施所依赖的数字加密系统。其来自关于量子霸权（Quantum Supremacy）或"量子优势"（Quantum advantage）的研究，即用来形容量子计算机可以完成任意一件经典计算机无法完成的任务。量子计算可以颠覆现有计算行业，它能轻易通过枚举算法解决大量现有复杂算法才能解决的问题。

（6）数据安全防护技术和解决方案亟待优化

在全球信息化快速发展的大背景下，大数据成为国家重要的基础性战略资源，数据产业正在成为新的经济增长点。同时，针对大数据内容的网络攻击和隐私泄露事件不断发生，这不仅影响到个人利益，而且威胁国家网络空间安全稳定。2019 年 10 月，Gartner 公布 2020 年十大战略科技发展趋势的报告显示，越来越多的消费者意识到个人信息的价值并提出保护和规范个人信息采集和利用的要求。透明度和可追溯性已经成为支持此类数字道德和隐私保护需求的关键要素，这就要求有关企业必须关注人工智能与机器学习、个人数据隐私所有权与控制、符合道德的设计等领域以增强透明度，并构建和强化企业信誉。[①]

随着越来越多的政府和监管机构制定新的数据和隐私保护法规，消费者对个人数据的控制大大提高。随着监管体系的不管完善，个人数据保护意识和举措随之提高。欧盟通用数据保护条例实施一年多以来，部分国家已经采取行动，预计会有更多的监管提案来规范或限制数据的跨境流动，也需要更先进完善的数据保护技术和解决方案。

---

① 2020 年十大战略技术趋势［EB/OL］.［2022-12-14］. https://www.gartner.com/cn/publications/top-tech-trends-2020.

二、国外网络安全相关技术预见研究分析

20 世纪 80 年代起，以互联网为代表的信息技术在全球范围内广泛应用，逐步成为引领创新的重要技术方向，但同时数据安全、隐私保护、网络治理等网络安全议题也愈发引起各方高度重视。近年来，各国开展的大范围技术预见活动也将信息技术以及安全应用作为重点的研究领域之一。

1. 日本第十一次科学技术预见的研究分析

自 1971 年以来，日本已完成 11 次技术预见，为未来 15 ～ 30 年的技术发展提供了方向和目标。日本技术预见所关注领域尽可能涵盖与社会经济发展息息相关的技术领域，但从具体领域和技术项目来看，并没有直接聚焦于网络安全领域。与网络安全相关联的技术项目分散于其他领域，例如在日本第 9 次技术预见中，共计关注了 12 个领域、94 个方面的 832 个技术项目，有 7 项与网络安全相关（见表 3.4）。2013—2015 年开展的日本第 10 次技术预见，对截至 2050 年的技术预见分析，在确定的八大领域中，网络安全成为八大领域之一，是信息通信领域的独立子领域，网络安全领域的重要性体现出较大提升，并在一些具体技术项目上呈现出很高的关注度，例如，保护个人隐私的数据利用方法开发机器理论保证、识别攻击者攻击模式的动态变化，并自动实施适于其攻击的防御技术，以及低成本、易利用的个人认证技术，以保障网站安全。

表 3.4　日本第 9 次技术预见中与网络安全相关的技术项目

领域	子领域	技术项目
应用电子、通信和纳米技术	先进计算	13. 实用的量子密码技术将实现一个安全的全球信息社会
	通信	25. 无线传感器网络通过在生活空间中放置多个传感器，为人类活动提供了强大的支持，具有实际的安全性
		28. 无线通信技术，因为它可以很容易地使用，通过自动检测窃听和 / 或截取和防止无线电波干扰通信线路来确保安全
	设备	57. 一种新颖的设备，能够按需产生单光子用于量子密码通信，以提高网络的安全性

领域	子领域	技术项目
信息技术（包括媒体和内容）	云计算	4.确保与公众利益和社会福利高度相关的自然资料在可靠的环境中使用，并妥善管理个人资料，防止资料外泄，还可以通过使用手机来确定失踪者的下落
	信息通信新原则	9.实用量子密码学
	保证信息的正当性	57.一种数字签名系统，公民可以使用各种信息（如关于噪声和故障的信息）作为争议的证据，因为这些信息被证明是未经修改的

2019年2月，日本科学技术政策研究所主持的第11次技术预测调查启动。从日本官方公布的资料整理看，该次技术预见德尔菲调查共包含7个领域59个子领域的702个技术项目中，网络安全是信息通信技术分析和服务领域下的网络基础设施子领域的调查关键词，其中，包括隐私，个人认证系统，控制系统，物联网机器、服务与系统，远程维护技术，可靠性，安全高效的经济基础，新型安全框架，个人数据应用，内部犯罪预防与制止，恶意软件检测与防御等方面。

2019年11月1日，日本科技学术政策研究所（NISTEP）发布了《第11次科技预测调查综合报告》，此次调查以2040年为目标，描绘了"科学技术发展下社会的未来画像"。报告仍然将ICT分析和服务领域列为重要性较高的五大领域之一，其他重点领域为健康医疗和生命科学领域、材料器件和生产工序领域、城市土木建筑和交通领域、宇宙地球海洋等基础科学领域。①

2. 英国第三次技术预测的研究分析

英国是开展技术预测的重要国家。从1993年开始，英国贸工部发表的科学、工程与技术白皮书《了解我们的潜力》中提出"技术预测计划"，并由英

---

① 《日本科学技术预测调查综合报告》[EB/OL].（2019-11）[2022-12-14].https://nistep.repo.nii.ac.jp/?action=pages_view_main&active_action=repository_view_main_item_detail&item_id=6657&item_no=1&page_id=13&block_id=21.

国政府科学办公室持续开展政府层面的技术预测工作。[①]2010 年，英国发布第一版《技术与创新的未来》报告，2012 年发布第二版，第三版是于 2017 年 1 月 23 日发布的《技术与创新的未来 2017》（*Technology and Innovation Futures 2017*）报告。报告重点分析了能支撑英国经济增长、改善人民生活和公共服务、支撑政策制定的新兴技术，着眼于技术融合和颠覆性技术，提出电池、面向互联网的量子安全、算法与机器学习、机器人与自动系统等 4 项技术，是未来发展的技术创新趋势。其中，面向互联网的量子安全是重点关注方向之一，报告认为，下一代的光子学可通过量子效应，为数字网络提供更稳定的在线安全性。借由量子技术，可检测传输数据是否被拦截或被非预期方查看。量子效应也为其他技术创造新的机会与应用。英国和其他发达国家都强烈依赖 GPS，而量子定位系统应用可提供更准确的时间测量、提高地理位置精准性，并且能支持地面和其他卫星覆盖较差的地区，量子定位发展预期将大量减少大众对 GPS 的依赖。[②]

3. 德国第二次技术预见的研究分析

德国联邦教育研究部（German Federal Ministry of Education and Research，BMBF）于 2007—2009 年开展了第 1 次技术预见，时间跨度为 2 年，预见重点是科学技术领域。2012—2014 年，BMBF 进行了第 2 次技术预见，重点是社会发展及挑战，主要聚焦 2030 年社会和科学技术的新发展，特别是健康、科技创新、教育、经济、政治等领域。这次技术预见共有 3 个步骤：第一，找到 2030 年社会上出现的趋势和挑战；第二，找出研究和技术的发展前景和使用潜力；第三，发现创新的萌芽。其中，与网络安全相关的社会趋势如表 3.5 所示。

---

① 韩秋明，李修全，王革.英国智库 NESTA 的技术预测研究——人工智能技术面临的问题及对策［J］.全球科技经济瞭望，2018，33（07）：11-18.

② Technology and innovation futures 2017［EB/OL］.（2017-1-23）［2022-12-14］. https://www.gov.uk/government/publications/technology-and-innovation-futures-2017.

表 3.5　与网络空间和网络安全相关的社会趋势

类　　别	发展趋势
社会 / 文化 / 生活质量	数字能力压力作为一项社会组织任务
	互联网时代的信任
	不断增长的对使用数字产品权利的要求
	后隐私与隐私保护
商务	信息技术正取代当前的高薪工作
政治与治理	点击抗议：更多的活动组织通过互联网

4. 美国网络安全前瞻技术布局

美国国防高级研究计划局（DARPA）是美国在网络安全技术研发中最重要的机构之一，掌握着大量的资金、人员等科研资源，引领者美国网络安全技术创新发展的方向。其网络安全领域的总体目标是：使网络系统更加安全，更好地低于网络威胁，提高网络空间态势感知能力，以及提高军方通过网络空间进行精确、战术反击的能力，并减少附带损伤或降低意外后果发生概率。DARPA 正在研发相关技术以防护美国的数据、网络，重点聚焦于 3 个领域：加固系统对抗网络攻击、在网络受到攻击的情况下保持运行，以及制胜网络空间。从表 3.6 可以看出，漏洞发现、主动防御、攻击检测、数据保护、硬件安全是美国近两年在网络安全领域关注的重点。在 2021 财年网络安全领域，DARPA 新增了两个项目，或许代表着其在网络安全技术上的最新关注点，一是开放、可编程、安全的 5G（Open, Programmable, Secure 5G），确保 5G 等通信技术的安全，二是网络行动路线分析（Cyber Course of Action Analysis）项目，关注开发能源自动生成和分析网络行动方案的计划。

表 3.6　DARPA 网络安全相关技术项目

时间	项目名称	项目内容及目标
2019 年	社会工程主动防御（ASED）	自动获取恶意对手信息的关键技术，从而实现对社会工程攻击的自动识别、干扰

续表

时间	项目名称	项目内容及目标
2018 年	人机探索网络安全（CHESS）	从人机协作、漏洞发现、进攻性态度、控制团队以及集成、测试和评估 5 个技术领域寻求创新方案，计划将黑客专业知识转化为技术人员更容易获得的自动分析技术，最终在机器速度下实现专家黑客级漏洞分析，实现自主、半自主网络安全系统与网络安全专家之间的协同合作
2018 年	精准网络狩猎（CHASE）	采用计算机自动化、先进算法和一种新的速度处理标准，检测和明确新的攻击向量，实时跟踪大量数据，帮助安全人员锁定采用高级别黑客技术且隐藏在大量数据流中的网络攻击
2018 年	网络安全保证系统工程（CASE）	研究网络安全技术如何以广泛、可扩展的方式进行应用，使网络弹性成为系统层面的"非功能性属性"
2017 年	快速攻击检测、隔离与表征系统	研发能快速探测、隔离针对电力网络攻击的技术，以实现在异常网络攻击导致电力网络常规恢复操作无效的时候，利用新技术在网络攻击发生的 7 个工作日内恢复电力
2017 年	强化归因与网络防御项目	通过昭示恶意网络行为的方方面面，使网络对手不透明的恶意行为及独立操作人员的网络操作变得透明。已经开发出了能甄别网络中非法行为的网络态势感知算法和数据分析工具
2017 年	数据共享保障技术（SHARE）	采用软件和网络技术来保障安全数据共享，以实现美军可以远程在世界各地都能够安全地发出或者接收敏感信息
2017 年	5G 网络安全计划（OPS–5G）计划	开发开源的软件和系统，使得 5G 以及 5G 之后的下一代网络更加安全
2017 年	硬件、固件集成系统安全（SSITH）	开发新的集成电路架构，以硬件为基础的安全性成为集成电路的标准特征，让硬件在网络安全领域发挥更大作用

此外，2016 年 4 月，美国陆军发布了《2016—2045 年新兴科技趋势》预测报告，将网络安全技术作为 24 项值得关注的新兴技术之一，其中用户身份鉴定技术、自我进化型网络、下一代解密技术是网络安全技术最具代表性的发展方向。

5. 北欧 ICT 预见的研究分析

北欧 ICT 预见是开展于 2005—2007 年的前瞻性技术预见工作，领域聚焦在 ICT 领域，首要目的是探索适当方法实现 ICT 创新，服务北欧国家信息技术应用，并创建 ICT 应用的十年蓝图，领域包括体验经济、健康、生产经济和安全能力，其中与安全能力相关的技术发展路线图总结如下（见表 3.7）。

表 3.7　与网络安全能力相关的技术发展路线图

短期（1～5 年）	中期（5～10 年）	长期（10 年）
系统、平台、工厂和技术设施中危机预测模拟场景模型传感器系统仿真模型网络和基础设施安全概念的发展身份管理长期保存分布式网络	生物特征信息的数字化（标签和生物标识）非再生技术可靠和安全信息系统（窃听、扫描私人信息、未经授权访问、后门等）基础设施安全应用	信息安全的特设网络解决方案嵌入在通信基础设施中的一般安全和过滤解决方案用于大型静态基础设施传感器系统的安全应用，如道路、电线和能源管网

三、我国网络安全相关技术预见研究分析

1.《中国工程科技 2035 发展战略》信息与电子领域技术预见

2015 年，中国工程院和国家自然科学基金委员会联合组织开展"中国工程科技 2035 发展战略研究"，旨在发挥工程科技战略对我国工程科技进步和经济社会发展的引领作用。其中信息与电子领域研究报告预测和判断国内外信息与电子技术的发展趋势，筛选信息与电子领域关系全局和长远发展的战略领域及优先方向。[①] 该研究开展的技术预见通过两轮德尔菲法开展研究，专家由来自重点高校、科研院所以及企事业单位的领域内的专家构成。对各领域技术的重要性分析的评价指标体系分为技术因素和应用因素两大部分，其中技术因素包括四个评价指标：核心性、带动性、通用性、非连续性，应用因素包括经济发展重要性、社会发展重要性及国防安全重要性。

从技术清单来看，网络空间安全技术是重要的子领域，主要技术方向包

---

① 中国工程科技 2035 发展战略研究项目组：《中国工程科技 2035 发展战略·信息与电子领域报告》，科学出版社，2019 年 6 月第一版，第 28–46 页。

括：大规模网络攻击的机理和过程分析技术；网络虚拟身份管理技术；信息内容的理解和研判技术；新一代密码技术；新材料环境下的网络传输安全防御技术。从综合技术本身重要性指数和技术应用重要性指数两方面来看，网络空间安全子领域的"大规模网络攻击的机理和过程分析技术"和"网络虚拟身份管理技术"两项技术得分靠前，进入信息与电子领域事项关键技术方向。

其中，网络虚拟身份管理技术的主要作用是打击网络欺诈，建立诚信网络，遏制有害信息的传播和扩散，治理网络空间，保护用户隐私。开展网络空间身份管理的研究不仅可以满足网络空间安全的需求，而且对于推动我国相关产业快速发展具有十分重要的战略意义。在大规模网络攻击的机理和过程分析技术方面，随着各行各业对于网络的依赖性越来越强，基于网络的大规模攻击已经蔓延到金融、工业控制系统、通信、能源、航空、交通等领域，严重威胁着国家信息基础设施的安全。如何在大规模网络攻击发生后尽快发现并及时防止或降低网络资产损失，如何在大规模网络攻击实施过程中精确记录、追踪、溯源、定位攻击者，如何对攻击全过程实施取证都是亟待解决的问题。

2.《全球工程前沿报告》网络安全技术分析

2017 年起，中国工程院联合科睿唯安公司、高等教育出版社组织开展"全球工程前沿"研究项目，连续 3 年发布《全球工程前沿报告》，报告以数据分析为基础，以专家研判为依据，运用定量分析和定性研究方法，通过数据挖掘和专家论证相结合，分析解读全球工程研究前沿和全球工程开发前沿。该研究中，流程上分为数据对接、数据分析和专家研判等阶段，工程研究前沿通过 Web of Science 核心合集的 SCI 期刊论文和会议论文数据以及专家提名备选工程研究前沿，经过问卷调查和多轮专家研讨，遴选出每个领域 10 个研究前沿；工程开发前沿以 Derwent Innovation 专利数据库为原始数据，由专家提名或小同行专利分析备选工程开发前沿，最终获得每个领域 10 个工程开发前沿。其中，网络安全相关技术热点数量逐年增多，反映出信息技术前沿发展中网络安全技术重要性和活跃度日益提升。具体来看，主要有以下几个方面。

《全球工程前沿 2018》报告中，信息与电子工程领域 Top10 工程开发前沿涉及网络安全技术包括"网络安全中的身份认证与访问控制"，①2012 年至 2017 年论文公开量为 23 篇，被引频次 1278 次。报告认为，相关趋势可能在以下几个方面突破和发展：①多种身份认证与访问控制技术相结合，提供认证安全性和有效性；②基于智能合约的去中心化分布式验证技术，可以利用 Token 的方式对系统中用户的身份、权限及访问控制进行智能化控制；③基于用户属性的身份认证与访问控制技术，采用基于身份加密机制，利用用户邮箱、身份 ID 等属性作为输入凭证，解决传统密码机制不友好、不可恢复的问题；④认证的标准化，通过指定统一的标准，解决不同应用系统认证机制兼容问题。

《全球工程前沿 2019 年》报告中，在机械与运载工程领域将"车联网信息安全与隐私保护"列为工程研究前沿热点技术之一。② 报告提出，由于车联网具有网络规模庞大、通信环境开放、移动轨迹可预判等特点，使得其极易遭受攻击从而引发系统崩溃与隐私泄露等安全问题。学术界和产业界开展了一些探索，在安全通信研究方面，由于基于公开密钥基础设施（PKI）的数字签名通信开销大，聚合签名与周期性证书忽略等方案的提出使得验证效率与通信效率得以提升；在身份隐私保护研究方面，匿名认证、共享证书、群签名等方案的提出可减少使用唯一证书的车辆数目，从而增强用户隐私；在位置隐私保护方面，k- 匿名、混合区、群导航等方案的提出可混淆车辆位置信息，使得位置服务器无法区分真实请求。

信息与电子工程领域工程开发前沿将"物联网安全检测技术"列入 Top10 开发热点之一。③ 报告认为，物联网是实现万物互联的核心和关键，现已广泛应用于能源、交通、海洋、空天等领域的感知和监控，但其安全防御机制普遍比较薄弱。物联网安全检测技术对物联网中各类软硬件设备、系统安全状态进行获取和评估，以发现物联网的银行风险。主要技术方向有物联网节点操作系

---

① 《全球工程前沿 2018》[EB/OL]．（2018–12–6）[2022–12–14]．https://www.sgpjbg.com/info/10668.html.

②③ 《全球工程前沿 2019》报告发布［EB/OL］（2019–12–12）［2022–12–14］. https://www.cae.cn/cae/html/main/col3/2019–12/13/20191213171409574129312_1.html.

统与应用软件安全监测，物联网协议与通信接口安全脆弱性分析，物联网芯片安全监测，物联网安全远程监测预警技术。

第五节　技术预见结果与优先技术领域

一、技术清单

技术清单充分结合前期愿景分析基础，既考虑到符合我国经济社会数字化转型对于网络安全防护的现实需求，也考虑到国际上技术前沿发展方向，与此同时，还重点关注网络安全领域具有重大颠覆性与重大应用潜力的技术。技术清单的制定分为"网络安全领域—子领域—技术项"的分步骤、分层次进行研究的收敛聚焦。通过多轮次专家研讨研究，提出了 7 个子领域的划分方案。通过前后两轮的德尔菲调查，同时也考虑到技术预见过程中专家的意见，对子领域的划分有所调整修正，如表 3.8 所示。

表 3.8　网络安全技术领域及关键技术

技术子领域	技　术　项
1. 密码技术	①零信任网络访问安全；②基于零知识证明的身份认证；③电子签名技术；④匿名与隐私保护技术；⑤量子加密技术；⑥差分隐私及应用；⑦同态加密技术
2. 数据安全	①云环境下的数据存储安全技术；②数据防泄露技术；③侧信道分析技术；④网络虚拟身份管理技术；⑤基于生物识别的身份认证；⑥大数据威胁情报分析技术；⑦数据溯源
3. 系统安全	①端点检测及响应技术；②多层级端点防护技术；③端点准入防御；④网络测绘技术；⑤面向移动终端的安全技术；⑥ IPv6 安全技术；⑦多重安全网关技术；⑧特征码提取与识别；⑨云访问安全代理技术；⑩边缘智能网络安全技术；⑪ 入侵检测与防御技术
4. 内容安全	①信息内容的理解和研判技术；②互联网舆情管理技术；③视图像内容安全技术；④网络安全审计与防护技术；⑤行为监测与分析技术；⑥网络可视化技术；⑦网络资源管理技术

续表

技术子领域	技　　术　　项
5. 应用安全	①应用访问控制技术；②工业控制系统的安全防护技术；③ Web 应用安全风险评估及防护技术；④移动应用安全检测技术；⑤可信计算技术；⑥网络取证技术
6. 网络攻防	①态势感知网络防御；②网络安全主动防御技术；③动态网络安全防御技术；④拟态防御技术；⑤信息渗透与对抗技术；⑥网络攻击追踪溯源技术；⑦大规模网络攻击的机理和过程分析技术；⑧基于机器学习的攻击预测/检测；⑨边缘计算环境下网络安全防御体系；⑩分布式拒绝服务攻击防御；⑪漏洞分析及评估
7. 新一代信息技术安全	① 5G 与 6G 安全技术；②软件定义网络安全技术；③基于区块链的网络安全防御技术；④基于量子的互联网安全技术；⑤云访问安全代理技术；⑥工业互联网安全技术；⑦车联网网络安全防护技术；⑧面向人工智能应用的网络安全防护；⑨空天网络安全；⑩金融网络安全；⑪认知网络安全保障技术

二、德尔菲法调查概述

根据课题组提供统一的调查问卷格式和规范，组织开展了网络安全技术预见专家调查，旨在获取专家对于备选技术的五大判断，包括技术本身的重要性、技术应用的重要性、技术实现时间预测、技术基础与竞争力，以及技术发展制约因素等五个方面。考虑到专家不同的作答习惯，采取"纸质版＋电子版"的形式发放调查问卷，取得了较为满意的结果。

1. 专家筛选

参与调查的专家在很大程度上决定了德尔菲调查结果的有效性和可信度。本课题面向网络安全技术相关子领域，网络安全技术细分方向多、独立性强，对于参与填写问卷的专家的专业性和权威性要求较高。首先，保证参与调查专家的权威性。本课题发放问卷的所选择的专家都是相关技术方向的重点机构、高校、企业的技术人员，具有副高级以上职称，将专家的代表性作为保证德尔菲调查结果的基本保证，最大限度上提升调查结果的指导性。其次，提升参与调查专家结构合理。考虑到技术预见本身的主观性和选择性特点，参与本课题德尔菲调查的专家包括科研院所、高等院校、政府机构、龙头企业等不同来源的专家群体，在不同来源的专家群体中设置了一定的比例要求。基于上述两项专家筛选原则，本课题采用"专家推荐制"来确定德尔菲调查专家，即由专家组推荐一批专家，再由这些专家滚动推荐一批新的专家，并根据课题组相关要求，统筹专家熟悉领域等因素，最终形成确定本次德尔菲调查的专家名单。

2. 调查情况

根据课题组的统一安排，本课题分别于 2020 年 7 月至 8 月、2020 年 9 月至 12 月组织开展了两轮专家调查，为了提高专家反馈率，本课题采取了"广泛邀请 + 定向邀请"的方式，两轮共发放问卷 230 余份，反馈问卷 112 份，获得了面向 2035 年网络安全技术重点发展方向的初步预测结果。从反馈专家构成来看，主要分布在高校和科研院所、企业，政府部门的专家反馈较少，专家比例对比请见图 3.2。

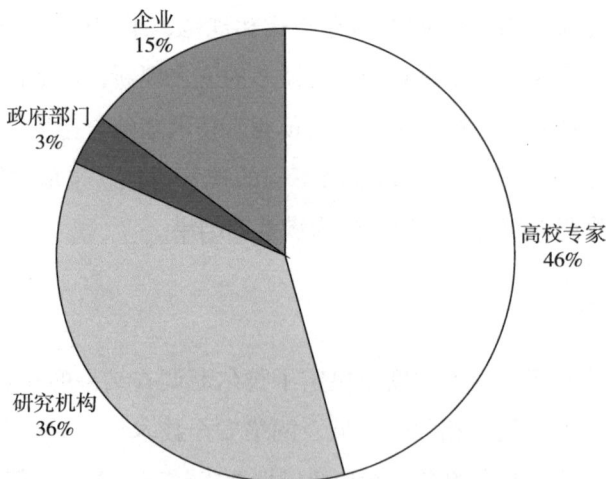

图 3.2　德尔菲调查专家构成情况

德尔菲调查的专业背景对于调查结果具有重要的影响，因此根据课题组统一要求，区分了专家对各项技术课题的熟悉程度。从反馈结果来看，第一轮德尔菲调查中，对所有填报的技术项，反馈"熟悉"和"一般"的专家分别占到 42% 和 43%，"不熟悉"的专家占 15%。在两轮德尔菲调查专家问卷回收的总体情况来看，对于所有填报的技术项，选择"熟悉""一般""不熟悉"的专家分别达到 34%、52%、14%。总体来看，专家回函具有一定的专业性，统计分析结果具有较高的参考价值。数据统计的分布图请见图 3.3。

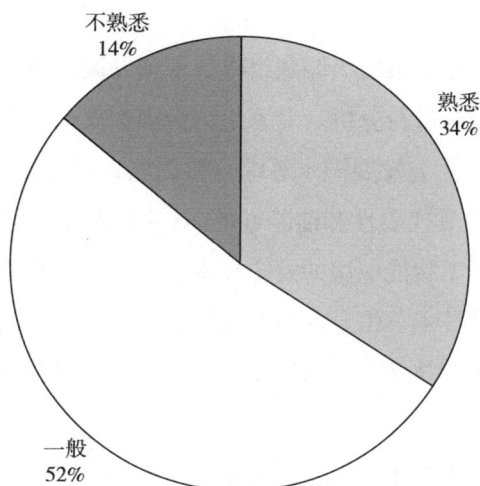

图 3.3　德尔菲调查专家熟悉程度分布

3. 调查过程

在第一轮专家调查结束后，结合分析结果，以及专家反馈的具体修改意见，进一步对技术清单进行了修订完善。一是根据专家的领域侧重，特别是针对一些小众、细分技术领域，扩大了调查问卷的发放范围。特别是针对第一轮调查问卷中，专家勾选"不熟悉"较多的技术项，有针对性地扩大相关细分领域专家的发放范围。二是结合第一轮结果，针对部分技术的产业化的成熟度较高，删除或者进一步聚焦特定技术方向，重新调整技术清单。将相对重复接近的技术项进行合并，如威胁情报和大数据威胁情报分析技术。同时，删掉智能沙箱技术、智能防火墙安全技术、软件定义边界技术等产业化应用相对成熟的技术。三是针对技术名称表达不够清晰的情况，课题组与专家组保持沟通，不断调整细化技术方向的表述和内涵界定，充分体现技术的重要性和前瞻性。其中将人工智能安全调整为面向人工智能应用的网络安全。结合上述几条修改原则，并根据第一轮调查中专家提出的部分技术项目，调整平衡不同技术的覆盖面和颗粒度，合并交叉重复的技术方向，形成第二轮技术清单。

4. 专家研讨

在两轮德尔菲调查结束后，课题组将技术预见调查结果反馈专家组，并组织召开专家对调查结果进行分析。专家组结合国家安全战略需求、产业发展需求、技术发展特点、社会发展需求等综合性因素，筛选出面向 2035 年网络安全领域优先发展的最具代表性和前瞻性的 10 项关键技术方向，即网络攻击追踪溯源技术、面向人工智能应用的安全技术、大数据威胁情报分析技术、云环境下的数据安全存储技术、信息内容的理解和研判技术、网络安全主动防御技术、网络虚拟身份管理技术、车联网安全防护技术、可信计算技术、工业控制系统的安全防护技术。

基于筛选出的优先技术方向，课题组做了进一步研究论证，初步撰写了优先网络安全技术及领域的社会影响预判分析，以及网络安全领域、子领域和关键课题发展的具体建议。结合相关技术方向的研发水平和实现时间、技术发展瓶颈及制约因素等内容，详细分析了每项关键技术的特点、任务和发展路径，形成了网络安全技术发展的研究报告，为我国网络安全技术的战略部署及网络安全研发和产业发展提供了一定的参考依据。

三、技术课题的实现时间

从实验室实现时间来看，多数技术集中于 2021—2025 年实现，约占 91.9%，有 8.1% 的技术预计实现时间在 2026—2030 年，技术课题实现时间分布如图 3.4 所示。

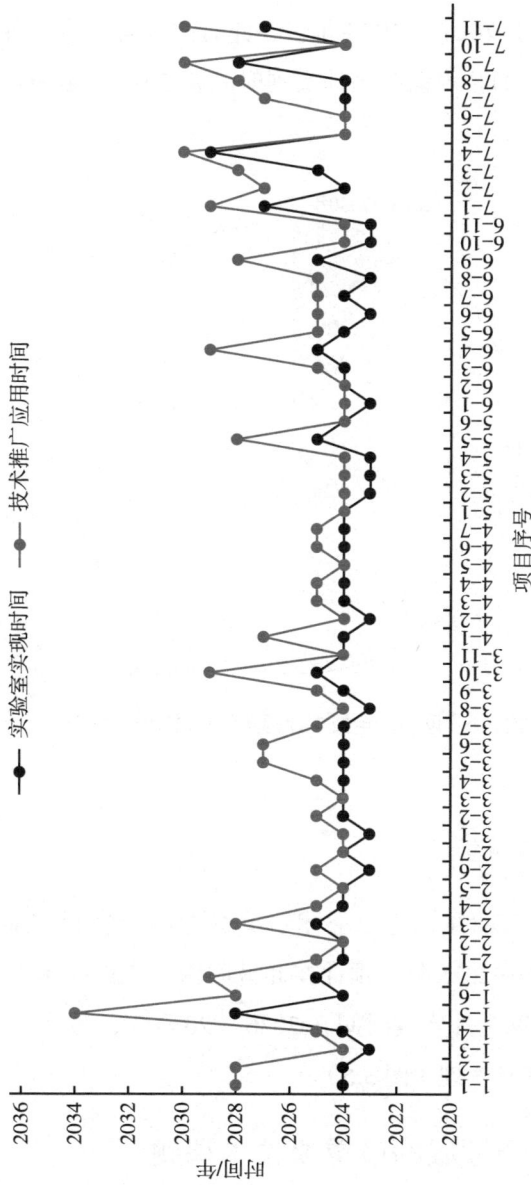

图 3.4 技术实现时间分布

1. 实验室发明时间分析

具体而言，从技术课题的实现时间来看，技术清单中多数技术课题的实验室发明时间集中于 2021—2025 年，在此时间区间内将实现的技术课题约占 91.9%，有 8.1% 的技术课题预计实现时间在 2026—2030 年，见图 3.5。

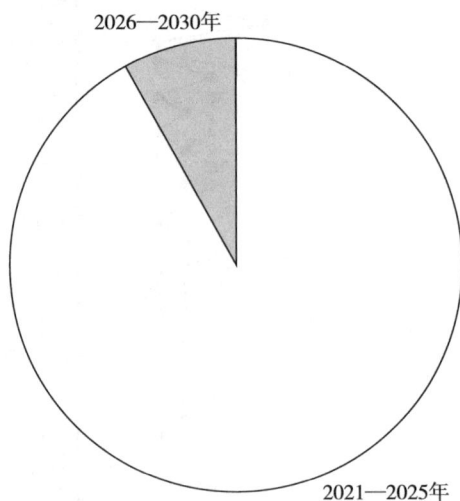

图 3.5　网络安全技术课题实验室发明时间分布

2. 社会推广时间分析

从技术课题的实现时间来看，技术清单中技术课题的实现时间多数仍然集中在近期，即 2021—2025 年，预计在此区间内实现的技术课题约占 72.6%，有 25.8% 的技术课题预计实现时间在 2026—2030 年，另有 1.6% 的技术课题预期于 2031—2035 年实现（图 3.6）。

四、网络安全领域的最重要技术课题

为了解评估不同技术方向的重要程度，专家调查问卷中提出了"国家安全""产业升级""社会发展""生活质量"4 个判断依据。从"保障国家安

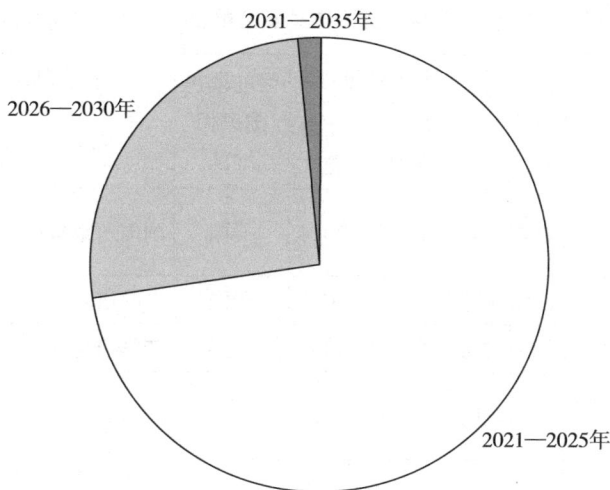

图 3.6 网络安全技术课题社会推广时间分布

全""促进产业升级""促进社会发展""提升生活质量"相互之间的关系来看，保障国家安全是前提，没有网络安全就没有国家安全，其确定了国家网络安全的发展目标和战略基础；促进产业升级是基础，为网络安全技术发展创造了基本的环境支撑，提供了创新发展的产业生态；促进社会发展是条件，没有良好的社会发展作条件，网络安全技术和产业就无法形成良性的循环；提升生活质量是目标，网络安全技术发展的短期和长期目标都应该围绕提升人民群众的安全感和获得感，保证老百姓在享受数字化、网络化、智能化手段和工具的同时，得到必要的网络安全防护。

1. 对国家安全最重要的 10 项技术课题

按照技术课题对保障国家安全的重要程度，筛选出未来对保障国家安全最重要的 10 项技术课题，其中最为重要的是追踪溯源技术，其他技术项如表 3.9 所示。

表 3.9　网络安全领域对保障国家安全最重要的 10 项技术课题

技术课题名称	子领域	实现时间 / 年		目前领先国家和地区	制约因素	
		实验室发明	社会推广		第一	第二
追踪溯源技术	数据安全	2022	2024	美国	国内示范推广	高层次人才及团队
漏洞分析及评估	网络攻防	2023	2023	美国	产学研合作	市场竞争程度
态势感知网络防御	网络攻防	2023	2024	美国	产学研合作	国内政策支持
网络安全主动防御技术	网络攻防	2023	2024	美国	产学研合作	公众需求
网络测绘技术	系统安全	2024	2025	美国	产业链配套能力	高层次人才及团队
网络安全审计与防护技术	内容安全	2024	2025	美国	国内示范推广	公众需求
工业控制系统的安全防护技术	应用安全	2023	2024	美国	产学研合作	高层次人才及团队
数据存储安全技术	应用安全	2024	2024	美国	产学研合作	产业链配套
分布式拒绝服务攻击防御	网络攻防	2023	2024	美国	公众需求	国内政策支持
大数据威胁情报分析技术	数据安全	2023	2025	美国	国内示范推广	产业链配套

　　从子领域分布看，上述 10 项技术课题中有 4 项技术课题属于网络攻防子领域，应用安全和数据安全子领域各有 2 项技术议题，内容安全和系统安全子领域各有 1 项。结果表明，对保障国家安全而言，网络攻防技术最为重要，其次是应用安全技术，再次是数据安全技术。从预计实现时间上看，上述的 10 项技术课题均预计在近中期，即 2021—2025 年实现。从制约因素上看，上述 10 项技术课题中有 5 项技术课题面临的第一制约因素是产学研合作，3 项技术课题的第一制约因素为国内示范推广，网络测绘技术和分布式拒绝服务攻击防御技术课题的制约因素分别为产业链配套能力和公众需求。由此可见，在国家

安全领域产学研各领域协同对于网络安全技术发展最为重要，而公众需求的制约因素相对不明显。此外，有 4 项技术课题的第二制约因素是高层次人才及团队，在一定程度上反映出我国网络安全技术人才基础还有待提升。从目前领先国家和地区来看，上述 10 项课题最领先技术的国家均为美国。

2. 对产业升级最重要的 10 项技术课题

按照技术课题对促进产业升级的重要程度，筛选出下述 10 项最重要的技术课题，其中密码技术方向的零信任网络访问安全最为重要，体现出加快密码技术发展对于产业升级的基础性和战略性意义。其他依次为漏洞分析及评估、数据存储安全技术、网络可视化技术、大数据威胁情报分析技术、Web 应用安全风险评估及防护技术、云访问安全代理技术、可信计算技术、IPv6 安全技术、边缘计算环境下网络安全防御体系，如表 3.10 所示。

表 3.10　网络安全领域对促进产业升级最重要的 10 项技术课题

技术课题名称	子领域	实现时间 / 年		目前领先国家和地区	制约因素	
		实验室发明	社会推广		第一	第二
零信任网络访问安全	密码技术	2024	2027	美国	公众需求	国内示范推广
漏洞分析及评估	网络攻防	2023	2023	美国	产学研合作	市场竞争程度
数据存储安全技术	数据安全	2024	2024	美国	产学研合作	产业链配套
网络可视化技术	内容安全	2024	2025	美国	产学研合作	国内示范推广
大数据威胁情报分析技术	数据安全	2023	2025	美国	国内示范推广	产业链配套
Web 应用安全风险评估及防护技术	应用安全	2023	2023	美国	高层次人才及团队	产学研合作
云访问安全代理技术	系统安全	2023	2025	美国	产学研合作	高层次人才及团队

续表

技术课题名称	子领域	实现时间 / 年		目前领先国家和地区	制约因素	
		实验室发明	社会推广		第一	第二
可信计算技术	应用安全	2025	2027	美国	国内示范推广	产业链配套
IPv6 安全技术	系统安全	2024	2025	美国	国内示范推广	产业链配套
边缘计算环境下网络安全防御体系	网络攻防	2025	2027	美国	产业链配套能力	国内示范推广

从子领域分布看，上述 10 项技术课题中网络攻防、系统安全、数据安全和应用安全子领域有各 2 项课题技术，密码技术、内容安全各 1 项技术课题。结果表明，网络攻防、系统安全、数据安全、应用技术对于促进产业升级都相对重要。尽管密码技术和内容安全技术入选技术课题少，但排名却相对靠前，因此其重要性也不容忽视。从预计实现时间上看，上述 10 项技术课题中有 7 项技术课题预计于近中期（2021—2025 年）实现，另有 3 项预计于中长期（2021—2030 年）实现。从制约因素上看，有 4 项技术课题面临的第一制约因素是产学研合作，3 项技术课题的第一制约因素是国内示范推广，高层次人才及其团队、产业链配套能力和公众需求 3 个制约因素方面各有 1 项技术课题。从目前领先国家和地区来看，在上述 10 项技术课题中，美国均排名世界第一，这也反映出美国在网络安全技术方面拥有绝对优势地位。

3. 对社会发展最重要的 10 项技术课题

从促进社会发展方面来看，网络安全领域最重要的 10 项技术课题依次是电子签名技术、信息渗透技术、网络虚拟身份管理技术、基于内容的网络行为监测与分析技术、匿名与隐私保护技术、工业控制系统的安全防护技术、信息内容的理解和研判技术、追踪溯源技术、分布式拒绝服务攻击防御、基于零知识证明的身份认证，如表 3.11 所示。

表 3.11　网络安全领域对促进社会发展最重要的 10 项技术课题

技术课题名称	子领域	实现时间 / 年		目前领先国家和地区	制约因素	
		实验室发明	社会推广		第一	第二
电子签名技术	密码技术	2023	2024	美国	国内示范推广	国内政策支持
信息渗透技术	网络攻防	2024	2025	美国	产学研合作	公众需求
网络虚拟身份管理技术	数据安全	2024	2025	美国	国内示范推广	国内政策支持
基于内容的网络行为监测与分析技术	内容安全	2024	2024	美国	国内示范推广	产学研合作
匿名与隐私保护技术	密码技术	2024	2025	美国	国内政策支持	公众需求
工业控制系统的安全防护技术	应用安全	2023	2024	美国	产学研合作	高层次人才及团队
信息内容的理解和研判技术	内容安全	2024	2026	美国	高层次人才及团队	公众需求
追踪溯源技术	网络攻防	2022	2024	美国	国内示范推广	高层次人才及团队
分布式拒绝服务攻击防御	网络攻防	2023	2024	美国	公众需求	国内政策支持
基于零知识证明的身份认证	密码技术	2024	2028	美国	国内示范推广	相关学科发展情况

从子领域分布看，上述 10 项技术课题中各有 3 项技术课题属于网络攻防子领域和密码技术子领域，2 项属于内容安全子领域，各有 1 项属于应用安全和数据安全子领域。结果表明，网络攻防技术和密码技术对于维护社会发展最为重要，其次是内容安全技术。从预计实现时间上看，上述 10 项技术课题中有 8 项技术课题预计于近中期（2021—2025 年）实现，只有信息内容的理解和研判技术、基于零知识证明的身份认证 2 项技术课题预期于中长期（2026—2030 年）实现。从制约因素上看，上述 10 项技术课题中有 5 项技术课题面临的第一制约因素是国内示范推广，有各 2 项技术课题的第一制约因素为产学研

合作，另有 1 项课题为公众需求、高层次人才及团队和国内政策支持。这说明促进社会发展的关键技术课题中，大部分技术研发已经达到相对成熟的条件，但是相关技术课题的应用推广仍然面临困境。从目前领先国家和地区来看，在上述 10 项技术课题中，美国均排名世界第一位。

4. 对生活质量最重要的 10 项技术课题

网络安全领域对提升生活质量最重要的 10 项技术课题包括：匿名与隐私保护技术、基于生物识别的身份认证、移动应用安全检测技术、车联网网络安全防护技术、电子签名技术、网络虚拟身份管理技术、金融网络安全、差分隐私及应用、基于可信计算的移动终端安全防护技术和面向人工智能应用的网络安全技术，如表 3.12 所示。

表 3.12　网络安全领域对提升生活质量最重要的 10 项技术课题

技术课题名称	子领域	实现时间 / 年		目前领先国家和地区	制约因素	
		实验室发明	社会推广		第一	第二
匿名与隐私保护技术	密码技术	2024	2025	美国	国内政策支持	公众需求
基于生物识别的身份认证	数据安全	2024	2024	美国	公众需求	国内政策支持
移动应用安全检测技术	应用安全	2023	2024	美国	高层次人才及团队	公众需求
车联网网络安全防护技术	新一代信息技术安全	2024	2026	美国	产学研合作	公众需求
电子签名技术	密码技术	2023	2024	美国	国内示范推广	国内政策支持
网络虚拟身份管理技术	数据安全	2024	2025	美国	国内示范推广	国内政策支持
金融网络安全	新一代信息技术安全	2023	2024	美国	国内示范推广	相关学科发展情况
差分隐私及应用	密码技术	2024	2027	美国	国内示范推广	学科交叉程度

续表

技术课题名称	子领域	实现时间 / 年		目前领先国家和地区	制约因素	
		实验室发明	社会推广		第一	第二
基于可信计算的移动终端安全防护技术	系统安全	2024	2025	美国	公众需求	产业链配套
面对人工智能应用的网络安全技术	新一代信息技术安全	2024	2027	美国	高层次人才及团队	国内示范推广

从子领域分布看，上述 10 项技术课题中有 3 项技术课题属于密码技术子领域，3 项属于新一代信息技术安全子领域，2 项属于数据安全子领域，另有各 1 项属于应用安全和系统安全子领域。结果表明，对于保障生活质量而言，密码和新一代信息技术安全技术最为重要，其次是数据安全技术。从预计实现时间上看，上述 10 项技术课题中有 7 项技术课题预计在近中期（2021—2025年）实现，3 项预计在中长期（2026—2030 年）实现。从制约因素上看，上述 10 项技术课题中有 4 项技术课题面临的第一制约因素是国内示范推广，有各 2 项技术课题面临的第一制约因素是公众需求和高层次人才及团队，另有各 1 项课题技术的首要制约因素是国内政策支持和产学研合作。此外，有各 3 项技术课题的第二制约因素为公众需求和国内政策支持。从目前领先国家和地区来看，在上述 10 项技术课题中，美国均排名世界第一。

五、技术发展的制约因素

1. 实验室技术实现的制约因素分析

为深入分析实验室技术实现的制约因素，专家调查问卷中提出了"科学原理突破""相关学科发展情况""学科交叉程度""高层次人才及团队""研发资金""研发设施设备""产学研合作""国内政策支持""国外竞争限制"共 9 个判断依据。

科学原理突破是技术实现的基础和根本前提，为网络安全技术发展创造了基础环境支撑。学科交叉程度是制约实验室技术发明的重要因素，通过整合与集成不同学科背景、不同学术思路和不同层次的项目群，各研究领域可做到协同合作，以推进重大难点科学问题的解决。人才培养是实验室技术发明成功的重要前提，我国目前在信息技术领域人才空缺情况较为突出。研发支出是支撑技术研发的物质基础。研发设施设备的缺乏和落后同样制约技术研发水平。产学研合作是指企业、科研院所和高等学校之间的合作，其实质是促进技术创新所需各种生产要素的有效组合。国内政策支持是推动实验室技术研发的土壤和根基。国外竞争限制是制约网络安全实验室技术研发的另一重要因素。

在技术研发的制约因素方面，科学原理突破、高层次人才及团队是限制网络安全技术发展的最主要制约因素，产学研合作等因素的制约影响较强（图 3.7）。

（1）受科学原理突破制约最大的 10 项技术课题

受科学原理突破制约最大的 10 项技术课题包括：侧信道分析技术、基于机器学习的攻击预测 / 检测、人工智能安全、量子加密技术、5G 与 6G 安全技术、基于可信计算的移动终端安全防护技术、网络测绘技术、匿名与隐私保护技术、同态加密技术、信息渗透技术，如表 3.13 所示。

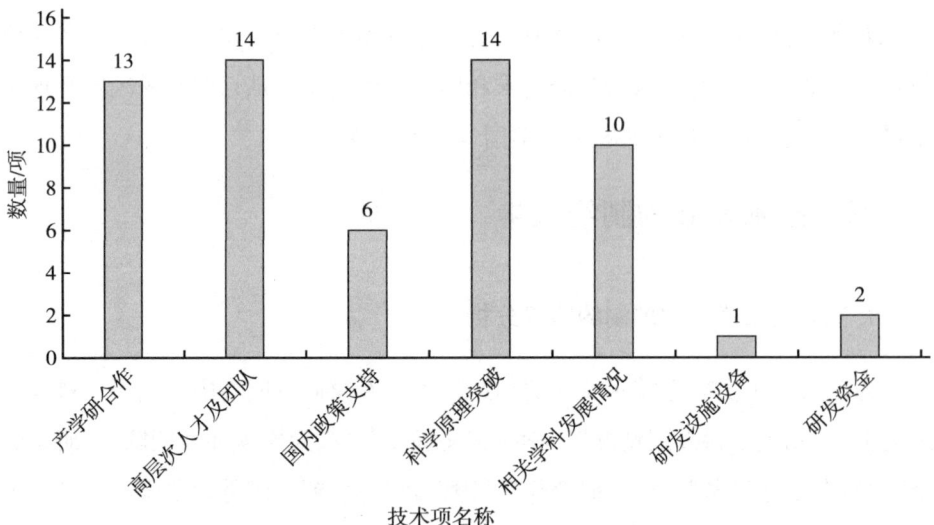

图 3.7　实验室技术研发的制约因素

表 3.13　受科学原理突破制约最大的 10 项技术课题

技术课题名称	子领域	实验室发明实现时间 / 年	当前中国研发水平
侧信道分析技术	数据安全	2025	落后国际水平
基于机器学习的攻击预测 / 检测	网络攻防	2023	接近国际水平
人工智能安全	新一代信息技术安全	2024	接近国际水平
量子加密技术	密码技术	2027	国际领先水平
5G 与 6G 安全技术	新一代信息技术安全	2027	接近国际水平
基于可信计算的移动终端安全防护技术	系统安全	2024	接近国际水平
网络测绘技术	系统安全	2024	接近国际水平
匿名与隐私保护技术	密码技术	2024	接近国际水平
同态加密技术	密码技术	2025	接近国际水平
信息渗透技术	网络攻防	2024	接近国际水平

从上述 10 项技术课题的子领域分布看，有 3 项技术课题属于在密码技术子领域，有各 2 项技术课题属于网络攻防、新一代信息技术安全、系统安全子领域，数据安全子领域有 1 项技术。结果表明，密码和网络攻防技术受科学原理突破制约最大，其次是新一代信息技术安全、数据安全和系统安全技术。从预计实现时间来看，上述 12 项技术课题的预计实现时间普遍较早，有 8 项技术课题预计在近中期（2021—2025 年）实现，2 项技术课题预计在中长期（2026—2030 年）实现。从当前中国研发水平来看，共计有 1 项技术课题处于国际领先水平，8 项技术课题接近国际水平，1 项技术课题落后国际水平，因此我国网络安全技术研发基本与世界同步。

（2）受相关学科发展情况制约最大的 10 项技术课题

受相关学科发展情况制约最大的 10 项技术课题依次是：基于零知识证明的身份认证、零信任网络访问安全、电子签名技术、人工智能安全、匿名与隐私保护技术、基于可信计算的移动终端安全防护技术、互联网舆情管理技术、网络测绘技术、基于生物识别的身份认证、工业互联网安全技术，如表 3.14 所示。

表 3.14　受相关学科发展情况制约最大的 10 项技术课题

技术课题名称	子领域	实验室发明实现时间/年	当前中国研发水平
基于零知识证明的身份认证	密码技术	2024	接近国际水平
零信任网络访问安全	密码技术	2024	接近国际水平
电子签名技术	密码技术	2023	接近国际水平
面对人工智能应用的网络安全技术	新一代信息技术安全	2024	接近国际水平
匿名与隐私保护技术	密码技术	2024	接近国际水平
基于可信计算的移动终端安全防护技术	系统安全	2024	接近国际水平
互联网舆情管理技术	内容安全	2023	国际领先水平
网络测绘技术	系统安全	2024	接近国际水平
基于生物识别的身份认证	数据安全	2024	接近国际水平
工业互联网安全技术	新一代信息技术安全	2023	接近国际水平

从上述 10 项技术课题的子领域分布看，各有 4 项技术课题属于在密码技术子领域，有 2 项技术课题属于系统安全和新一代信息技术安全子领域，另外在内容安全、数据安全和网络攻防子领域各有 1 项技术课题。结果表明，密码和新一代信息技术安全技术受相关学科发展制约最大，其次是系统安全技术，最后是内容安全、数据安全、应用安全和网络攻防技术。从预计实现时间来看，上述 10 项技术课题的预计实现时间均在近中期，即 2021—2025 年。从当前中国研发水平来看，上述 10 项技术课题均处于"接近国际水平"状态。

（3）受学科交叉程度制约最大的 10 项技术课题

受学科交叉程度制约最大的 10 项技术课题包括：基于生物识别的身份认证、漏洞分析及评估、面向人工智能应用的网络安全技术、大数据威胁情报分析技术、基于机器学习的攻击预测/检测、差分隐私及应用、态势感知网络防御、视图像内容安全技术、匿名与隐私保护技术、边缘智能网络安全技术，如表 3.15 所示。

表 3.15　受学科交叉程度制约最大的 10 项技术课题

技术课题名称	子领域	实验室发明 实现时间 / 年	当前中国 研发水平
基于生物识别的身份认证	数据安全	2024	接近国际水平
漏洞分析及评估	网络攻防	2023	接近国际水平
面向人工智能应用的网络安全技术	新一代信息技术安全	2024	接近国际水平
大数据威胁情报分析技术	数据安全	2023	接近国际水平
基于机器学习的攻击预测 / 检测	网络攻防	2023	接近国际水平
差分隐私及应用	密码技术	2024	接近国际水平
态势感知网络防御	网络攻防	2023	接近国际水平
视图像内容安全技术	内容安全	2024	接近国际水平
匿名与隐私保护技术	密码技术	2024	接近国际水平
边缘智能网络安全技术	系统安全	2025	接近国际水平

从上述 11 项技术课题的子领域分布看，有 3 项技术课题属于在网络攻防子领域，各有 2 项技术课题属于密码技术和数据安全子领域，另外在新一代信息技术安全、内容安全和系统安全子领域各有 1 项技术课题。结果表明，网络攻防技术受学科交叉程度制约最大，其次是密码技术和数据安全技术。从预计实现时间来看，上述 10 项技术课题的预计实现时间均在近中期，即 2021—2025 年。从当前中国研发水平来看，上述 10 项技术课题均处于"接近国际水平"状态。

（4）受高层次人才及团队制约最大的 10 项技术课题

受高层次人才及团队制约最大的 10 项技术课题包括：Web 应用安全风险评估及防护技术、面向人工智能应用的网络安全技术、基于机器学习的攻击预测 / 检测、漏洞分析及评估、移动应用安全检测技术、追踪溯源技术、网络测绘技术、工业控制系统的安全防护技术、特征码提取与识别和数据存储安全技术，如表 3.16 所示。

表 3.16　受高层次人才及团队制约最大的 10 项技术课题

技术课题名称	子领域	实验室发明实现时间 / 年	当前中国研发水平
Web 应用安全风险评估及防护技术	应用安全	2023	接近国际水平
面向人工智能应用的网络安全技术	新一代信息技术安全	2024	接近国际水平
基于机器学习的攻击预测 / 检测	网络攻防	2023	接近国际水平
漏洞分析及评估	网络攻防	2023	接近国际水平
移动应用安全检测技术	应用安全	2023	接近国际水平
追踪溯源技术	网络攻防	2022	接近国际水平
网络测绘技术	系统安全	2024	接近国际水平
工业控制系统的安全防护技术	应用安全	2023	接近国际水平
特征码提取与识别	系统安全	2023	接近国际水平
数据存储安全技术	数据安全	2024	接近国际水平

从上述 10 项技术课题的子领域分布看，各有 3 项技术课题属于应用安全和网络攻防子领域，2 项技术属于系统安全子领域，另外在新一代信息技术安全和数据安全子领域各有 1 项技术课题。结果表明，网络攻防和应用安全技术受高层次人才及团队制约最大，其次是系统安全技术。从预计实现时间来看，上述 10 项技术课题的预计实现时间均在近中期，即 2021—2025 年。从当前中国研发水平来看，上述 10 项技术课题均处于"接近国际水平"状态。

（5）受研发资金制约最大的 10 项技术课题

受研发资金制约最大的 10 项技术课题包括：追踪溯源技术、基于机器学习的攻击预测 / 检测、工业互联网安全技术、网络安全主动防御技术、分布式拒绝服务攻击防御、Web 应用安全风险评估及防护技术、可信计算技术、数据存储安全技术、态势感知网络防御、工业控制系统的安全防护技术和漏洞分析及评估，如表 3.17 所示。

表 3.17　受研发资金制约最大的 10 项技术课题

技术课题名称	子领域	实验室发明实现时间 / 年	当前中国研发水平
追踪溯源技术	网络攻防	2022	接近国际水平
基于机器学习的攻击预测 / 检测	网络攻防	2023	接近国际水平
工业互联网安全技术	新一代信息技术安全	2023	接近国际水平
网络安全主动防御技术	网络攻防	2023	接近国际水平
分布式拒绝服务攻击防御	网络攻防	2023	接近国际水平
Web 应用安全风险评估及防护技术	应用安全	2023	接近国际水平
可信计算技术	应用安全	2025	接近国际水平
数据存储安全技术	数据安全	2024	接近国际水平
态势感知网络防御	网络攻防	2023	接近国际水平
工业控制系统的安全防护技术	应用安全	2023	接近国际水平

从上述 10 项技术课题的子领域分布看，有 5 项技术课题属于网络攻防子领域，3 项技术课题属于应用安全子领域，另外在新一代信息技术安全和数据安全子领域各有 1 项技术课题。结果表明，网络攻防技术受研发资金制约最大，其次是应用安全技术，最后是新一代信息安全技术和数据安全技术。从预计实现时间来看，上述 10 项技术课题的预计实现时间均在近中期，即 2021—2025 年。从当前中国研发水平来看，上述 10 项技术课题均处于"接近国际水平"状态。

（6）受研发设施设备制约最大的 10 项技术课题

受研发设施设备制约最大的 10 项技术课题包括：大数据威胁情报分析技术、网络安全审计与防护技术、IPv6 安全技术、数据存储安全技术、分布式拒绝服务攻击防御、端点检测及响应技术、移动应用安全检测技术、车联网网络安全防护技术、边缘智能网络安全技术和网络安全主动防御技术，如表 3.18 所示。

表 3.18　受研发设施设备制约最大的 10 项技术课题

技术课题名称	子领域	实验室发明实现时间 / 年	当前中国研发水平
大数据威胁情报分析技术	数据安全	2023	接近国际水平
网络安全审计与防护技术	内容安全	2024	接近国际水平
IPv6 安全技术	系统安全	2024	接近国际水平
数据存储安全技术	数据安全	2024	接近国际水平
分布式拒绝服务攻击防御	网络攻防	2023	接近国际水平
端点检测及响应技术	系统安全	2023	接近国际水平
移动应用安全检测技术	应用安全	2023	接近国际水平
车联网网络安全防护技术	新一代信息技术安全	2024	接近国际水平
边缘智能网络安全技术	系统安全	2025	接近国际水平
网络安全主动防御技术	网络攻防	2023	接近国际水平

从上述 10 项技术课题的子领域分布看，有 3 项技术课题属于系统安全子领域，各有 2 项技术属于数据安全和网络攻防子领域，另外在新一代信息技术安全、应用安全和内容安全子领域各 1 项技术课题。结果表明，系统安全技术受研发设施设备制约最大，其次是数据安全和网络攻防技术。从预计实现时间来看，上述 10 项技术课题的预计实现时间均在近中期，即 2021—2025 年。从当前中国研发水平来看，上述 10 项技术课题均处于"接近国际水平"状态。

（7）受产学研合作制约最大的 10 项技术课题

受产学研合作制约最大的 10 项技术课题包括：漏洞分析及评估、网络安全主动防御技术、信息渗透技术、数据存储安全技术、工业控制系统的安全防护技术、网络可视化技术、大数据威胁情报分析技术、端点检测及响应技术、云访问安全代理技术和零信任网络访问安全，如表 3.19 所示。

表 3.19　受产学研合作制约最大的 10 项技术课题

技术课题名称	子领域	实验室发明实现时间 / 年	当前中国研发水平
漏洞分析及评估	网络攻防	2023	接近国际水平
网络安全主动防御技术	网络攻防	2023	接近国际水平
信息渗透技术	网络攻防	2024	接近国际水平
数据存储安全技术	数据安全	2024	接近国际水平
工业控制系统的安全防护技术	应用安全	2023	接近国际水平
网络可视化技术	内容安全	2024	接近国际水平
大数据威胁情报分析技术	数据安全	2023	接近国际水平
端点检测及响应技术	系统安全	2023	接近国际水平
云访问安全代理技术	系统安全	2023	接近国际水平
零信任网络访问安全	密码技术	2024	接近国际水平

从上述 10 项技术课题的子领域分布看，有 3 项技术课题属于网络攻防子领域，各有 2 项技术属于数据安全和系统安全子领域，另外在应用安全、密码技术和内容安全子领域各有 1 项技术课题。结果表明，网络攻防技术受产学研合作制约最大，其次是数据安全和系统安全技术。从预计实现时间来看，上述 10 项技术课题的预计实现时间均在近中期，即 2021—2025 年。从当前中国研发水平来看，上述 10 项技术课题均处于"接近国际水平"状态。

（8）受国内政策支持制约最大的 10 项技术课题

受国内政策支持制约最大的 10 项技术课题包括：匿名与隐私保护技术、电子签名技术、互联网舆情管理技术、网络取证技术、零信任网络访问安全、网络虚拟身份管理技术、基于生物识别的身份认证、工业互联网安全技术、态势感知网络防御和分布式拒绝服务攻击防御，如表 3.20 所示。

表 3.20　受国内政策支持制约最大的 10 项技术课题

技术课题名称	子领域	实验室发明实现时间 / 年	当前中国研发水平
匿名与隐私保护技术	密码技术	2024	接近国际水平
电子签名技术	密码技术	2023	接近国际水平
互联网舆情管理技术	内容安全	2023	国际领先水平
网络取证技术	应用安全	2023	接近国际水平
零信任网络访问安全	密码技术	2024	接近国际水平
网络虚拟身份管理技术	数据安全	2024	接近国际水平
基于生物识别的身份认证	数据安全	2024	接近国际水平
工业互联网安全技术	新一代信息技术安全	2023	接近国际水平
态势感知网络防御	网络攻防	2023	接近国际水平
分布式拒绝服务攻击防御	网络攻防	2023	接近国际水平

从上述 10 项技术课题的子领域分布看，有 3 项技术课题属于密码技术子领域，各有 2 项技术课题属于网络攻防和数据安全子领域，另外在内容安全、新一代信息技术安全和应用安全子领域各有 1 项技术课题。结果表明，密码技术受国内政策支持制约最大，其次是数据安全和网络攻防技术。从预计实现时间来看，上述 10 项技术课题的预计实现时间均在近中期，即 2021—2025 年。从当前中国研发水平来看，上述 10 项技术课题均处于"接近国际水平"状态。

（9）受国外竞争限制制约最大的 10 项技术课题

受国外竞争限制制约最大的 10 项技术课题包括：电子签名技术、网络安全审计与防护技术、基于零知识证明的身份认证、IPv6 安全技术、匿名与隐私保护技术、差分隐私及应用、态势感知网络防御、网络虚拟身份管理技术、基于生物识别的身份认证、特征码提取与识别和追踪溯源技术，如表 3.21 所示。

表 3.21　受国外竞争限制制约最大的 10 项技术课题

技术课题名称	子领域	实验室发明实现时间 / 年	当前中国研发水平
电子签名技术	密码技术	2023	接近国际水平
网络安全审计与防护技术	内容安全	2024	接近国际水平
基于零知识证明的身份认证	密码技术	2024	接近国际水平
IPv6 安全技术	系统安全	2024	接近国际水平
匿名与隐私保护技术	密码技术	2024	接近国际水平
差分隐私及应用	密码技术	2024	接近国际水平
态势感知网络防御	网络攻防	2023	接近国际水平
网络虚拟身份管理技术	数据安全	2024	接近国际水平
基于生物识别的身份认证	数据安全	2024	接近国际水平
追踪溯源技术	网络攻防	2022	接近国际水平

从上述 10 项技术课题的子领域分布看，有 4 项技术课题属于密码技术子领域，网络攻防和数据安全子领域各有 2 项技术课题，另外在内容安全、系统安全子领域各有 1 项技术课题。结果表明，密码技术受国内政策支持制约最大，其次是数据安全、系统安全和网络攻防技术。从预计实现时间来看，上述 10 项技术课题的预计实现时间均在近中期，即 2021—2025 年。从当前中国研发水平来看，上述 11 项技术课题均处于"接近国际水平"状态。

2. 技术应用推广和普及的制约因素分析

为深入分析技术应用推广和普及的制约因素，专家调查问卷中提出了"社会或风险资金""成果转化中试基地""产业链配套能力""科技中介服务""公众需求""市场竞争程度""危害性或伦理风险""国内示范推广""国外限制竞争"共 9 个判断依据。在应用推广普及的制约因素方面，公众需求、国内示范推广对网络安全技术发展的影响较为突出（图 3.8）。

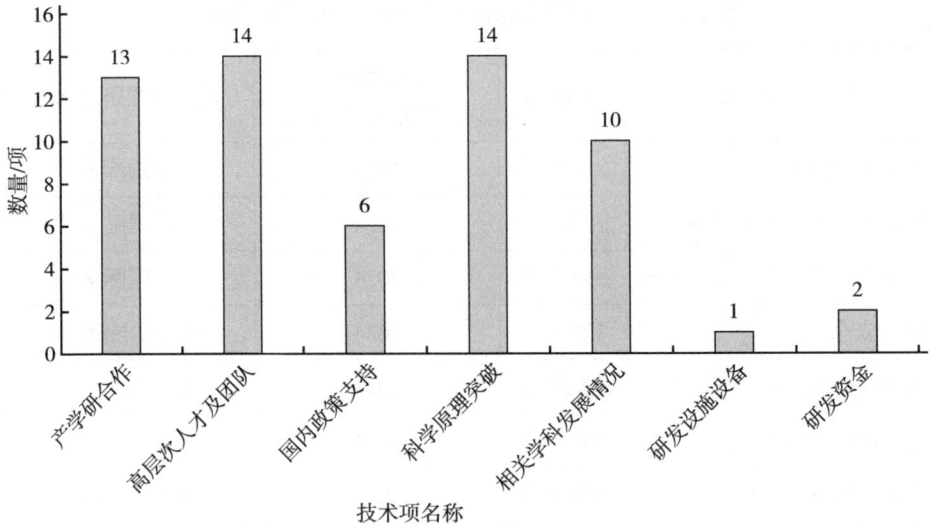

图 3.8　实验室技术研发的制约因素

以下将分别阐述受上述制约因素影响最大的 10 项技术课题。

（1）受社会或风险资金制约最大的 10 项技术课题

有效资金投入对网络安全技术应用推广和普及有着直接的支撑引导作用。受社会或风险资金制约最大的 10 项技术课题包括：数据存储安全技术、态势感知网络防御、零信任网络访问安全、工业控制系统的安全防护技术、信息渗透技术、Web 应用安全风险评估及防护技术、追踪溯源技术、基于机器学习的攻击预测 / 检测、大数据威胁情报分析技术和分布式拒绝服务攻击防御，如表 3.22 所示。

表 3.22　受社会或风险资金制约最大的 10 项技术课题

技术课题名称	子领域	技术推广普及时间 / 年	当前中国研发水平
数据存储安全技术	数据安全	2024	接近国际水平
态势感知网络防御	网络攻防	2024	接近国际水平
零信任网络访问安全	密码技术	2027	接近国际水平
工业控制系统的安全防护技术	应用安全	2024	接近国际水平

续表

技术课题名称	子领域	技术推广普及时间 / 年	当前中国研发水平
信息渗透技术	网络攻防	2025	接近国际水平
Web 应用安全风险评估及防护技术	应用安全	2023	接近国际水平
追踪溯源技术	网络攻防	2024	接近国际水平
基于机器学习的攻击预测 / 检测	网络攻防	2025	接近国际水平
大数据威胁情报分析技术	数据安全	2025	接近国际水平
分布式拒绝服务攻击防御	网络攻防	2024	接近国际水平

从上述 10 项技术课题的子领域分布来看，其中 5 项技术课题属于网络攻防子领域，分别有 2 项技术课题属于数据安全和应用安全子领域，零信任网络访问安全 1 项技术课题属于密码技术子领域。结果表明，网络攻防技术受社会或风险资金制约相对较大，其次是数据安全技术和应用安全技术。从预计实现时间来看，上述 10 项技术课题中有 9 项的预计实现时间在近中期，即 2021—2025 年，零信任网络访问安全技术实现时间预计会在中长期，即 2027 年。从当前我国研发水平来看，上述 10 项技术课题均处于"接近国际水平"状态。

（2）受成果转化中试基地制约最大的 10 项技术课题

加快推进网络安全产业转化是推动技术成果转化的关键。受成果转化中试基地制约最大的 10 项技术课题包括：态势感知网络防御、工业互联网安全技术、漏洞分析及评估、网络安全主动防御技术、基于内容的网络行为监测与分析技术、数据存储安全技术、基于机器学习的攻击预测 / 检测、入侵检测与防御技术、分布式拒绝服务攻击防御和网络安全审计与防护技术，如表 3.23 所示。

表 3.23　受成果转化中试基地制约最大的 10 项技术课题

技术课题名称	子领域	技术推广普及时间 / 年	当前中国研发水平
态势感知网络防御	网络攻防	2024	接近国际水平

续表

技术课题名称	子领域	技术推广普及时间 / 年	当前中国研发水平
工业互联网安全技术	新一代信息技术安全	2024	接近国际水平
漏洞分析及评估	网络攻防	2023	接近国际水平
网络安全主动防御技术	网络攻防	2024	接近国际水平
基于内容的网络行为监测与分析技术	内容安全	2023	接近国际水平
数据存储安全技术	数据安全	2024	接近国际水平
基于机器学习的攻击预测 / 检测	网络攻防	2025	接近国际水平
入侵检测与防御技术	系统安全	2024	接近国际水平
分布式拒绝服务攻击防御	网络攻防	2024	接近国际水平
网络安全审计与防护技术	内容安全	2025	接近国际水平

从技术课题的子领域分布看，其中有 5 项技术课题属于网络攻防技术子领域，2 项技术课题属于内容安全子领域，另外系统安全、数据安全和新一代信息技术安全子领域各有 1 项技术课题。结果表明，网络攻防技术受成果转化中试基地制约最大，其次是内容安全技术，最后是系统安全、数据安全和新一代信息技术安全技术。从预计实现时间来看，上述 10 项技术课题的预计实现时间均在近中期，即 2021—2025 年。从当前中国研发水平来看，上述 10 项技术课题均处于"接近国际水平"状态。

（3）受产业链配套能力制约最大的 10 项技术课题

产业链配套能力是网络安全技术推广和普及的重要保障。受产业链配套能力制约最大的 10 项技术课题包括：网络测绘技术、大数据威胁情报分析技术、数据存储安全技术、零信任网络访问安全、基于可信计算的移动终端安全防护技术、IPv6 安全技术、边缘智能网络安全技术、可信计算技术、边缘计算环境下网络安全防御体系和云访问安全代理技术，如表 3.24 所示。

表 3.24　受产业链配套能力制约最大的 10 项技术课题

技术课题名称	子领域	技术推广普及时间 / 年	当前中国研发水平
网络测绘技术	系统安全	2025	接近国际水平
大数据威胁情报分析技术	数据安全	2025	接近国际水平
数据存储安全技术	数据安全	2024	接近国际水平
零信任网络访问安全	密码技术	2027	接近国际水平
基于可信计算的移动终端安全防护技术	系统安全	2025	接近国际水平
IPv6 安全技术	系统安全	2025	接近国际水平
边缘智能网络安全技术	系统安全	2028	接近国际水平
可信计算技术	应用安全	2027	接近国际水平
边缘计算环境下网络安全防御体系	网络攻防	2027	接近国际水平
云访问安全代理技术	新一代信息技术安全	2024	接近国际水平

　　从上述 10 项技术课题的子领域分布看，有 4 项技术课题属于系统安全子领域，2 项技术课题属于数据安全子领域，另在网络攻防、应用安全、网络攻防和新一代信息技术安全子领域各有 1 项技术课题。结果表明，系统安全技术受产业链配套能力制约最大，其次是数据安全技术，最后是网络攻防、应用安全、网络攻防和新一代信息技术安全技术。从预计实现时间来看，上述 10 项技术课题中有 6 项的预计实现时间在近期，即 2021—2025 年，有 4 项课题技术预期于中长期实现，即 2026 年—2030 年。从当前中国研发水平来看，上述 10 项技术课题均处于"接近国际水平"状态。

　　（4）受科技中介服务制约最大的 10 项技术课题

　　科技中介服务是促进技术转移和扩散的桥梁，也是推动科技成果转化和产业化的重要纽带。网络安全领域受科技中介服务制约最大的 10 项技术课题包括：基于可信计算的移动终端安全防护技术、移动应用安全检测技术、大数据威胁情报分析技术、态势感知网络防御、多重安全网关技术、追踪溯源技术、云访问安全代理技术、大规模网络攻击的机理和过程分析技术、漏洞分析及评估、基于内容的网络行为监测与分析技术，如表 3.25 所示。

表 3.25 受科技中介服务制约最大的 10 项技术课题

技术课题名称	子领域	技术推广普及时间 / 年	当前中国研发水平
基于可信计算的移动终端安全防护技术	系统安全	2025	接近国际水平
移动应用安全检测技术	应用安全	2024	接近国际水平
大数据威胁情报分析技术	数据安全	2025	接近国际水平
态势感知网络防御	网络攻防	2024	接近国际水平
多重安全网关技术	系统安全	2025	接近国际水平
追踪溯源技术	网络攻防	2024	接近国际水平
云访问安全代理技术	新一代信息技术安全	2024	接近国际水平
大规模网络攻击的机理和过程分析技术	网络攻防	2024	接近国际水平
漏洞分析及评估	网络攻防	2023	接近国际水平
基于内容的网络行为监测与分析技术	内容安全	2024	接近国际水平

从上述 10 项技术课题的子领域分布看，有 4 项技术课题属于网络攻防子领域，2 项技术课题属于系统安全子领域，另外应用安全、数据安全、内容安全和新一代信息技术安全子领域各有 1 项技术课题。结果表明，网络攻防技术受社会或风险资金制约最大，其次是应用安全、数据安全、内容安全和新一代信息技术安全技术。从预计实现时间来看，上述 10 项技术课题的预计实现时间均在近中期，即 2021—2025 年。从当前中国研发水平来看，上述 10 项技术课题均处于"接近国际水平"状态。

（5）受公众需求制约最大的 10 项技术课题

公众需求和国家战略需求在网络安全技术层面同样制约网络安全技术课题的推广和普及，公民更为关注的网络安全技术在国家内部的网络交易、虚假信息等领域，而国家网络技术研发重点多集中在国际化网络安全战略层面。[①] 根据调查结果，受公众需求制约最大的 10 项技术课题依次是应用访问控制技术、零信任网络访问安全、网络安全审计与防护技术、电子签名技术、分布式拒绝服务攻击防御、基于生物识别的身份认证、漏洞分析及评估、移动应用安全检测技术、匿名与隐私保护技术和信息渗透技术，如表 3.26 所示。

表 3.26 受公众需求制约最大的 10 项技术课题

技术课题名称	子领域	技术推广普及时间 / 年	当前中国研发水平
应用访问控制技术	应用安全	2023	接近国际水平
零信任网络访问安全	密码技术	2027	接近国际水平
网络安全审计与防护技术	内容安全	2025	接近国际水平
电子签名技术	密码技术	2024	接近国际水平
分布式拒绝服务攻击防御	网络攻防	2024	接近国际水平
基于生物识别的身份认证	数据安全	2024	接近国际水平
漏洞分析及评估	网络攻防	2023	接近国际水平
移动应用安全检测技术	应用安全	2024	接近国际水平
名与隐私保护技术	密码技术	2025	接近国际水平
信息渗透技术	网络攻防	2025	接近国际水平

从上述 10 项技术课题的子领域分布看，各 3 项技术课题属于密码技术和网络攻防子领域，2 项技术课题属于应用安全子领域，在数据安全和内容安全子领域分别有 1 项技术课题。结果表明，密码技术和网络攻防技术受公众需求

---

① Dong Zhou, Weiguang Deng, Xiaoyu Wu. Impacts of Internet Use on Political Trust：New Evidence from China［J/OL］. 2020，56（14）：3235-3251.

制约最大，其次是应用安全技术。从预计实现时间来看，上述 11 项技术课题中有 9 项的预计实现时间在近中期，即 2021—2025 年，仅有一项在中长期，即 2026—2030 年。从当前中国研发水平来看，上述 11 项技术课题均处于"接近国际水平"状态。

（6）受市场竞争程度制约最大的 10 项技术课题

受市场竞争程度制约最大的 10 项技术课题包括：漏洞分析及评估、基于机器学习的攻击预测 / 检测、追踪溯源技术、Web 应用安全风险评估及防护技术、特大规模网络攻击的机理和过程分析技术、网络安全主动防御技术、应用访问控制技术、大数据威胁情报分析技术、移动应用安全检测技术、工业控制系统的安全防护技术，如表 3.27 所示。

表 3.27　受市场竞争程度制约最大的 10 项技术课题

技术课题名称	子领域	技术推广普及时间 / 年	当前中国研发水平
漏洞分析及评估	网络攻防	2023	接近国际水平
基于机器学习的攻击预测 / 检测	网络攻防	2025	接近国际水平
追踪溯源技术	网络攻防	2024	接近国际水平
Web 应用安全风险评估及防护技术	应用安全	2023	接近国际水平
大规模网络攻击的机理和过程分析技术	网络攻防	2023	接近国际水平
网络安全主动防御技术	网络攻防	2024	接近国际水平
应用访问控制技术	应用安全	2023	接近国际水平
大数据威胁情报分析技术	数据安全	2025	接近国际水平
移动应用安全检测技术	应用安全	2023	接近国际水平
工业控制系统的安全防护技术	应用安全	2024	接近国际水平

从上述 10 项技术课题的子领域分布看，有 5 项技术课题属于网络攻防子领域，4 项技术课题属于应用安全子领域，1 项技术课题属于数据安全子领域。

结果表明，网络攻防技术受市场竞争程度制约最大，其次是应用安全技术，最后是应用安全技术。从预计实现时间来看，上述 10 项技术课题均预期于近中期，即 2021—2025 年实现。从当前中国研发水平来看，上述 10 项技术课题均处于"接近国际水平"状态。

（7）受危害性或伦理风险制约最大的 10 项技术课题

新兴技术的发展可能带来伦理风险，也因此导致管理困境，从而限制技术研发创新。网络安全领域受危害性或伦理风险制约最大的 10 项技术课题包括：人工智能安全、匿名与隐私保护技术、基于生物识别的身份认证、互联网舆情管理技术、数据防泄露技术、网络测绘技术、信息渗透技术、网络虚拟身份管理技术、基于内容的网络行为监测与分析技术、视图像内容安全技术，如表3.28 所示。

表 3.28　受危害性或伦理风险制约最大的 10 项技术课题

技术课题名称	子领域	技术推广普及时间 / 年	当前中国研发水平
面向人工智能应用的网络安全技术	新一代信息技术安全	2024	接近国际水平
匿名与隐私保护技术	密码技术	2025	接近国际水平
基于生物识别的身份认证	数据安全	2024	接近国际水平
互联网舆情管理技术	内容安全	2023	接近国际水平
数据防泄露技术	数据安全	2024	接近国际水平
网络测绘技术	系统安全	2025	接近国际水平
信息渗透技术	网络攻防	2025	接近国际水平
网络虚拟身份管理技术	数据安全	2025	接近国际水平
基于内容的网络行为监测与分析技术	内容安全	2024	接近国际水平
视图像内容安全技术	内容安全	2025	接近国际水平

从上述 11 项技术课题的子领域分布看，有 3 项技术课题属于数据安全和内容安全子领域，在系统安全、密码技术、网络攻防和新一代信息技术安全子领域各有 1 项课题技术。结果表明，数据安全和内容安全相关技术受危害性或伦理风险制约最大，系统安全技术、密码技术、网络攻防技术和新一代信息技术安全等都会不同程度受到制约。从预计实现时间来看，上述 10 项技术课题均预期于近中期，即 2021—2025 年实现。从当前中国研发水平来看，上述 10 项技术课题均处于"接近国际水平"状态。

（8）受国内示范推广制约最大的 10 项技术课题

受国内示范推广制约最大的 10 项技术课题包括：大规模网络攻击的机理和过程分析技术、工业互联网安全技术、零信任网络访问安全、电子签名技术、网络安全审计与防护技术、基于零知识证明的身份认证、IPv6 安全技术、追踪溯源技术、大数据威胁情报分析技术和基于机器学习的攻击预测 / 检测，如表 3.29 所示。

表 3.29 受国内示范推广制约最大的 10 项技术课题

技术课题名称	子领域	技术推广普及时间 / 年	当前中国研发水平
大规模网络攻击的机理和过程分析技术	网络攻防	2024	接近国际水平
工业互联网安全技术	新一代信息技术安全	2024	接近国际水平
零信任网络访问安全	密码技术	2027	接近国际水平
电子签名技术	密码技术	2024	接近国际水平
网络安全审计与防护技术	内容安全	2025	接近国际水平
基于零知识证明的身份认证	密码技术	2028	接近国际水平
IPv6 安全技术	系统安全	2025	接近国际水平
追踪溯源技术	网络攻防	2024	接近国际水平
大数据威胁情报分析技术	数据安全	2025	接近国际水平
基于机器学习的攻击预测 / 检测	网络攻防	2025	接近国际水平

从上述 10 项技术课题的子领域分布看，各有 3 项技术课题属于网络安全和密码技术子领域，另外数据安全、内容安全、系统安全和新一代信息技术安全子领域各有 1 项技术课题。结果表明，网络安全技术和密码技术受国内示范推广制约最大，其次是数据安全、内容安全、系统安全和新一代信息技术安全技术。从预计实现时间来看，上述 10 项技术课题中有 8 项的预计实现时间在近中期，即 2021—2025 年，有 2 项课题技术预期于中长期实现，即 2026—2030 年。从当前中国研发水平来看，上述 10 项技术课题均处于"接近国际水平"状态。

（9）受国外限制竞争制约最大的 10 项技术课题

受国外限制竞争制约最大的 10 项技术课题包括：量子加密技术、同态加密技术、互联网舆情管理技术、可信计算技术、数据存储安全技术、网络安全主动防御技术、网络测绘技术、面向人工智能应用的网络安全、金融网络安全和追踪溯源技术，如表 3.30 所示。

表 3.30　受国外限制竞争制约最大的 10 项技术课题

技术课题名称	子领域	技术推广普及时间 / 年	当前中国研发水平
量子加密技术	密码技术	2030	国际领先水平
同态加密技术	密码技术	2031	接近国际水平
互联网舆情管理技术	内容安全	2023	国际领先水平
可信计算技术	应用安全	2027	接近国际水平
数据存储安全技术	数据安全	2024	接近国际水平
网络安全主动防御技术	网络攻防	2024	接近国际水平
网络测绘技术	系统安全	2025	接近国际水平
面向人工智能应用的网络安全	新一代信息技术安全	2024	落后国际水平
金融网络安全	新一代信息技术安全	2024	接近国际水平
追踪溯源技术	网络攻防	2024	接近国际水平

从上述 10 项技术课题的子领域分布看，各有 2 项技术课题属于密码技术、网络攻防和新一代信息技术安全子领域，另外内容安全、数据安全、系统安全和应用安全子领域各有 1 项技术课题。结果表明，密码技术、网络攻防和新一代信息技术受国外限制竞争制约最大。从预计实现时间来看，上述 10 项技术课题中有 8 项的预计实现时间在近中期，即 2021—2025 年，有 1 项课题技术预期于中长期，即 2026—2030 年实现，另有 1 项技术课题预期于远期，即 2031—2035 年实现。从当前中国研发水平来看，上述 10 项技术课题中有 2 项技术课题领先国际水平，7 项技术课题均处于"接近国际水平"状态，面向人工智能应用的网络安全技术课题尚且落后国际水平。

六、技术课题的目前领先国家和地区

1. 我国信息安全技术课题发展情况总览

我国网络安全技术研究开发水平是确定优先发展技术课题的重要依据之一，也是决定我国安全技术课题合作模式的重要影响因素之一。根据德尔菲调查回函专家对"我国目前研究开发水平"问题的反馈，即认定我国的研究开发水平是处于国际领先，还是接近国际水平，或者是落后国际水平，以确定被调查技术课题的我国研究开发水平。调查数据表明，我国网络安全技术领域课题的总体研究水平低于或接近国际水平，在已列出的 60 项网络安全技术课题中，有 4.8% 被认为处于国际领先水平，91.9% 被认为接近国际水平，仍有 3.3% 落后于国际水平。具体情况如下。

（1）目前我国水平较为领先的 10 项技术课题

目前我国水平较为领先的 10 项技术课题包括：互联网舆情管理技术、拟态防御技术、量子加密技术、基于生物识别的身份认证、网络可视化技术、基于区块链的网络安全防御技术、基于可信计算的移动终端安全防护技术、网络取证技术、5G 与 6G 安全技术和基于量子的互联网安全技术，如表 3.31 所示。

表 3.31　目前我国水平最为领先的 10 项技术课题

技术课题名称	子领域	实现时间 / 年		制约因素	
		实验室发明	社会推广	第一	第二
互联网舆情管理技术	内容安全	2023	2024	国内政策支持	国内示范推广
拟态防御技术	网络攻防	2025	2028	产业链配套能力	国内示范推广
量子加密技术	密码技术	2027	2030	科学原理突破	公众需求
基于生物识别的身份认证	数据安全	2024	2024	公众需求	国内政策支持
网络可视化技术	内容安全	2024	2025	产学研合作	国内示范推广
基于区块链的网络安全防御技术	新一代信息技术安全	2024	2027	产学研合作	公众需求
基于可信计算的移动终端安全防护技术	系统安全	2024	2025	公众需求	产业链配套能力
网络取证技术	应用安全	2023	2024	国内政策支持	国内示范推广
5G 与 6G 安全技术	新一代信息技术安全	2027	2029	科学原理突破	国内示范推广
基于量子的互联网安全技术	新一代信息技术安全	2029	2029	科学原理突破	国内示范推广

从子领域分布看，上述 10 项技术课题中有 3 项技术课题属于新一代信息技术安全子领域，有 2 项技术课题属于内容安全子领域，在应用安全、数据安全、系统安全、密码技术和网络攻防子领域则有 1 项。结果表明，我国在新一代信息技术安全领域的研究水平最为领先，其次是内容安全技术领域，最后是应用安全、数据安全、系统安全、密码技术和网络攻防技术子领域。从预计实现时间上看，上述的 10 技术课题中有 5 项预计在近中期，即 2021—2025 年实现，另有 5 项预期于中长期，即 2026—2030 年实现。从制约因素上看，上述 10 项技术课题中有 3 项技术课题第一制约因素是科学原理突破，各有 2 项技术课题面临的第一制约因素是产学研合作、国内政策支持和公众需求，另有

1 项技术课题的制约因素为产业链配套能力。

（2）目前我国水平相对落后的 10 项技术课题

目前我国水平最为落后的 10 项技术课题包括：面对人工智能应用的网络安全防护、零信任网络访问安全、基于机器学习的攻击预测 / 检测、侧信道分析技术、匿名与隐私保护技术、大规模网络攻击的机理和过程分析技术、移动应用安全检测技术、大数据威胁情报分析技术、数据存储安全技术和工业控制系统的安全防护技术，如表 3.32 所示。

表 3.32　目前我国水平相对落后的 10 项技术课题

技术课题名称	子领域	实现时间 / 年		制约因素	
		实验室发明	社会推广	第一	第二
面对人工智能应用的网络安全防护	新一代信息技术安全	2024	2027	高层次人才及团队	国内示范推广
零信任网络访问安全	密码技术	2024	2027	公众需求	国内示范推广
基于机器学习的攻击预测 / 检测	网络攻防	2023	2025	高层次人才及团队	国内示范推广
侧信道分析技术	数据安全	2025	2027	科学原理突破	公众需求
匿名与隐私保护技术	密码技术	2024	2025	国内政策支持	公众需求
大规模网络攻击的机理和过程分析技术	网络攻防	2023	2024	国内示范推广	产学研合作
移动应用安全检测技术	应用安全	2023	2023	高层次人才及团队	公众需求
大数据威胁情报分析技术	数据安全	2023	2025	国内示范推广	产业链配套能力
数据存储安全技术	数据安全	2024	2024	产学研合作	产业链配套能力
工业控制系统的安全防护技术	应用安全	2023	2024	产学研合作	高层次人才及团队

从子领域分布看，上述 10 项技术课题中有 3 项技术课题属于数据安全子领域，各有 2 项技术课题属于密码技术、网络攻防和应用安全子领域，另外应用安全、系统安全和新一代信息技术安全子领域各有 1 项。结果表明，我国在数据安全领域的研究水平最为落后，其次是密码技术和网络攻防技术领域。从预计实现时间上看，上述的 10 技术课题中有 7 项预计在近中期，即 2021—2025 年实现，另有 3 项预期于中长期，即 2026—2030 年实现。从制约因素上看，上述 10 项技术课题中 3 项技术课题第一制约因素是高层次人才及团队，分别有 2 项技术数据国内示范推广和产学研合作，有 1 项技术课题的制约因素为科学原理突破、公众需求和国内政策支持。此外，有 3 项技术课题的第二制约因素是公众需求和国内示范推广。

2. 全球领先国家地区概述

结果表明，美国在网络安全技术课题的研究开发处于绝对领先的地位，综合来看，本次调查中列举的 60 项技术课题中，美国研究开发水平全部居于世界第一位，具备明显的技术优势。欧盟和日本研究水平位于第二方阵，各有相关技术领域具有相对技术优势。以下分别说明目前美国水平最为领先 10 项技术课题，以及欧盟、日本最为领先的 5 项技术课题。

（1）美国最为领先的 10 项技术课题

美国最为领先的 10 项技术课题包括：漏洞分析及评估、Web 应用安全风险评估及防护技术、零信任网络访问安全、追踪溯源技术、分布式拒绝服务攻击防御、基于机器学习的攻击预测 / 检测、工业控制系统的安全防护技术、态势感知网络防御、人工智能安全和网络安全主动防御技术，见表 3.33。

表 3.33　美国最为领先的 10 项技术课题

技术课题名称	子领域	实现时间 / 年		制约因素	
		实验室发明	社会推广	第一	第二
漏洞分析及评估	网络攻防	2023	2023	产学研合作	市场竞争程度

续表

技术课题名称	子领域	实现时间 / 年		制约因素	
		实验室发明	社会推广	第一	第二
Web 应用安全风险评估及防护技术	应用安全	2023	2023	高层次人才及团队	产学研合作
零信任网络访问安全	密码技术	2024	2027	公众需求	国内示范推广
追踪溯源技术	网络攻防	2022	2024	国内示范推广	高层次人才及团队
分布式拒绝服务攻击防御	网络攻防	2023	2024	公众需求	国内政策支持
基于机器学习的攻击预测 / 检测	网络攻防	2023	2025	高层次人才及团队	国内示范推广
工业控制系统的安全防护技术	应用安全	2023	2024	产学研合作	高层次人才及团队
态势感知网络防御	网络攻防	2023	2024	产学研合作	国内政策支持
面向人工智能应用的网络安全防护	新一代信息技术安全	2024	2027	高层次人才及团队	国内示范推广
网络安全主动防御技术	网络攻防	2023	2024	产学研合作	公众需求

从子领域分布看，上述 10 项技术课题中有 6 项技术课题属于网络攻防子领域，有 2 项技术课题属于应用安全子领域，另外密码技术和新一代信息技术安全子领域各有 1 项。结果表明，美国在网络攻防领域的技术水平最为领先，其次是应用安全技术领域，最后是密码技术、系统安全和新一代信息技术安全技术领域。对比中国上述技术课题的预计实现时间，10 项技术课题中有 8 项预计在近中期，即 2021—2025 年实现，另有 2 项预期于中长期，即 2026—2030 年实现。对比中国上述技术课题的制约因素，10 项技术课题中各有 4 项技术课题第一制约因素是高层次人才及团队，有 3 项的制约因素是产学研合作，有 2 项技术课题的制约因素公众需求，1 项是国内示范推广。此外，有 3 项技术课题的第二制约因素是国内示范推广。

（2）欧盟较为领先的 5 项技术课题

欧盟较为领先的 5 项技术课题包括：大数据威胁情报分析技术、数据存储安全技术、匿名与隐私保护技术、电子签名技术和差分隐私及应用，如表 3.34 所示。

表 3.34　欧盟较为领先的 5 项技术课题

技术课题名称	子领域	实现时间／年		制约因素	
		实验室发明	社会推广	第一	第二
大数据威胁情报分析技术	数据安全	2023	2025	国内示范推广	产业链配套
数据存储安全技术	数据安全	2024	2024	产学研合作	产业链配套
匿名与隐私保护技术	密码技术	2024	2025	国内政策支持	公众需求
电子签名技术	密码技术	2023	2024	国内示范推广	国内政策支持
差分隐私及应用	密码技术	2024	2027	国内示范推广	学科交叉程度

从子领域分布看，上述 5 项技术课题中有 3 项技术课题属于密码技术子领域，有 2 项技术课题属于数据安全子领域。大致来看，欧盟在密码技术领域的技术水平最为领先，其次是数据安全领域。对比中国上述技术课题的预计实现时间，5 项技术课题中有 4 项预计在近中期，即 2021—2025 年实现，另有 1 项预期于中长期，即 2026—2030 年实现。对比中国上述技术课题的制约因素，10 项技术课题中有 3 项技术课题第一制约因素是国内示范推广，另各有 1 项技术课题的制约因素为国内政策支持和产学研合作。此外，有 2 项技术课题的第二制约因素是产业链配套能力。

（3）日本较为领先的 5 项技术课题

日本最为领先的 5 项技术课题包括：车联网网络安全防护技术、网络安全主动防御技术、边缘计算环境下网络安全防御体系、基于可信计算的移动终端安全防护技术、网络安全审计与防护技术，如表 3.35 所示。

表 3.35　日本最为领先的 5 项技术课题

技术课题名称	子领域	实现时间 / 年		制约因素	
		实验室发明	社会推广	第一	第二
车联网网络安全防护技术	新一代信息技术安全	2024	2026	产学研合作	公众需求
网络安全主动防御技术	网络攻防	2023	2024	产学研合作	公众需求
边缘计算环境下网络安全防御体系	网络攻防	2025	2027	产业链配套	国内示范推广
基于可信计算的移动终端安全防护技术	系统安全	2024	2025	公众需求	产业链配套
网络安全审计与防护技术	内容安全	2024	2025	国内示范推广	公众需求

从子领域分布看，上述 5 项技术课题中有 2 项技术课题属于网络攻防子领域，另各有 1 项技术课题属于新一代信息技术安全、系统安全和内容安全子领域。大致来看，日本在网络攻防领域的技术水平较为领先，其次是新一代信息技术安全领域。对比中国上述技术课题的预计实现时间，5 项技术课题中有 3 项预计在近中期，即 2021—2025 年实现，有 2 项预期于中长期，即 2026—2030 年实现。对比中国上述技术课题的制约因素，5 项技术课题中有 2 项技术课题第一制约因素是产学研合作，另各有 1 项技术课题的制约因素为产业链配套能力、公众需求队、国内示范推广。

第六节　优先技术及领域的社会影响预判

基于上文针对国家安全、产业升级、社会发展、生活质量等四个维度的分析，综合考虑技术项目在实验室和应用推广的时间，同时也结合不同技术方向之间存在一定的关联性，根据专家意见，选出 10 项网络安全领域需要优先发展的关键技术。在本章中分别阐述发展该项技术的重要意义，以及面向 2035年该技术课题发展趋势和可能产生的社会影响。

一、网络攻击追踪溯源技术

1. 重要意义

区别于漏洞挖掘、病毒监控等防护技术，追踪溯源是针对攻击者的背景、目的、来源以及行为方式进行研究分析。网络攻击者通常使用伪造的 IP 地址，伪装攻击源位置，从而阻碍了技术防护策略的有效实施。追踪攻击源的追踪技术成为网络安全防御体系的基本手段，对于发现分析防护漏洞、威慑潜在的网络攻击具有重要意义。追踪溯源（Attribution）的概念最早于 2000 年提出，追踪溯源技术通过定位攻击源和攻击路径等手段追踪网络攻击的发起者，进行有针对性反制或抑制网络攻击，对于维护网络安全具有重要价值。因此，追踪溯源分析就是分析攻击什么时候发生、攻击为什么发生、攻击将达到什么效果、攻击过程中使用了哪些工具，同时对整个攻击路径进行溯源、对攻击者进行溯源、与攻击源进行画像等。

2. 发展现状与趋势展望

目前的追踪溯源方法在一定程度上都有一些限定和约束条件，通常只能适用于特定场景，还不存在一种通用的追踪溯源技术。网络攻击的追踪溯源通过虚假 IP 溯源、"僵尸"网络溯源、"跳板"溯源、匿名网络溯源等方式，追踪攻击主机，追踪攻击控制主机，追踪攻击者位置、名字、账号或类似信息，这里指的位置信息既包括物理位置，也包括网络地址，如 IP 地址、MAC 地址等。常见的网络追踪溯源技术包括路由调试技术、数据包标记技术、数据包日志技术、网络流量分析技术等。

追踪溯源技术方法大致可分为静态分析技术、动态分析技术和同源性分析技术。其中，静态分析是分析攻击者留下的痕迹，比如恶意代码中的标示性失误、文档元数据、文本数据等隐私数据。火眼公司曾总结了溯源线索的类别，包括键盘布局设置、恶意软件中继材料、内嵌信息、DNS 注册信息、语言语种、远程配置信息、攻击行为等。目前，静态分析恶意样本行为在具体实践中得到了应用，如 2016 年，360 公司对摩诃草进行溯源分析，在可执行文件调试路径和开发者信息中发现了含有印度语的单词，进而推断攻击源头在印度。

然而静态样本分析仅能发现样本中的线索，如果攻击者使用加壳、加密等保护手段，静态分析就有可能失效。同源性分析可以将来源相同的攻击事件和相关溯源关联起来，所以也可以构建攻击信息数据库，即通过收集黑客信息，分析行为模式，来构建信息库。具体地说，是将特征、指纹等信息与历史上的攻击事件进行匹配，从而推断出该攻击事件由哪个攻击者、哪个组织实施，以实现网络攻击溯源。这种方式多用于定位 APT 组织或者相关知名黑客组织，如 2002 年 3 月，360 安全大脑通过海量安全数据比对，对 APT-C-39 组织使用的"Vault 7"资料进行深入分析溯源，首次发现了与之相关的针对我国航空航天、科研机构、石油行业、大型互联网公司以及政府机构等长达十多年的定向攻击活动。

追踪溯源手段往往没有固定路径可寻，需要通过现象去发现样本背后的信息。目前，网络安全形势复杂，网络攻击手段总是有一定的先发优势，入侵者躲避追踪溯源的手段也层出不穷，如网络跳板、僵尸网络、暗网、隐蔽信道等，给追踪溯源带来了较大的技术挑战。针对网络攻击行为的追踪溯源，已涌现出了新的思路和技术路线，极大丰富了网络安全及威胁防护技术手段，网络威胁检测及追踪溯源的发展，正在走向实用化、产品化，为网络安全防护提供了有力支撑。

二、面向人工智能应用的网络安全技术

1. 重要意义

世界主要国家都将发展人工智能提升到国家战略高度，也将推进人工智能技术在网络安全领域应用作为提升国家网络实力、维护国家网络安全的战略方向。2018 年，美国国防部宣布成立联合人工智能中心，为包括网络防御的 600 多个人工智能项目提供服务。2019 年 6 月发布的美国《国家人工智能研发与发展战略计划》中要求注重数据安全、隐私保密性。日本防卫省宣布将

人工智能用于自卫队的网络防御。我国也加快推进人工智能在网络安全领域的研发应用。2017 年 7 月，国务院印发《新一代人工智能发展规划》提出，人工智能是引领未来的战略性技术，促进人工智能在公共安全领域的深度应用。同年 12 月，工业和信息化部发布《促进新一代人工智能产业发展三年行动计划（2018—2020 年）》明确提出，着重在行业训练资源库、标准测试及知识产权服务平台、智能化网络基础设施和网络安全保障体系等四大领域率先取得突破。

人工智能具有突出的数据分析、知识提取、自主学习等技术特点，在网络防护、信息审查、智能安防、金融风控以及舆情监测等方面拥有广阔的应用前景。麻省理工学院曾发表论文称，通过与专家合作，人工智能平台的网络攻击检测率达 85%，准确率提高了 2.92 倍。[①] 根据咨询公司 CB Insights 绘制的人工智能和网络安全热度曲线显示，从 2012 年开始，人工智能在网络安全领域就成为一个热门词语，以机器学习为代表的应用已经成为研究热点。2019 年 10 月，Gartner 发布了 2020 年十大战略性技术及趋势，就包括"人工智能安全"，其包含了三层含义：人工智能技术用于网络安全防御、保护人工智能赋能的系统、利用人工智能用于安全防御以及对人工智能的恶意使用。此外，谷歌、亚马逊、Facebook、苹果、阿里巴巴、百度等数字巨头已经在人工智能领域进行大量投入，加强其在网络安全领域的应用水平，来应对网络威胁和数据泄露。

2. 发展现状与趋势展望

机器学习、深度学习等人工智能技术在网络安全领域的应用正在引发新一轮技术创新和产业推广，人工智能可以对网络流量中大量元数据所存在的成千上万个关联进行分析，从而提高网络流量异常检测的处理效率。同时，机器学习能够基于数据分析以检测网络威胁，有效地识别任何异常情况并准确地发现威胁。而且，基于人工智能的监测系统还能够有效地搜索信息系统中的缺陷，并且利用这些信息判断哪些部分是易受攻击的目标。人工智能算法可以发现超

---

① 周鸿祎. 人工智能安全及应对思考［J］. 民主与科学，2019（06）：35—39.

出正常模式的不正常网络行为，并以此识别可疑用户和个人，此类检测可以是任何形式的，例如，在上传文件中或下载文件中突然增加文档或者突然改变打字速度等。

未来人工智能技术必须能够更加适应复杂困难场景的调整，以提升技术应用的可行性和可操作性，至少以下几个应用场景可能实现突破：协助提前发现潜在的网络威胁；减少危害的可能性同时增强安全性；以更快的速度分析海量数据并通过自主学习算法检查网络犯罪行为；借助人工智能算法模型预测潜在网络威胁发生的可能性，提前进行安全准备。与此同时，需关注的是人工智能技术的"双刃剑"效应，人工智能被应用于网络攻击增强了人工智能网络安全技术创新的紧迫感。例如，随着 SQL 注入攻击、跨站点脚本攻击、创建僵尸网络等安全威胁频出，人工智能在网络攻击中的应用持续发酵。黑客组织运用人工智能技术更容易地嗅探、发现目标对象的系统漏洞，并通过被感染设备的自主学习机制发动攻击，使受感染设备相互通信并采取行动，甚至能够同时对多个目标发动攻击。同时，人工智能本身的技术不成熟性，使得应用人工智能技术的系统更容易受到攻击。

三、大数据威胁情报分析技术

网络威胁情报（threat intelligence）是近年来众多国际网络安全机构为共同应对 APT 攻击而逐渐兴起的一项热门技术。根据 Gartner 的定义，威胁情报是一种基于证据的知识，包括威胁相关的上下文信息、威胁所使用的方式机制、威胁指标、攻击影响以及应对建议。其描述了现存的和即将发生的威胁，并可以用于通知受害方采取应对措施。[①] 威胁情报基于证据的用来对威胁进行描述的知识集合，包括情境、机制、指标、推论，目的是为组织或决策者提供保护资产的可操作性建议和参考。

---

① Gartner inc. Definition：threat intelligence［EB/OL］.（2013-5-16）［2020-1-30］. https：//www.gartner.com/doc/2487216/definition-threat-intelligence.

1. 重要意义

美国在网络威胁情报技术方面起步较早，其早在 2003 年发布的《网络空间安全国家战略》中就提出了建立信息共享与分析中心，确保能够接受实时的网络威胁和漏洞数据。2009 年，美国在《网络空间政策评估报告——确保信息通信基础设施的安全性和恢复力》中提出了建立网络威胁情报共享机制的建议。2013 年 2 月，美国时任总统奥巴马发布第 13636 号行政命令《增强关键基础设施网络安全》，明确指出政府和企业之间必须实现网络威胁情报共享。我国威胁情报发展不断提速，2018 年 10 月发布了威胁情报的国家标准——《信息安全技术网络安全威胁信息格式规范》，提供了一种描述网络威胁情报的结构化方法，支持网络安全威胁管理应用的自动化。与此同时，相关安全机构、网络安全厂商纷纷建立网络安全威胁情报中心。

网络威胁情报技术可以将溯源线索导入威胁情况系统，然后通过关联和挖掘，生成和输出新的线索。这将能为攻击溯源提供重要的多渠道、多来源的数据支撑，同时一个组织的攻击溯源结果还能以威胁情报的方式共享，从网络安全检测、应急处置方面提供信息辅助。网络威胁情报技术的主要作用是还原和预测未来将要发生攻击的线索，整合和共享威胁信息资源，对抗不断变化的安全威胁，一个完整技术周期至少包括计划制订、信息采集、加工处理、融合分析、情报应用、结果反馈等 6 个环节，其特点主要是准确性、时效性、完整性、可操作性及场景相关性。

2. 发展现状与趋势展望

基于大数据的威胁情报分析技术主要通过结合威胁情报和攻击事件信息进行大数据挖掘分析，包括攻击代码分析、攻击模式分析、社会网络分析、代码模式分析、键盘模式分析、工作习惯分析等方面。借助大数据分析技术的机器学习和数据挖掘算法，能够更好地解决海量威胁情报信息的采集、存储，对威胁情报进行各种汇聚关联并进行综合分析，而且在分析过程中能够根据信息和数据的关联性，更加智能地洞悉网络安全态势，更加主动、弹性地去应对新型复杂的威胁未知多变的风险。[①]

大数据分析技术不是单一技术，而是一整套贯穿大数据采集、存储、分析处理及应用全过程的分析处理技术的总称，这些技术包括大数据采集、预处理、存储和管理、分析和挖掘、可视化呈现等。[②] 涉及的分析策略包括数据关联、统计关联、时序关联、交叉关联。其中，数据关联技术将多个数据源数据进行整合、相关或组合分析。统计关联对单位时间内日志的某个或多个属性进行统计分析，关联出达到一定统计规则的时间。时序关联根据某些攻击行为、网络故障特征，按照时序设定相应的分析规则。交叉关联从综合立体角度出发，将攻击事件与网络拓扑、系统开放的服务进行关联匹配，提升分析攻击的可能性和有效性。

从情报来源看，威胁情报可分为内部威胁情报源和外部情报源。内部威胁情报源主要是指机构自身的安全检测防护分析系统所形成的威胁数据，包括来自基础安全检测系统和综合安全分析系统方面的数据。其中，基础安全检测系统包括防火墙、入侵检测系统、漏洞扫描系统、防病毒系统、终端安全管理系统等基础安全检测单元；综合安全分析系统包括安全管理平台、安全运营中心、安全信息与事件管理等综合安全检测分析单元。外部情报源主要指来自外部机构的威胁情报源，主要包括互联网公开情报源、合作交换情报源和商业购买情报源 3 个方面。其中，互联网公开情报源主要包括来自互联网的安全分析报告、安全事件情报、安全态势预警等数据，通过网络爬虫进行采集；合作交换情报源来自建立合作关系的机构；商业购买情报源指完全通过商业付费行为得到的情报源，这来自威胁情报供应商，如火眼、VeriSign 等专业企业。

目前，大数据威胁情报分析技术仍处于起步阶段，运用大数据技术对数据分析、筛选还不够精准，情报共享还有待进一步深化。同时，应充分融入深度

---

① 荣晓燕，宋丹娃.基于大数据和威胁情报的网络攻击防御体系研究［J］.信息安全研究，2019，5（5）：383–387.

② 孙辉，罗双春，李余彪.大数据技术在信息网络威胁情报中的运用研究［J］.网络与信息安全，2020，39（5）：28–32.

学习、区块链等新兴技术，这些技术在威胁情报分析技术中的应用具有很好的发展前景。利用区块链技术去中心化和匿名性特点，可以保护网络安全威胁情报共享参与组织和涉及组织的隐私信息，利用其回溯能力可以对攻击链中的威胁源进行追溯还原，利用智能合约机制可实现针对网络威胁的自动预警响应。[①]而深度学习的应用则能够分析威胁情报聚焦在更小的范围内，快速减少虚假情报的干扰。

四、云环境下的数据存储安全技术

1. 重要意义

随着移动互联网广泛普及和数据量的爆炸性增长，人们收集、传输、处理、存储数据的方式也在不断变化，而个人数据具有一定机制需要长期备份与存储，特别是云计算环境下数据安全和隐私保护面临着新挑战。数据安全的重点内容就是数据存储的安全性。数据本地存储和处理的传统模式已经逐渐无法满足快速增长的业务数据量需求，云计算技术显著降低了数据管理成本，越来越多的企业选择将自己的数据托管在云计算服务平台，由专业的存储服务供应商提供方便快捷的存储服务和数据管理，数据的集中造成了目标和风险的集中，因此不可避免地带来了一些网络安全问题。

在云计算环境下，用户数据主要存储在云存储平台上，面临着一些固有的数据安全和可靠性问题。一方面，云存储环境容易让未授权用户直接获取到企业核心信息，造成用户的损失。另一方面，过时或脱敏数据的高容灾存储，将导致企业承受着较高的存储开销。[②]数据中心承载着所有技术和业务实现过程中的数据的存储、计算和处理，云安全已经成为数据安全防护的主战场。[③]具

---

① 黄克振，连一峰，冯登国，等.基于区块链的网络安全威胁情报共享模型［J］.计算机研究与发展，2020，57（4）：836-846.

② 王志刚，蒲文彬，滕鹏国.云计算下数据安全存储技术研究［J］.通信技术，2019，52（2）：471-475.

③ 陈慧慧，夏文."数字新基建"安全态势分析与技术应对［J］.信息安全与通信保密，2020（10）：17-22.

体而言，有数据的加密存储悖论、数据隔离难实现、数据迁移和数据残留风险几个方面。其中，数据的加密存储存在一定的安全悖论指的是对任何被云应用或程序处理的数据都是不能被加密的，但是不加密，数据的安全性和隐私性便得不到有效保证。在数据隔离方面，云服务提供商会使用一些数据隔离技术，但非授权访问仍然可以实现。数据迁移和数据残留也都有可能造成敏感信息的泄露。

2. 发展现状及趋势展望

云计算环境下的数据存储安全技术得到越来越多的关注，据 Gartner 数据显示，2020 年，云存储安全支出会继续攀升。如今复杂的地缘政治环境使法规合规性成了企业的首要任务，2019 年整体安全支出增长 10.5%，预计未来 5 年云安全将增长 41.2%。数据和存储管理人员正面临着越来越多的需求，不仅要证明他们的数据是安全的，而且要证明数据是可靠的，并且已经进行收集、存储和处理。

目前有潜力的技术应用方向包括零信任策略、联邦学习、隐私计算等。零信任策略认为由于安全范围内外都存在网络威胁，需要采用持续的强安全验证方式，确保用户始终处于安全可信可控范围内，通过实施整体的零信任度实施方法能够通过一个统一的零信任度安全体系结构避免复杂性和风险，实现数据体系架构从"网络中心化"向"身份中心化"转变，以此进行访问控制来适应网络环境。隐私计算有助于在不泄露原始数据、确保数据安全的前提下，实现多维度的数据融合，兼顾数据安全和数据利用之间的平衡。尽管目前云安全技术得到广泛重视，但是随着混合云、私有云，抑或是从虚拟化跨入私有云，云的边界、云上的资产和应用，都在以传统 IT 所难以想象的速度快速变化，虚拟化放大了传统信息系统环境下安全域的规模，增加了网络安全防护难度和强度。

五、信息内容的理解和研判技术

1. 重要意义

基于大数据挖掘、机器算法、语意分析技术和自动化关键字匹配等技术，对多元、异构、异质数据的语言语义进行分析，通过复杂结构语义建模等方式进行结构化处理，通过对信息内容的精准分析，实现更好地理解和挖掘网络大数据。网络环境下舆情管理所存在的网络数据安全性、真实性等问题日益突出，互联网舆情管理需要满足标准化运行、程序化管控、规范化处理等新特点新要求，互联网舆情管理需要应用人工智能等新技术新应用，融合多种智能识别算法，开展网络舆情的数据采集和检索分析，形成覆盖文字、视频和图像的内容检测和管理的综合解决手段。

网络内容具有及时性、海量性和多态性等特点，网络内容安全管理面临审核标准差异化、动态化。传统的基于人工审核、人工特征工程的网络内容分析方法面临挑战。信息内容的理解和研判技术可以对涉及暴恐等信息进行识别，改变不良信息的泛滥情况，助力净化网络空间。网络内容生产的门槛不断降低，海量数据导致网络内容质量不断下降。同时，信息内容知识产权得不到有效保障，大量缺失真实来源的内容越来越多，挤压优质内容。信息内容的理解和研判技术可以对原创视频进行匹配，识别伪造视频和图片，有效保护原创人员知识产权。

2. 发展现状及趋势展望

大量违法不良图像在网上大肆传播，严重危害了网络内容安全，已经成为网络管理的重点之一。传统的文本过滤技术已经不能适应新的内容安全形势的要求。根据图像内容安全需要面向具体的使用场景，可以应用深度学习等图像识别技术，通过网络爬虫技术从网络社区和开源图像库中采集相关图像并标注，从而建立图像数据库。可以通过采集、过滤、记录网络上所有的网络数据报文，实时检测网络上的流量信息，发现可疑的内容和目标，并对可疑内容和目标进行记录、报警和阻断。其中涉及的关键技术包括高效的数据采集分析技术、内容匹配技术等。利用网络监测系统实时对网络行为进行分析和更新，通过与已知网络行为特征相匹配或与正常网络行为特征原型相比较来识别异常网络行为，通过研究行为之间的关联规则，并根据关联规则找出网络异常行为的特征，可以实现网络行为特征的获取以及对网络行为的预测等功能。

目前网络挖掘和机器学习等新技术使得快速、即时收集和处理大量网络数据得以实现，但是在研究和探索舆情本质的过程中，依然需要人工判断作为主要的分析和解释手段。相比传统媒体信息，网络数据内容更新快速、数据形式多样，不局限于传统的图文形式，更具有视频、动画等形式。网络信息内容数据量巨大、内容复杂以及非结构化等特征明显。大数据技术辅助快速挖掘网络舆情信息。通过网络和计算机技术的辅助，提供编码文本关键词高亮设置，相似主题本文优先派发等算法支持，得以提高人工编码效率。平台提供快速简单的编码和即时质量监督功能，解决了传统内容分析中编码质量难以控制和校正延迟的难题。人工智能、大数据等技术在信息内容理解和研判中的应用具有广阔的空间，关键技术包括文本内容检测、视频/图片内容检测等。未来，提升人工智能在网络内容安全中的作用，可以使网络环境更加安全。

六、网络安全主动防御技术

1. 重要意义

面对定向的 APT 攻击、勒索病毒、挖矿病毒等新型攻击手段，仅仅运用发现攻击、阻断攻击的背后防御方法无法有效应对，而基于特征检测的传统手段在应对动态、多变、高强度等方面的能力存在较大的局限性。主动化网络安全防御是解决网络系统中未知威胁与入侵攻击的新途径，在动态的网络安全技术体系架构中，可根据全局网络安全状态、实战化安全运营等不同要求，构建主动防御模式，来应对已知攻击、未知威胁。基于智能的数据挖掘分析，溯源定位、策略动态下发、事件自动化响应处置显得尤为重要，动态防御以高效率、弹性资源利用等优势，成为网络安全防御技术研究领域的重点方向。

2. 发展现状及趋势

动态防御可以主动欺骗进攻者，扰乱攻击者的视线，通过设置伪目标、诱饵，诱骗攻击者实施攻击，从而出发攻击告警。动态防御通过改变网络防御的被动态势，改变攻防双方的规则，以实现主动防御。邬江兴院士提出了拟态防御思想，即在可靠性领域非相似余度架构基础上导入异构冗余动态重构机制，实现在功能不变的条件下，目标对象内部的非相似余度构造元素始终在作数量或类型、时间或空间维度上的策略性变化或变换，用不确定防御原理来对抗网络空间的确定或不确定威胁。

动态防御是对网络空间安全防御技术和体系的探索，可将安全能力作为系统增强防御标准属性的提升目标，通过动态防御技术，让网络系统的安全防御呈现不可预测的变化态势，大大提高攻击者的难度和成本。通过情报数据、网络欺骗等战术战法的有效结合，将攻击者引入网络佛那个价逻辑黑洞，进而加强分析研判、触发预警及实施阻断攻击，对于提升安全防御能力、实现从被动防御到积极防御的转变，具有重要的应用价值。例如，网络欺骗技术（cyber deception）主要由网络蜜罐技术发展而来。Gartner认为网络欺骗技术是使用骗局或假动作来阻碍或干扰网络攻击者的认知过程，使用虚假响应、混淆、误导等伪造信息进行"欺骗"。该技术通过伪造欺骗环境，通过伪造的资源吸引攻击者的注意力从而发现攻击者或浪费攻击者的时间。[①] 但是，由于基于欺骗的网络安全防御技术需要防止被攻击者"被识破"，需要与原有信息系统、业务系统具有高度一致性，这对欺骗技术的动态调整能力提出了更高的要求。因此网络欺骗技术需要进一步与威胁情报等技术相结合，不断更新发展，以提升欺骗的整体效果进而增强网络安全防御能力。

---

① 贾召鹏，方滨兴，刘潮歌，等 . 网络欺骗技术综述［J］. 通信学报，2017，38（12）：128–143.

七、网络虚拟身份管理技术

1. 重要意义

网络虚拟身份管理的主要作用是打击网络欺诈，建立诚信网络，遏制有害信息的传播和扩散，治理网络空间，保护用户隐私。[①] 网络虚拟身份管理是对网络空间中的个人、组织、服务和设备等对象由权威源建立和认证对应的数字身份，使各方可以相互信赖，这需要综合使用身份验证、数据保护等技术。随着互联网的高速发展，虚拟化技术因其良好的隔离性和对资源的高度整合性而有着广阔的应用空间。在虚拟化环境下，传统的身份管理方法必须为每个互联网服务商维护身份标识和认证信息，不能有效地保证用户访问应用服务的安全性和扩展性。

近年来，由于每个网站基本上都需要存储与记录相应的静态信息及实时动态交互信息，虚拟身份应用数据呈现巨大增长。电子商务、社会化媒体等互联网应用中存在大量用户的虚拟身份，并且用户与虚拟身份之间存在一对多的关系。系统通过多种途径获取用户的虚拟身份信息，并进行有效的存储和管理，形成虚拟身份管理的数据基础——虚拟身份库。虚拟身份库与多种互联网应用系统存在数据更新及查询接口，支持各类信息的实时更新及虚拟身份查询请求，可以为上层互联网应用如舆情分析、电子商务欺诈追溯等提供身份查询支撑。

我国目前已经初步建立了面向用户的虚拟身份管理系统及相关支撑平台，在可信、可管、可控方面进行了重点研究，并在部分城市和行业成功试点。不过，设备、应用服务及各类组织机构的身份管理技术还亟待工程化研究，与网络新应用的结合方面还不够深入，从"技术可行"到"全面实行"还有距离，亟须在工程技术方面进一步突破。未来有望突破十亿级用户的网络虚拟身份高

---

① "中国工程科技 2035 发展战略研究"项目组 . 中国工程科技 2035 发展战略：技术预见报告［M］. 北京：科学出版社，2019，96.

校管理技术，并在全国全面推广，实现与各类网络应用的高度集成。[①]

2. 发展现状及趋势

数据挖掘可以发现用户的兴趣，预测用户的行为，为用户做迎合度高的推荐等，这对于企业开发吸引度高的用户产品具有至关重要的作用。但是，海量的数据既可以被视为珍宝，也可以被视为炸弹，网络通信的虚拟性在某些方面让违法犯罪者有机可乘。虚拟身份管理及其应用主要是面向构建可信电子商务平台及互联网新型媒体的身份管理等重大需求，在亿级用户的网络虚拟身份管理、虚实身份关联查询等方面突破一组关键技术，研制国家级网络虚拟身份管理系统；实现与无线接入平台的集成与示范应用，支持网络身份的无线接入认证；实现与阿里巴巴电子商务平台、新浪微博平台的集成与示范应用，在电子商务欺诈行为防范及不良信息溯源等方面取得显著成效；建立网络虚拟身份管理的系列标准和规范，为该成果在全国推广应用奠定基础。

虚拟身份管理技术与系统，它为整个系统提供基础数据及管理功能，包括了虚拟身份描述语言与接口、多通道虚拟身份数据的采集、验证与维护技术、面向虚拟身份的可扩展数据模型及存储管理技术、面向虚拟身份快速检索的多级索引及关联查询技术、虚拟身份数据的日志存储管理、基于虚拟身份日志数据的审计及预警技术，以及虚拟身份数据的多副本容错技术等。基于虚拟身份的虚假、不良信息追溯技术及示范应用包括了对于身份地跨域认证与访问控制技术、基于虚拟身份库的不良信息及恶意行为分析与识别技术，以及面向电子商务的虚拟身份描述、授权与管理技术等研究内容，涵盖了微博及电子商务等应用领域基于虚拟身份识别并管理网络虚拟身份的主要关键技术。

---

① "中国工程科技2035发展战略研究"项目组. 中国工程科技2035发展战略：技术预见报告［M］. 北京：科学出版社，2019，96.

八、车联网网络安全防护技术

1. 重要意义

车联网已经成为未来智慧交通的重要组成部分，随着 5G 技术加速落地，车联网技术成熟度不断提升。2018 年，工业和信息化部在《车联网（智能网联汽车）产业发展三年行动计划》中提出，到 2020 年，车联网用户渗透率达到 30% 以上，新车驾驶辅助系统（L2）的搭载率达到 30% 以上，联网车载信息系统终端的新车装配率达到 60% 以上。据知名行业资讯机构 IDC 发布的《全球自动驾驶汽车预测报告（2020—2024）》显示，尽管实现完全自动驾驶任务的系统尚未得到应用，但是在有限条件下自动执行全部动态驾驶任务的驾驶系统，将在公共或商业领域进行小规模、有限制的应用，预计到 2024 年出货量可达到 17 万辆。

在推广自动驾驶和联网功能的同时，网络安全问题引起广泛关注。全球范围内已经开始出现一些针对车联网的网络攻击事件，其中一些攻击可直达汽车动力系统，给乘客生命安全带来严重威胁。2015 年，360 网络攻防实验室利用数字射频处理技术，伪造钥匙发声的原始射频信号控制发动机电子控制单元 ECU，成功模拟入侵特斯拉汽车，实现了无须钥匙开启汽车。

2. 发展现状及趋势

自动驾驶水平的提升使软件代码数量激增，让大部分软件缺陷成为可被利用的攻击漏洞，这些漏洞可能导致软件系统的完整性和可用性受损，并让联网接口成为智能网联的各种攻击入口。因此，车联网安全防护需要借鉴 IT 网络安全的防护技术，结合车联网业务场景，采用多种防护技术协同联动。通过认证加密技术，实现车内网络、车与云端、车与手机端的可信身份认证、通信加密传输，防止指令破解、重放攻击、伪造身份、数据窃取等攻击行为。通过基于白名单的车载入侵检测技术，结合安全事件上报、云端策略下发，实现车内异常流量、异常报文识别等攻击检测。通过车载安全网关，对车内安全域进行隔离，实现车内关键互联组件之间访问控制、报文深度检测、安全审计、入侵防御等，实现车内网络边界安全防护。未来车联网网络安全防护技术方向有功能安全和网络安全一体化、内生安全技术、测试技术、云网融合的安全、5G车联网安全等。[①]

九、可信计算技术

1. 重要意义

可信计算通过在计算和通信系统中集成专用硬件模块上建立信任锚点，利用密码学机制建立信任链，构建可信赖的计算环境，从根本上解决安全问题。可信计算可以实现对于攻击的主动免疫，基于芯片中的硬件安全机制，可以主动检测和抵御可能的攻击。相对于传统的杀毒软件、防火墙等被动防御方式，可信计算不仅可以在攻击发生后进行报警和查杀，还可以在攻击发生之前就进行主动防御，能够更系统、更全面地抵御恶意攻击。可信计算的概念最早可以追溯到 1983 年美国国防部的 TCSEC 准则，而广为接受的概念则是在 1999 年由可信计算平台联盟（Trusted Computing Platform Alliance）提出。其主要思想是在硬件平台上引入安全芯片架构，来提高终端系统的安全性，从而将部分或整个计算平台变为"可信"的计算平台，其主要目标是解决系统和终端的完整性问题。

随着可信计算的深入发展普及，可信计算必将被应用到国家信息安全基础设施中。发展我国自主可信计算技术是国家信息安全产业改革需求，可信计算产业的发展涉及国家信息安全产业战略与国家软件产业发展的核心部分，作为国家信息安全基础建设的重要组成部分，自主创新的可信计算平台和相关产品实质上也是国家主权的一部分。只有掌握关键技术，才能提升我国信息安全的核心竞争力。只有从基础的可信计算技术和产品进行扶持和监管，才能打造我国可信计算技术产业链，形成和完善中国可信计算标准，并使之在国际标准中

---

① 李玉峰，陆肖元，曹晨红，等 . 智能网联汽车网络安全浅析［J］. 电信科学，2020，36（4）：36–45.

占有一席之地，切实保障国家利益，让国家信息安全水平得以整体提升。

2. 发展现状及趋势

可信计算的核心目标之一是保证系统和应用的完整性，从而确定系统或软件运行在设计目标期望的可信状态。《国家中长期科学技术发展（2006—2020年）》明确提出"以发展高可信网络为重点，开发网络安全技术及相关产品，建立网络安全技术保障体系"。可信计算及相关产业在促进信息系统国产化方面可以提供基础性的保障，对于构建网络安全保障体系、满足云计算等新型网络安全技术等，具有非常重要的作用。基于可信计算构建网络安全防御体系，是推进我国网络安全体系建设的重要举措之一。密码管理局推动成立中国可信计算工作组（China TCM Unit），前身是 2006 年成立的可信计算密码专项组，随着可信计算产业的发展和更多的企业加入，可信计算密码专项组在 2008 年12 月更名为中国可信计算工作组。2012 年我国的可信计算进入高潮，中国可信云计算社区成立。2013 年，华为、浪潮、大唐高鸿开始研制自主的可信服务器。2014 年，中关村可信计算产业联盟成立，推动主动免疫的双体系创新结构。

发展可信计算，就是在计算机系统中建立一个信任根，信任根的可信性由物理安全、技术安全和管理安全共同确保；再建立一条信任链，从信任根开始到硬件平台、操作系统和应用，一级信任一级，把这种信任扩展到整个计算机系统，从而确保整个计算机系统的可信。[①]发展重点有以下几个方面：一是依托自主密码技术建立完整的可信计算技术体系；二是根据产业发展需求，完善自主可信计算技术标准体系；三是构建完整产业链，依据标准研制产品，逐步推出丰富的产品体系，在国家政策指导下，推进产业发展。可信计算正在快速朝着产业方向发展，以可信计算为基础的免疫产业也已初露端倪。未来，可信计算将协同产业链共同发展，完善可信计算产品体系，从技术、标准、产业链等方面全力推动、建立网络空间免疫生态体系，成为我国网络空间安全的基础支撑。

---

① 沈昌祥. 用可信计算构筑网络安全 [J]. 求是，2015（20）：33-34.

十、工业控制系统的安全防护技术

1. 重要意义

近年来，针对工业控制系统的钓鱼攻击、勒索软件攻击、物联网攻击等网络攻击层出不穷。2019 年 3 月，挪威铝业巨头 Norsk Hydro 遭遇勒索软件攻击，导致该公司铝材挤压业务的生产系统无法连接，致使全球范围内数家工厂停产。2020 年 9 月，意大利眼镜生产巨头 Luxottica 遭受网络攻击，同时安全专家发现该厂商控制器设备存在严重漏洞，攻击者可以通过其获得内部网络访问权限。据统计，工业企业的网络攻击 86% 都是有针对性的，53% 都是有国家背景的黑客组织所为，这也提升了其攻击行为的隐蔽性和危害性。

工业控制系统广泛应用于能源电力、石油化工、交通运输、医药制造等工业领域，已经成为国家关键基础设施的重要组成部分。工业控制系统的网络安全防护与互联网的网络安全防护有很大区别，很多联网工业设备设计之初并未考虑到网络安全设计，不同代际、不同厂商等设备混合使用在工业应用场景下较为普遍，加上工业生产的可靠性、连续性要求较高，导致针对特定工业控制设备的定期更新升级通常很困难，所以一旦此类工业控制系统联网公共互联网，对于网络攻击基本不具备有效的防御能力。随着信息技术的发展，5G、物联网、云计算等新兴技术的涌现，工业控制系统的网络边界被打通，这些工业控制系统更加倾向于使用通用协议和软硬件，安全隐患大大增加。一旦工业控制系统出现网络安全问题，将对工业生产、国家安全造成重大影响。发展针对工业控制系统的网络安全防护技术和系统性解决方案是保障国家经济安全、社会稳定、国家安全的重要技术方向。

2. 发展现状及趋势

工业控制系统其核心组件包括数据采集与监控系统（SCADA）、分布式控制系统（DCS）、可编程逻辑控制器（PLC）、远程终端（RTU）、智能电子设备（IED）等，常用的工业控制系统信息安全防护技术包括工业防火墙、入侵检测／防御、主动防御、安全审计等。随着工业互联网的加速发展，围绕设备安全防护、网络安全防护、控制系统安全防护、平台安全防护、数据安全防护等综合性整体性的安全防护需求不断提高，所以，态势感知、身份鉴别、访问控制、入侵防范、安全审计、行为管控、密码技术等逐渐成为工业控制系统安全防护技术的重要领域。

针对工控系统结构信息安全的脆弱性，要提高工控系统的信息安全需要对系统每个位置进行安全防护，需要根据应用场景的现实需求采取防御手段。典型的技术手段包括白名单技术不需要频繁更新升级，更好地满足工控运行环境追求稳定性的特点；工业流量安全检测技术实时监控工业网络流量变化，分析网络攻击及其他违规行为；网络隔离技术通过摆渡、单向传输等方式实现数据的可靠传输。随着工业互联网加快应用，工业信息安全面临新形势、新挑战，未来主要的技术发展方向有：威胁情报通过构建攻击知识库，使得针对网络威胁的响应更快；态势感知技术面向 OT 技术，对各种工控数据进行全面深入的安全智能分析；纵深防御通过设置多层重叠的安全防护系统，加强整体安全能力。总体上，工业场景安全技术朝着更加综合、实时、高效的方向发展。

第七节　技术发展的对策建议

当前，世界正面临百年未有之大变局，主要大国之间围绕网络安全和信息化领域的竞争博弈日益激烈，技术问题与地缘政治、地缘经济问题相互交织、叠加、放大，针对电力、能源、金融等关键信息基础设施的网络威胁事件层出不穷，组织化网络对抗正在呈现出常态化趋势。网络安全作为国家安全的重要组成，没有网络安全就没有国家安全，网络安全技术是维护国家网络安全的技术基础，具有十分重要的现实意义和战略意义。党的十九大明确提出，2035 年基本实现社会主义现代化，到 21 世纪中叶建成富强民主文明和谐美丽的社会主义现代化强国，对 2035 年网络安全和信息化领域技术发展提出了明确要求。面向全球网络安全技术发展新态势新趋势和我国经济社会发展新要求，网络安全技术发展应贯彻落实网络强国建设目标和重点任务，按照"四个面向"的要求，坚持国家总体安全观，立足全局、全球视野，加强基础研究和前瞻部署，围绕 5G、数据中心、人工智能、区块链、大数据等新一代信息技术融合应用的安全需求，提升经济社会数字化、网络化、智能化转型的支撑保障能力，推动我国网络安全技术研发和应用达到世界先进水平。

一、技术发展方面建议

一是加强基础研究，提升原始创新能力。充分发挥网络安全重点领域的重大工程牵引作用，在我国相对落后的面对人工智能应用的网络安全防护、零信任网络访问安全、基于机器学习的攻击预测 / 检测、匿名与隐私保护技术等技术方向上，注重补齐短板、重点突破。同时，根据国家网络安全战略的整体部署要求，研究推出一批重大工程项目，重点支持在国家网络安全攻防体系建设、网络安全态势感知体系、关键基础设施安全保护、新基建网络安全保障等方面的关键性、综合性技术发展，广泛动员和鼓励网络安全领域技术能力强、自主程度高的产学研力量参与。

二是探索网络安全人才联合培养机制。鼓励网络安全企业与高校、研究机构建立联合培养机制，支持国内高校、国际知名大学、跨国公司合作，通过引进优质师资资源、设立海外技术研发中心等形式，联合培养网络安全技术人员。培育具备扎实专业素养和实战能力的高水平网络安全人才。加强网络安全人才国际交流，通过派出访问学者、参加国际会议或黑客大会等方式，提升网络安全人才国际竞争力。

三是拓宽多元化资金投入渠道。进一步拓宽网络安全企业投融资渠道，加强各级政府引导资金与金融资本、社会力量的合作，按照市场化原则设立投资基金，重点向中小网络安全技术企业倾斜。针对网络安全技术创新链的重点方向，实施所得税免除、增值税优惠、免征进口关税等多种税收优惠政策，提高企业等主体进行技术创新的内在动力。支持符合条件的网络安全技术在境内外上市融资，推进股权众筹、天使投资、创业投资等融资方式，拓宽融资渠道。鼓励融资担保机构积极为网络安全企业提供各种形式的融资担保服务。

四是加强产、学、研良性互动。提升产业链协同创新能力，开展关键技术联合攻关。支持网络安全龙头企业、高校、科研机构等强化核心技术突破能力，开展网络安全基础技术、通用技术、关键核心技术创新研究，支持量子计算、区块链、大数据、人工智能等新技术与网络安全技术融合创新，开展新兴融合应用网络安全技术布局，加强对符合特定场景需要的专用网络安全技术的研究。

五是建立鼓励探索、宽容失败的技术创新环境。不断强化科技人才在科技创新中的核心地位，鼓励科学探索，着力解决我国科技人才的工程性和创新性不足的问题，逐步建立注重知识、崇尚创新、多元包容的社会环境。进一步推进人才激励机制改革，大力改变科研评价中急功近利的导向，建立人尽其才的人才培养与使用环境，切实落实和进一步完善新科研成果转化机制，调动各类主体积极性，发挥我国广大科研人员、一线技术人员的积极性、主动性和创造性。

二、保障政策方面建议

一是强化顶层设计，着力构建技术创新体系。进一步提升网络安全战略地位，从维护国家安全的高度统筹谋划有利于我国网络安全技术创新发展的体制机制、组织架构、制度设计等。面向世界网络技术发展前沿、面向经济社会和产业创新的发展需求、面向维护公众切身利益，加强国家网络安全的战略部署和综合施策，着力构建以安全能力为核心的网络安全防护体系，推动形成有利于网络安全技术创新发展的环境。深化整体、动态、开放、相对、共同的安全理念，着力改变"先发展，再安全"的传统思路，推进网络安全与信息化建设同步规划、同步建设、同步使用。

二是加强部门间的协同配合。进一步完善《网络安全法》等配套规章和落实举措，加强不同部门之间的统筹协调和协同推进，充分发挥新型举国体制下的资源整合优势，汇聚工作合力，形成长效机制，及时解决影响网络安全技术研发和应用的重点问题，推动跨学科、跨部门、跨领域联合创新、协同创新。网络安全技术具有应用性强特点，需要在实践上不断完善，特别是构建综合性、整体性网络安全防护体系，在威胁情报共享利用方面，需要加强部门之间的有效沟通协作，形成国家级网络威胁情报资源库，提升共同应对高级网络安全威胁的能力。

三是强化重点技术方向的系统谋划。结合国际形势变化和国内发展现状，针对我国网络安全领域起步晚、底子薄、积累少等短板，在网络安全领域重大前沿技术创新，特别是颠覆性技术发展方面，研究制订技术路线图和时间表，拓长板、补短板，引导产学研用各方、产业链上下游相互支持、联合研发，在共性关键技术等方面实现突破。建立促进知识产权创造、保护与运用的规范化法治化环境。

四是加强技术创新体系构建的制度保障。积极研究解决监管模式、风险投资、成果转化、人才支持等影响技术发展中的制度性因素，打破网络安全领域新技术研发、新产品推广、新业态发展过程中的制度障碍，以高质量的制度供给助推技术的高质量发展，在加强政府技术规划引导的基础上，充分调动市场主体的积极性和创造力，形成"政府引导"和"市场主导"的双轮驱动局面，持续增强网络安全技术创新发展动能。

五是深化国际合作，积极融入全球创新网络。网络安全技术发展具有全球化特点，需要坚持在开放环境下培育成熟的网络安全产业，积极打造国际化、法治化的营商环境，提升整合全球技术创新资源的能力，提升我国网络技术和产业的发展水平。加快科技自主创新融入全球创新网络进程，拓展国际交流与国际合作途径，尽可能充分利用全球创新网络优质资源，坚持自主创新、开放式创新、负责人创新和迭代创新。优化技术领域的法律框架与标准，促进创新的全球化。将创新国际化与国际贸易、产业国际化紧密结合，建立促进创新的贸易政策，促进我国网络安全企业能够公平开放地进入全球市场。

主要参考文献

［1］李留英. 美国网络威胁情报共享实践研究［J］. 信息安全研究，2020，6（10）：941-946.

［2］陈保. 大数据背景下计算机信息安全处理技术探究［J］. 南方农机，2019，50

（6）：169.

［3］范晓菁．"大数据"时代背景下计算机信息技术在网络安全中的应用解析［J］. 信息与电脑（理论版），2018（16）：213-215.

［4］付蝶．计算机网络信息技术安全与防范对策分析［J］. 网络安全技术与应用，2018（10）：3, 5.

［5］付盼晴，褚含冰．网络安全分析中的大数据技术应用［J］. 赤峰学院学报（自然科学版），2019, 35（3）：54-56.

［6］洪桂香．四大趋势驱动信息网络安全技术的发展和未来［J］. 信息化建设，2018（5）：25-28.

［7］黄岱．大数据与云计算环境下个人信息安全协同保护研究［J］. 信息与电脑（理论版），2018（6）：193-195.

［8］金如佳．大数据技术在网络空间安全分析中的应用探究［J］. 信息与电脑（理论版），2019（3）：180-181.

［9］李丛，刘福强．关于网络安全和信息技术发展态势的思考［J］. 信息通信，2017（5）：134-135.

［10］李凤华，殷丽华，吴巍，等．天地一体化信息网络安全保障技术研究进展及发展趋势［J］. 通信学报，2016, 37（11）：156-168.

［11］李新乐．提高军事信息网络空间安全防御能力的对策研究［J］. 电脑知识与技术，2017, 13（33）：51-52, 58.

［12］林玥，刘鹏，王鹤，等．网络安全威胁情报共享与交换研究综述，计算机研究与发展［J］，2020, 57（10）：2052-2065.

［13］凌妍艳．论网络信息安全技术优化与防范措施［J］. 网络安全技术与应用，2019（3）：1, 3.

［14］刘潮歌，方滨兴，刘宝旭，等．定向网络攻击追踪溯源层次化模型研究［J］. 信息安全学报，2019, 4（4）：1-18.

［15］刘刚．浅析计算机网络安全技术及发展趋势［J］. 信息系统工程，2017（8）：78.

［16］刘青子．计算机信息网络安全技术及未来发展方向研究［J］. 科技经济市场，2017（9）：13-14.

［17］刘志超．基于云计算环境下的网络安全技术应用现状及对策［J］. 网络安全技术与应用，2017（12）：16, 43.

［18］刘智勇．云计算环境下计算机信息安全保密技术在部队的应用与研究［J］. 信

息与电脑（理论版），2018（19）：48-49.

［19］宁建创，杨明，梁业裕. 基于大数据安全分析的网络安全技术发展趋势研究［J］. 网络空间安全，2017，8（12）：21-24.

［20］潘巍. 网络安全分析中的大数据技术研究［J］. 黑龙江科学，2018，9（24）：92-93.

［21］邵静. 浅析"大数据"背景下计算机信息技术在网络安全中的应用［J］. 数字通信世界，2019（1）：203.

［22］孙远俊. 计算机网络信息安全技术及其发展趋势探讨［J］. 数字化用户，2017，23（31）.

［23］万志华. 大数据环境下的计算机网络信息安全问题研究［J］. 科技创新与研究，2016（5）：80.

［24］肖俊芳. 网络安全威胁情报概述［J］. 保密科学技术，2016（6）：12-15.

［25］周勇. 新时期云计算环境下的计算机网络安全技术研究［J］. 产业与科技论坛，2018，17（10）：92-93.

［26］Diro A A, Chilamkurti N. Deep Learning: The frontier for distributed attack detection in fog-to-things computing［J］. IEEE Communications Magazine, 2018, 56（2）: 169-175.

［27］Hu Y, Yang A, Li H, et al. A survey of intrusion detection on industrial control systems［J/OL］. International Journal of Distributed Sensor Networks, 2018, 14（8）. ［2019-3-15］. https://journals.sagepub.com/doi/epub/10.1177/1550147718794615.

［28］Lin F, Zhou Y, An X, et al. Fair resource allocation in an intrusion-detection system for edge computing ensuring the security of internet of things devices［J］. IEEE Consumer Electronics Magazine, 2018, 7（6）: 45-50.

［29］Schabacker D S, Levy L-A, Evans N J, et al. Assessing cyberbiosecurity vulnerabilities and infrastructure resilience［J/OL］. Frontiers in Bioengineering and Biotechnology, 2019, 7. https://www.frontiersin.org/articles/10.3389/fbioe.2019.00061/full.

［30］Shekhtman L M, Waisbard E, Assoc Comp M. Securing log files through blockchain technology［C］//Proceedings of the 11th Acm International Systems and Storage Conference, June 4-7, 2018, Association for computing Machinery, New York: 131.

［31］Tounsi W, Rais H. A survey on technical threat intelligence in the age of sophisticated cyber attacks［J］. Computers & Security, 2018, 72: 212-233.

［32］Ucci D, Aniello L, Baldoni R. Survey of machine learning techniques for malware analysis［J］. Computers & Security, 2019, 81（3）: 123-147.

［33］Vorobiev E G, Petrenko S A, Kovaleva I V, et al. Analysis of Computer Security Incidents Using Fuzzy Logic［EB/OL］.［2017-07-07］［2017-12-31］. https://ieeexplore. ieee.org/document/7970587/references#citations.

［34］Wallden P, Kashefi E. Cyber security in the quantum era［J］. Communications of the ACM, 2019, 62（4）: 120.

［35］Yang H-K, Cha H-J, Song Y-J. Secure identifier management based on blockchain technology in NDN environment［J］. IEEE Access, 2018, 4: 6262-6268.

［36］Yanushkevich S N, Sundberg K W, Twyman N W, et al. Cognitive checkpoint: Emerging technologies for biometric-enabled watchlist screening［J］. Computers & Security, 2019, 85（8）: 372-385.

［37］Zhou L, Chen J, Zhang Y, et al. Security analysis and new models on the intelligent symmetric key encryption［J］. Computers & Security, 2019, 80: 14-24.

第四章

新能源重点领域技术预见研究

国联汽车动力电池研究院有限责任公司

新能源是指在新技术和新材料基础上加以开发利用的可再生能源，且通常情况下是指尚未大规模利用、正在积极研究开发的能源。可再生能源是指风能、太阳能、水能、生物质能、地热能、海洋能等非化石能源。其中，水能已经被大规模地开发利用，风能、太阳能、生物质能、地热能、海洋能等尚处于开发之中，也可以被视为新能源。天然能源经过转化成为二次能源，如电、热、汽油等，进入终端能源消费领域。在终端消费领域替代传统二次能源的新技术也被称为新能源，如新能源汽车采用以电力为驱动能源替代以石油为燃料的内燃机驱动能源。

新能源已经成为能源供应体系的重要组成部分，也已经成为世界各国推动实现能源转型的核心内容。一方面，新能源在全球能源结构中的比例将不断提高。可以预见，全球能源体系将从以传统能源为主导向新能源和传统能源相融合的方向发展，未来的能源体系将以高比例的新能源为特征，以实现构建低碳、绿色和可持续的新型能源体系的能源转型发展愿景。另一方面，新能源的发展将引发终端用能的二次能源实现巨大的变化。在高比例新能源的发展情景下，新能源电力将快速发展，促进在终端能源消费中电力消费比例的大幅度提升，交通电气化、装备电气化、制造电气化、城乡生活电气化将成为未来产业经济发展和社会生活的重要特征。此外，信息化、网络化、智能化的深度融合将推动实现新能源和传统能源的协同发展，形成"互联网＋"智慧能源的产业发展新形态。而在终端用能电气化的情景下，电气化深度融合信息化、网络化、智能化，将实现智能交通、智能制造、智能建筑，不仅将全面改变能源生态、产业生态，也将对于经济社会发展和人民生活产生重大的影响。

我国是能源生产和消费大国。面对全球能源转型的新趋势，我国正在积极实施能源生产和消费革命战略。在 2020 年 12 月 12 日的国际气候雄心峰会上，中国国家主席习近平通过视频发表题为《继往开来，开启全球应对气候变化新征程》的重要讲话，指出中国将提高国家自主贡献力度，采取更加有力的政策和措施，力争 2030 年前二氧化碳排放达到峰值，努力争取 2060 年前实现碳中和。到 2030 年，中国单位国内生产总值二氧化碳排放将比 2005 年下降超65%，非化石能源占一次能源消费比重达到 25% 左右，风电、太阳能发电总装机容量达到 1.2 TW 以上。2020 年 4 月，国家能源局发布了《中华人民共和国能源法（征求意见稿）》，确定"构建清洁低碳、安全高效的能源体系"，明确"国家将可再生能源列为能源发展的优先领域"。2016 年国家发展和改革委员会发布了《能源生产和消费革命战略（2016—2030 年）》，部署了中长期我国能源转型的目标、任务和举措，提出了 2050 年非化石能源占能源消费总量的比例将超过一半的愿景。可以看出，新能源将成为我国实现能源转型的核心内容，在构建清洁低碳、安全高效的能源体系中将发挥重要的关键作用，也将对未来社会经济和人民社会产生重要影响。

本章节以我国发布的能源革命战略为基础，分析国家新能源的发展愿景，结合新能源电力、新能源汽车、电力存储等重点领域的战略规划，进一步描述未来发展的情景和重大技术需求。报告还将介绍新能源电力、新能源汽车和电力存储三个领域的产业发展、技术发展和需求情况，并总结分析技术预见研究和技术战略研究的进展情况。报告重点介绍新能源电力、新能源汽车和电力存储三个领域开展技术预见的研究结果，分析预判新能源技术对社会经济和人民生活的影响，并提出发展建议。

第一节　社会发展愿景分析

能源是人类社会发展的物质基础。自 18 世纪以来，煤、石油、电力的广泛使用，推动了第一次和第二次工业革命，使人类社会从农耕文明迈向工业文明，成为社会经济和人类生活的现代化发展的重要动力，也成为世界各国利益博弈的焦点。大量使用化石能源，造成的环境问题、生态问题和全球气候变化已经受到了全球的共同关注，面向未来，世界各国纷纷制定能源转型战略，制定了新能源和可再生能源的发展目标，积极推动发展低碳、绿色和可持续的能源体系。

一方面，我国是世界上能源生产和消费大国，在未来相当长的时期内，我国的能源消费将保持持续增长态势，必须保障能源供应和能源安全。另一方面，为应对环境问题、生态问题和气候变化，我国将大力推进化石能源的清洁化和清洁能源的大规模利用。2005 年，我国发布实施《中华人民共和国可再生能源法》，明确"国家将可再生能源的开发利用列为能源发展的优先领域"，确定了风能、太阳能、生物质能、地热能、海洋能等新能源在我国能源发展中的战略地位。2020 年 4 月，国家能源局发布了《中华人民共和国能源法（征求意见稿）》，明确"遵循推动消费革命、供给革命、技术革命、体制革命和全方位加强国际合作的发展方向，实施节约优先、立足国内、绿色低碳和创新驱动的能源发展战略，构建清洁低碳、安全高效的能源体系"，确定"国家将可再生能源列为能源发展的优先领域，制定全国可再生能源开发利用中长期总量目标以及一次能源消费中可再生能源比重目标，列入国民经济和社会发展规划以及年度计划的约束性指标"。

一、我国新能源的发展愿景

按照构建清洁低碳、安全高效的能源体系的总体要求，我国把可再生能源作为能源发展的优先领域，发布了新能源及其相关重点领域的发展规划和战略规划。依据我国发布的有关能源和可再生能源发展战略规划，能够看出我国新能源的发展愿景，而结合相关产业的发展规划和战略研究，我们将分析新能源电力、新能源汽车及其融合发展的情景。

1. 总体展望

2007 年我国制定了《可再生能源中长期发展规划》，首次提出了可再生能源发展目标，到 2010 年可再生能源消费量占能源消费总量 10%，2020 年达到 15%。2016 年国家发展改革委员会和国家能源局发布《能源生产和消费革命战略（2016—2030 年）》，部署实现能源转型的目标、任务和举措，把"安全为本、节约优先、绿色低碳、主动创新"作为我国能源转型的战略取向，明确提出了 2020 年非化石能源占能源消费总量比重达到 15%，2030 年非化石能源占比达到 20% 左右，2050 年非化石能源占比超过一半。其中，非化石能源包括可再生能源和核能。

从能源消费总量看，坚决控制能源消费总量是能源革命战略的重要内容。2020 年能源消费总量控制在 50 亿吨标准煤以内，2030 年控制在 60 亿吨标准煤以内，2050 年能源消费总量基本稳定。可以预见，我国能源消费在 2030 年前后将达到峰值，消费总量为 60 亿吨标准煤左右。

从能源结构看，降低煤炭在能源结构中的比重、大幅提高新能源和可再生能源比重是能源革命战略的重要任务。2020 年煤炭消费比重进一步降低，清洁能源成为能源增量主体，能源结构调整取得明显进展，非化石能源占比 15%；2030 年将初步构建现代能源体系，可再生能源、天然气和核能利用持续增长，非化石能源占能源消费总量比重达到 20% 左右，天然气占比达到 15% 左右，新增能源需求主要依靠清洁能源满足；2050 年将建成现代能源体系，非化石能源占比超过一半。不难看出，我国能源结构将发生革命性变化，2030 年将初步形成以煤、非化石能源（可再生能源和核能）、天然气为主导的能源结构新体系，2050 年将形成非化石能源占比高达 50% 的能源体系。

未来高占比非化石能源的能源体系实质上是高比例新能源的能源体系。首先，非化石能源以可再生能源为主体，以 2018 年的数据为参考，2018 年我国发电量 6.99 PW·h，非化石能源发电 2.16 PW·h，占比 30.9%，其中核电发电量 294.4 TW·h，占 4.2%；可再生能源发电量达到 1.87 PW·h，占比 26.7%。其次，我国新能源资源潜力巨大，具备资源保障能力，根据《可再生能源中长期发展规划》，我国水能资源经济可开发的装机容量为 400 GW，2018 年我国水电装机容量 352 GW，发展潜力受资源约束性强；而我国风能资源约 1 TW，年太阳辐射总量大于 5000 MJ/m²，生物质资源转化为能源的潜力约为 5 亿吨标准煤，资源保障能力强，发展潜力巨大。此外，我国新能源产业和技术位居世界强国之列，特别是风能发电和光伏发电，具备了支撑新能源大规模发展的能力。

2015 年国家发展改革委员会能源所发布《2050 年中国高比例可再生能源发展情景暨路径研究》报告，预计我国在 2025 年前后能源消费达到顶峰，2035 年前后新能源消费量将达 30% 左右，2050 年形成可再生能源为主的能源体系，可再生能源在能源消费中的比例超 60%、总发电量的比例超 85%，终端能源消费量为 32 亿吨标准煤，电力占整个终端能源消费的比例为 62%，基本实现能源生产和消费革命。2019 年国家电网公司发布《中国能源电力发展展望 2019》，提出我国能源需求总量增速放缓，终端能源需求和一次能源需求于 2030 年进入峰值平台期，总量分别维持在 39 亿～ 41 亿吨、58 亿～ 60 亿吨标准煤；非化石能源占一次能源比重稳步提升，2025 年超过 20%，2050 年超 50%；风能、太阳能保持快速增长，预计分别于 2030 年、2040 年前后超过水能，成为主要的非化石能源品种。

2019 年 11 月国际能源署发布《世界能源展望 2019》报告，对全球至 2040 年的能源发展前景进行了展望。报告预计，新能源仍将是未来发电装机增长最快的电源类型，2018—2040 年，风电、光伏装机年均增速分别为 5.6%、8.8%，发电年均增速分别为 6.7%、9.9%，远超煤电、核电等发电类型。

2. 新能源电力的发展愿景

从能源消费结构看，依据能源革命战略有关能源消费革命的战略内容，我国在工业、建筑和交通等领域的能源消费将以推进产业结构调整与能源消费结构调整优化互驱共进、有效落实节能优先的方针为主要策略，而终端能源消费以电气化发展为主要战略方向，包含了装备电气化、产业电气化、交通电气化、建筑供热（冷）/炊事/热水电气化、农业生产和农村生活电气化等各个方面。

高比例电力消费结构是我国能源消费转型的主要特征，国家电网公司预计 2025 年、2035 年、2050 年我国电能在终端能源消费中比重超过 30%、40%、50%，认为工业部门电气化步伐稳、建筑部门潜力大、交通部门速度快；电力需求总量持续增长，2035 年前后达到饱和阶段，2050 年达到 12.4 PW·h～13.9 PW·h，人均用电达到 8800～11000 kW·h。

从电力生产的角度看，能源革命战略提出了"优先使用可再生能源电力"，并指出到 2030 年非化石能源发电量占全部发电量的比重力争达到 50%。中国工程院发布的《中国工程科技 2035 年发展战略（能源与矿产领域报告）》描述了我国电力工程科技发展战略目标，到 2025 年电力工程科技支撑可再生能源发电装机占比超 50% 的接入消纳，2035 年支撑超 70% 的接入消纳。国家电网的预测是 2035 年我国非化石能源发电量占比达到 55%～56%，2050 年达到 75%～80%。

风能发电、光伏发电将成为未来电力生产的主要方式，能源革命战略指出：大力发展风能、太阳能，不断提高发电效率，降低发电成本，实现与常规电力同等竞争。国家电网预计到 2025 年我国风电、光伏发电的装机容量均将达到 400GW，发电电价进入平价上网时代；2050 年在发电电源中占比 50%、发电量占比超过 40%。国家发改委能源所预计 2050 年风电、太阳能发电（光伏发电和光热发电）的发电量将达到 64%。

3. 新能源汽车的发展愿景

2007 年，我国发布了《关于加快培育和发展战略性新兴产业的决定》，明确新能源产业和新能源汽车产业为战略性新兴产业，并提出 2020 年新能源、新材料、新能源汽车产业成为国民经济的先导产业的发展目标。2012 年国务院发布了《节能与新能源汽车产业发展规划（2012—2020 年）》，明确提出了 2020 年新能源汽车的年产量达到 200 万辆、保有量达到 500 万辆的发展目标；2020 年 10 月国务院又发布了《新能源汽车产业发展规划（2021—2035 年）》，提出 2025 年新能源汽车新车销量占比达到 20% 左右。

《新能源汽车产业发展规划（2021—2035年）》在发展愿景中指出，经过15年的持续努力，也就是到2035年，我国新能源核心技术达到国际先进水平，质量品牌具备较强的国际竞争力。纯电动汽车成为新销售车辆的主流，燃料电池汽车实现商业化应用，公共领域用车全面电动化，高度自动驾驶汽车实现规模化应用。

根据规划所描述的发展愿景，2035年我国将实现从汽车大国迈向汽车强国的战略目标，以高比例新能源汽车为主要标志和特征，包括纯电动汽车、燃料电池汽车、智能网联汽车等。中国汽车技术研究中心2018年发布《中国传统汽车和新能源汽车发展趋势2050研究》指出，纯电动汽车在2030年前后与传统燃油车的成本持平，私人新能源乘用车销量在乘用车总销量的占比29.5%，2035年占比超过50%，2050年占比将达到70%，其中纯电动车型占比为62.4%。

规划提出了我国将以纯电动汽车、插电式混合动力（含增程式）汽车和燃料电池汽车布局新能源汽车，而按照"纯电动汽车成为主流"的发展愿景，纯电动汽车将占主导地位。有专家认为，短期内传统燃油车将向轻量化、低能耗方向发展，混合动力汽车将从微混、全混到插电式（含增程式）方向发展，而纯电动汽车和燃料电池汽车的发展将结合不同场景的应用需求。中国科学院院士、清华大学教授欧阳明高在中国电动汽车百人会论坛（2020）媒体沟通会上介绍说，电动汽车核心技术经济性决定的市场前景已经非常明朗。对于未来技术的发展，他指出，至2025年插电式混合动力汽车增长幅度明显，2030年市场销量占比将下降，2035年估计就没有太多了；2025年纯电动汽车迎来性价比的新突破，2030年性价比应该会超过插电式混合动力汽车，2035年将成为整个汽车市场的主体；燃料电池发展有挑战，燃料电池汽车更适合于长途、大型、高速重载，应用于重型车、柴油车，通过示范区以点带面，促进其商业化的发展。

4. 高比例新能源电力和新能源汽车协同发展愿景

在高比例新能源电力和新能源汽车的情景下，新能源电力和新能源汽车将呈现协同发展的新格局、新情景。《新能源汽车产业发展规划（2021—2035）》

明确提出推动新能源汽车和能源融合发展，一方面新能源汽车与电网（V2G）实现能量高效双向互动，能够降低新能源汽车的用电成本，提高电网调峰、调频和安全应急等响应能力。另一方面新能源汽车与风能发电、光伏发电实现协同调度，提高可再生能源应用比例。

2017 年国家发改委能源研究所、国家可再生能源中心、清华大学等单位发布《新能源发电和电动汽车协同发展战略研究》报告，指出 2016 年全国弃风电量可满足超过 1000 万辆乘用车全年充电量的需求，按照 2030 年我国电动汽车保有量达到 8000 万辆、光伏发电和风能发电日均发电量 9.95 TW·h 预测，仅纯电动乘用车即可满足 49% 波动性可再生能源日发电量的存贮。若采取有序充电、车辆与电网双向互动（V2G）、退役电池储能等并网方式，电动汽车储能潜力可得到充分释放，电力系统对可再生能源的消纳能力将显著提升。

高比例新能源电力和新能源汽车进一步深度融合智慧能源、智能交通、新一代信息通信，将推动我国能源产业形态和汽车产业形态的革命性变化，汽车将从单纯交通工具向移动智能终端、储能单元和数字空间转变，而能源向绿色低碳、智慧化、多元化、互联互通的方向转变。中国工程科技 2035 发展战略（能源与矿业领域报告）研究发现，我国电力工程科技需要突破高比例可再生能源发电并网、能源资源和用电需求空间分布差异、分布式能源和电动汽车普及等制约发展的问题，提出的新一代综合能源电力系统着力体现可再生能源优先、因地制宜的多元能源结构，以及集中与分布式并举的能源生产和供应模式。2035 年的能源系统将是以智能电网为基础的综合能源系统，将信息基础设施和能源基础设施实现一体化开发互联。报告指出，人人可以开发能源、控制能源、享有能源、获益能源、能源生产和消费的绿色低碳与高度智能化，将是 2035 年新的能源与社会发展图景。

二、世界主要国家新能源的发展愿景

近年来，全球能源行业呈现能源多元化、清洁化和低碳化的发展趋势，一方面能源增长从化石能源向可再生能源转变，而另一方面能源供求关系从偏紧转向偏松、化石能源价格下跌、能源消费进一步向发展中国家转移，预计未来较长一段时间内，化石能源和非化石能源协同发展仍将是全球能源发展的主流，世界各国将致力于构建高效、经济、清洁且符合低碳经济要求的可持续能源发展体系。

1. 世界主要国家新能源发展愿景

为保障能源安全、保护生态环境、应对气候变化等可持续发展问题，开发利用可再生能源已成为世界各国的普遍共识，表 4.1 是世界主要国家提出的可再生能源发展目标，可再生能源已成为全球"能源转型"的核心。

表 4.1 世界主要国家可再生能源发展目标

地区	2020 年	2030 年	2040 年	2050 年
欧盟	可再生能源占能源消费总量的 20%	占能源消费总量的 27%	—	占能源消费总量的 50%
美国	—	电力部门二氧化碳排放在 2005 年基础上减少 32%	—	—
德国	可再生能源占能源消费总量的 18%	占能源消费总量的 30%	占能源消费总量的 45%	占能源消费总量的 60%
丹麦	可再生能源占能源消费总量的 50%	—	—	完全摆脱化石能源消费
英国	可再生能源占能源消费总量的 15%	—	—	—
日本	—	可再生能源占能源消费总量的 22%～24%	—	—
中国	可再生能源占能源消费总量的 15%	占能源消费总量的 20%	—	占能源消费总量的 50%

欧盟是全球可再生能源的领导者，从所制定的发展目标可以看出，高占比可再生能源是面向 2050 年能源的发展愿景，其中，2050 年德国可再生能源消费占能源消费总量达到 60%，丹麦将全部依赖可再生能源。2011 年 6 月德国联邦议会决定，未来 40 年电力行业将从依赖核能和煤炭转向可再生能源，可

再生能源发电量从 2015 年占比 30% 提高到 2030 年超 50%，2050 年超 80%。

美国没有直接设定可再生能源发展目标，联邦政府提出了能源清洁化和多元化的发展战略，2015 年发布《清洁电力计划》，要求电力行业 2030 年碳排放较 2005 年降低 32%。美国能源部的相关研究表明，2030 年风能发电占美国发电量将达到 20%，2050 年可再生能源发电量占比达到 80%。

日本在 2014 年 4 月通过《能源基本计划》，确定 2030 年核电、液化天然气、煤炭、可再生能源发电占比分别达到 20% ～ 22%、27%、26%、22% ～ 24%，形成新的能源结构和能源系统，并保障日本在核电、太阳能电池、风机制造、燃料电池等清洁能源技术领域世界领先地位。

英国石油公司（BP）发布的《2035 年全球能源展望》（2016 年），预计 2035 年全球新能源（除水电以外的可再生能源）在发电领域的比例从 2015 年的 5% 提高到 13%。

国际能源署在《世界能源展望 2015 年》中预计，2035 年可再生能源在全球能源供应量中占比 31%，太阳能应用将超过 4.5 亿吨标准煤，风能发电成为全球第三大电力供应电源，占比 15% 以上。在《世界能源展望 2019 年》中预计，2025 年左右可再生能源在发电结构中占比将超过煤炭，到 2040 年，风能发电和太阳能光伏发电占全球新增发电量的一半以上。

2. 世界主要国家新能源汽车的发展愿景

在能源转型战略的驱动下，世界主要国家同步推动新能源和新能源汽车的发展，在制定可再生能源发展目标的同时，制定了新能源汽车的发展目标，如表 4.2 所示。

表 4.2　世界主要国家新能源汽车的发展目标

地区	2020 年	2025 年	2030 年
欧盟	—	电动汽车销售额增长 15%	电动汽车销售额增长 30%
美国	—	8 个州达到 330 万辆；加州达到 150 万辆，占 15%	—

续表

地区	2020 年	2025 年	2030 年
荷兰	电动车销售占比 10%	电动公交销售占比 100%	电动乘用车销售占比 100%
英国	电动轿车 39.6 万～43.1 万辆	—	—
日本	—	—	电动轿车销售占比 20%～30%
印度	—	—	电动轿车销售占比 30%，电动公交车占比 100%
韩国	电动乘用车达到 20 万辆	电动车销售占比 25%	—

欧盟通过制定二氧化碳排放标准明确新能源汽车的发展愿景，2017 年 11 月欧盟委员会提出到 2025 年新的乘用车和轻型商用车每千米二氧化碳排放量减少 15%，到 2030 年减少 30%，遵循该规则要求，零排放、低排放汽车的产量到 2025 年需达到 15%、2030 年需达到 30% 或更多。

美国也是通过二氧化碳排放政策促进新能源汽车的发展，按照 2012 年所制定的规则，美国环境保护署估计 2025 年插电式混合动力汽车在新增轻型汽车销售中占比 5%。美国加利福尼亚州制定了电动汽车的积分政策，要求汽车制造商通过直接销售电动汽车或购买积分达到一定比例的积分；2016 年该州宣布 2025 年电动汽车销售达到 150 万辆，2018 年宣布到 2030 年达到 500 万辆。

印度政府 2017 年提出了一项旨在 2030 年建立全电动汽车车队的愿景，国家电力部门启动了国家电动交通计划，宣布重点建设充电基础设施和政策体系，2030 年电动汽车占比超过 30%。印度汽车行业 2017 年发布的白皮书，宣称 2030 年市区公交实现 100% 电动化，2047 年所有销售新车均是电动汽车。

近年来，部分国家还制定了燃油车的禁售时间表，挪威政府宣布的禁售时间是 2025 年，而法国、印度宣布的禁售时间是 2040 年。此外，还有一些地方政府如英国伦敦、美国洛杉矶、法国巴黎等宣布在 2030 年将禁售燃油车。

国际能源署 2018 年发布《全球电动汽车展望 2018》，展示了 2030 年新能源汽车新政策发展情景和"EV30@30 情景"。新政策情景包含各国制定的政策措施以及政府计划产生的影响，到 2020 年电动汽车的销售量达到 400 万辆，保有量达到 1300 万辆；到 2030 年销售 2150 万辆，保有量达到 1.3 亿辆。"EV30@30 情景"是 2017 年第八届清洁能源部长会议发起的"EV30@30"运动的情景，到 2030 年电动汽车联盟成员国的电动汽车占比达到 30%。电动汽车联盟成立于 2009 年，是一个政府间清洁能源部长政策论坛，包括中国、加拿大、芬兰、法国、德国、印度、日本、墨西哥、荷兰、挪威、瑞典、英国和美国。按照"EV30@30 情景"，2030 年全球新能源汽车保有量达到 2.28 亿辆，比新政策情景多 1 亿辆。

根据《全球电动汽车展望 2018》的预测，到 2030 年电动汽车的续航里程将达到 350～400 km，车载电池容量为 70～80 kW·h；插电式混合动力汽车纯电行驶里程平均 70～80 km，车载电池平均容量水平为 15 kW·h。在新政策情景下动力电池需求量将达到 775 GW·h，而在"EV30@30 情景"下，将达到 2.25 TW·h。在新政策情景和"EV30@30 情景"下，新能源汽车对锂、钴的需求量都会增加，导致原材料的供应存在潜在风险，具有不确定性。

三、高比例新能源发展愿景下主要技术需求

在高比例新能源发展愿景下，应对高占比新能源电力、高占比新能源汽车、新能源电力与新能源汽车协同发展的情景，需要技术创新提供实现途径和可持续发展的动力。一方面要为新能源电力、新能源汽车的加速发展阶段和协同发展阶段提供技术途径和解决方案，另一方面要为高占比新能源电力、高占比新能源汽车的普及应用和可持续发展提供不竭的动力和强有力的支撑。

一是围绕新能源电力和新能源汽车的加速发展需要大力加强提升新能源关键技术的开发、示范和推广应用。以风能发电、光伏发电和纯电动汽车、插电式混合动力汽车、燃料电池汽车为重点，开发、示范、推广应用先进新能源发电和新能源汽车技术，促进提高风能、太阳能资源利用的能力和效率，着力解决制约新能源汽车发展的质量、安全、成本等关键问题，推动集中式和分布式新能源发电，完善充电基础设施的建设。

二是围绕新能源电力和新能源汽车的融合发展实现二者互联互用需要大

力加强以电力存储和动力电池为代表的新能源共性技术的研发、示范和推广应用。为实现新能源电力和新能源汽车的协同发展，一方面需要融合智慧能源、智能交通、新一代信息通信等关键技术，另一方面，必须大力发展以电力储能和动力电池为代表的新能源技术。以电力存储、动力电池为重点，加强成熟先进技术的集成化、智能化、标准化、模块化的研发、制造、示范和推广应用，着力解决储能电池电站、动力电池的安全、质量问题，加快推进新能源汽车、回收动力电池作为储能装置和大型电力储能装置的示范和应用推广。

三是围绕新能源电力、新能源汽车和电力存储的技术创新发展加强新能源前沿和基础技术的研发。在前沿技术领域，着眼于新概念、新材料、新设计，提高风能、太阳能资源利用效率和技术经济性，提高新能源汽车的安全性和关键核心技术水平，大幅度降低电力存储的成本；在基础技术领域，全面加强新能源电力、新能源汽车和电力存储等领域检测、试验、评价技术的研究和基础问题研究，建立完善的标准体系和创新体系。

总体而言，在高比例新能源的发展愿景下，新能源电力、新能源汽车、电力存储等三个技术领域是新能源发展的关键领域，必将引领新能源技术的发展，支撑新能源成为构建现代能源体系的核心领域和重要支柱，也将对社会经济发展、公众利益需求产生重大的影响。

第二节　现状与需求分析

自 2010 年新能源和新能源汽车产业被列入战略性新兴产业以来，在国家政策支持下，我国新能源和新能源汽车发展迅猛，取得了巨大的成就，新能源开发利用和新能源汽车产业规模不断壮大、产业国际竞争力持续增强、对减轻环境污染和碳减排的贡献巨大，我国已经成为世界新能源汽车和新能源利用的大国。当前，世界各国正在积极推进采用新能源替代传统能源的能源转型战略，我国以能源革命战略为取向构建现代能源体系，新能源和新能源汽车从高速发展迈入了加速发展、融合发展的新阶段，以技术创新支撑新能源的产业创新，促进经济社会发展和满足公众利益需求，将成为未来新能源和新能源汽车可持续发展的根本保障和不竭的动力。

一、我国新能源发展现状和趋势

我国新能源经历了 70 年的发展历程，20 世纪 50 年代，着眼于解决农村地区能源供应不足的问题，按照"就地取材"的原则，发展小水电、沼气池、太阳灶、风力提水机、小型风电机、中低温地热利用和小型潮汐电站等新能源。1990—2010 年，在国家产业政策的支持下新能源快速发展，2010 年新能源在终端能源消费比重达到了 1.62%，形成了一定的发展规模，建成了较好的产业基础和市场基础。2010 年以后，新能源发展进入了高速增长期，政策体系进一步完善，产业竞争力持续增强，新能源电力装机容量呈现爆发式增长，新能源汽车实现了产业化和商业化，电力存储进行大规模的示范应用，为推动实现我国能源革命战略奠定了良好的发展基础。

1. 新能源电力发展现状和趋势

风能、太阳能、生物质能等新能源通过转化为电、供热、燃料等二次能源进入能源体系，其中新能源发电占主导地位，2018 年我国可再生能源（包括水能和新能源）利用量达到了 38.8 亿吨标准煤，其中发电量达到 1.87 PW·h，折合 23.0 亿吨标准煤，可再生新能源发电量占可再生能源利用量的比例达到了 59.3%。新能源电力在我国新能源发展中占主导地位，已经成为电力供给的重要组成部分，取得了重要的进展，产生了良好社会经济效益，为实现 2030 年可再生能源发电量占总发电量 50% 奠定了坚实的基础，对于提升我国能源安全保障程度和减少碳排放发挥重要作用。

一是新能能源电力装机容量持续增长，装机容量的规模位居世界第一位，新增电力装机容量超过新增装机总容量的 50%。2019 年我国新增新能源电力装机容量达到 56.1 GW，占全国新增装机容量的 58%，连续三年超过火电新增装机容量。截至 2019 年底，我国新能源电力装机容量达到了 410 GW，占全国电力装机总量 20.6%，连续 8 年位列世界第一位，2010—2018 年新能源发电装机容量及占全国发电装机容量占比见图 4.1。预计到 2030 年我国新能源电力装机容量累计达到 3.4 TW，占全国能源电力装机容量 65% 左右。

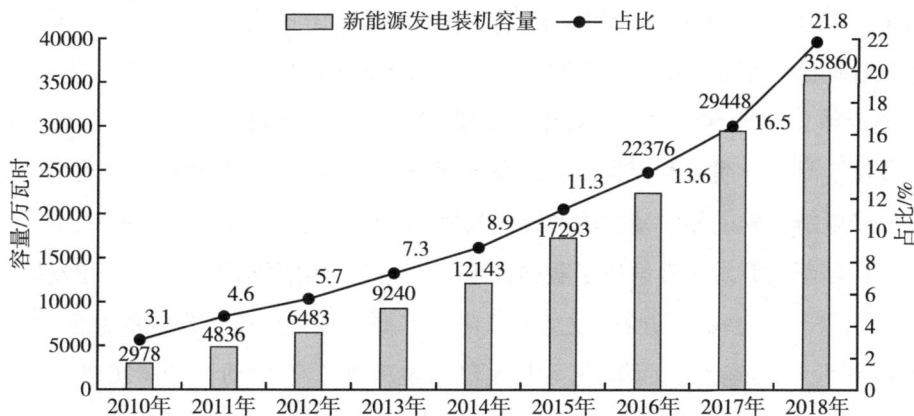

图 4.1　2010—2018 年新能源发电装机容量及占全国发电装机容量占比

（资料来源：中国电力行业年度报告 2019）

二是新能源电力成为电力供给的重要组成部分，技术经济性不断提升，即将步入平价上网时代。2019 年我国新能源发电量达到了 630.2 TW·h，占全国发电总量的 8.6%，较 2010 年 49.5 TW·h 增长了 1173%。随着技术进步和规模扩大，风能发电、光伏发电的上网电价持续下降，根据 2019 年 11 月国家能源局发布的《2018 年度全国电力价格情况监管通报》，2018 年全国发电企业平均上网电价为 373.87 元/（MW·h），其中，风电机组平均上网电价为 529.01 元/（MW·h），光伏发电平均上网电价为 859.79 元/（MW·h）。2018 年，我国内蒙古自治区的蒙西地区风能上网电价 391.40 元/（MW·h）、重庆市光伏上网电价 396.40 元/（MW·h），和燃煤机组平均上网电价 370.52 元/（MW·h）持平。预计 2030 年我国新能源发电量占全国总发电量 45.3%，2020 年我国风电项目电价可与当地燃煤发电同平台竞争，光伏项目电价可与电网销售电价相当。

三是新能源产业不断壮大，装备和材料制造规模位居世界第一位，创新能力不断增强，关键技术处于世界先进水平。2019 年全球风电装备制造企业的前 10 家中，我国占据了 5 位，产品出口到澳大利亚、美国、法国、墨西哥和阿根廷等国家；风电装备实现了系列化、标准化，最大功率 12MW，达到了国际先进水平，低风速、高海拔风电技术取得突破性进展，海上风电装备基本具备国产化能力。2019 年，全球光伏组件制造商前 10 家中中国企业有 9 家，而电池片制造商前 10 家中中国企业有 8 家。2018 年，多晶硅产量超过 25 万吨，约占全球总产量 50%；光伏组建产量超 120G，占全球近 70%，光伏组件出口到印度、日本、澳大利亚等国家；我国建成了从多晶硅、电池片、电池组件完整的产业链，先进晶体硅电池的转化效率 21.3%，达到了世界先进水平。

四是新能源发电在解决了我国无电人口用电、偏远地区缺电的问题发挥了重要作用，也为我国的脱贫攻坚战贡献了重要力量，产生了良好的社会效益。2013 年我国实施《全面解决无电人口用电问题 3 年行动计划（2013—2015 年）》，截至 2015 年底，解决 273 万名无电人口用电的问题，其中建成独立光伏电站 670 多座、户用系统 35 万多套，解决了 118.5 万名无电人口用电问题。近年来，我国在江苏省灌云县开山岛、山东省东长岛、广东省珠海大万山岛和珠海担杆岛、海南省三沙永兴岛等岛屿建设了新能源微电网项目，提高了海岛的供电可靠性，解决了海水淡化等问题，满足供电、供水的需求。2014 年 3 月，安徽省金寨县在全国率先试点"光伏扶贫"。截至 2019 年底，光伏发电扶贫规模 17.12 GW，惠及 288 万建档立卡贫困户。我国正在积极推进独立型微电网示范工程建设，在偏远、海岛或电网薄弱地区建立风、光、水为主，储能、天然气、柴油备用的独立型微电网。

五是新能源提高了我国能源资源的保障程度，也对减轻环境污染和碳减排做出了贡献。截至 2018 年，我国风电装机容量 184 GW，占全国发电装机容量 9.7%；太阳能发电装机容量 174 GW，占全国发电装机容量 9.2%，且太阳能发电量增速最高，同比增长 50.2%。我国是一个富煤、贫油、少气的国家，石油和天然气对外依存度高，新能源开发利用将极大提升能源安全的保障程度。截至 2018 年，我国风电、太阳能发电、核电、生物质发电以及地热等新能源发电累计发电量约为 4 PW·h，相当于替代 1.2×10^9 t 标准煤，减少排放二氧化碳 3.1×10^9 t、二氧化硫 1.2×10^6 t、氮氧化物 10^7 t。未来，我国能源增量的主体依赖新能源和可再生能源，对于提高能源安全和减少碳排放具有重要意义，2030

年能源自给率要保持在较高水平，二氧化碳排放将达到峰值。

2. 新能源汽车发展现状和趋势

2012 年，我国发布了《节能与新能源汽车产业规划（2012—2020 年）》，新能源汽车迈入了快速发展阶段，产业规模不断壮大，关键技术取得了突破，推广应用成效显著，为实现我国从汽车大国迈向汽车强国奠定了坚实的基础。2019 年，我国又发布了《新能源汽车产业发展规划（2020—2035 年）》，明确提出加快建设汽车强国的目标，推动新能源汽车产业的创新发展和融合发展。

一是产业规模不断壮大，新能源汽车产量、销量和保有量连续 5 年位居世界第一位。2019 年，我国新能源汽车产量、销量分别到达了 124.2 万辆和 120.6 万辆，较 2012 年分别增长了 9453.8% 和 9176.9%。根据公安部数据，截至 2019，我国新能源汽车保有量达到 381 万辆，占汽车总量 1.46%，连续 5 年位居世界第一位。2019 年，我国纯电动汽车产量、销量分别达到 102 万辆、97.2 万辆，占新能源汽车产量和销量比例分别为 82.1%、80.6%；纯电动汽车保有量达到 310 万辆，占新能源汽车保有量的 81.19%。2012—2019 年我国新能源汽车每年产销量见图 4.2。2020 年，我国新能源汽车产量 128.1 万辆，新能源汽车保有量达到 500 万辆；预计 2025 年新能源汽车新车销售量达到汽车新车销售总量的 20%，2035 年纯电动汽车成为主流。

二是创新能力不断加强，关键技术不断突破，技术经济性不断提升，新能源汽车使用的经济性和便利性日益显现。我国新能源汽车制造企业近 250 家，不仅有实力雄厚的老牌汽车企业，如第一汽车集团、上海汽车集团，也吸引了新势力参与新能源汽车研发制造。在世界前 10 家新能源汽车制造企业中我国占有 4 家，其中比亚迪公司 2019 年销售纯电动汽车 22.95 万台，位列世界第二位。2019 年全球新能源乘用车销量前十名的车企见图 4.3。我国建成了以"三纵三横"为布局的产业体系，关键材料、核心部件实现了自主保障，新能源客车出口到 30 多个国家和地区；动力电池产业规模位居世界第一位，技术水平达到了国际领先水平，以宁德时代为代表的动力电池企业跻身于全球新能源核心部件的供应体系。2019 年，先进动力电池比能量达到了 300（W·h）/kg，

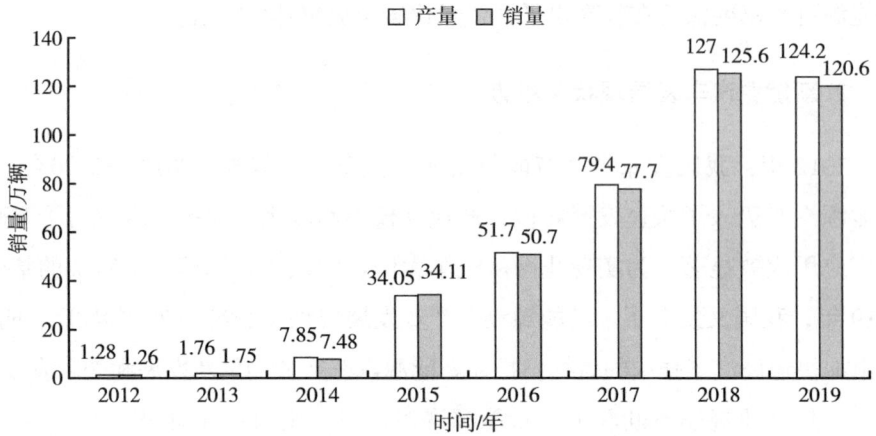

图 4.2　2012—2019 年我国新能源汽车每年产销量

（资料来源：中国汽车工业协会）

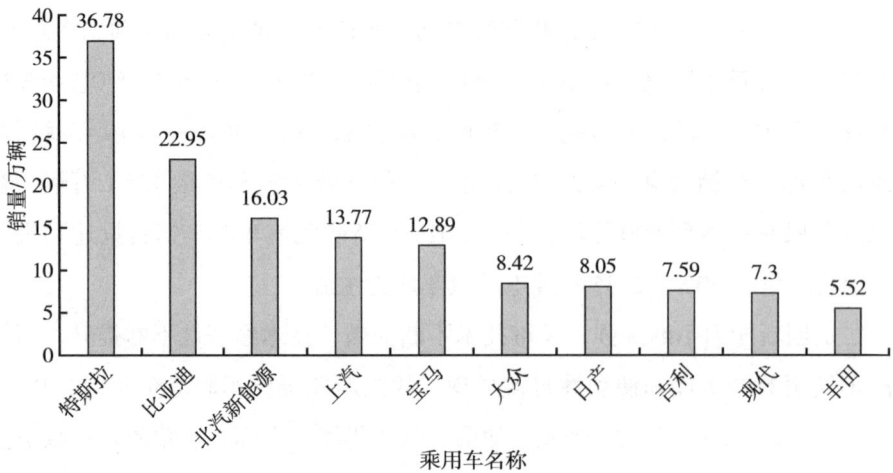

图 4.3　2019 年全球新能源乘用车销量前十名

（资料来源：Ev Sales）

动力电池系统成本下降至 0.85 元 /（W·h），纯电动汽车行驶里程达到了 600km，新能源汽车使用的便利性和经济性日渐明朗。预计 2025 年，动力电池系统成本将下降至 0.65 元 /（W·h），纯电动汽车使用便利性和经济性与传统燃油车具有竞争性。

　　三是充电基础设施逐步完善，新能源汽车在公共领域普及应用加速，在私人领域的应用成为发展趋势。截至 2019 年，我国建设的大型公共充电站 35849座，充电桩 121.9 万台，车桩比为 3.5∶1。公共充电桩保有量超过 5 万台的省和直辖市包括广东省、江苏省、北京市和上海市，此外在北京市、广东省、福建省等 22 个省和直辖市还建设了 306 座换电站，基本实现了覆盖全国的充电网络，能够满足现阶段新能源汽车使用需求。2015—2019 年我国新建公共充电桩数量见图 4.4。我国新能源汽车在公共领域应用包括城市公共交通、城市服务（物流、环卫等）专用车和政府公务用车等各领域，山西省太原市、广东省深圳市等地已全面采用纯电动乘用车作为出租车和城市服务专用车。在私人领域，北京市、上海市、广州市、深圳市等限购城市新能源汽车在政策支持下受到青睐，2019 年北京市新能源汽车销售 7.2 万台，限定指标排号 5.4 万台，按当前每年 5.4 万台政策，2027 年才能购买；非限购城市的新能源汽车发展态势良好，2019 年广西壮族自治区柳州市新能源汽车销售达到了 2.5 万台。我国正在推动局部地区开展禁售燃油车，2019 年海南省宣布将在 2030 年全省范围内禁售燃油车。预计 2025 年我国公共领域新能源汽车推广使用的比例将达到80% 以上，2035 年私人领域新能源汽车将实现普及应用。2020 年新型基础设施建设被确定为我国近中期发展的重点方向，新能源汽车充电设施建设是其中

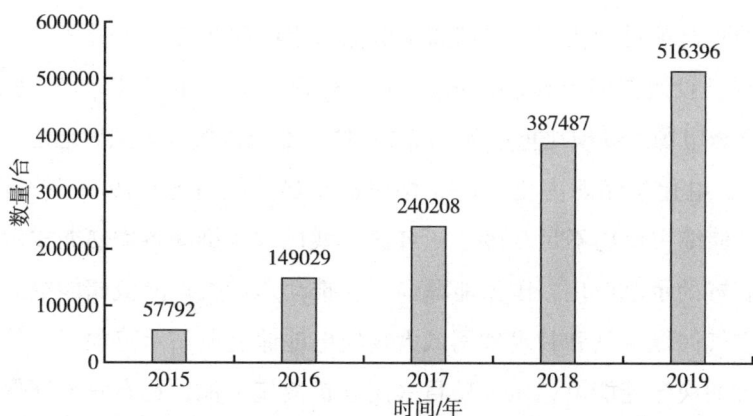

图 4.4　2015—2019 年我国新建公共充电桩

（资料来源：《2019—2020 年度中国充电基础设施发展年度报告》）

的重要内容之一。据了解，国家电网计划 2020 年投资 27 亿元，建 7.8 万个新能源汽车充电桩，是 2019 年的 10 倍。

3. 电力存储发展现状和趋势

电力存储是将电力转化为其他形式的能量存储，大致可以区分为物理储能和化学储能。传统上采用的抽水蓄能电站是一种物理储能方式。物理储能还包括压缩空气蓄能、飞轮储能等。化学储能以电化学储能为代表，如锂离子电池、铅酸电池、液流电池、超级电容。

在新能源电力高速发展的推动下，为降低风能发电和光伏发电波动性、间歇性对电网冲击的影响，减少"弃光、弃风"的现象，近年来我国大力推动电力存储技术发展和示范应用，取得了较好的成效。另外，在新能源汽车加速发展的带动下，我国动力电池技术经济性快速提升，锂离子电池在电力存储领域显示出良好的前景，应用示范项目呈现爆发式增长。

总体上看，我国电力存储尚处于研发示范的发展阶段，2017 年国家发改委、财政部、科技部、工信部、国家能源局五部委联合发布《关于促进储能技术与产业发展的指导意见》，明确未来 10 年储能产业的发展方向是由研发示范向商业化发展，并进一步由商业化向规模化发展。

一是电力存储应用和示范规模不断扩大，各种类型储能技术和大功率储能装置的示范项目加快推进，锂离子电池示范项目增长态势明显。截至 2018 年底我国已投运储能累计装机量达到 31.3 GW，是 2010 年累计装机量的 1.7 倍，占全球市场总规模比重达到 17.3%；抽水蓄能依然占据主导地位，占比达到 95.8%，电化学储能占比 3.4%，熔融盐蓄热储能占比 0.7%，而飞轮储能、压缩空气储能占比均不足 0.1%。近年来，我国加快推动各类储能技术和大功率储能装置的示范应用，国家能源局正在推动建设大连液流储能电站、江苏省压缩空气储能电站和甘肃省网域大规模电池储能电站示范项目，其中辽宁省大连市的液流储能电站示范项目采用全钒液流电池，具有安全环保、循环寿命长、性价比高、充放电响应时间快等多种优点，建设规模为 200 MW·h/800 MW·h；江苏省压缩空气储能电站由江苏省井井储能科技有限公司投资，清华大学提供非补燃压缩空气储能发电技术，江苏院负责设计。项目总投资15亿元人民币，最终规模将不低于1000 MW。发电年利用小时数为1660h，换电效率为60%，发电全过程无燃料消耗。系统所有技术和设备均实现完全国产化；甘肃省网域大规模电池储能电站示范项目是国家批复同意的全国第一个电池储能试验示范项目，按照"分期建设、分布接入、统一调度"的原则实施，选址在酒泉市、嘉峪关市、武威市、张掖市等地建设。其中一期建设规模720 MW·h，总投资12亿元，电站储能时间4h，后续将根据电网调峰需要及市场情况继续扩建。示范项目建成后，将成为国内最大、商业化运营的储能虚拟电厂，对推动我国规模化储能技术发展进步，提升电网系统调峰能力和进一步解决弃风、弃光限电困难具有积极促进作用。示范项目的电力存储规模和技术达到了世界先进水平，也提高了我国非抽水蓄能电力存储的比例，2019年我国新增电力存储装机容量为1GW，其中电化学储能519.6 MW·h/855.0 MW·h。截至2018年，我国电化学储能累计装机规模达到1072.7 MW，锂离子电池占比70.6%，呈现快速增长的态势，表4.3是我国目前建设的部分储能示范项目。从发展趋势看，根彭博社新能源财经预测，到2035年全球累计装机规模有望接近700GW，我国将有望实现150GW，占比超过20%。

表4.3　我国储能示范项目

序号	建设单位	建设项目	建设规模
1	江苏省电力公司	江苏镇江电网侧分布式储能电站	101/202 MW
2	青海省电力公司	格尔木美满16MW/64MW·h储能电站项目	16/64 MW
3	河南省电力公司	电网侧分布式电池储能示范工程	100 MW
4	湖南省电力公司	长沙电池储能电站	60/120 MW
5	甘肃省电力公司	电网侧集中式储能电站	60/240 MW
6	广东省电力公司	电网侧商用储能电站	5/10 MW
7	北京市电力公司	怀柔北房储能电站	30 MW

二是电力存储示范项目的应用领域不断拓展，技术经济性不断提升，对于降低新能源和可再生能源发电弃电水平的作用显著。目前电化学储能已经广泛应用于电源侧、电网侧和用户侧，截至 2019 年装机规模分别是 202MW、261 MW、91.8 MW，随着应用规模扩大和应用领域拓展，以锂离子电池为代表的储能装置技术经济性不断提升。目前我国在火电厂、热电厂建设储能辅助调频应用项目达到 60 余个，技术成熟，也具有较好的商业模式和商业价值。2018 年江苏省镇江市建成用户侧储能项目 20 个，涉及用户 20 家，并网投运 46.5 MW/365.86（MW·h），累计减少电费开支不少于 4500 万元。我国 2009 年建设了张北风光储示范工程，配置了近 30MW 电化学储能电站（锂电池是 14MW·h/63MW·h、铅酸电池是 12MW·h、钛酸锂电池 1MW·h/0.5MW·h、液流电池 2MW·h/8MW·h、超级电容储能系统 1MW），运行结果表明，储能电站具备 24 小时不间断参与联合发电条件，并能在"平滑波动"和"削峰填谷"运行模式间灵活切换，实现了风、光发电波动尺度控制。预计电力储能在新能源发电领域将发展迅速，可以有效解决风能和太阳能间歇性和波动性的问题。

三是推动储能产业发展的政策体系不断完善。创新能力建设和产业体系建设加速推进，取得了较好的进展。2014 年我国将储能列入《能源发展战略行动计划（2014—2020）》中所确定的 9 个重点创新领域之一；2017 年五部委发布《关于促进储能技术与产业发展的指导意见》，全面阐述了我国储能技术与产业发展的目标和任务，确定了推进储能技术装备研发示范和可再生能源利用、电力系统灵活性稳定性、用能智能化水平、支撑能源互联网等四个方面的应用示范作为储能技术和产业发展的五项重点任务，还从组织领导、政策法规、试点示范、补偿机制、社会投资等方面提出了保障措施；2019 年又出台了《贯彻落实〈关于促进储能技术与产业发展的指导意见〉2019—2020 年行动计划》，进一步明确了技术研发、产业政策、项目示范等方面的行动方案。在国家政策措施的激励下，我国大力加强储能领域的创新能力建设和产业体系建设，自主研发了各类储能技术和装置，并积极开展示范应用，取得了良好的效果。锂离子电池产业规模位居全球第一位，支撑了我国近年来电力储能应用领域的拓展和规模的扩大，并展示出良好的发展前景。2020 年 2 月教育部、国家发改委、国家能源局三部委发布《储能技术专业学科发展行动计划（2020—2024 年）》，以推动储能技术关键环节研究达到国际领先水平为目标，部署了学科建设、人才培养、产教融合、支撑条件等四个方面的任务。

二、全球新能源发展的态势

当前，全球处于产业、经济和社会加速变革的发展时期，世界能源多元化、清洁化和低碳化的趋势进一步加强，能源结构加速调整，新能源已经进入了大规模应用阶段，新能源技术创新正在推动新能源逐步替代传统化石能源，推动建成高占比新能源结构的新能源体系。

一是新能源进入大规模开发利用的应用阶段，新能源电力开始成为全球电力装机建设的主流。2015 年是全球新能源发展具有里程碑意义的一年，可再生能源新增装机容量达到 147 GW，首次超过新增化石能源发电装机容量，其中风电新增装机容量 63.47 GW、光伏发电新增装机容量超过 50 GW，风能发电和光伏发电新增装机容量占可再生能源新增装机总量 77%；2018 年全球可再生能源新增装机容量 171GW，占全球新增发电装机容量的 70%，其中风电新增装机容量 49GW、太阳能发电新增装机容量超过 94GW。新能源电力竞争力显著提升，根据国际可再生能源机构发布《2018 可再生能源发电成本》，2018 年全球陆上和海上风能发电成本分别是 0.065 美元 /（kW·h）和 0.127 美元 /（kW·h）、太阳能光伏发电成本为 0.085 美元 /（kW·h），图 4.5 是 2010 年和 2018 年全球可再生能源发电成本情况。截至 2018 年，全球可再生能源累计装机容量达到 2351GW，其中风能发电、光伏发电累计装机容量分别达到 563GW、485GW，占全球电力装机容量的 8.0%、6.9%。2018 年风电、光伏发电量在全球电力供应中占比分别为 6%、1.9%，其中欧盟光伏发电量占比达到了 3.5%。国际能源署《世界能源展望 2019》预计未来全球每年风电、光伏装机年均增速分别为 5.6%、8.8%，2035 年风电、光伏发电装机累计容量将分别达到 1420GW、2476GW，在全球电力供应中占比分别达到 12%、21%。

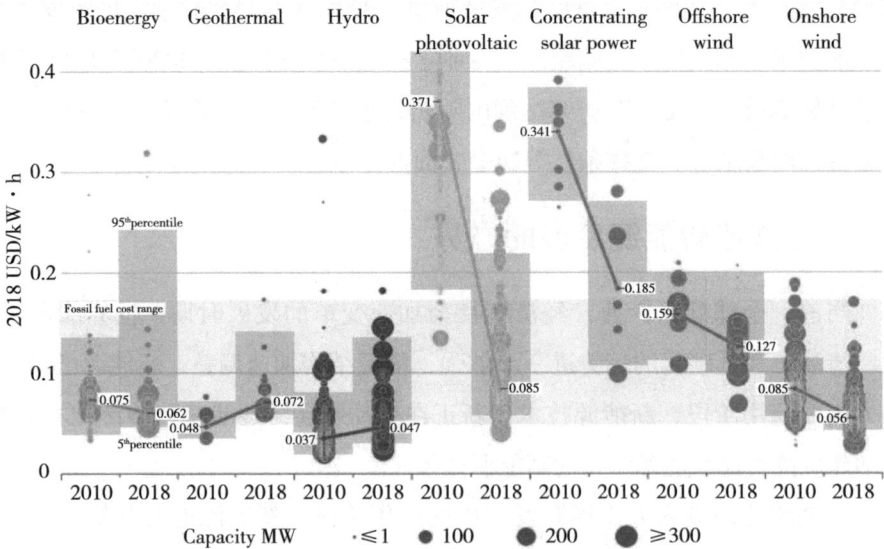

图 4.5　2010 年和 2018 年全球可再生能源发电成本情况

（资料来源：国际可再生能源机构发布《2018 可再生能源发电成本》）

　　二是新能源汽车快速发展，锂离子动力电池的创新发展和充电基础设施建设发挥了重要作用。2018 年全球纯电动汽车和插电式混合动力汽车的保有量超过 550 万辆，较 2017 年增加了近 200 万辆。2018 年全球新能源汽车销售 237 万辆，中国、美国、挪威位居前三位，销售量分别为 125.6 万辆、30.1 万辆、6.6 万辆，占比分别达到 53%、12.7%、2.8%；北欧国家在电动乘用车市场中处于领先地位，电动轿车在挪威新车销量中占比 39%，在冰岛新车销量中占比 12%，在瑞典销售占比 6%；中国在新能源公交车中处于市场领导地位，2018 年销售 7.3 万辆，占全球新能源公交车销量的 20.3%。全球新能源汽车的快速发展得益于锂离子动力电池的发展和充电基础设施建设，2018 年全球锂离子动力电池产量达到 106 GW·h，中国、日本、韩国是主要的生产国家，宁德时代、松下和比亚迪排名前三位，2018 年生产量分别达到 39.5 GW·h、22.8 GW·h、5.5 GW·h，占总产量分别为 37.23%、21.54%、5.23%。《全球电动汽车展望》数据显示，2019 年电动汽车的公共充电桩数量跃升 60%，是过去三年来最大增幅，并超过了电动汽车本身的销量增幅。全球慢充和快充充电桩数量达到 86.2 万个，中国占有 60% 份额。从政策层面看，更多的国家如中国、欧盟等已经从财政补贴支持向标准、法规或强制要求转变，在此情形下，近年来，主要汽车制造商纷纷发布汽车电动化的路线图，如美国福特公司计划到 2030 年电动汽车销量占比将达 50%，日本丰田公司规划 2030 年新能源汽车销售达到 100 万辆，德国大众计划 2025 年推出 80 个新能源汽车品种，销售量达到 250 万辆，占比达到 25%。

三是全球储能呈现规模化发展的态势，电化学储能规模高速增长，其中锂离子电池处于领先地位。根据中关村储能产业技术联盟（CNESA）项目库的不完全统计，截至 2018 年 12 月底，全球已投运储能项目的累计装机规模为 180.9GW，同比增长 3%，其中，抽水蓄能的累计装机规模最大，为 170.7GW，同比增长 1.0%，电化学储能和熔融盐储热的累计装机规模紧随其后，分别为 6.5GW 和 2.8GW，同比分别增长 121% 和 8%。2018 年，全球新增投运储能项目的装机规模为 5.5GW，其中电化学储能的新增投运规模最大，为 3.5GW，同比增长 288%。截至 2018 年底，中国已投运电化学储能项目中，锂离子电池的累积装机占比高达 68%；其次是铅蓄电池，占比 29%；液流电池、钠流电池、超级电容等占比有限，锂离子电池处于领先地位。2018 年，全球新增投运的电化学储能项目主要分布在 39 个国家和地区，装机规模排名前十位的国家分别是：韩国、中国、英国、美国、澳大利亚、德国、日本、比利时、瑞士和加拿大，规模合计占 2018 年全球新增总规模的 95.8%。从全球储能发展态势看，美国、澳大利亚、英国、德国等是电力市场开放的国家，用户侧储能成为储能应用较为热门的领域，用户储能产品成为家庭生活的一部分，光伏储能一体化产品也成为家庭用能清洁化发展和增加家庭收入的重要措施。此外，近年来，基于电力运行和电力系统建设投资，电网公司也在大力推动储能应用，美国和欧洲等国家的规模化储能项目建设是由电网企业主导拉动。比较来看，由于我国电力市场开放程度有限，大型储能项目较多的应用在可再生能源并网领域，而用户侧和电网侧的储能应用起步要晚一些。根据彭博社新能源财经预测，到 2035 年全球累计装机规模有望接近 700GW；抽水蓄能仍将占绝对规模优势，但未来其成本下降空间有限，且受客观地理条件限制，未来其增速趋缓，到

2030 年全球抽水蓄能装机将增至 235GW；各类电池储能成本有望在现有基础上下降 50% ～ 60%，到 2035 年，锂离子电池储能累计装机容量将有望超过 100GW，占比提升到大于 30%，储能每度电使用成本有望降至 0.15 元；压缩空气规模将发展到 0.3GW，系统效率有望提升到 75%，成本将再降低一半。

总体上看，全球新能源呈现出规模化的发展态势，新能源技术也呈现出规模化推广应用的发展态势。新能源电力、新能源汽车和电力存储的发展正在由政策驱动向市场驱动转变，引领全球能源生产和消费结构的转变，也为全球经济发展注入了新的动力，促进人民生活质量的不断提升。

三、新能源发展现状需求分析与结果

新能源产业和新能源汽车产业已经迈入加速发展和融合发展的新阶段，为构建高比例新能源的现代能源体系展示出良好的发展前景。大规模开发利用和推广普及新能源必须进一步推动新能源产业的创新发展，必须进一步推动新能源在社会经济发展中发挥更加重要的作用，也必须进一步满足公众利益和需求。围绕产业创新、社会经济发展和满足公众利益需求，需要进一步推动技术创新。

1. 新能源产业创新的技术需求分析

新能源产业创新需要把大幅度提高新能源生产供给能力作为主要目标，对技术的需求包括两个方面，一方面需要为大规模、高效率开发利用新能源提供解决方案，另一方面需要为新能源融入能源生产供给体系提供技术装备和技术途径。

围绕新能源发电产业创新需要大力发展大型化、智能化的装备和技术。发展大型化、智能化的风电机组，发展高效率、智能化的光伏电池，发展集中式和分布式新能源发电技术，发展智能化的风能发电、光伏发电技术，发展多能源互补的新能源发电技术。

围绕新能源汽车产业创新需要强化整车集成技术创新和关键零部件的技术

提升。发展模块化高性能的整车平台，发展底盘一体化设计的纯电动汽车，集成多能源动力系统的插电式混合动力汽车、燃料电池汽车，集成智能网联技术的新能源汽车，发展先进动力电池系统和燃料电池系统，发展新一代电机驱动系统，发展网联化、智能化技术，大幅度提升基础关键技术、关键工艺、关键零部件和关键材料等基础技术水平。

围绕电力存储产业创新需要加强关键核心技术装备的研发和应用示范。加强物理储能、化学储能新技术和新装备的研究，积极推动物理储能、化学储能、新能源汽车动力电池和回收动力电池等关键技术装备在电力存储领域的示范应用，大力发展储能产业的关键材料、关键部件和装备的制造技术，推动电力存储技术装备从示范应用向规模化产业发展。

2. 社会经济发展的技术需求分析

新能源以新能源发电为主要方式。发展新能源将大幅度提升电力在能源消费结构中的比例，在工业、交通和建筑等社会经济领域中电力将发挥越来越重要的作用，一方面需要为推动终端用电能替代提供解决方案，另一方面为需要融合智慧能源、智能电网、新一代信息通信提供技术支持。

从终端用电能替代的技术需求看，需要大力发展电能转化为其他形式能源的技术和装备，如新能源电力制氢技术、电力存储技术，发展基于电力能源的制造业流程工艺技术、制造装备；需要大力发展电力驱动技术，除新能源汽车外，发展电动船舶、电动飞机、电动航天装备等用电驱动交通工具；需要大力发展建筑用能电气化技术，如光伏建筑一体化技术。

从融合智慧能源、智能电网、新一代信息通信的技术需求看，亟待进一步融合电力存储技术，大力发展发电侧、电网侧、用户侧电力存储技术和装备，构建新能源发电、分布式新能源和微电网、终端用电装备深度融合的新能源电力生产、传输和消费的能源生态新体系；发展新能源发电和新能源汽车使用的协同调度技术，发展新能源汽车有序充电技术、智能充电技术和"光储充"一体化技术与装备，发展长寿命动力电池，构建新能源发电和新能源汽车融合的现代交通体系。

3. 公众利益的技术需求分析

新能源是清洁能源，新能源的生产、消费具有环境友好型的特征，符合公众利益和需求。新能源发电为解决无电人口用电、孤岛和偏远地区缺电问题提供了重要支撑，也在脱贫攻坚战中发挥了独特的作用，促进提高了人民生活水平和生活质量。从公众利益和需求的发展趋势看，我国人均能源消费水平和电力消费水平将不断提高，新能源是满足未来公众对于能源电力增长需求的主要来源，一方面需要满足公众对于新能源经济性和先进性的要求，持续提升新能源技术经济性，保障产品的质量与安全性，另一方面需要满足公众对于新能源使用便利性的要求，在推广普及新能源的同时，为公众提供技术服务和技术支持。

从满足公众对于新能源技术使用便利性需求出发，需要不断发展新技术和新产品，支撑新能源服务业的发展。大力发展新能源电力、新能源汽车、电力存储的高效管理技术、交易技术和数据挖掘、分析与应用技术，支撑新能源服务业的发展；建立新能源电力、新能源汽车、电力存储的修复、梯级利用、回收利用技术体系和服务体系，提高新能源使用的便利性。

综上所述，从产业创新、社会经济发展和公众利益需求现状分析技术需求，未来新能源技术特征可以概括为三个方面：一是以提升新能源发电、新能源汽车、电力存储装备及制造技术水平与产品质量为主要特征，支撑能源生产向新能源大规模开发利用方向发展；二是以大力发展电力存储、电驱动和产业电气化、建筑电气化、农村电气化等技术为主要特征，支撑能源消费向主要依赖新能源电力增长实现电气化的方向发展；三是以新能源融合智慧能源、智能电网、智能交通、新一代信息通信为主要特征，支撑能源体系向绿色低碳、智慧、多元化、互联互通的方向发展。

第三节　技术前沿分析

近年来，新能源技术的突破性进展支撑了新能源的大规模开发利用，新能源电力成为新增电力的主要来源，新能源汽车正在推动电驱动在交通领域的普及应用，电力存储也实现了全面规模化商业示范与应用。为实现能源转型，加快推动新能源发展已经成为全球共识，而全球新能源技术的发展也处于异常活跃的时期，新材料、新装备、新技术不断涌现，支撑新能源迈入加速发展和融合发展的新阶段。

我国新能源的技术创新支撑了新能源产业发展和规模化商业应用，新能源电力装备实现了大规模产业化和大规模商业化应用，新能源汽车形成了国际影响力，电力存储领域商业化示范运行项目的规模和技术水平也位居世界前列。

一、新能源电力技术前沿分析与结果

2015 年，全球新能源发电新增风能发电和光伏发电电力装机容量超过了其他能源的发电装机容量，具有里程碑意义，标志着风能发电和光伏发电技术和装备取得了突破性进展。2012 年，我国发布的《可再生能源发展"十二五"规划》把"全面提升可再生能源技术创新能力，掌握可再生能源核心技术，建立体系完善和竞争力强的可再生能源产业"作为总体目标，并提出"风电和太阳能光伏发电设备技术和制造能力达到国际先进水平"。2016 年，我国发布的《可再生能源发展"十三五"规划》把"坚持创新引领，推动转型升级"作为基本原则，提出"坚持将科技创新驱动作为促进可再生能源产业持续健康发展的基本动力"。由此大致可以看出，我国新能源技术的发展从追赶国际先进水平到创新引领的发展历程，从支持新能源产业建设到支撑新能源产业可持续发展的转变。2017 年，欧洲各国宣布禁售燃油汽车时间表，也标志着新能源汽车技术从示范应用迈入大规模商业化时代。

新能源发电技术主要包括风能发电、太阳能发电、地热发电和海洋能发电等技术方向，其中风能发电和太阳能光伏发电占主导，截至 2018 年，全球可再生能源发电装机容量达到了 2351 GW，其中水力发电机容量达到 1172 GW，占49.8%；风能发电装机容量 563 GW，占 23.9%；光伏发电装机容量占 485 GW，占 20.6%。下面主要介绍风能发电和太阳能光伏发电前沿技术分析与结果。

1. 风能发电技术前沿分析与结果

（1）全球风能发电技术现状和发展态势

近 30 年来，风能发电技术以风电机组大型化为显著特征，目前全球风电机组平均单机功率为 2.5MW，英国以 3.8MW 平均单机功率排名第一。1.4MW ～ 4.0MW 和 5MW ～ 6MW 风电机组产品技术已经成熟，并大批量生产应用，风电场设备技术可利用率分别为 98% 和 95%；8MW ～ 10MW 风电机组样机实现了试运行，成为当前竞争的焦点，正在开发 12MW 级别的大型风电机组，2030 年预计风电机组单机功率达到 15MW ～ 20MW，图 4.6 为近 30 年风电机组容量的变化趋势。未来风能发电技术除风电机组的大型化外，还将实现大型智能化风电场建设和科学管理、深海风电场建设、高空风力发电装置的工程化应用、大型海上风电机组工程化应用。

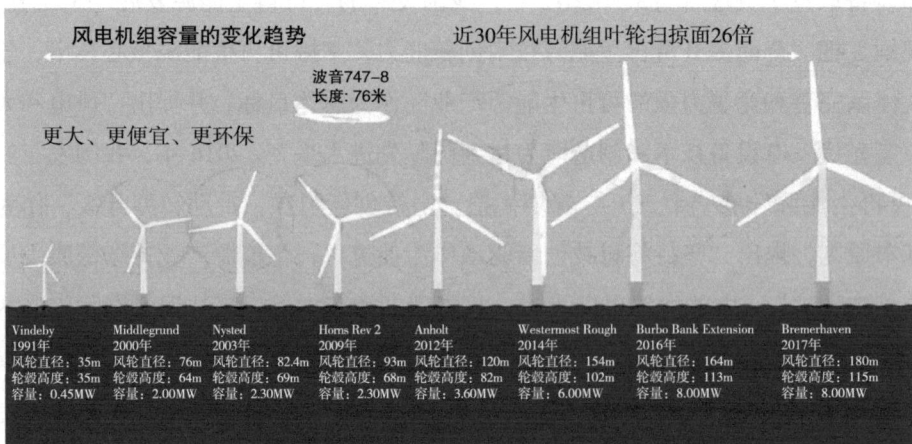

图 4.6　风电机组容量的变化趋势

（资料来源：国际风电技术现状及发展趋势报告）

（2）我国风能技术发展态势

我国 1.5MW ～ 4MW 风电机组产品技术成熟，并大批量生产应用，风电场设备技术利用率 98%；5MW ～ 6MW 风电机组产品技术基本成熟，实现了批量生产，风电场设备技术利用率 95%；7MW ～ 8MW 风电机组样机也已经试运行，正在向商业化产品过渡。

根据 2016 年发布的《风电发展"十三五"规划》，风电技术创新提出了 4 项重点技术研发和推广应用：风电机组性能和智化水平提升技术，10MW 级风电机组和关键部件的设计制造技术，风电机组降噪优化、智能诊断、故障自恢复和风电场智能化运维技术，近海风场设计、建设和海上风电机组基础一体化设计技术。可以看出，我国风电技术正在向大型化、智能化、高可靠性的方向发展，风能利用从陆上风能向海上风能转变。

表 4.4 是科技部重点研发计划 2018 年和 2019 年发布"可再生能源与氢能技术"重点专项项目申报指南风能领域的支持方向。不难看出，"十三五"期间，我国以大型风电机组、海上风电机组及关键部件、海上风场建设等作为重点方向，预示着我国 2023 年前后将突破 15MW 大型风电机组、深远海风电机组和海上风能发电场的关键技术。

表 4.4　"十三五"国家重点研发计划风能领域的支持方向

序号	支持方向	发布时间	支持类别
1	风力发电复杂风资源特性研究及其应用与验证	2018 年	基础研发类
2	15MW 风电机组传动链全尺寸地面试验系统		共性关键技术类
3	大型海上风电机组叶片测试技术研究及测试系统		共性关键技术类
4	大型海上风电机组及关键部件优化设计及批量化制造、安装调试与运行关键技术		共性关键技术类
5	面向深远海的大功率海上风电机组及关键部件设计研发	2019 年	共性关键技术类
6	大型海上风电机组多场耦合性能测试与验证关键技术		共性关键技术类

（3）风能发电技术前沿分析结果

2019 年《科学》杂志发表文章，提出了当今风能发电技术面临的 3 个挑战：更好地了解大气中的风力环境、巨型风机的旋转机械结构和系统动力学问题、能够支持并提高电网的可靠性和弹性的风力涡轮机的设计与操作。可以看出，风能发电技术以风资源、巨型风电机组、高可靠并网为主要研究内容。

综上风能发电技术前沿课题包括：复杂风资源的评估和风能发电设计方法，15MW 及以上风电机组关键技术的研究，深远海上风电机组与风能发电关键技术的研究，风电场智能运维技术的研究，海上风场设计与风电机组基础设计一体化技术的研究。此外，针对风资源特征的不同，未来还将发展高空风电机组和低风速风电机组等关键装备的研制和风电场的建设。

2. 太阳能光伏发电技术前沿分析与结果

（1）全球太阳能光伏发电技术现状和发展趋势

近年来全球光伏电池技术快速进步，电池的转换效率提高了 3% ～ 5%，而成本不断下降。按照产品分类，2018 年商业化的电池组件转换效率分别为：单晶硅 19.5%、多晶硅 17.5% ～ 18%、铜铟镓锡薄膜 15.7%、碲化镉薄膜 12.8%、硅基薄膜 6% ～ 10%。根据美国 Solar-Buzz 公司统计，晶硅太阳能电池成本 2017 年下降到 0.50 美元 /Wp 以下，薄膜组件成本降到 0.45 美元 /Wp 以下。2019 年全球光伏电池片产量达到了 140GW，其中晶体硅光伏电池片占比达到 95.37%，预计未来晶体硅电池在光伏发电中的主导地位不会改变，技术进步将依然通过新型硅材料的研发制造、电池新结构和制造工艺改进、硅片加工技术及生产效率提高等方面，还包括工艺、系统、产品等方面的技术创新，如钝化发射极及背接触技术、建材光伏一体化产品等。

根据最新实验室研究成果，单结（同质结）单晶硅太阳电池最高效率是 25%、单结（同质结）多晶硅太阳电池最高效率是 20.4%、单结（异质结、非晶硅 / 单晶硅）太阳电池最高效率是 25.6%、三结 GaAs 聚光电池最高效率是 44.4%、新型钙钛矿类太阳能电池效率达到了 25.2%，图 4.7 是来自美国国家可再生能源实验室的太阳能电池效率图。

（2）我国太阳能光伏发电技术发展态势

我国掌握了从多晶硅材料、电池片、组件到系统设计集成全产业链的关键技术，多晶硅材料纯度达到了 99.99995%，并网光伏电站功率达到了 100MW 级，设计集成了 MW 级光伏与建筑相结合的一体化系统，10MW ～ 100MW 级水 / 光 / 储多能互补微电网进入示范阶段。过去 10 年，我国太阳能光伏电池

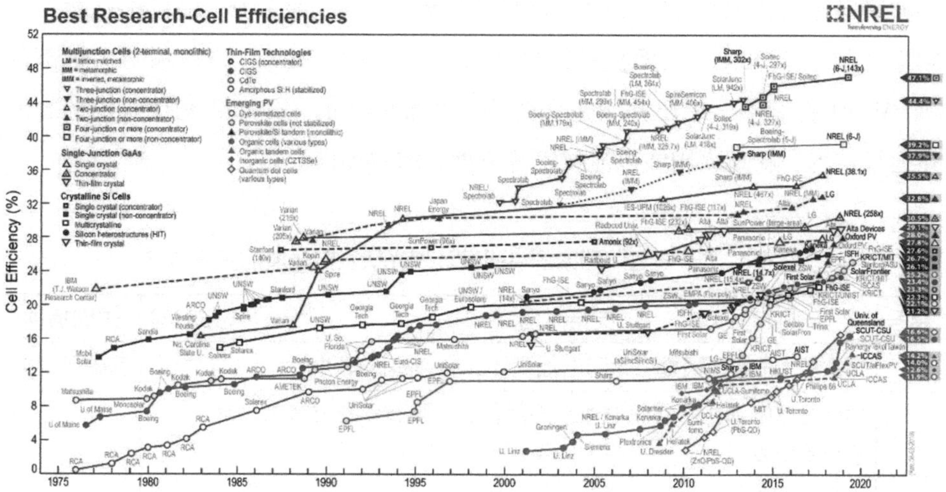

图 4.7　太阳能电池效率图

（资料来源：美国国家可再生能源实验室）

组件和发电系统的成本均下降了 90%，即成本只有原来的 1/10，2019 年我国青海省海西州格尔木实现上网电价为 0.316 元 /（kW·h），与当地煤电标杆电价 0.3247 元 /（kW·h）相当，实现了电网侧平价上网。

"太阳能发展'十三五'规划"专门提出了技术进步目标：先进晶体硅光伏电池产业化转换效率超过 23%，薄膜光伏电池产业化转换效率显著提高，若干新型光伏电池初步产业化；光伏发电系统效率显著提升，实现智能运维；太阳能热发电效率实现较大提高，形成全产业链集成能力。可以看出，太阳能光伏发电是产业技术进步的重点内容，技术进步以提升转化效率为主线，重点发展晶体硅电池、薄膜电池、新型电池、高效率和智能化发电系统等四项共性关键技术。

"十三五"国家重点研发计划在光伏发电领域支持了 12 个技术方向（表4.5），大致可以区分为 5 个方面：高效率晶体硅光伏电池技术、铜铟镓硒薄膜电池制备和装备技术、高效率钙钛矿太阳电池技术、智能分布式光伏发电系统、晶硅光伏组件回收处理成套技术。按照指南确定的目标，预计 2023 年前后，晶体硅太阳能电池转化效率将超过 21.5%，最高达到 24%；实验室铜铟镓硒薄膜电池转化效率达到 21%、示范线达到 16.5%；钙钛矿/晶硅两端叠层太阳电池效率 ≥ 23%，大面积钙钛矿太阳电池效率 ≥ 19%，光伏系统关键部件（如 MPPT 控制器、中压并网逆变器等）及集成技术、分布式光伏系统的智能化运维技术、新型太阳能电池技术等方面将取得突破。

表 4.5 "十三五"国家重点研发计划光伏发电领域的支持方向

序号	支持方向	发布时间	关键指标
1	钙钛矿/晶硅两端叠层太阳电池设计、制备和机理研究		基础研发类
2	柔性衬底铜铟镓硒薄膜电池组件制备、关键装备及成套工艺技术研发		
3	高效 P 型多晶硅电池产业化关键技术		
4	可控衰减的 N 型多晶硅电池产业化关键技术		
5	双面发电晶硅电池产业化关键技术	2018 年	
6	晶硅光伏组件回收处理成套技术和装备		共性关键技术类
7	新型光伏中压发电单元模块化技术及装备		
8	分布式光伏系统智慧运维技术		
9	典型气候条件下光伏系统实证研究和测试关键技术		
10	高效稳定大面积钙钛矿太阳电池关键技术及成套技术研发		
11	新结构太阳电池研究及测试平台	2019 年	
12	新型太阳电池关键技术研发		

（3）太阳能光伏发电技术前沿分析与结果

总体上看，太阳能光伏发电以提高材料的光电转换效率为主要方向，2016 年美国《科学》杂志发表文章，提出提高材料光伏转换效率的技术途径包括 3 个方面：提高光子利用效率、设计多电池叠层结构、利用聚焦光伏效应将太阳辐照强度增加。由此可见，新材料、新结构和新设计是太阳能电池技术发展趋势。预计未来晶体硅太阳能电池将依然占据主导地位，前沿课题包括：高转化效率晶体硅（≥ 25%）太阳能电池、高转化效率薄膜（≥ 25%）太阳能电池、高稳定性钙钛矿太阳能电池、高转化效率新型光伏材料与光伏电池、分布式智能光伏系统与光伏电站的智能运维技术、典型气候条件下光伏发电装备与发电场的设计。

二、新能源汽车技术前沿分析与结果

1. 全球新能源汽车技术现状和发展趋势

近年来，全球新能源汽车技术快速发展，支撑传统汽车向电驱动方向发展。纯电动汽车行驶里程达到 400 km ～ 500 km，百公里耗电量下降至 10 kW·h ～ 12 kW·h，成为新能源汽车主流发展方向，预计未来 3 ～ 5 年纯电动汽车的技术经济性将达到传统燃油车的技术水平；插电式混合动力汽车纯电行驶里程已经超过 50 km，百千米油耗下降至 2 ～ 3L，有望成为近中期替代传统燃油车的主要技术和产品；燃料电池汽车技术经济性大幅度提升，行驶里程达到了 400 km ～ 500 km，百千米氢耗下降至 3.4 kg。2018 年国际知名车企发布的典型新能源汽车车型及主要参数见表 4.6。未来新能源汽车将以提升技术经济性和产品质量与安全性为主要目标，实现关键部件的模块化，整车底盘设计的平台化，多能源动力的集成化，整车控制的智能化，并融合智慧能源、智能电网、智慧交通和新一代信息通信，发展智能网联汽车、共享汽车、无人驾驶汽车等新产品和智能充电、有序充电等关键技术，实现汽车从单纯交通工具向移动终端、电力存储装置的转变。

表 4.6　典型新能源汽车车型及主要参数

项目	丰田 MIRAI	现代 NEXO	本田 Clarity	奔驰 GLC F-CELL	上汽荣威 950 FCV
最高车速 /（km·h^{-1}）	178	208	165	170	160
百千米加速时间 /s	9.6	9.5	8.8	11.3	12
续驶里程 /km@NEDC	550	805	589	437	430
电堆功率 /kW	114	95	103	87	36 ～ 55
整车耐久性或质保 /km	400000	160000	320000	200000	90000

续表

项目	丰田 MIRAI	现代 NEXO	本田 Clarity	奔驰 GLC F-CELL	上汽荣威 950 FCV
冷启动温度 /℃	−30	−30	−30	−25	−20
储氢量 /kg	4.6	6.1	4.2	4.4	4.3
储氢压力 /MPa	70	70	70	70	70
电机峰值功率 /kW	113	120	130	147	110
动力电池参数 /kW·h	1.6	1.5	1.7	13.8	11.8
售价 / 万元	～40	～38	租赁或单位购买	仅租赁	—

资料来源：《2019—2020 年中国汽车动力电池及氢燃料电池产业发展年度报告》。

新能源汽车以电驱动替代传统燃油驱动，所采用的动力电池被视为一种新能源技术，近年来发展迅速，对于新能源汽车的发展发挥了关键作用。过去 10 年商业化动力电池的比能量由 120（W·h）/kg 提升至 260（W·h）/kg，电池系统成本由 5 元 /（kW·h）下降至 1 元 /（kW·h）左右。目前 150～170（W·h）/kg 磷酸铁锂锂离子动力电池和 180～260（W·h）/kg 的三元材料锂离子动力电池技术成熟，实现了大规模生产和装车应用；280～300（W·h）/kg 高镍三元锂离子动力电池技术取得了突破性进展，正在开展整车试验验证，预计 2021 年前后将实现产业化。正在研究的锂离子电池采用高比容量的正极材料和负极材料，比能量达到 350～400（W·h）/kg，而新体系电池采用金属锂为负极，包括锂硫电池、锂空气电池，比能量能够达到 500（W·h）/kg。此外，采用固态电解质的固态电池不仅具有比能量高的特征，更具有安全性好的优势，成为当前的热点，美国、日本、欧洲、加拿大等国家正在加大研发支持的力度，力争掌握动力电池的核心关键技术。例如，2019 年 3 月，欧盟启动《电池 2030+》计划，希望通过此计划促进欧洲电池领域的变革性发展，不断提出新的研究方法和开拓新的创新领域，实现安全的超高性能电池开发，最终实现欧洲社会 2050 年前不再使用化石能源；2018 年 7 月，日本新能源与工业技术开发组织（NEDO）通过了固态电池开发项目，联合 23 家企业、15 家研究机构，投入 100 亿日元，攻克全固态电池商业化应用的瓶颈技术，为 2030 年左右实现规模化量产奠定技术基础。除电池技术外，电池系统的轻量化设计、安全设计、热管理设计也取得了较好的进展，电池系统的集成化程度大幅度提升，安全监控、管理和防护提升了高比能量锂离子电池的安全性和耐久性。此外，智能制造、绿色制造也成为电池制造的发展趋势，能够大幅度提升电池产品质量的一致性，降低成本。预计 2025 年动力电池比能量将达到 350（W·h）/kg，电池系统成本下降至 0.50 元 /（kW·h），支撑电动汽车的技术经济性达到传统燃油车的水平。

2. 我国新能源汽车技术发展的基本态势

2018 年我国纯电动汽车续航里程超过 400km 的销量近 8 万辆，占销售总量 11%，而续航里程 150 ～ 200km 的纯电汽车销量占比从 2017 年的 40% 下降至 16%。我国插电式混合动力汽车技术经济性持续提升，混合动力系统结构进一步优化，百千米油耗达到了 1.0L，百千米加速时间达到了 4.4 秒。在燃料电池汽车方面，上汽集团 2016 年推出我国首款商业化轿车荣威 950FCV，续航里程 430km、最高车速 160km/h、百千米加速时间 12 秒，能够在 –20℃下低温启动，目前包括中国第一汽车集团有限公司、长城汽车股份有限公司、广州汽车集团股份有限公司等均发布了燃料电池乘用车的开发计划，而燃料电池客车和专用车已经实现了示范应用，2018 年燃料客车生产 710 辆、专用车生产 909 辆。2020 年 10 月我国发布了《新能源汽车产业发展规划（2021—2035 年）》，按照"三纵三横"技术布局，将继续加强纯电动汽车、插电式混合动力汽车和燃料电池汽车等"三纵"技术的集成创新，致力于动力电池与管理系统、驱动电机与电力电子、网联化与智能化等"三横"关键技术的突破。

表 4.7 是"十三五"国家重点研发计划中支持新能源汽车动力电池的研发方向，从技术类型看，包括了锂离子电池、锂硫电池、固态电池和新体系电池，而从产品角度看，包含了高比能量动力电池、高安全高比能量动力电池、高比功率长寿命动力电池、乘用车电池系统和客车电池系统。根据所确定的考核指标，2020 年前后，锂离子电池单体比能量将达到 300（W·h）/kg、锂硫电池单体比能量达到 400（W·h）/kg、固态电池单体比能量达到 300（W·h）/

kg、新型锂离子电池样品能量密度 ≥ 400（W·h）/kg，新体系电池样品能量密度 ≥ 500（W·h）/kg；乘用车电池系统比能量达到 210（W·h）/kg、新能源客车电池系统的比能量 ≥ 170（W·h）/kg。

表 4.7 "十三五"国家重点研发计划新能源汽车动力电池的支持方向

序号	支持方向	发布时间	支持类别
1	动力电池新材料新体系	2016 年	基础研发类
2	高比能量锂离子电池技术		共性关键技术类
3	高安全高比能锂离子电池技术	2017 年	共性关键技术类
4	动力电池系统技术		共性关键技术类
5	高比功率长寿命动力电池技术		共性关键技术类
6	高安全高比能乘用车动力电池系统技术	2018 年	共性关键技术类
7	高安全长寿命客车动力电池系统技术		共性关键技术类
8	高比能锂 / 硫电池技术		共性关键技术类
9	高比能固态锂电池技术		共性关键技术类
10	动力电池测试与评价技术		共性关键技术类

目前，我国在比能量为 300（W·h）/kg 锂离子电池方面取得了较好的进展，宁德时代、天津力神、合肥国轩、国联研究院等单位采用高镍三元材料为正极、硅碳复合材料为负极，完成了电池设计，电池循环寿命超过了 1000 次，正在开展工程化和整车试验示范与验证。近年来，我国固态电池的研发和产业化也取得了一定的进展，据了解，电池比能量达到了 300（W·h）/kg，安全性明显优于传统液体锂离子电池，能够通过针刺等安全性测试，表现出较好的应用前景。

3. 新能源汽车动力电池技术前沿分析与结果

综上，新能源汽车以电驱动为技术发展方向，将进一步融合智慧能源、智能电网、智能交通、新一代信息通信，向智能化、网联化、共享化的方向发展。动力电池为新能源汽车提供电力保障，是驱动新能源汽车技术发展的关键，发展高性能动力电池、提高动力电池的安全性与可靠性是动力电池技术发展的主要趋势。

动力电池技术的前沿课题包括：高安全高比能长寿命锂离子电池、比能量 ≥ 400（W·h）/kg 新型锂离子电池、比能量 ≥ 400（W·h）/kg 锂硫电池、高比能量 [≥ 300（W·h）kg] 固态电池、比能量 ≥ 500（W·h）/kg 的新型动力电池及关键材料、动力电池标准化模块和智能化系统。此外，针对新能源汽车的产品类别，还包括高安全高比能乘用车动力电池系统、高安全长寿命客车动力电池系统。

值得一提的是，新能源汽车技术的发展推动了电驱动技术的发展，电驱动技术已经推广应用到船舶、飞机等领域。目前全球营运中和拟建造电动船舶数量为 155 艘，包括营运中船舶 75 艘，拟建造船舶 80 艘。2019 年，全球最大纯电动渡船在丹麦实现完成首航，配备了 4.3 MW·h 的三元材料锂离子动力电池系统，渡船长度近 60 m、宽度约为 13 m，航速在 13 ~ 15.5 节之间，一次充电可行驶约 41 km，能够搭载约 30 辆汽车和 200 名乘客。据报道，全球有近 170 个电动飞机项目正在开发中，其中欧洲是电动飞机项目最集中的区域，共有 72 个电动飞机项目正在开发过程中，城市空中的出租车和通用航空项目在全电动推进中占主导地位。2019 年，全球第一架全电动商用飞机从加拿大完成了首次试飞，配备了约 551 kW 的电力推进系统和锂离子电池系统，飞机持续飞行约 160 km，试飞持续了 15 min 左右。

三、电力存储技术前沿分析与结果

电力存储包括机械、热、电等物理储能技术和电化学、化学等化学储能技术。目前，抽水储能技术成熟，在电力存储中得到了大规模的应用。机械储能（抽水储能除外）、电化学储能正在开展大规模的示范应用和推广，而电储能和化学储能大多处于开发和小规模示范阶段。不同储能技术目前所处的阶段各不相同，图 4.8 为澳大利亚可再生能源署绘制的储能技术成熟度曲线。

1. 全球电力存储技术现状和发展趋势

电化学储能是近年来发展较为迅速的电力存储技术。在汽车动力电池技术

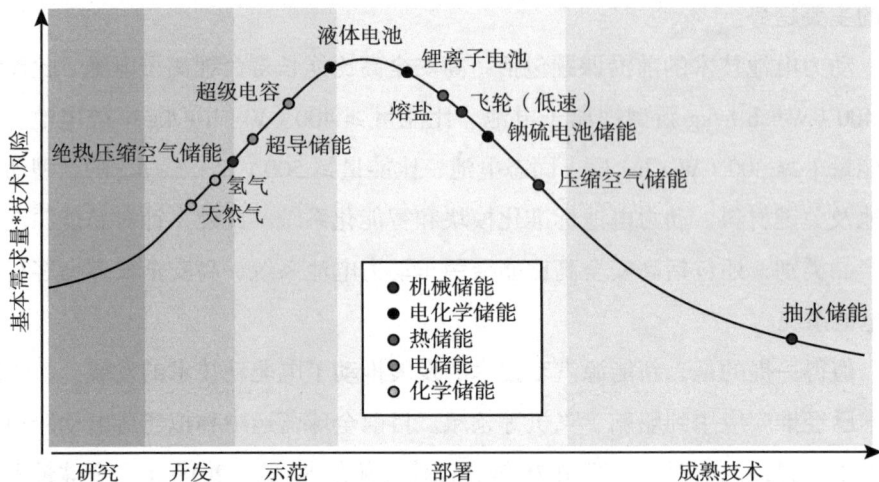

图 4.8　储能技术成熟度曲线

（资料来源：澳大利亚可再生能源署）

进步的推动下，全球锂离子电池示范应用于电力存储领域迅猛发展，装机容量位居电化学存储技术的首位。电力存储所采用的锂离子电池和新能源汽车锂离子动力电池具有相同的技术，以磷酸铁锂和三元材料锂离子电池为主，日本、韩国和中国占全球产能的 90% 左右。2017 年，在澳大利亚的南澳州建成了世界最大规模的 100 MW/129 MW·h 的锂离子储能电站，并成功运行。目前，已有多个国家宣布将建设大规模的锂离子储能电站，其中最大规模锂离子电池储能电站达到了 101 MW/202 MW·h。

除锂离子电池外，累计装机容量达到 100MW 级的电化学储能电站还包括了高温钠硫电池、全钒液流电池和铅碳电池。高温钠硫电池是美国福特公司 1967 年发明的，工作温度 300℃以上，日本 NGK 公司是全球第一家实现产业化的机构，生产的电池模块功率 50 kW、容量 360～430 kW·h，转化效率 85%，循环次数达到 4500 次（90% 放电深度，15 年）。目前全球规模最大的高温钠硫电池储能电站 2008 年在日本建成投入示范运行，规模为 34 MW/244.8 MW·h。全钒液流电池 1985 年由澳大利亚科学家发明，利用不同价态钒在硫酸溶液中氧化还原反应进行电化学储能，中国、美国、加拿大、日本等国家推动了商业化和产业化，具有循环寿命长（＞18000次）、安全性好等明显优势，全球投入并网运行的最大规模全钒液流电池储能电站是2013年在我国辽宁省沈阳法库卧牛石风电场建成的，规模为5MW/10MW·h，而正在建设的大连电网调峰储能电站规模将达到200MW/800MW·h。铅碳电池是一种增强的铅酸电池，通过在负极加入特种炭材料，弥补了铅酸电池循环寿命短的缺陷，其循环寿命可达到铅酸电池的4倍以上，是目前成本最低的电化学储能技术，在美国、澳大利亚、中国等国家开展了MW级规模的示范应用。

在电力储能领域，正在开展示范运行的电化学存储技术还有锌溴液流电池、高温钠镍电池（Zebar电池）、钠离子电池，表4.8是现有主要电化学储能技术的关键参数。目前，制约电化学储能技术规模化和产业化发展的关键问题依然是电池的成本、耐久性和安全性，一方面通过大规模的示范应用，通过规模化和产业化提高产品质量和安全性，降低成本，另一方面世界各国也在积极推动新型电化学储能技术的发展，包括锂硫电池、锂空气电池、固态电池等。此外，新能源汽车动力电池、回收动力电池也已经成为电力储能的重点关注方向。从全球电化学储能发展趋势看，近中期将以锂离子电池、全钒液流电池为代表的大规模示范应用推动电化学储能迈向商业化、产业化，中远期电化学储能成本将大幅度下降、安全性将大幅度提升，以适应不同领域的储能需求。

表4.8　现有主要电化学储能技术的关键参数

储能技术	输出功率	放电时间/h	效率/%（PCS）	建造成本/元·（kW·h）⁻¹	寿命/年	装机容量/MW
铅炭电池	kW～100MW	0.25～5	75～85	350～1500	8～10	～168
高温钠基电池	kW～100MW	1～10	75～85	2200～3000	10～15	＞350
锂离子电池	100kW～100MW	0.25～30	80～90	800～2000	5～10	～2240
全钒液流电池	kW～100MW	1～20	75～85	2000～4000	＞10	～260
锌基液流电池	kW～MW	0.5～10	70～80	1000～2000	＞10	～33
钠离子电池	kW～MW	0.3～30	80～90	750～1500	5～10	～0.1

资料来源：中国科学院院刊的能源革命中的电化学储能技术。

压缩空气储能也是近年来受到关注的电力存储技术。全球有两座商业化的压缩空气储能电站投入运行，第一座是 1978 年投入商业运行的德国 Huntorf 储能电站，可连续储能 12 小时，连续输出电能 3 小时，电站效率为 42%；第二座是于 1991 年投入商业运行的美国 McIntosh 储能电站，可实现连续 41 小时充气和 26 小时发电，系统效率为 54%。近年来，新型压缩空气储能技术发展较为迅速，包括绝热式压缩空气储能、蓄热式压缩空气储能、等温压缩空气储能、液态空气储能、超临界压缩空气储能、水下压缩空气储能、外部热源补热类压缩空气储能等，部分新型空气压缩存储技术已进入规模的示范阶段，如 2013 年我国在河北廊坊建成 1.5MW 超临界压缩空气储能系统，完成了 168 小时运行试验，储能系统效率约 52%；2016 年，我国在贵州毕节建成 10MW 先进压缩空气储能系统，并示范运行，储能系统效率约 60%；2018 年 6 月位于英国曼彻斯特的 5MW/15MW·h 规模的液态空气储能示范项目投入运行；美国计划 2022 年前后在佛蒙特州建成 50MW/400MW·h 液态压缩空气储能电站，以促进可再生能源利用和改善电力质量。

未来储能技术的发展将向高安全、高效率、长寿命、低成本、大规模、可持续的方向发展：①储能技术的安全性，突破储能单体的本质安全问题，储能系统突发事故时，不发生起火爆炸；②储能技术高效率，系统能量转换效率高于 90%；③储能技术的长寿命，使用年限大于 30 年，循环次数过万次；④储能技术大规模低成本化，实现 GW·h 级且满足不同应用市场经济性需求；⑤储能系统长时间尺度化，单次能量存储和释放可以保持大于 10 小时，超过以天为单位的储能时长；⑥不存在资源压力，可梯次利用、可回收，形成绿色循环经济。

2. 我国电力存储技术发展态势

2017 年我国出台《关于促进储能技术与产业发展的指导意见》（简称储能发展指导意见），全面阐述了我国未来 10 年储能技术与产业的发展方向，第一阶段（"十三五"期间）的目标任务是实现储能由研发示范向商业化初期过渡，第二阶段（"十四五"期间）是实现商业化初期向规模化发展转变。表 4.9

是储能发展指导意见确立了"集中攻关一批、试验示范一批、应用推广一批"储能关键技术与装备的研发示范任务，其中集中攻关的关键技术有 7 项，试验示范 5 项，应用推广的 2 项。从中可以看出，储能技术的发展以电力存储和热存储为主要方向，而电力存储占主导。

表 4.9　储能发展指导意见所确定的关键技术和装备

序号	集中攻关技术	试验示范	应用推广
1	变速抽水蓄能技术	10MW/100MW·h 级超临界压缩空气储能系统	100MW 级全钒液流电池储能电站
2	大规模新型压缩空气储能技术	10MW/1000MJ 级飞轮储能阵列机组	高性能铅炭电容电池储能系统
3	化学储电各种新材料制备技术	100MW 级锂离子电池储能系统	
4	高温超导磁储能技术	大容量新型熔盐储热装置	
5	相变储热材料与高温储热技术	应用于智能电网及分布式发电的超级电容电能质量调节系统	
6	储能系统集成技术		
7	能量管理技术		

国家重点研发计划在"智能电网技术与装备"重点专项支持储能技术的研究和发展，表 4.10 是"十三五"期间支持的 10 项电力存储领域关键技术，包括了电化学储能、压缩空气、飞轮和抽水蓄能等技术方向，从确定的考核指标看，"十三五"末期，我国先进电化学储能技术装备的寿命将达到 15 年以上，成本下降至 1500 元/kW·h，单个系统规模达到 100MW·h；先进压缩空气的效率达到 60%，系统规模将达到 10MW/100MW·h 级，适用于集中式发电、分布式发电、电网调频等不同应用场景的储能技术和装备将达到试验示范的水平。

表 4.10 "十三五"国家重点研发计划电力存储的支持方向

序号	支持方向	发布时间	支持类别
1	钠基二次电池的基础科学与前瞻技术研究	2016 年	基础研发类
2	高功率低成本规模储能器件的基础科学与前瞻技术研究		基础研发类
3	100MW·h 级电化学储能技术	2017 年	共性关键技术类
4	10MW 级液流电池储能技术		共性关键技术类
5	10MW 级先进压缩空气储能技术		共性关键技术类
6	海水抽水蓄能电站前瞻技术研究		共性关键技术类
7	梯次利用动力电池规模化工程应用关键技术	2018 年	共性关键技术类
8	高安全长寿命固态电池的基础研究		基础研发类
9	3MW 级先进飞轮储能关键技术研究		共性关键技术类
10	液态金属储能电池的关键技术研究		共性关键技术类

我国在大规模储能用锂离子电池、液流电池、电化学超级电容器方面已经取得了重要进展，磷酸铁锂储能电池循环性达到了 1.38 万次，低成本锰酸锂型锂离子电池循环寿命达到了 7000 次，电化学电容器能量密度和功率密度达到了 64（W·h）/kg 和 9kW/kg。我国在福建、新疆、甘肃等地建设的锂离子电池系统规模达到了 100MW·h，2020 年 1 月由宁德时代设计的 30MW/108MW·h锂离子电池系统储能电站在福建晋江建成并网，成为国内规模最大的电网侧站房式锂离子电池储能电站；甘肃省正在建设国家网域大规模电池储能电站，远期规划 1.5GW·h，一期 720MW·h。我国全钒液流电池电站规模也超过了 100MW·h，2017 年 11 月国家启动建设大连液流电池储能调峰电站，总规模 200MW/800MW·h，其中一期 100MW/400MW·h 正在建设，项目建成后将成为全球规模最大的全钒液流电池储能电站，可提高辽宁尤其是大连电网的调峰能力。2019 年 3 月，中科海钠与中国科学院物理研究所联合推出30kW/100kW·h室温钠离子电池储能电站，实现用户侧示范应用，为世界首例。此外，在新型储能技术研发方面，新型锂离子电池、固态锂离子电池、锂硫电池、新型液流电池、液态金属电池等方面也取得了大量基础科学和关键技

术开发方面的成果，有的已达到世界领先水平。

3. 电力存储技术前沿分析结果

可以看出，由于应用场景的不同，电力存储技术呈现出多元化发展的趋势。从技术发展现状看，抽水蓄能技术较为成熟，先进压缩空气、电化学储能进入了 100MW·h 级的示范试验，而电化学储能技术的发展最为活跃。

电力存储技术的前沿课题可以区分为新型压缩空气储能、化学储能、超导磁储能、飞轮储能等技术类别，前沿课题包括：大规模（≥ 100 MW）电化学储能、大规模（≥ 100 MW）先进空气压缩储能、大规模（≥ 10 MW）飞轮储能、梯级利用动力电池、超导磁储能、新型电化学储能等。

大规模（≥ 100 MW）电化学储能包括的前沿课题有：大规模锂离子电池储能电站、大规模全钒液流电池储能电站、铅炭电容电池储能系统、大规模钠硫电池储能电站等 4 项课题，而新型电化学储能包括了室温钠离子电池、高比能量超级电容、高安全长寿命固态电池、液态金属储能电池等 4 项前沿方向。

四、新能源技术前沿分析结果

基于国内外技术发展态势，大致可以看出，风能发电技术和太阳能发电技术较为成熟，前沿方向以关键装备的大型化、智能化和大规模并网为主要方向；新能源汽车技术成熟度较高，以智能化、网联化为主要发展趋势；而电力存储技术和装备还处于关键技术研发和试验示范阶段，在新能源电力消纳、分布式和微电网、电动汽车等领域展示了良好的发展前景。表 4.11 列出了上述基于国外技术现状和发展趋势、我国发布的规划和研发计划得出的前沿技术分析结果，总计 33 项前沿技术课题，新能源电力 13 项前沿技术，其中风能发电 7 项，光伏发电 6 项；新能源汽车动力电池 8 项前沿技术，而电力存储 12 项，其中电化学储能 9 项。

表 4.11　新能源前沿技术分析结果

序号	技术领域	技术名称
1	风能发电技术	复杂风资源的评估和风能发电设计方法
2		15MW 及以上风电机组关键技术的研究
3		深远海上风电机组与风能发电关键技术的研究
4		风电场智能运维技术的研究
5		海上风场设计与风电机组基础设计一体化技术的研究
6		高空风电机组的研制与风电场的设计建设
7		低风速风电机组的研制与风电场的设计建设
8	光伏发电技术	高转化效率晶体硅（≥ 25%）太阳能电池
9		高转化效率薄膜（≥ 25%）太阳能电池
10		高转化效率高稳定性钙钛矿太阳能电池
11		高转化效率新型光伏材料与光伏电池
12		分布式智能光伏系统与光伏电站的智能运维技术
13		典型气候条件下光伏发电装备与发电场的设计
14	新能源汽车动力电池技术	高安全高比能长寿命锂离子电池
15		比能量 ≥ 400（W·h）/kg 新型锂离子电池
16		比能量 ≥ 400（W·h）/kg 锂硫电池
17		高比能量 [≥ 300（W·h）/kg] 固态电池
18		比能量 ≥ 500（W·h）/kg 的新型动力电池及关键材料
19		动力电池标准化模块和智能化系统
20		高安全高比能乘用车动力电池系统
21		高安全长寿命客车动力电池系统
22	电力存储技术	大规模锂离子电池储能电站
23		大规模全钒液流电池储能电站
24		铅炭电容电池储能系统
25		大规模钠硫电池储能电站
26		大规模（≥ 100 MW）先进空气压缩储能电站
27		大规模（≥ 10 MW）飞轮储能电站
28		超导磁储能技术
29		梯级利用动力电池储能技术
30		室温钠离子电池
31		高比能量超级电容
32		高安全长寿命固态电池
33		液态金属储能电池

第四节　技术预见成果分析

面向未来能源转型的需求，国内外政府部门和机构开展了技术预见的研究，发布技术发展战略的研究报告和发展规划，提出了影响未来经济社会、人民生活和国家安全的未来能源技术。本报告简要介绍国内外技术预见研究在新能源领域的研究结果，重点分析我国在新能源领域技术预见研究和战略研究、发展规划对于未来技术需求与关键技术预见结果，明确未来技术布局和发展方向。

一、国内外新能源技术预见研究概述

自20世纪90年代以来，国内外政府部门、专业结构广泛开展技术预见活动，为制定科技政策和科技规划提供支撑。从技术预见的研究结果看，新能源是能源领域重要的发展方向，将成为影响未来科技、社会和经济发展的关键技术。

2006年，美国兰德公司发布《2020年全球技术革命》（简称《GTR2020》），提出了2020年可能形成的技术系统和产品的56项技术，"廉价的太阳能收集、转化和储存技术"排在第一位。美国麦肯锡公司2013年5月发布了《12项引领全球经济变革的颠覆性技术》报告，"自动驾驶汽车""储能技术""可再生能源"分别排在第五、第九和第十二位。

2010年，英国发布了第三轮技术预见报告《技术与创新未来：英国2030年的增长机会》，给出了四大领域53项对英国2030年至关重要的技术，"能源和低碳技术"是其中的关键领域，包含了先进电池技术、生物质能、碳捕集和封存、核裂变、燃料电池、核聚变、氢能、微型发电技术、循环利用、智能电网、太阳能、智能低碳车辆、海洋和潮汐发电、风能等14项至关重要的技术。接下来，报告又将53个单项技术划分为28个跨领域的技术群，涉及新能源的有能源材料和储能、能量捕集、氢经济、有机太阳能电池、能量自给型建筑、智能电网——微型发电等6个技术群。报告分析认为，风电、小规模发电、生物质发电、碳捕集和封存、高容量储能电池是推动英国未来10～20年能源转型最具潜力的关键技术。

我国在国家层面开展技术预见研究主要机构有科技部和中国科学院、中国工程院。科技部已开展了五次技术预见活动，并正在组织第六次技术预见，以支撑制定国家"十四五"科技规划。2015 年科技部完成了第五次国家技术预测，对 14 个领域 2079 项技术开展了大规模的德尔菲调查，选出 100 项国家关键技术，其中能源领域的预测认为，核能、太阳能、风能等技术不断取得重大突破，新一代电池将让更多的汽车告别汽油。

2015 年中国科学院布局开展新时代"中国未来 20 年技术预见研究"，在能源领域，2020 年发布了《中国先进能源 2035 技术预见》报告，报告提出了对中国未来发展最为重要（综合了促进经济增长、提高生活质量、保障国家安全三个方面的重要性）的 10 项技术课题，以新能源技术为主体，如大规模储能电池、新型锂离子电池、全固态电池位列前三位，燃料电池、硅太阳电池材料及器件位列第七和第八位，还包括了可再生能源与化石能源深度融合、区域性以可再生能源为主的能源系统，其他三项是核能及其相关技术，传统化石能源未能单独体现在 10 项最为重要的技术课题之中。

2015 年中国工程院组织了中国工程科技 2035 技术预见活动，以支持中国工程科技 2035 发展战略的研究工作，2019 年发布了《中国工程科技 2035 发展战略技术预见报告》，在能源与矿业领域确定了 10 项关键技术方向，其中大型中高速永磁风电机组关键技术、高可靠光伏建筑一体化智能微网技术、以智能电网为基础的综合能源系统排列在第七、第八、第九位。值得注意的是，从技术本身重要性看，规模化新型电能存储技术在能源与矿业领域位列第一位，而从应用重要性综合看，"规模化新型电能存储技术"位列第三位。报告把先进能源与动力技术作为五类颠覆性技术之一，包含了 7 项关键技术，零排放汽车技术、空间太阳能电池是其中的两项。

从国外技术预见研究结果看，新能源技术是实现能源转型的未来能源关键技术，包括了太阳能、风能、生物质能、海洋能等能源类别，也包含了新一代电池、智能电网、电动汽车、智能微网、电力存储等构建新型能源体系的关键技术。另外，近年来技术预见研究结果也表明，风能发电、太阳能电池、电动汽车、电力存储等新能源先进技术的重要性明显提升，是重塑能源体系，构建绿色低碳、智能、网络化能源体系的关键。

二、我国新能源技术预见的分析结果

能源技术创新在能源转型中起决定性的作用，我国将能源技术创新摆在能源发展全局的核心位置，同步推动能源消费革命、生产革命、技术革命和体制革命。2016年3月国家发展改革委、国家能源局发布《能源技术革命创新行动计划（2016—2030年）》（简称行动计划），行动计划围绕可能产生重大影响的革命性能源技术创新和对建设现代能源体系具有重要支撑作用的技术领域，明确了今后一段时期我国能源技术创新的工作重点、主攻方向以及重点创新行动的时间表和路线。

行动技术以2030年建成与我国国情相适应的完善的能源技术创新体系、进入世界能源技术强国行列为总体目标，提出了15项重点任务，并进一步把重点任务分解成具体创新行动和面向2050年的路线图。15项重点任务涵盖了煤炭、石油、天然气等传统能源，也包括了核能、风能、太阳能、氢能、生物质能、海洋能、地热能等新能源和先进储能、现代电网、能源互联网等新能源技术。可以认为，行动计划提出的创新行动和面向2050年的路线图是我国能源领域的未来技术，对于我国新能源技术的未来发展具有重要的指引作用。

2020年10月国务院发布了《新能源汽车产业发展规划（2021—2035）》，从汽车产业转型的角度和推动汽车产品形态、交通出行模式、能源消费结构与社会运行方式变革的高度，提出2035年我国新能源汽车核心技术达到国际先进水平、建设汽车强国的战略目标。规划提出了提高技术创新能力、构建新型产业生态、推动产业融合发展、完善基础设施建设等方面的重点任务，在重点任务中明确了新能源汽车未来发展的技术方向和需求，在进一步明确电驱动技术路线的基础上，通过融合智慧能源、智能电网、新一代信息通信，向智能化、网络化、共享化方向发展。

本报告简要介绍《能源技术革命创新行动计划（2016—2030年）》中提出风能发电、太阳能电池、先进储能等技术领域的创新行动路线图和《新能源汽车产业发展规划（2021—2035）》提出的技术方向与需求，结合中国科学院、中国工程院技术预见和战略研究的结果，总结分析我国在新能源技术领域技术预见研究的主要结果。

1. 新能源电力技术预见的分析结果

在我国能源领域的技术预见研究和技术发展战略研究中，研究内容包括风能发电、太阳能电池，研究结论认为新能源发电技术是对于我国未来发展最重要的关键技术，是我国新能源技术发展的战略方向。

（1）风能发电技术预见的分析结果

《能源技术革命创新行动计划（2016—2030 年）》在"大型风电技术创新"的创新路线图中提出了 11 项关键技术，表 4.12 是路线图提出的 9 项关键技术的集中攻关、试验示范、推广应用的时间节点（根据路线图中的时间估算），另外两项关键技术是：大功率陆上风电机组及部件设计与优化关键技术、陆上不同类型风电场运行优化及运维技术。

表 4.12　大型风电技术创新路线图

序号	关键技术	实现时间		
		集中攻关	试验示范	推广应用
1	10 MW 级及以上海上风电机组及关键部件设计制造关键技术		2024 年	2028 年
2	100 m 级及以上叶片设计制造技术	2021 年	2024 年	2028 年
3	10 MW 级及以上海上风电机组控制系统与变流器关键技术	2021 年	2024 年	2028 年
4	远海风电场设计建设技术		2025 年	2029 年
5	大型海上风电机组基础设计建设技术		2025 年	2029 年
6	海上典型风资源特性与风能吸收方法研究及资源评估	2024 年	2030 年后	2050 年前
7	大型海上风电基地群控技术		2025 年	2029 年
8	海上风电场实时监测与运维技术			2024 年
9	风电设备无害化回收处理技术		2025 年	2029 年

创新路线图将上述 9 项技术划分为 4 个战略方向：大型风电关键设备、远海大型风电系统建设、基于大数据和云计算的风电场集群运控并网系统和废弃风电设备无害化处理与循环利用，代表了风电技术和装备的大型化、智能化和从陆上风电向海上风电发展方向。

创新路线图还确立了 2020 年、2030 年、2050 年技术发展的战略目标，2020 年突破大型风电关键装备，2030 年通过推广应用支撑建成风电技术创新和产业发展强国为取向，2050 年把"风能成为我国主要能源之一"作为战略目标的落脚点，大致按照技术创新、产业发展、风能强国的逻辑演化；2020 年以支撑陆上风电和近海风电发展为目标，2030 年以发展远海风电为目标，2020 年、2030 年、2050 年风电机组功率将分别达到 10MW、10MW 以上和 30MW。

中国科学院对中国先进能源 2035 技术预见的研究结果中，虽然在对中国未来发展最重要的 10 项关键技术中没有风能发电技术，但是，在对促进我国经济增长最重要的 10 项关键技术中包含了"建立适合我国环境、气候特点的风电机组设计体系及研制设备"，从其技术内涵看，包括了大型海上风电机组及其关键部件设计制造技术，大型海上风电机组控制系统与变流器关键技术，风电机组状态检测与故障预警技术，风电机组及部件的清洁生产、绿色制造和回收技术等，与创新路线图在大型风电关键装备战略方向上提出的 3 项关键技术相似。

中国科学院技术预见报告分析了我国先进能源技术研究水平、目前领先国际和地区、实现可能性、技术发展的制约因素，表 4.13 是风能发电领域关键技术的主要分析结果。从表中可以看出，所分析的关键技术涉及大型风电设备、海上风电场、风电场智能运行、风电设备的循环利用等 4 个方面，与创新路线图基本一致，而风电关键技术实现的时间基本在 2025 年前后，实现的可能性在所分析的先进能源领域占有绝对的优势。

中国工程院对于中国工程科技 2035 发展战略技术预见的研究，把风能发电纳入能源与矿业领域的可再生能源子领域，提出的 29 项可再生能源子领域中风能发电占据了 5 项，表 4.14 是 5 项关键技术名称和分析的结果。可以看出，中国工程科技技术预见主要是对大型风电装备技术进行研究，其中"大型中高速永磁风电机组关键技术"被列入能源与矿业领域（6 个子领域、66 个技术方向）的 10 项关键技术之一，预见技术实现时间 2024 年、社会实现时间 2027 年，制约其发展因素主要是人才和研发工作，欧盟、美国在该技术处于领先地位。该项技术是以增强我国海上风电开发能力为目标，研制的风电机组功率达到 10 MW 级。

表 4.13　中国先进能源 2035 技术预见的风能发电技术预见的主要分析结果

序号	技术名称	实现时间	分析结果	
			实现可能性	领先国家或地区
1	建立我国不同区域、地形下的典型风资源数据库及共享服务系统	2024 年	前 10 项（第 1 位）	—
2	建立我国环境、气候特点的风电机组设计体系并研制设备	2024 年	前 10 项（第 3 位）	—
3	电网友好且其他电源协同运行的智能化风电场技术得到广泛应用	2024 年	前 10 项（第 4 位）	欧盟
4	开发出大型海上风电场成套关键技术	2024 年	前 10 项（第 9 位）	欧盟
5	研制出可测试 10 ～ 20MW 大型海上风电机组及其关键部件的试验测试装置	2024 年	前 10 项（第 10 位）	欧盟
6	实现 10 ～ 20MW 大型风电机组的产业化	2026 年	—	欧盟
7	掌握风电设备回收处理及循环再利用技术并开展应用示范	2027 年	—	欧盟

表 4.14　中国工程科技 2035 技术预见的风能发电技术预见的分析结果

序号	技术名称	分析结果
1	大型直驱永磁风电机组关键技术	—
2	大型中高速永磁风电机组关键技术	能源与矿业领域 10 项关键技术（第七位）、可再生能源子领域关键技术（第二位）

续表

序号	技术名称	分析结果
3	大型双馈型风电机组关键技术	—
4	适合中国低风速风电机组关键技术	可再生能源子领域关键技术（第九位）
5	高空型风力发电技术	—

综合我国风能发电技术战略和技术预见研究的预测结果，可以预见，海上风能开发利用的大型风电装备和发电技术是促进我国未来能源发展和经济发展重要的关键技术之一，而适合我国低风速（6m/s以下）地区风能开发利用的关键装备和技术是我国未来可再生能源发展重要的技术方向。此外，风电装备的智能制造、绿色制造和循环利用也受到了重视。值得注意的是，研究发现，我国大型风能发电技术实现时间大致在2025年前后，而且相比于其他新能源，实现的可能性更高。

（2）太阳能光伏发电技术预见的分析结果

《能源技术革命创新行动计划（2016—2030年）》"高效太阳能利用技术创新"路线图提出11项关键技术，涉及太阳能光伏发电技术6项，太阳能热发电4项，太阳能热化学制备清洁燃料1项。表4.15是太阳能光伏发电关键技术及其集中攻关、试验示范、推广应用的时间节点（根据路线图中的时间估算）。

表4.15　高效太阳能利用技术创新中光伏发电技术路线图

序号	关键技术	实现时间		
		集中攻关	试验示范	推广应用
1	新型高效太阳能电池产业化关键技术	2025年	2030年	—
2	高效、低成本晶体硅电池产业化关键技术	2025年	2030年	—
3	薄膜太阳能电池产业化技术	2022年	2026年	2029年
4	智能化分布式光伏及微网应用技术	2021年	2025年	2028年
5	高效能、低成本智能光伏电站关键技术	2021年	2025年	2028年
6	50MW级储热光热与光伏/风电互补的混合发电示范应用	—	2021年后	2024年

表 4.16 是中国科学院和中国工程院对太阳能光伏发电技术预见的分析结果，中国科学院的预测结果认为硅太阳电池材料及器件对我国未来发展最重要，而中国工程院认为光伏建筑一体化智能微网是能源与矿业领域的关键技术方向。从技术本身而言，硅太阳能电池无疑是太阳能光伏发电的主流方向，而从技术应用角度看，分布式微网发电将可能成为光伏发电的重要领域。

表 4.16　太阳能光伏发电技术预见的分析结果

序号	预见机构	技术名称	分析结果
1	中国科学院	硅太阳电池材料制备及器件效率取得重大突破	对中国未来发展最重要的 10 项关键技术（第 7 位），2024 年实现
2		高效薄膜电池材料及器件工艺技术取得突破	美国领先的 10 项技术课题之一（第 6 位），2025 年实现
3		建立我国 7 个典型气候区的光伏系统实证性研究的测试基地	实现可能性最大的 10 项技术课题之一（第 2 位），2023 年实现
4	中国工程院	高效率（＞25%）晶体硅太能电池技术	—
5		新型高效（＞20%）薄膜太阳电池技术	—
6		高效光伏环保型功能材料技术	可再生能源子领域 10 项关键技术（第 1 位）
7		高可靠光伏建筑一体化智能微网技术	能源与矿业领域 10 项关键技术（第 8 位）、可再生能源子领域关键技术（第 10 位），社会实现时间 2026 年

综合技术预见和战略研究的结果，"高转化效率硅太阳电池材料制备及器件""高可靠光伏建筑一体化智能微网技术""高效光伏环保型功能材料技术"是太阳能光伏领域重要的关键技术，预计晶硅太阳电池、光伏建筑一体化智能微网技术取得重大突破的时间大致在 2025 年前后，而技术的进一步发展将取决于新型高效光伏材料及器件的突破。根据中国工程院技术预见报告，"高效光伏环保型功能材料技术"的技术内涵包括了转化效率和能量利用率的新型光电转

换材料、低成本高可靠性材料、无污染工艺过程的新型环保材料等，而《能源技术革命创新行动计划（2016—2030 年）》提出的"新型高效太阳能电池产业化关键技术"主要包括铁电 – 半导体耦合电池、钙钛矿电池及钙钛矿 / 晶体硅叠层电池三类电池，预计 2030 年示范应用的组件平均效率分别 ≥ 14%、≥ 15%、≥ 21%，也明确发展染料敏化电池、有机电池、量子点电池、新型叠层电池、硒化锑电池、铜锌锡硫电池和三五（Ⅲ – Ⅴ）族纳米线电池等电池技术。

2. 新能源汽车技术预见的分析结果

《中国工程科技 2035 发展战略技术预见报告》专门开展了颠覆性技术的研究，指出颠覆性技术是在未来 20 年有望取得重大突破并能对该领域，甚至多个领域技术与产业发展产生颠覆性影响的技术，其中"零排放汽车技术"入选"先进能源与动力技术"方向。报告指出，零排放汽车的大量普及应用将显著解决我国能源与环境问题，颠覆现有汽车动力系统、能源结构、移动出行模式与生态，也将实现清洁能源制造、供应、使用、管理全流程的智慧化与绿色化。《新能源汽车产业发展规划（2021—2035）》也明确了 2035 年我国汽车技术将是"纯电动汽车成为主流"。因此，可以认为，零排放的纯电动汽车技术即是我国未来新能源汽车发展的最重要技术，也是我国新能源领域发展最重要的技术之一，实现时间是 2035 年前后。

为了进一步明确新能源汽车技术领域的关键技术，根据《新能源汽车产业发展规划（2021—2035）》所提出的重点任务，我们从新能源汽车本身技术及新能源汽车应用技术两个方面，重点分析动力电池、新能源汽车与新能源电力协同两个技术方向的关键技术课题。

从动力电池的发展任务看，规划在"提升技术创新能力"重点任务中确定"突破关键零部件技术"，设置的"专栏 1 新能源汽车核心技术攻关工程"中提出"实施电池技术突破行动"，在"构建新型产业生态"的重点任务中提出了"推进动力电池全价值产业链"。从这两方面的重点任务及其关键内容看，动力电池的发展需要开展的关键技术课题见表 4.17，其中围绕技术创新的技术课题 3 项，围绕动力电池产业链发展的技术课题 3 项。

表 4.17　动力电池的重点任务和关键技术课题

序号	重点任务	技术课题名称
1	实施电池技术突破行动	正负极材料、电解液、隔膜等关键核心技术
2		高强度、轻量化、高安全、低成本、长寿命动力电池系统技术
3		固态电池的技术研发与产业化
4	推动动力电池全价值链发展	动力电池锂、镍、钴等关键资源的开发利用技术
5		动力电池模块的标准化、制造装备与智能制造技术
6		动力电池梯级利用及循环利用的关键技术

从新能源汽车与能源协同发展的任务看，规划提出"推动新能源汽车与能源融合发展"，包括了"加强新能源汽车与电网（V2G）能量互动"和"促进新能源汽车与可再生能源高效协同"两项重点任务。分析规划重点任务和重点内容，可以提炼新能源汽车与能源协同发展方向的未来关键技术课题 4 项，见表 4.18。此外，从新能源汽车的充电出发，提出了"大力推动充换电网络建设"的任务，需要发展新型充电技术、建设高安全、高可靠、智能化充电站与以慢充为主、快充为辅充电网络两项关键技术，见表 4.18。

表 4.18　新能源汽车与能源电力融合发展的重点任务和关键技术课题

序号	重点任务	技术课题名称
1	加强新能源汽车与电网（V2G）能量互动	高循环寿命动力电池技术
2		建立新能源汽车充放电和电网能量互动（V2G）的技术体系和示范工程
3	促进新能源汽车与可再生能源高效协同	建立统筹新能源汽车利用与风电光伏协同调度的技术体系和示范工程
4		建设"光储充放"（分布式光伏 – 储能系统 – 充放电）多功能综合一体站
5	大力推动充换电网络建设	新型充电技术（智能有序充电、大功率充电、无线充电）
6		高安全、高可靠、智能化充电站的建设和以慢充为主、快充为辅充电网络的建设

《新能源汽车产业发展规划（2021—2035）》特别设置了 5 个专栏，从新能源汽车技术创新和产业发展出发，设置了"专栏 1 新能源汽车核心技术攻关工程""专栏 2 车用操作系统生态建设行动""专栏 3 建设动力电池高效循环利用体系"；从融合发展和基础设施建设的任务看，设置了"专栏 4 智慧城市新能源汽车应用示范行动""专栏 5 建设智能基础设施服务平台"。可以认为，我国将在新能源汽车领域实施五项重点工程，一方面提高新能源汽车的产业技术水平和创新能力，促进新能源汽车向智能化、网联化方向发展，另一方面促进新能源汽车和新能源技术融合和集成，新能源汽车技术、新能源技术和智慧能源、智能电网、智能交通、新一代信息通信、云计算、大数据等技术的融合与集成，是未来新能源汽车技术、新能源技术非常重要的关键领域。

3. 电力存储技术预见的分析结果

中国工程院技术预见研究分析结果表明，"规模化新型电能存储技术"是能源与矿业领域技术应用重要性综合排名前 10 位的技术方向（第 3 位），也是电力子领域 10 项关键技术之一（第 2 位）。从电力工程科技发展路线图可以看出，新型大容量电力存储将在 2030—2035 年实现核心技术的突破，到 2035 年预期实现并示范 GW 级电力存储系统及分布式储能电站集群，支持可再生能源发电的全额消纳。报告将"不同能量密度与功率密度的梯级化储能系统研究"纳入面向 2035 年能源与矿业工程科技发展需要优先开展的基础研究方向，包含了高功率低成本规模化储能器件、兼顾能量密度与功率密度的新型储能器件、钠基二次电池、储能器件的物理化学和环境适应性与安全性可靠性、储能器件的理论模拟与先进分析方法等研究内容。

中国科学院对于先进能源 2035 的技术预见研究的分析结果显示，电池储能相关技术占据对中国未来发展最重要的 10 项技术的前 3 项，从表 4.19 可以看出，"循环寿命超过 10000 次、充放电速度快、成本低的大规模储能电池得到广泛应用"技术课题有望在 2025 年前实现，而其他两项技术课题的实现时间是 2026 年和 2028 年。从实现的可能性看，"能量密度达到 600（W·h）/kg、循环次数超过 10000 次的全固态锂电池将得到大规模应用"的指数较低，分析表明，该项技术主要受制于技术可能性，是先进能源领域技术可能制约最大的 10 项技术之一（第四位）。

表 4.19　先进能源领域对中国未来发展最重要的电力存储技术预见的分析结果

序号	技术课题名称	实现时间	实现可能性指数	目前领先国家和地区		制约因素	
				第一	第二	第一	第二
1	循环寿命超过 10000 次、充放电速度快、成本低的大规模储能电池得到广泛应用	2025 年	0.23	日本	美国	研究开发投入	基础设施
2	开发出成本低、循环寿命长、能量密度高、安全性好、易回收的新型锂离子电池	2026 年	0.23	日本	美国	研究开发投入	基础设施
3	能量密度达到 600（W·h）/kg、循环次数超过 10000 次的全固态锂电池将得到大规模应用	2028 年	0.14	日本	美国	研究开发投入	人力资源

表 4.20 是《能源技术革命创新行动计划（2016—2030 年）》先进储能技术创新路线图关于电能存储的关键技术和其集中攻关、试验示范、推广应用的时间节点（根据路线图中的时间估算）。

表 4.20　先进储能技术创新中电能存储技术路线图

序号	关键技术	实现时间		
		集中攻关	试验示范	推广应用
1	10 MW/100 MW·h 和 100 MW/800 MW·h 超临界压缩空气储能关键技术	2019 年	2022 年	2024 年
2	1MW/1000MJ 飞轮储能阵列机组技术	2020 年	2023 年	2026 年
3	高温超导储能技术	2020 年	2024 年	2027 年
4	基于超导磁的新型混合储能系统	2022 年	2026 年	2029 年
5	10MW 级超级电容储能技术	2021 年	2023 年	2026 年

续表

序号	关键技术	实现时间		
		集中攻关	试验示范	推广应用
6	100MW 级高安全、长寿命、低成本锂离子储能技术	2022 年	2024 年	2027 年
7	10MW 以上大容量钠硫电池储能技术	2020 年	2023 年	2026 年
8	100MW 级全钒液流电池区域储能电站技术	2019 年	2022 年	2025 年
9	高性能铅碳电池技术	2019 年	2023 年	2026 年
10	10MW 液态金属电池技术	2023 年	2026 年	2030 年
11	新概念化学储能技术（镁基电池、氟离子电池等）	2026 年	2030 年后	—

　　从表 4.20 可以看出，先进储能技术创新路线图确定的 11 项关键技术有 8 项在近中期（2020—2025 年）可以实现试验示范，只有"基于超导磁的新型混合储能系统""10MW 液态金属电池技术"在中长期（2026—2030 年）实现试验示范，而"新概念化学储能技术"将在 2030 年以后才能实现试验示范；近中期能够实现推广应用的只有"10 MW/100 MW·h 和 100 MW/800 MW·h 超临界压缩空气储能关键技术"和"100MW 级全钒液流电池区域储能电站技术"，除"新概念化学储能技术"外，其他 8 项技术在中长期将实现推广应用。

　　综合上述电力存储技术预见研究的结果，不难发现，大多数大规模的电力存储关键技术的实现时间预计在 2025—2030 年。另外，从目前研究结果，还难以确定对于新能源发展最为重要的大规模电力存储关键技术。进一步结合产业发展、技术现状和技术前沿方向，大致可以认为，长寿命、低成本、高安全的储能电池，特别是目前新能源汽车广泛使用的锂离子电池，可能是对于新能源发展最为重要大规模电力存储的关键技术。此外，国际上下一步重点研发方向是长时间尺度（10～100 小时）电力存储技术。值得注意的是，在推动新能源汽车与电网（V2G）能量互动的情形下，新能源汽车中动力电池将作为电力储能装置，而回收动力电池也将成为电力储能技术的新方向，因此，发展适合于新能源汽车与电网能量互动的动力电池技术和超长使用寿命动力电池技术对于未来新能源汽车、电力存储的发展具有重要意义。

三、我国新能源技术预见分析结果小结

综合上述技术预见研究和战略研究的分析结果，能够大致明确新能源电力、新能源汽车和电力存储三个领域未来关键技术的实现时间，而未来关键技术对于我国未来新能源领域发展的重要性还有待进一步明确，特别是新能源汽车和电力存储两个领域。

在新能源电力领域，以风能发电和太阳能光伏发电为重要的战略发展方向，大型风能发电技术和高效率太阳能光伏发电技术是技术预见和战略研究的分析结果，预期在 2025 年前后能够实现。对于我国未来风能发展将发挥重要作用的大型风电技术可以归纳为 5 项：10MW 级及以上大型风电机组的关键技术、大型海上风电场设计与发电成套关键技术、适合我国低风速风电机组的关键技术、电网友好且其他电源协同运行的智能化风电场技术、风电设备回收处理及循环再利用技术。而对于我国未来太阳能发展将发挥重要作用的高效太阳能光伏发电技术也可以归纳为 5 项：高效晶硅太阳电池材料制备及器件的关键技术、新型高效（＞20%）薄膜太阳电池技术、高效光伏环保型功能材料技术、高可靠光伏建筑一体化智能微网技术、50MW 级储热光热与光伏 / 风电互补的混合发电示范应用的关键技术。

在新能源汽车领域，以电动化、智能化、网联化和共享化为重要的战略发展方向，纯电动汽车技术（零排放汽车）是我国面向 2035 年产业规划和战略研究的技术路线，预计 2035 年能够实现。基于《新能源汽车产业发展规划（2021—2035）》，从支撑动力电池、新能源汽车与新能源融合发展两个方面看，将实施动力电池技术突破行动、推动新能源汽车与能源融合发展、大力推动充换电网络建设等重点任务。对于动力电池未来发展将发挥重要作用的关键技术可以归纳为 5 项：锂离子动力电池关键材料性能提升与矿产资源开发利用水平提升的关键技术、高比能长寿命锂离子动力电池及高安全电池系统的关键技术、固态电池及其关键材料技术、新型电池体系及其关键材料技术、动力电池梯级利用及循环利用的关键技术。而从融合发展的角度看，可以归纳为 5 项关键技术：车规级车载操作系统及其应用的关键技术、融合新能源电力和智能电

网的新能源汽车智能有序充放电的关键技术、"光储充放"（分布式光伏 – 储能系统 – 充放电）多功能综合一体站的关键技术、智慧城市新能源汽车应用示范的关键技术、智能基础设施服务平台的关键技术。

在电力存储领域，以促进新能源电力、新能源汽车大规模普及应用为重要的战略发展方向，大规模的物理储能和电化学储能技术预计 2030 年能够实现。对于技术预见和战略研究结果的分析，初步认为，电化学储能技术（储能电站）对于未来我国电力存储的发展更为重要。结合目前应用示范情况，电化学储能重要的关键技术可以归纳为 7 项：高安全长寿命低成本的大规模锂离子电池储能电站的关键技术、100MW 级全钒液流电池储能电站的关键技术、长寿命低成本铅碳电池的关键技术、长寿命大规模钠离子电池储能电站的关键技术、高比能长寿命全固态锂电池的关键技术、长寿命低成本快充型的大规模储能电池电站的关键技术、汽车动力电池梯级利用于大规模储能电站的关键技术。而物理储能重要的关键技术有 2 项：大规模超临界压缩空气储能电站的关键技术、大规模飞轮储能阵列机组的关键技术。此外，在基于多种储能实现能源互联网多能互补、多源互动和分布式与智能微网建设方面，"风光水火储多能互补的大型综合能源基地的关键技术"和"分布式大数据平台的关键技术"对于未来电力存储发展也将发挥重要作用。

综合上述分析结果，对于我国未来发展重要的关键技术可以归纳为 31 项，其中新能源领域 10 项、新能源汽车 10 项、电力存储 11 项，见表 4.21。

表 4.21　基于技术预见和战略研究分析结果的技术清单

序号	技术领域	技术方向	技术名称（课题）
1			10MW 级及以上大型风电机组的关键技术
2			大型海上风电场设计与发电成套关键技术
3	新能源电力	风能发电技术	适合我国低风速风电机组的关键技术
4			电网友好且其他电源协同运行的智能化风电场技术
5			风电设备回收处理及循环再利用技术

续表

序号	技术领域	技术方向	技术名称（课题）
6	新能源电力	太阳能光伏发电技术	高效晶硅太阳电池材料制备及器件的关键技术
7			新型高效薄膜太阳电池技术
8			高效光伏环保型功能材料技术
9			高可靠光伏建筑一体化智能微网技术
10			50MW 级储热光热与光伏 / 风电互补的混合发电示范应用的关键技术
11	新能源汽车	动力电池技术	锂离子动力电池关键材料性能提升与矿产资源开发利用水平提升的关键技术
12			高比能长寿命锂离子动力电池及高安全电池系统的关键技术
13			固态电池及其关键材料技术
14			新型电池体系及其关键材料技术
15			动力电池梯级利用及循环利用的关键技术
16		新能源汽车和新能源电力的集成应用技术	车规级车载操作系统及其应用的关键技术
17			融合新能源电力和智能电网的新能源汽车智能有序充放电的关键技术
18			"光储充放"（分布式光伏 – 储能系统 – 充放电）多功能综合一体站的关键技术
19			智慧城市新能源汽车应用示范的关键技术
20			智能基础设施服务平台的关键技术
21	电力存储	电化学储能技术	高安全长寿命低成本的大规模锂离子电池储能电站的关键技术
22			100MW 级全钒液流电池储能电站的关键技术
23			长寿命低成本铅碳电池的关键技术
24			长寿命大规模钠离子电池储能电站的关键技术
25			高比能长寿命全固态锂电池的关键技术
26			长寿命低成本快充型的大规模储能电池电站的关键技术
27			汽车动力电池梯级利用于大规模储能电站的关键技术
28		物理储电技术	大规模超临界压缩空气储能电站的关键技术
29			大规模飞轮储能阵列机组的关键技术
30		储能集成应用技术	风光水火储多能互补的大型综合能源基地的关键技术
31			分布式储能大数据平台的关键技术

第五节　技术预见结果与优先技术领域

一、技术清单

表 4.22 是所遴选的 55 项新能源技术领域备选技术课题。将新能源技术领域划分为新能源电力、新能源汽车和电力存储 3 个技术领域。3 个技术领域划分为 7 个技术子领域，新能源电力包含风能发电技术、光伏发电技术 2 个技术子领域，新能源汽车划分为动力电池技术、新能源汽车和新能源电力的集成应用技术（简称新能源汽车融合技术）2 个技术子领域，电力存储包含了电化学储能技术、物理储能技术、储能集成应用技术（简称储能应用技术）3 个技术子领域。技术课题按照其技术内涵归属于一个技术子领域，风能发电技术子领域有 8 项技术课题（序号 1～8）、光伏发电技术子领域有 7 项技术课题（序号 9～15），动力电池技术子领域 16 项技术课题（序号 16～31）、新能源汽车和新能源电力的集成应用技术子领域 6 项技术课题（序号 32～37）、电化学储能技术子领域 13 项技术课题（序号 38～50）、物理储能技术子领域 3 项技术课题（序号 51～53）、储能集成应用技术子领域 2 项技术课题（序号 54～55）。

表 4.22　新能源技术领域备选技术课题清单

序号	技术领域	技术子领域	技术课题
1			复杂风资源的评估方法和风能发电场的设计方法
2			10MW 级及以上大型风电机组的关键技术
3			大型海上风电场设计与发电成套关键技术
4	新能源电力	风能发电技术	适合我国风资源特点的低风速风电机组的关键技术
5			高空风电机组的研制与配套风电场的设计建设
6			电网友好且与其他电源协同运行的智能化风电场技术
7			风电设备回收处理及循环再利用技术
8			超导风力发电机组的关键技术

续表

序号	技术领域	技术子领域	技术课题
9	新能源电力	光伏发电技术	高效晶硅太阳电池材料制备及器件的关键技术
10			新型高效薄膜太阳电池的关键技术
11			高转化效率高稳定性钙钛矿太阳能电池的关键技术
12			高效光伏环保型功能材料技术
13			高可靠光伏建筑一体化智能微网技术
14			50MW 级储热光热与光伏 / 风电互补的混合发电示范应用的关键技术
15			晶硅光伏组件回收处理和再利用技术
16	新能源汽车	动力电池技术	锂离子动力电池关键材料性能提升与矿产资源开发利用水平提升的关键技术
17			高安全长寿命 300（W·h）/kg 以上锂离子动力电池的关键技术
18			比能量 ≥ 400（W·h）/kg 新型锂离子电池及其关键材料技术
19			高比能量［≥ 350（W·h）/kg］固态锂离子电池及其关键材料技术
20			比能量 ≥ 500（W·h）/kg 的新型动力电池及关键材料技术
21			高安全智能化动力电池系统
22			动力电池梯级利用及循环利用的关键技术
23			基于光、热、电传感的电池"健康"和"安全状态"监控技术
24			电池性能的自感知、自修复与自愈合技术
25			基于人工智能（AI）的全新材料及电池开发策略
26			电池性能关键界面的动态识别与预测、控制技术
27			高效低电磁辐射无线充电技术
28			高安全高功率高比能固态锂离子电池
29			内串式固态电池的关键技术
30			功率型和能量型复合电池动力系统
31			基于固态电池的全气候动力电池系统

续表

序号	技术领域	技术子领域	技术课题
32	新能源汽车	新能源汽车和新能源电力的集成应用技术	新能源汽车智能有序充电的技术
33			新能源智能汽车和智能电网能量互动（V2G）的关键技术
34			"光储充放"（分布式光伏－储能系统－充放电）多功能综合一体站的关键技术
35			智慧城市新能源智能汽车应用示范的关键技术
36			智能充电基础设施服务平台的关键技术
37			建立新能源汽车设计生产、质量安全、试验方法等方面的国际互认的标准体系
38	电力存储	电化学储能技术	低成本长寿命的磷酸铁锂储能电池的关键技术
39			高安全长寿命低成本的大规模锂离子电池储能电站的关键技术
40			100MW级低成本全钒液流电池储能电站的关键技术
41			长寿命低成本铅碳电池关键技术
42			大规模高温钠镍电池储能电站的关键技术
43			长寿命高安全钠离子电池及其大规模储能电站的关键技术
44			长寿命低成本快充型的大规模储能电池电站的关键技术
45			汽车动力电池梯级利用于大规模储能电站的关键技术
46			液态金属储能电池的关键技术
47			分布式储能与电网的高效率智能耦合
48			储能器件与系统的失效机制、在线监测与智能修复
49			动态数字化智能储能系统
50			GW级复合储能电站关键技术
51		物理储能技术	大规模超临界压缩空气储能电站的关键技术
52			大规模飞轮储能阵列机组的关键技术
53			高温超导储能关键技术
54		储能集成应用技术	风光水火储多能互补的大型综合能源基地的关键技术
55			分布式储能大数据平台的关键技术

备选技术课题的选择结合了新能源发展愿景、产业发展现状、前沿技术发展的研究和新能源技术预见研究的结果，基于以下三方面的原则：①备选技术课题符合我国新能源发展战略需求，支撑实现我国新能源发展愿景和产业发展，具有重要的社会和经济意义，有助于保障能源安全和提升人民生活质量；②备选技术课题在未来 10～20 年预期能够取得重大突破，实现大规模的推广应用和普及，且已经具备较好的技术基础和产业基础，对于提升我国新能源领域的国际竞争力具有重要意义；③备选技术课题符合国际前沿技术发展方向，充分体现学科交叉、技术融合的特征，也包含了未来可能具有颠覆性或重大潜在应用的技术，对于促进新能源技术创新发展具有重要意义。

备选技术课题的确定经历了四个阶段。第一阶段确定新能源技术预见的领域和子领域，在充分了解新能源技术领域战略需求、产业现状、技术发展的基础上，课题组提出技术预见领域和子领域，经过项目专家组论证后确立。第二阶段研究提出新能源技术预见的初步技术课题清单，课题组开展新能源发展愿景、产业发展现状的研究和前沿技术分析、技术预见研究结果的分析，提出了初步的技术课题清单。第三阶段专家研讨确立第一轮德菲尔调查的技术清单，召开课题组专家论证会，对课题组提出的初步技术清单进行了完善和补充，并按项目专家组意见和建议进行修改。第四阶段是在第一轮德菲尔调查后进行适度调整。

二、德尔菲法调查概述

对于备选技术课题的德菲尔法调查，采用项目组统一设计调查问卷"中国科协面向 2035 年的技术预见研究——'德尔菲调查问卷'"，问卷包含了专家对于技术课题熟悉程度、在中国的技术实验室实现时间、在中国的技术应用推广和普及、当前中国的研发水平、目前领先国家、对哪两项（A 国家安全、B 产业升级、C 社会发展、D 生活质量）影响最大等 7 个方面，课题组开展了调查专家筛选、德尔菲调查、调查数据的统计分析、召开专家会议等几个方面的工作。在专家筛选方面，遵循专业性、权威性、广泛性等方面的原则。按照技术课题划分所属的 7 个子领域筛选专业技术人员，按照所属的 3 个领域筛选权威专家，来源于高校、科研机构、骨干企业和行业组织，一般应具有高级技术职称或部门负责人职务。

第一轮德尔菲调查发放问卷 232 份，回收问卷 78 份，问卷回收率 33.6%。第一轮德尔菲调查回函有专家提出了增加技术课题 5 项，后经课题组专家讨论未被采纳。第二轮德尔菲调查增加了新能源电力、新能源汽车两个领域的专家，发放问卷 250 份，回收问卷 106 份，问卷回收率 42.2%。参与调查的回函专家主要来自高校、科研院所、企业，在第一轮德尔菲调查中比例分别为 44%、24%、29%，如图 4.9 所示，第二轮的比例分别为 56%、20%、22%，如图 4.10 所示。

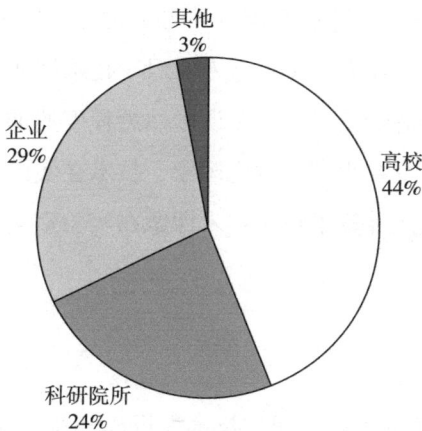

图 4.9　第一轮德尔菲调查专家构成　　图 4.10　第二轮德尔菲调查专家构成

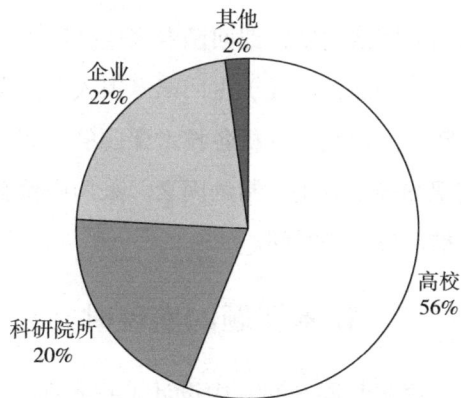

德尔菲调查回函的专业背景对于德尔菲调查结果有重要影响，因此德尔菲调查表中特别区分了专家对技术课题的熟悉程度。在第一轮德尔菲调查中，回函 78 份问卷中对技术课题"熟悉""一般""不熟悉"的比例分别为 20%、20% 和 60%，如图 4.11 所示，在第二轮德尔菲调查中，回函 106 份问卷中对技术课题"熟悉""一般""不熟悉"的比例分别为 17%、23% 和 60%，如图 4.12 所示。

对于德尔菲调查统计数据的分析借鉴了"中国先进能源 2035 技术预见"

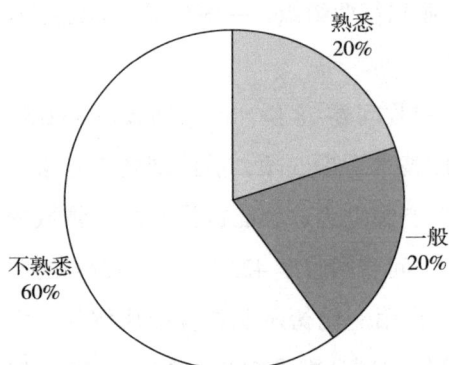

图 4.11　第一轮德尔菲调查专家熟悉程度　　　图 4.12　第二轮德尔菲调查专家熟悉程度

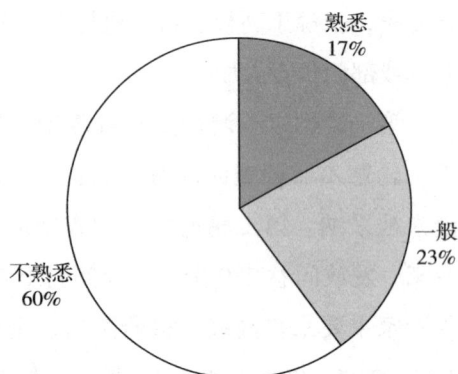

所介绍的方法。按照专家对于技术课题的熟悉程度对回函专家人数进行加权处理，对于"熟悉""一般""不熟悉"的回函专家分别赋予的权重是 3、1、0。采用专家认同度，即回函专家选择所评价选项人数（考虑专家对于技术课题熟悉程度的加权人数）占回函专家人数（考虑专家对于技术课题熟悉程度的加权人数）的比例，分析各技术课题的单因素重要程度、领先国家、技术在实验室实现和推广应用的制约因素。采用中位数法计算了每个技术课题在实验室实现和推广应用的时间。

三、技术课题的实现时间

德尔菲调查问卷中设计了技术在实验室实现时间、技术大规模普及时间，均设置"2021—2025、2026—2030、2030—2035、无法预见"等四个选项。根据回函专家的选择结果，采用中位计算方法确立了每项技术课题的两个阶段的实现时间。

1. 实验室发明时间分析

图 4.13 是 55 项技术课题在实验室实现时间分布，可以看出，55 项技术课题在 2030 年前均能在实验室实现，2024 年诸多，有 19 项；2029 年最少，只有 1 项；而 2023 年、2025 年、2026 年、2027 年、2028 年分别为 5 项、8 项、9 项、6 项、7 项，相差不大。2021—2025 年实验室实现技术课题有 32 项，占

比 58.2%；2026—2030 年实验室实现技术课题 23 项，占比 41.8%，超过一半技术课题能够在 2025 年前在实验室得以实现。

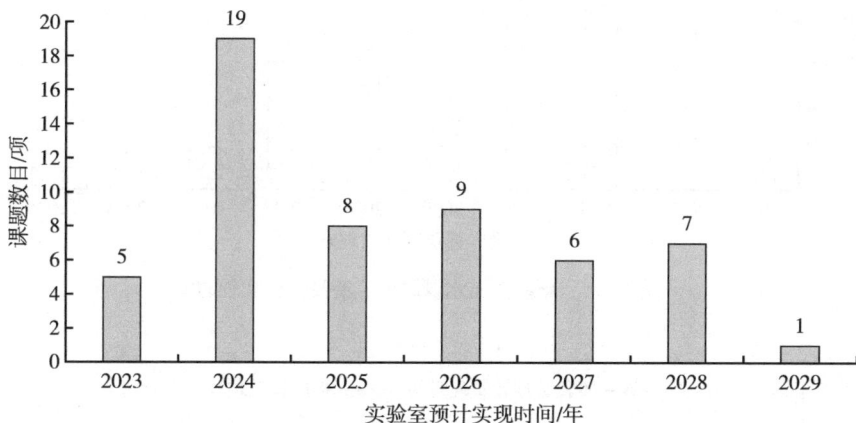

图 4.13　新能源技术课题实验室预计实现时间

2. 社会推广时间分析

图 4.14 是 55 项技术课题大规模普及时间的分布，可以看出，55 项技术课题在 2021—2025 年没有能够实现大规模普及应用的技术课题，但在 2035 年前均能实现大规模普及应用。2028 年最多，可实现的课题达到 14 项；2026 年、2033 年、2034 年、2035 年可实现的分别只有 2 项、2 项、1 项、1 项，大规模普及的技术课题较少；而 2029 年、2030 年、2031 年、2032 年分别为 8 项、5 项、8 项、6 项，同样相差不大。可以看出，2026—2030 年有 37 项，占比 67.3%；2030—2035 年 18 项，占比 32.7%。超过 2/3 的技术课题在 2030 年前能够实现大规模的普及应用，而 2026—2032 年能够大规模普及应用的技术课题达到了 51 项，占比更是达到了 92.7%。

比较技术课题在实验室实现时间和大规模推广应用时间，如图 4.15 所示，可以看出，由实验室技术实现阶段发展到大规模普及阶段的平均年限为 4.1 年，大规模推广应用时间晚于实验室实现时间在 3～5 年内的技术课题诸多，达到

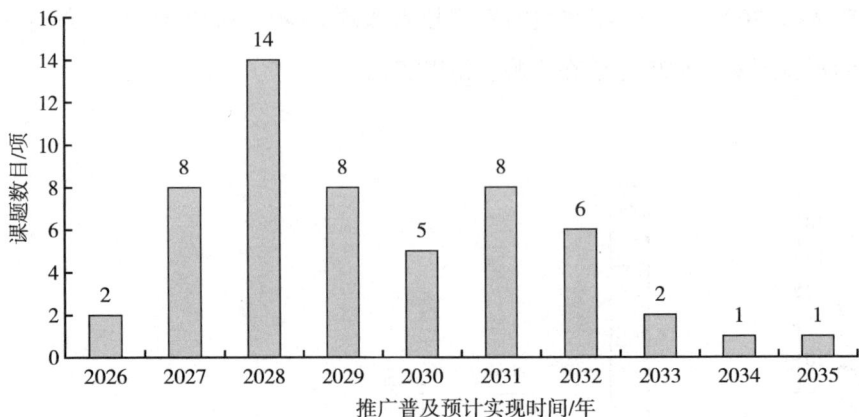

图 4.14　新能源技术课题推广普及预计实现时间

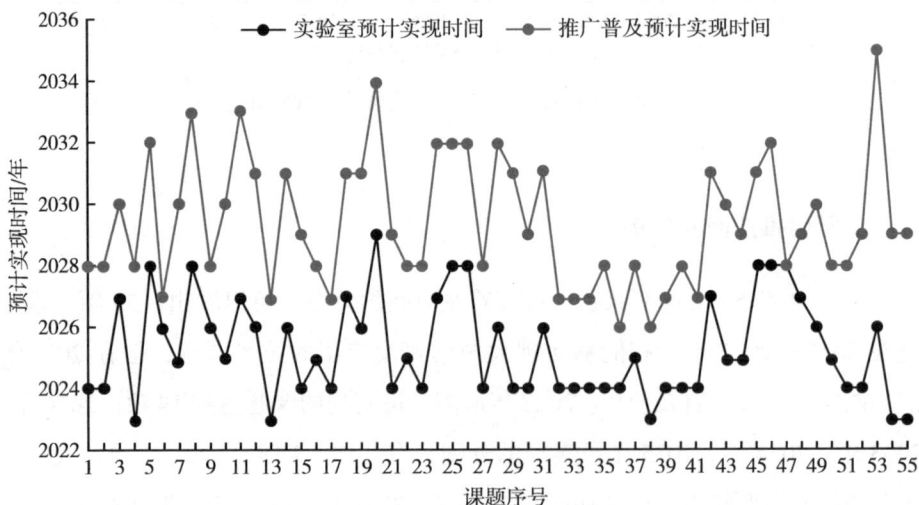

图 4.15　新能源技术课题实验室和推广普及预计实现时间对比图

了 45 项，占比 81.8%；相差不到 3 年的有 5 项，相差大于 5 年的有 5 项，其中"分布式储能与电网的高效率智能耦合"在实验室实现的时间和大规模普及应用的时间预计均为 2028 年；"高温超导储能关键技术"实验室技术可以在 2026 年实现，而大规模推广应用预计到 2035 年，相差 9 年。

四、新能源技术领域最重要技术课题

在德尔菲调查问卷中，调查了入选技术对于国家安全、产业升级、社会发展和生活质量的影响，项目组分析确定了对于这 4 个方面最重要的技术课题。

1. 对保障国家安全最重要的 10 项技术课题

表 4.23 是对于保障国家安全最重要的 10 项技术课题，"建立新能源汽车设计生产、质量安全、试验方法等方面的国际互认的标准体系"在保障我国安全方面专家认可度最高，其次是"高安全智能化动力电池系统"，依次包括了"基于人工智能（AI）的全新材料及电池开发策略""电池性能的自感知、自修复与自愈合技术""复杂风资源的评估方法和风能发电场的设计方法""10MW级及以上大型风电机组的关键技术""内串式固态电池的关键技术""高空风电机组的研制与配套风电场的设计建设"'"'光储充放'（分布式光伏 – 储能系统 – 充放电）多功能综合一体站的关键技术""分布式储能与电网的高效率智能耦合"。在对保障国家安全 10 项重要技术课题中，动力电池技术子领域课题 4 项，风能发电技术子领域课题 3 项，而新能源汽车融合技术 2 项，电化学储能技术子领域课题 1 项，见表 4.23。

表 4.23　对保障国家安全最重要的 10 项技术课题

排序	课题名称	子领域	技术实现时间 / 年		领先国家		制约因素			
							实验室技术实现		推广应用和普及	
			在实验室实现	大规模普及	第一	第二	第一	第二	第一	第二
1	建立新能源汽车设计生产、质量安全、试验方法等方面的国际互认的标准体系	新能源汽车融合	2025	2028	美国	中国	国内政策支持	产学研合作、高层次人才队伍	国内示范	产业链配套

续表

排序	课题名称	子领域	技术实现时间 / 年		领先国家		制约因素			
							实验室技术实现		推广应用和普及	
			在实验室实现	大规模普及	第一	第二	第一	第二	第一	第二
2	高安全智能化动力电池系统	动力电池	2024	2029	美国	日本	学科交叉程度	相关科学发展	产业链配套	中试基地
3	基于人工智能（AI）的全新材料及电池开发策略	动力电池	2028	2032	美国	日本	学科交叉程度	科学原理、相关学科发展	产业链配套	中试基地
4	电池性能的自感知、自修复与自愈合技术	动力电池	2027	2032	美国	日本、中国	相关学科发展	产学研合作	中试基地	产业链配套
5	复杂风资源的评估方法和风能发电场的设计方法	风能发电	2024	2028	欧洲	美国	学科交叉程度	产学研合作	产业链配套	国内示范
6	10MW 级及以上大型风电机组的关键技术	风能发电	2024	2028	欧洲	美国	研发设施	相关学科发展	产业链配套	中试基地
7	内串式固态电池的关键技术	动力电池	2024	2031	日本	美国	高层次人才队伍	研发设施	产业链配套	中试基地
8	高空风电机组的研制与配套风电场的设计建设	风能发电	2028	2032	欧洲	美国	研发设施	学科交叉程度	中试基地	产业链配套
9	"光储充放"（分布式光伏－储能系统－充放电）多功能综合一体站的关键技术	新能源汽车融合	2024	2027	美国	日本	学科交叉程度	国内政策支持	国内示范	市场竞争
10	分布式储能与电网的高效率智能耦合	电化学储能	2028	2028	日本	欧洲	产学研合作	学科交叉程度	国内示范	市场竞争

从预计技术实现时间上看，没有技术课题预计在近中期2021—2025年前实现技术突破和大规模普及应用；5项技术课题在近中期2021—2025年只能达到实验室技术实现的阶段，大规模普及应用需要到中长期2025—2030年；1项技术课题的实验室技术实现时间和大规模普及应用实现时间为中长期2025—2030年；4项技术课题大规模普及应用实现时间为2030年以后。

从领先国家看，美国排名第一的占有5项、欧洲占有3项、日本2项，美国在动力电池前沿技术领域处于绝对领先地位，而欧洲在风能发电技术领域国际领先。从实验室技术实现的制约因素看，第一制约因素是学科交叉程度4项，主要集中在动力电池子领域；研发设施2项，为风能发电子领域；高层次人才队伍、国内政策支持、相关学科发展、产学研合作各1项。由此可以认为，实验室技术实现主要制约因素为学科交叉程度、研发设施。从大规模推广和普及应用的制约因素看，主要集中在产业链配套、国内示范、中试基地三个方面，第一制约因素是产业链配套5项、国内示范3项、中试基地2项。

2. 对促进产业升级最重要的10项技术课题

对于促进产业升级最重要课题专家认可度最高的是"储能器件与系统的失效机制、在线监测与智能修复"，其次是"风光水火储多能互补的大型综合能源基地的关键技术""大规模超临界压缩空气储能电站的关键技术"，依次包括了"智能充电基础设施服务平台的关键技术""新型高效薄膜太阳电池的关键技术""动态数字化智能储能系统""比能量≥500（W·h）/kg的新型动力电池及关键材料技术""高转化效率高稳定性钙钛矿太阳能电池的关键技术""比能量≥400（W·h）/kg新型锂离子电池及其关键材料技术""高安全长寿命300（W·h）/kg以上锂离子动力电池的关键技术"。10项技术课题分布在除风能发电技术领域的其他子领域，其中动力电池技术3项，光伏发电和电化学储能技术各2项，物理储能、储能集成应用和新能源汽车融合技术各1项，反映出动力电池和光伏发电技术领域的发展对于促进新能源产业升级具有重要意义，如表4.24所示。

表 4.24 对促进产业升级最重要的 10 项技术课题

排序	课题名称	子领域	技术实现时间 / 年		领先国家		制约因素			
			在实验室实现	大规模普及	第一	第二	实验室技术实现		推广应用和普及	
							第一	第二	第一	第二
1	储能器件与系统的失效机制、在线监测与智能修复	电化学储能	2027	2029	日本	美国	学科交叉程度	产学研合作	社会资本	产业链配套
2	风光水火储多能互补的大型综合能源基地的关键技术	储能应用	2023	2029	美国	欧洲、中国	产学研合作	学科交叉程度	国内示范	产业链配套
3	大规模超临界压缩空气储能电站的关键技术	物理储能	2024	2028	美国	欧洲	产学研合作	国内政策	国内示范	社会资本
4	智能充电基础设施服务平台的关键技术	新能源汽车融合	2024	2026	美国	中国	国内政策支持	学科交叉程度	产业链配套	国内示范
5	新型高效薄膜太阳电池的关键技术	光伏发电	2025	2030	美国	中国	相关学科发展	研发设施	产业链配套	市场竞争
6	动态数字化智能储能系统	电化学储能	2026	2030	美国	日本、中国	学科交叉程度	高层次人才队伍	国内示范	产业链配套
7	比能量 ≥ 500（W·h）/kg 的新型动力电池及关键材料技术	动力电池	2029	2034	美国	日本	科学原理	高层次人才队伍	中试基地	产业链配套
8	高转化效率高稳定性钙钛矿太阳能电池的关键技术	光伏发电	2027	2033	欧洲	美国	相关学科发展	产学研合作	市场竞争	中试基地
9	比能量 ≥ 400（W·h）/kg 新型锂离子电池及其关键材料技术	动力电池	2027	2031	美国	日本	产学研合作	研发资金	中试基地	产业链配套
10	高安全长寿命 300（W·h）/kg 以上锂离子动力电池的关键技术	动力电池	2024	2027	美国	日本	产学研合作	研发资金	中试基地	产业链配套

美国在 10 项重要技术课题中占 8 项，处于领先地位占绝对优势，日本和欧洲各占 1 项。中国在 10 项课题的领先国家中排名第二的有 4 项，分别是"风光水火储多能互补的大型综合能源基地的关键技术""智能充电基础设施服务平台的关键技术""新型高效薄膜太阳电池的关键技术""动态数字化智能储能系统"。

实验室技术实现的制约因素主要有学科交叉程度、产学研合作、相关科学发展、国内政策支持、高层次人才队伍、研发资金、研发实施等 7 个方面，其中排位第一的制约因素中，产学研合作占据了 4 项、相关科学的发展和学科交叉程度各占 2 项，国内政策支持和科学原理的制约因素各占 1 项，分别是"智能充电基础设施服务平台的关键技术""比能量 $\geqslant 500$（$W \cdot h$）/kg 的新型动力电池及关键材料技术"。推广应用和普及的制约因素主要有国内示范、产业链配套、中试基地、社会资本、市场竞争等 5 个方面，排名第一的制约因素中，国内示范和中试基地各占 3 项、产业链配套 2 项，最重要的技术课题"储能器件与系统的失效机制、在线监测与智能修复"推广应用的第一制约因素是社会资本，而"高转化效率高稳定性钙钛矿太阳能电池的关键技术"的是市场竞争。

3. 对促进社会发展最重要的 10 项技术课题

"高可靠光伏建筑一体化智能微网技术"被预见为对促进社会发展最重要的 10 项技术课题之首，其他 9 项课题依次为"动态数字化智能储能系统""电网友好且与其他电源协同运行的智能化风电场技术""储能器件与系统的失效机制、在线监测与智能修复""晶硅光伏组件回收处理和再利用技术""动力电池梯级利用及循环利用的关键技术""建立新能源汽车设计生产、质量安全、试验方法等方面的国际互认的标准体系""基于光、热、电传感的电池'健康'和'安全状态'监控技术""10 MW 级及以上大型风电机组的关键技术""超导风力发电机组的关键技术"。10 项课题涉及了该领域的 5 个子领域，其中动力电池技术子领域 3 项，光伏发电技术、风能发电技术、电化学储能技术子领域各 2 项，新能源汽车融合技术 1 项，如表 4.25 所示。

表 4.25　对促进社会发展最重要的 10 项技术课题

排序	课题名称	子领域	技术实现时间 / 年		领先国家		制约因素			
							实验室技术实现		推广应用和普及	
			在实验室实现	大规模普及	第一	第二	第一	第二	第一	第二
1	高可靠光伏建筑一体化智能微网技术	光伏发电	2026	2031	欧洲	中国	学科交叉程度	相关学科发展	产业链配套	国内示范
2	动态数字化智能储能系统	电化学储能	2026	2030	美国	日本、中国	学科交叉程度	高层次人才队伍	国内示范	产业链配套
3	电网友好且与其他电源协同运行的智能化风电场技术	风能发电	2026	2027	欧洲	美国	产学研合作	高层次人才队伍	产业链配套	国内示范
4	储能器件与系统的失效机制、在线监测与智能修复	电化学储能	2027	2029	日本	美国	学科交叉程度	产学研合作	社会资本	产业链配套
5	晶硅光伏组件回收处理和再利用技术	光伏发电	2024	2029	欧洲	美国	产学研合作	相关学科发展、研发设施	产业链配套	市场竞争
6	动力电池梯级利用及循环利用的关键技术	动力电池	2025	2028	日本	美国	产学研合作	研发资金	产业链配套	社会资本
7	建立新能源汽车设计生产、质量安全、试验方法等方面的国际互认的标准体系	新能源汽车融合	2025	2028	美国	中国	国内政策支持	产学研合作、高层次人才队伍	国内示范	产业链配套
8	基于光、热、电传感的电池"健康"和"安全状态"监控技术	动力电池	2024	2028	美国	日本	学科交叉程度	研发资金	中试基地	社会资金
9	10MW 级及以上大型风电机组的关键技术	风能发电	2024	2028	欧洲	美国	研发设施	相关学科发展	产业链配套	中试基地
10	高安全长寿命 300（W·h）/kg 以上锂离子动力电池的关键技术	动力电池	2024	2027	美国	日本	产学研合作	研发资金	中试基地	产业链配套

分析在社会发展方面最重要技术课题的领先国家，可以看出，排名第一的欧洲和美国各占 4 项、日本 2 项，反映出欧洲和美国的新能源技术发展都注重促进社会发展。在制约实验室技术实现的主要因素方面，排名第一的制约因素中学科交叉程度和产学研合作各 4 项、国内政策支持和研发设施各 1 项。在技术实现推广普及和应用方面，产业链配套有 5 项排名第一位，国内示范和中试基地各 2 项，社会资本 1 项；排名第 2 位的也集中在产业链配套、国内示范、中试基地和社会资本 4 个方面，其中"晶硅光伏组件回收处理和再利用技术"推广应用和普及排名第二位的制约因素为市场竞争。

4. 对提升生活质量最重要的 10 项技术课题

从提升生活质量看，最重要的技术课题是"'光储充放'（分布式光伏 – 储能系统 – 充放电）多功能综合一体站的关键技术"，位列第 2 位到第 10 位的技术课题依次是"高效低电磁辐射无线充电技术""锂离子动力电池关键材料性能提升与矿产资源开发利用水平提升的关键技术""长寿命低成本铅碳电池关键技术""长寿命低成本快充型的大规模储能电池电站的关键技术""高可靠光伏建筑一体化智能微网技术""新能源智能汽车和智能电网能量互动（V2G）的关键技术"和"晶硅光伏组件回收处理和再利用技术""智能充电基础设施服务平台的关键技术""智慧城市新能源智能汽车应用示范的关键技术"。10 项技术课题涉及的子领域只有 4 个，其中新能源汽车融合技术子领域 4 项，电化学储能技术、光伏发电技术和动力电池技术子领域各 2 项，反映出新能源汽车与新能源的融合发展对于提升生活质量具有重要价值，如表 4.26 所示。

在领先国家中，美国排名第一的占了 7 项，欧洲的有 2 项。"长寿命低成本快充型的大规模储能电池电站的关键技术"我国在领先国家中排名第一，而排名第二的国家日本有 5 项、美国有 1 项、欧洲有 1 项、我国有 3 项，分别为"高可靠光伏建筑一体化智能微网技术""智能充电基础设施服务平台的关键技术""智慧城市新能源智能汽车应用示范的关键技术"。

从实验室技术实现的制约因素看，排在第一位的制约因素集中在学科交叉程度和产学研合作，各占 4 项，国内政策支持和高层次人才队伍各占 1 项，而

表 4.26　对提升生活质量最重要的 10 项技术课题

排序	课题名称	子领域	技术实现时间 / 年		领先国家		制约因素			
							实验室技术实现		推广应用和普及	
			在实验室实现	大规模普及	第一	第二	第一	第二	第一	第二
1	"光储充放"（分布式光伏 – 储能系统 – 充放电）多功能综合一体站的关键技术	新能源汽车融合	2024	2027	美国	日本	学科交叉程度	国内政策支持	国内示范	市场竞争
2	高效低电磁辐射无线充电技术	动力电池	2024	2028	美国	日本	学科交叉程度	产学研合作	市场竞争	社会资本
3	锂离子动力电池关键材料性能提升与矿产资源开发利用水平提升的关键技术	动力电池	2025	2028	美国	欧洲	产学研合作	研发资金	产业链配套	中试基地
4	长寿命低成本铅碳电池关键技术	电化学储能	2024	2027	美国	日本	产学研合作	国内政策支持	产业链配套	市场竞争
5	长寿命低成本快充型的大规模储能电池电站的关键技术	电化学储能	2025	2029	中国	日本	产学研合作	国内政策支持	国内示范	产业链配套
6	高可靠光伏建筑一体化智能微网技术	光伏发电	2023	2027	欧洲	中国	学科交叉程度	相关学科发展	产业链配套	国内示范
7	新能源智能汽车和智能电网能量互动（V2G）的关键技术	新能源融合发展	2024	2027	美国	日本	学科交叉程度	产学研合作	社会资本	中试基地、国内示范
8	晶硅光伏组件回收处理和再利用技术	光伏发电	2024	2029	欧洲	美国	产学研合作	相关学科发展、研发设施	产业链配套	市场竞争
9	智能充电基础设施服务平台的关键技术	新能源汽车融合	2024	2026	美国	中国	国内政策支持	学科交叉程度	产业链配套	国内示范
10	智慧城市新能源智能汽车应用示范的关键技术	新能源汽车融合	2024	2028	美国	中国	高层次人才队伍	产学研合作	产业链配套	社会资本

排名第二位的制约因素还包括了相关学科发展、研发设施和研发资金。从技术推广应用和普及的制约因素看，6 项技术课题受制最大的因素是产业链配套，2 项是国内示范，其他 2 项分别受制于市场竞争和社会资金，排名第二的制约因素还有中试基地。

5. 重要技术课题的小结

图 4.16 是对上述保障国家安全、促进产业升级、促进社会发展、提升生活质量最重要的 10 项技术课题的专家认可度的展现。可以看出，新能源技术对于促进产业升级和社会发展具有很高的专家认可度，对于促进产业升级的前 10 项技术课题专家认可度最小值为 0.8，而对于社会发展前 10 项技术课题专家认可度最小值为 0.68。对于国家安全、提升生活质量的专家认可度较低，其中对于保障国家安全前 10 项课题的专家认可度最大值只有 0.36、最小值为 0.23，对于提升生活质量前 10 项课题专家认可度最大值仅为 0.34、最小值为 0.25。由此可以认为，相较于保障国家安全、提升生活质量，新能源技术对于促进我国产业升级和社会发展具有很高的重要程度。

对于保障国家安全、促进产业升级、促进社会发展、提升生活质量的前

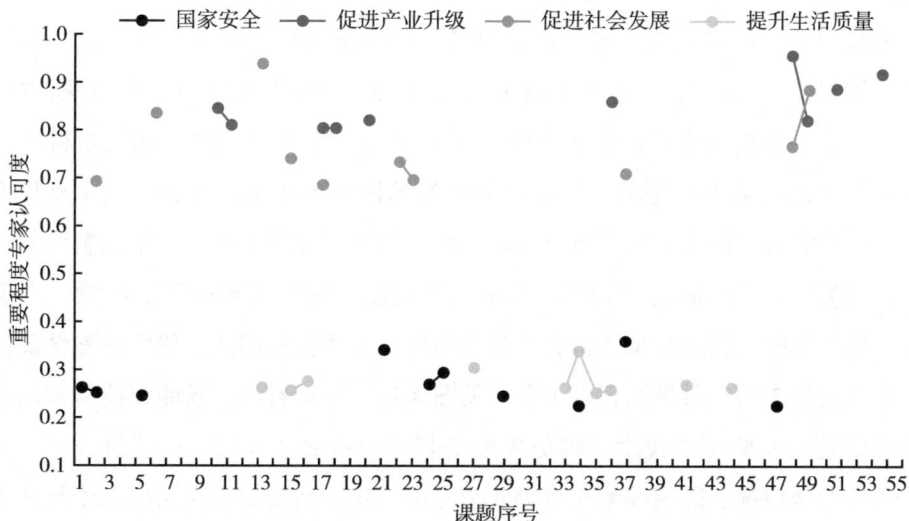

图 4.16　新能源最重要的 10 项技术课题的专家认可度

10 项技术课题分析不难看出，9 项课题同时在 4 个方面的 2 个方面排名位列前 10 位，"建立新能源汽车设计生产、质量安全、试验方法等方面的国际互认的标准体系""10MW 级及以上大型风电机组的关键技术"两项技术课题均位列保障国家安全、促进社会发展的前 10 项重要技术课题；"'光储充放'（分布式光伏 - 储能系统 - 充放电）多功能综合一体站的关键技术"是保障国家安全、提升生活质量的前 10 项技术课题；"智能充电基础设施服务平台的关键技术"是促进产业升级、提升生活质量的前 10 项技术课题；"动态数字化智能储能系统""储能器件与系统的失效机制、在线监测与智能修复""高安全长寿命300Wh/kg 以上锂离子动力电池的关键技术"是促进产业升级、促进社会发展的前 10 项技术课题，"高可靠光伏建筑一体化智能微网技术""晶硅光伏组件回收处理和再利用技术"是促进社会发展、提升生活质量的前 10 项课题。

五、技术发展的制约因素

1. 实验室技术实现的制约因素分析

对所选择的 55 项技术课题进行实验室技术实现的制约因素调查，调查的制约因素包括科学原理突破、相关学科发展情况、学科交叉程度、高层次人才及其团队、研发资金、研发设施设备、产学研合作、国内政策支持、国外竞争限制等九项。结果表明（图 4.17），在 55 项技术课题中，有 20 项技术课题的第一制约因素是产学研合作，有 17 项是学科交叉程度。相关学科发展情况、国内政策支持是第一制约因素的技术课题各 4 项，高层次人才及其团队、研发资金、研发设施设备分别有 3 项，科学原理有 1 项。在第二制约因素中，相关学科发展情况有 12 项，学科交叉程度、研发资金分别有 10 项，产学研合作有 9 项，国内政策支持有 7 项，高层次人才及其团队、研发设施设备分别有 4 项和 2 项，科学原理有 1 项，见图 4.18。不难看出，新能源技术领域的技术课题在实验室的技术实现更多地受制于学科交叉程度、产学研合作、相关学科发展情况、国内政策支持等 4 个方面，较少地受制于高层次人才及其团队、研发资金、研发设施设备；科学原理为第一制约因素的技术课题是"比能量≥500（W·h）/kg的新型动力电池及关键材料技术"；为第二制约因素的技术课题是"基于人工智能（AI）的全新材料及电池开发策略"；而国外竞争限制没有被认可为第一或第二制约因素。调查结果一方面反映了新能源技术领域技术课题多学科交叉的特征，另一方面也反映出我国在该技术领域具备了自主创新的能力。

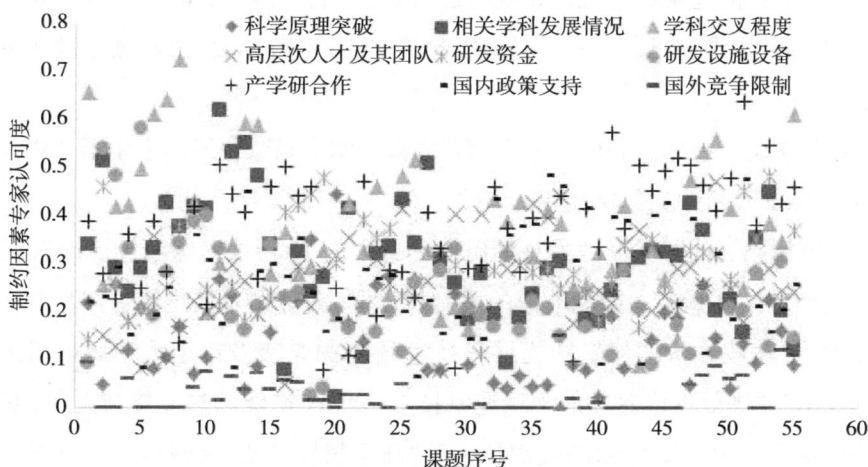

图4.17　新能源技术课题实验室技术实现制约因素专家认同度

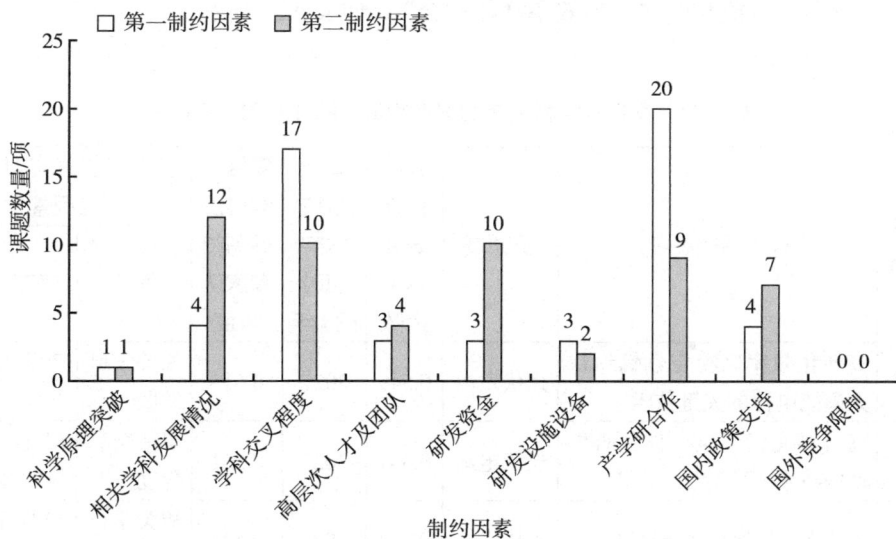

图4.18　实验室实现的第一制约因素和第二制约因素

根据上述统计结果，我们选择相关学科发展、学科交叉程度、研发资金、产学研合作、国内政策支持等 5 个因素进行进一步的分析，它们作为第一制约因素和第二制约因素所涉及的技术课题数量超过了 10 项，是制约新能源技术领域关键技术在实验室实现的主要因素。受相关学科发展情况制约最大的 10 项技术课题因素见表 4.27、受学科交叉程度制约最大的 10 项技术课题见表 4.28、受研发资金制约最大的 10 项技术课题见表 4.29、受产学研合作制约最大的 10 项技术课题见表 4.30、受国内政策支持制约最大的 10 项技术课题见表 4.31。

报告中的"技术课题的我国目前研究开发水平指数"同样采用了"中国先进能源 2035 技术预见"所介绍的方法。

新能源领域受相关学科发展情况制约最大的 10 项技术课题包括："高转化效率高稳定性钙钛矿太阳能电池的关键技术""高可靠光伏建筑一体化智能微网技术""高效光伏环保型功能材料技术""10MW 级及以上大型风电机组的关键技术""高效低电磁辐射无线充电技术""50MW 级储热光热与光伏 / 风电互补的混合发电示范应用的关键技术""高温超导储能关键技术""基于人工智能（AI）的全新材料及电池开发策略""风电设备回收处理及循环再利用技术""分布式储能与电网的高效率智能耦合"，如表 4.27 所示。

表 4.27　受相关学科发展情况制约最大的 10 项技术课题

排序	技术课题名称	子领域	我国目前研究开发水平指数	实验室技术实现时间 / 年	受相关学科发展制约专家认可度	实验室技术实现的制约因素	
						第一	第二
1	高转化效率高稳定性钙钛矿太阳能电池的关键技术	光伏发电	0.549	2027	0.619	相关学科发展	产学研合作
2	高可靠光伏建筑一体化智能微网技术	光伏电池	0.541	2023	0.551	学科交叉程度	相关学科发展
3	高效光伏环保型功能材料技术	光伏发电	0.474	2026	0.532	相关学科发展	产学研合作

续表

排序	技术课题名称	子领域	我国目前研究水平指数	实验室技术实现时间/年	受相关学科发展制约专家认可度	实验室技术实现的制约因素	
						第一	第二
4	10MW级及以上大型风电机组的关键技术	风能发电	0.442	2024	0.512	研发设施	相关学科发展
5	高效低电磁辐射无线充电技术	动力电池	0.478	2024	0.510	学科交叉程度	产学研合作
6	50MW级储热光热与光伏/风电互补的混合发电示范应用的关键技术	光伏发电	0.522	2026	0.482	相关学科发展	学科交叉程度
7	高温超导储能关键技术	物理储能	0.488	2026	0.452	产学研合作	研发资金
8	基于人工智能（AI）的全新材料及电池开发策略	动力电池	0.380	2028	0.433	学科交叉程度	科学原理、相关学科发展
9	风电设备回收处理及循环再利用技术	风能发电	0.350	2025	0.428	相关学科发展	学科交叉程度
10	分布式储能与电网的高效率智能耦合	电化学储能	0.490	2028	0.426	产学研合作	学科交叉程度

在受相关学科发展情况制约最大的10项技术课题中，从子领域分布看，光伏发电技术子领域4项，风能发电技术和动力电池技术子领域各2项，物理储能技术和电化学储能技术各1项；在实验室技术实现的制约因素中，排在第一和第二的制约因素均集中在相关学科发展、学科交叉程度和产学研合作，其中排名第一的制约因素中相关学科发展有4项、学科交叉程度有3项、产学研合作有2项、研发设施有1项，排名第二的制约因素中相关学科发展、学科交叉程度、产学研合作各有3项，研发资金有1项，其中"基于人工智能（AI）的全新材料及电池开发策略"课题第二制约因素中科学原理、相关学科发展专家认可度相同。

新能源领域受学科交叉程度制约最大的 10 项技术课题包括："超导风力发电机组的关键技术""复杂风资源的评估方法和风能发电场的设计方法""风电设备回收处理及循环再利用技术""分布式储能大数据平台的关键技术""电网友好且与其他电源协同运行的智能化风电场技术""高可靠光伏建筑一体化智能微网技术""50MW 级储热光热与光伏 / 风电互补的混合发电示范应用的关键技术""动态数字化智能储能系统""储能器件与系统的失效机制、在线监测与智能修复""电池性能关键界面的动态识别与预测、控制技术"，如表 4.28 所示。

表 4.28　受学科交叉程度制约最大的 10 项技术课题

排序	技术课题名称	子领域	我国目前研究水平指数	实验室技术实现时间 / 年	受学科交叉程度制约专家认可度	实验室技术实现的制约因素	
						第一	第二
1	超导风力发电机组的关键技术	风能发电	0.338	2028	0.724	学科交叉程度	相关学科发展、研发资金
2	复杂风资源的评估方法和风能发电场的设计方法	风能发电	0.408	2024	0.658	学科交叉程度	产学研合作
3	风电设备回收处理及循环再利用技术	风能发电	0.350	2025	0.643	相关学科发展	学科交叉程度
4	分布式储能大数据平台的关键技术	储能应用	0.553	2023	0.611	学科交叉程度	产学研合作
5	电网友好且与其他电源协同运行的智能化风电场技术	风能发电	0.457	2026	0.611	产学研合作	高层次人才队伍
6	高可靠光伏建筑一体化智能微网技术	光伏发电	0.541	2023	0.592	学科交叉程度	相关学科发展
7	50MW 级储热光热与光伏 / 风电互补的混合发电示范应用的关键技术	光伏发电	0.522	2026	0.589	相关学科发展	学科交叉程度
8	动态数字化智能储能系统	电化学储能	0.477	2026	0.559	学科交叉程度	高层次人才队伍

续表

排序	技术课题名称	子领域	我国目前研究水平指数	实验室技术实现时间/年	受学科交叉程度制约专家认可度	实验室技术实现的制约因素	
						第一	第二
9	储能器件与系统的失效机制、在线监测与智能修复	电化学储能	0.415	2027	0.535	学科交叉程度	产学研合作
10	电池性能关键界面的动态识别与预测、控制技术	动力电池	0.424	2028	0.519	学科交叉程度	相关学科发展

在受学科交叉程度制约最大的 10 项技术课题中，从子领域分布看，风能发电技术子领域有 4 项，光伏发电技术和电化学储能技术子领域各有 2 项，动力电池技术和储能应用技术子领域各有 1 项；在实验室技术实现的制约因素中，排名第一的制约因素中学科交叉程度占 7 项、相关学科发展占 2 项、产学研合作占 1 项，排名第二的制约因素中学科交叉程度占 2 项、相关学科发展占 3 项、产学研合作占 3 项、高层次人才队伍占 2 项，其中"超导风力发电机组的关键技术"课题的第二制约因素中相关学科发展、研发资金专家认可度相同。

新能源领域受研发资金制约最大的 10 项技术课题包括："高温超导储能关键技术""10 MW 级及以上大型风电机组的关键技术""大规模超临界压缩空气储能电站的关键技术""比能量 ≥ 400（W·h）/kg 新型锂离子电池及其关键材料技术""锂离子动力电池关键材料性能提升与矿产资源开发利用水平提升的关键技术""动力电池梯级利用及循环利用的关键技术""高效晶硅太阳电池材料制备及器件的关键技术""超导风力发电机组的关键技术""电池性能的自感知、自修复与自愈合技术""分布式储能大数据平台的关键技术"，如表 4.29 所示。

表 4.29 受研发资金制约最大的 10 项技术课题

排序	技术课题名称	子领域	我国目前研究水平指数	实验室技术实现时间/年	受研发资金制约专家认可度	实验室技术实现的制约因素	
						第一	第二
1	高温超导储能关键技术	物理储能	0.488	2026	0.484	产学研合作	研发资金
2	10MW 级及以上大型风电机组的关键技术	风能发电	0.442	2024	0.462	研发设施	相关学科发展
3	大规模超临界压缩空气储能电站的关键技术	物理储能	0.478	2024	0.454	产学研合作	国内政策
4	比能量 ≥ 400（W·h）/kg 新型锂离子电池及其关键材料技术	动力电池	0.614	2027	0.445	产学研合作	研发资金
5	锂离子动力电池关键材料性能提升与矿产资源开发利用水平提升的关键技术	动力电池	0.465	2025	0.410	产学研合作	研发资金
6	动力电池梯级利用及循环利用的关键技术	动力电池	0.531	2025	0.395	产学研合作	研发资金
7	高效晶硅太阳电池材料制备及器件的关键技术	光伏发电	0.614	2026	0.388	相关学科发展	学科交叉程度
8	超导风力发电机组的关键技术	风能放电	0.338	2028	0.379	学科交叉程度	相关学科发展、研发资金
9	电池性能的自感知、自修复与自愈合技术	动力电池	0.449	2027	0.375	相关学科发展	产学研合作
10	分布式储能大数据平台的关键技术	储能应用	0.553	2023	0.370	学科交叉程度	产学研合作

在受研发资金制约最大的 10 项技术课题中，从子领域分布看，动力电池技术子领域有 4 项，物理储能技术和风能发电技术子领域各有 2 项，光伏发电技术和储能集成应用技术子领域各有 1 项；在实验室技术实现的制约因素中，

排名第一的制约因素中产学研合作占 5 项、学科交叉程度和相关学科发展各占 2 项、研发设施占 1 项，排名第二的制约因素中产学研合作和相关学科发展各占 2 项、学科交叉程度和国内政策支持各占 1 项、研发资金占 5 项，其中"超导风力发电机组的关键技术"课题的第二制约因素中相关学科发展、研发资金专家认可度相同。

新能源领域受产学研合作制约最大的 10 项技术课题包括："大规模超临界压缩空气储能电站的关键技术""长寿命低成本铅碳电池关键技术""高温超导储能关键技术""分布式储能与电网的高效率智能耦合""长寿命高安全钠离子电池及其大规模储能电站的关键技术""锂离子动力电池关键材料性能提升与矿产资源开发利用水平提升的关键技术""汽车动力电池梯级利用于大规模储能电站的关键技术""GWh 级复合储能电站关键技术""动力电池梯级利用及循环利用的关键技术""储能器件与系统的失效机制、在线监测与智能修复"，如表 4.30 所示。

表 4.30　受产学研合作制约最大的 10 项技术课题

排序	技术课题名称	子领域	我国目前研究水平指数	实验室技术实现时间 / 年	受产学研合作制约专家认可度	实验室技术实现的制约因素	
						第一	第二
1	大规模超临界压缩空气储能电站的关键技术	物理储能	0.478	2024	0.636	产学研合作	国内政策支持
2	长寿命低成本铅碳电池关键技术	电化学储能	0.500	2024	0.575	产学研合作	国内政策支持
3	高温超导储能关键技术	物理储能	0.488	2026	0.548	产学研合作	研发资金
4	分布式储能与电网的高效率智能耦合	电化学储能	0.490	2028	0.508	产学研合作	学科交叉程度
5	长寿命高安全钠离子电池及其大规模储能电站的关键技术	电化学储能	0.577	2025	0.505	产学研合作	高层次人才队伍

续表

排序	技术课题名称	子领域	我国目前研究水平指数	实验室技术实现时间/年	受产学研合作制约专家认可度	实验室技术实现的制约因素	
						第一	第二
6	锂离子动力电池关键材料性能提升与矿产资源开发利用水平提升的关键技术	动力电池	0.465	2025	0.504	产学研合作	研发资金
7	汽车动力电池梯级利用于大规模储能电站的关键技术	电化学储能	0.565	2028	0.494	产学研合作	国内政策支持
8	GWh 级复合储能电站关键技术	电化学储能	0.533	2025	0.479	产学研合作	学科交叉程度
9	动力电池梯级利用及循环利用的关键技术	动力电池	0.531	2025	0.474	产学研合作	研发资金
10	储能器件与系统的失效机制、在线监测与智能修复	电化学储能	0.415	2027	0.465	学科交叉程度	产学研合作

在受产学研合作制约最大的 10 项技术课题中，从子领域分布看，集中在电化学储能、物理储能和动力电池三个子领域，其中电化学储能技术子领域有 6 项，物理储能技术和动力电池技术各有 2 项；在实验室技术实现的制约因素中，排名第一的制约因素集中在产学研合作，占 9 项，"储能器件与系统的失效机制、在线监测与智能修复"第一制约因素是学科交叉程度，但第二制约因素仍是产学研合作，其他课题排名第二的制约因素中国内政策支持、研发资金各占 3 项、学科交叉程度占 2 项、高层次人才队伍占 1 项。

新能源领域受国内政策支持制约最大的 10 项技术课题包括："智能充电基础设施服务平台的关键技术""大规模超临界压缩空气储能电站的关键技术""建立新能源汽车设计生产、质量安全、试验方法等方面的国际互认的标准体系""高可靠光伏建筑一体化智能微网技术""新能源汽车智能有序充电的技术""汽车动力电池梯级利用于大规模储能电站的关键技术""高安全长寿命低成本的大规模锂离子电池储能电站的关键技术""长寿命低成本快充型的大规模储能电池电站的关键技术""分布式储能与电网的高效率智能耦合""智慧城市新能源智能汽车应用示范的关键技术",如表 4.31 所示。

表 4.31 受国内政策支持制约最大的 10 项技术课题

排序	技术课题名称	子领域	我国目前研究水平指数	实验室技术实现时间 / 年	受国内政策支持制约专家认可度	实验室技术实现的制约因素	
						第一	第二
1	智能充电基础设施服务平台的关键技术	新能源汽车融合	0.554	2024	0.483	国内政策支持	学科交叉程度
2	大规模超临界压缩空气储能电站的关键技术	物理储能	0.478	2024	0.477	产学研合作	国内政策
3	建立新能源汽车设计生产、质量安全、试验方法等方面的国际互认的标准体系	新能源汽车融合	0.553	2025	0.462	国内政策支持	产学研合作、高层次人才队伍
4	高可靠光伏建筑一体化智能微网技术	光伏发电	0.541	2023	0.449	学科交叉程度	相关学科发展
5	新能源汽车智能有序充电的技术	新能源汽车融合	0.529	2024	0.434	产学研合作	学科交叉程度、国内政策支持
6	汽车动力电池梯级利用于大规模储能电站的关键技术	电化学储能	0.565	2028	0.427	产学研合作	国内政策支持
7	高安全长寿命低成本的大规模锂离子电池储能电站的关键技术	电化学储能	0.649	2024	0.415	产学研合作、国内政策支持	学科交叉程度
8	长寿命低成本快充型的大规模储能电池电站的关键技术	电化学储能	0.634	2025	0.402	产学研合作	国内政策支持
9	分布式储能与电网的高效率智能耦合	电化学储能	0.490	2028	0.393	产学研合作	学科交叉程度
10	智慧城市新能源智能汽车应用示范的关键技术	新能源汽车融合技术	0.533	2024	0.381	高层次人才队伍	产学研合作

在受国内政策支持制约最大的 10 项技术课题中，从子领域分布看，化学储能技术和新能源汽车融合技术子领域各占 4 项，光伏发电技术和物理储能技术各占 1 项；在实验室技术实现的制约因素中，排名第一的制约因素中产学研合作 6 项、国内政策支持 3 项、学科交叉程度和高层次人才队伍各 1 项，其中"高安全长寿命低成本的大规模锂离子电池储能电站的关键技术"课题的制约因素中国内政策支持和产学研合作并列第一。排名第二的制约因素仍然集中在产学研合作、国内政策支持、学科交叉程度和高层次人才队伍。

2. 技术应用推广和普及的制约因素分析

对于所调查 55 项技术清单的应用推广和普及，制约因素包括社会或风险资金、成果转化中试基地、产业链配套能力、科技中介服务、公众需求、市场竞争程度、危害性或伦理风险、国内示范推广、国外竞争限制等 9 个方面。结果表明（图 4.19），在 55 项技术课题的第一制约因素中，有 22 项技术课题的是产业链配套能力、13 项是成果转化中试基地、13 项是国内示范推广、5 项是市场竞争程度、2 项是社会或风险资金，其他 4 个方面因素——科技中介服务、公众需求、危害性或伦理风险、国外竞争限制均不是第一制约因素；在第二制

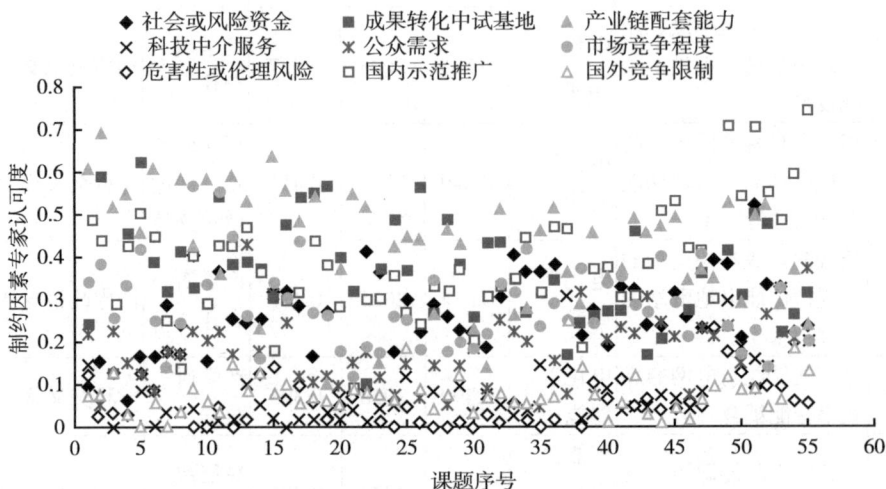

图 4.19　新能源技术课题应用推广和普及实现制约因素专家认同度

约因素中，有 17 项技术课题的是产业链配套能力、13 项是成果转化中试基地、12 项是国内示范推广、6 项是社会或风险资金、5 项是市场竞争程度，还有 2 项是公众需求，见图 4.20。不难看出，新能源技术领域的技术课题的应用推广和普及更多地受制于产业链配套能力、成果转化中试基地、国内示范推广等 3 个方面，也受制于市场竞争程度、社会或风险资金、公众需求，较少受制于科技中介服务、危害性或伦理风险、国外竞争限制。产业链配套能力、成果转化中试基地、国内示范推广等因素可以被认为是科技成果从实验室向产业化转移的创新能力的相关要素，因此，可以认为，新能源技术领域技术课题的应用推广和普及主要受制于科技成果从实验室向产业化转化的创新能力，而较少受制于市场因素和国外竞争限制。

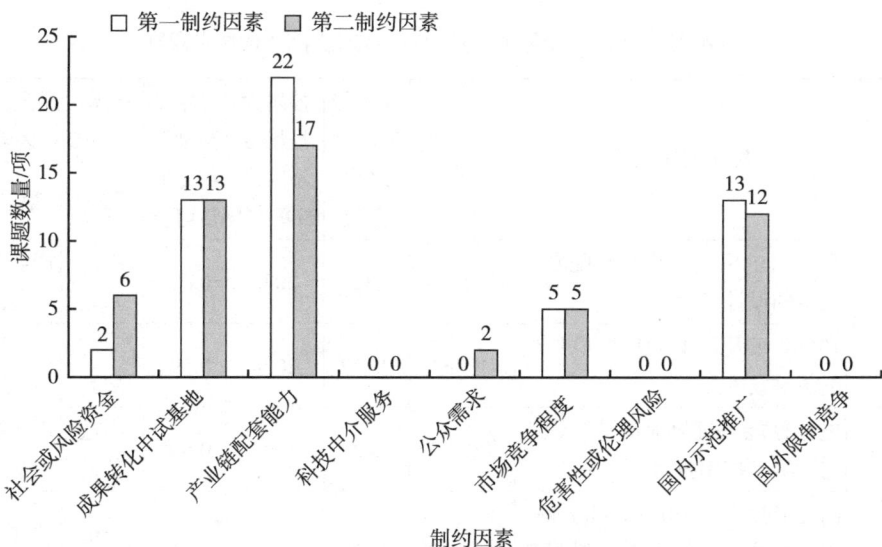

图 4.20　应用推广和普及的第一制约因素和第二制约因素

　　根据上述统计结果，我们选择成果转化中试基地、产业链配套能力、国内示范推广、市场竞争等 4 个因素进行进一步的分析，它们作为第一制约因素和第二制约因素所涉及的技术课题数量达到或超过了 10 项，是制约新能源技术领域关键技术推广应用和普及的主要因素。受成果转化中试基地制约最大的 10 项技术课题见表 4.32、受产业链配套能力制约最大的 10 项技术课题见表 4.33、受市场竞争程度制约最大的 10 项技术课题见表 4.34、受国内示范推广制约最大的 10 项技术课题见表 4.35。

新能源领域受成果转化中试基地制约最大的 10 项技术课题包括："高空风电机组的研制与配套风电场的设计建设""10 MW 级及以上大型风电机组的关键技术""电池性能关键界面的动态识别与预测、控制技术""高比能量 $[\geqslant 350（W \cdot h）/kg]$ 固态锂离子电池及其关键材料技术""比能量 $\geqslant 400（W \cdot h）/kg$ 新型锂离子电池及其关键材料技术""高转化效率高稳定性钙钛矿太阳能电池的关键技术""高安全长寿命 $300（W \cdot h）/kg$ 以上锂离子动力电池的关键技术""大规模超临界压缩空气储能电站的关键技术""电池性能的自感知、自修复与自愈合技术""大规模飞轮储能阵列机组的关键技术"，如表 4.32 所示。

表 4.32　受成果转化中试基地制约最大的 10 项技术课题

排序	技术课题名称	子领域	我国目前研究水平指数	技术大规模普及实现时间 / 年	受中试基地制约专家认可度	技术大规模普及的制约因素	
						第一	第二
1	高空风电机组的研制与配套风电场的设计建设	风能发电	0.327	2032	0.625	中试基地	产业链配套
2	10MW 级及以上大型风电机组的关键技术	风能发电	0.442	2028	0.590	产业链配套	中试基地
3	电池性能关键界面的动态识别与预测、控制技术	动力电池	0.424	2032	0.567	中试基地	产业链配套
4	高比能量 $[\geqslant 350（W \cdot h）/kg]$ 固态锂离子电池及其关键材料技术	动力电池	0.500	2031	0.567	中试基地	国内示范
5	比能量 $\geqslant 400（W \cdot h）/kg$ 新型锂离子电池及其关键材料技术	动力电池	0.614	2031	0.555	中试基地	产业链配套
6	高转化效率高稳定性钙钛矿太阳能电池的关键技术	光伏发电	0.549	2033	0.540	市场竞争	中试基地
7	高安全长寿命 $300（W \cdot h）/kg$ 以上锂离子动力电池的关键技术	动力电池	0.646	2027	0539	中试基地	产业链配套

续表

排序	技术课题名称	子领域	我国目前研究水平指数	技术大规模普及实现时间/年	受中试基地制约专家认可度	技术大规模普及的制约因素	
						第一	第二
8	大规模超临界压缩空气储能电站的关键技术	物理储能	0.478	2028	0.5	国内示范	社会资本
9	电池性能的自感知、自修复与自愈合技术	动力电池	0.449	2032	0.488	中试基地	产业链配套
10	大规模飞轮储能阵列机组的关键技术	物理储能	0.488	2029	0.476	国内示范	产业链配套

在受成果转化中试基地制约最大的 10 项技术课题中，从子领域分布看，动力电池技术子领域 5 项，风能发电技术和物理储能技术子领域各 2 项，光伏发电技术子领域 1 项；在技术应用推广和普及的制约因素中，排名第一的制约因素中成果转化中试基地 6 项、国内示范 2 项、产业链配套和市场竞争各 1 项。排名第二的制约因素除了仍然集中在中试基地 2 项、国内示范 2 项、产业链配套 6 项外，还有 1 项是社会资本。

新能源领域受产业链配套能力制约最大的 10 项技术课题包括："10MW 级及以上大型风电机组的关键技术""晶硅光伏组件回收处理和再利用技术""电网友好且与其他电源协同运行的智能化风电场技术""复杂风资源的评估方法和风能发电场的设计方法""高效光伏环保型功能材料技术""超导风力发电机组的关键技术""新型高效薄膜太阳电池的关键技术""适合我国风资源特点的低风速风电机组的关键技术""高安全智能化动力电池系统""高可靠光伏建筑一体化智能微网技术"，如表 4.33 所示。

在受产业链配套能力制约最大的 10 项技术课题中，从子领域分布看，风能发电技术子领域有 5 项，光伏发电技术子领域有 4 项，动力电池技术有 1 项，由此可以看出，受产业链配套能力影响最大的集中在新能源发电领域；在技术应用推广和普及的制约因素中，10 项技术课题的第一制约因素均是产业链配套。

表 4.33　受产业链配套能力制约最大的 10 项技术课题

排序	技术课题名称	子领域	我国目前研究水平指数	技术大规模普及实现时间 / 年	受产业链配套能力制约专家认可度	技术大规模普及的制约因素	
						第一	第二
1	10MW 级及以上大型风电机组的关键技术	风能发电	0.442	2028	0.692	产业链配套	中试基地
2	晶硅光伏组件回收处理和再利用技术	光伏发电	0.409	2029	0.64	产业链配套	市场竞争
3	电网友好且与其他电源协同运行的智能化风电场技术	风能发电	0.457	2027	0.611	产业链配套	国内示范
4	复杂风资源的评估方法和风能发电场的设计方法	风能发电	0.408	2028	0.610	产业链配套	国内示范
5	高效光伏环保型功能材料技术	光伏发电	0.474	2031	0.596	产业链配套	市场竞争
6	超导风力发电机组的关键技术	风能发电	0.338	2033	0.586	产业链配套	中试基地
7	新型高效薄膜太阳电池的关键技术	光伏发电	0.548	2030	0585	产业链配套	市场竞争
8	适合我国风资源特点的低风速风电机组的关键技术	风能发电	0.468	2028	0.545	产业链配套	中试基地
9	高安全智能化动力电池系统	动力电池	0.512	2029	0.544	产业链配套	中试基地
10	高可靠光伏建筑一体化智能微网技术	光伏发电	0.541	2027	0.531	产业链配套	国内示范

　　新能源领域受市场竞争程度制约最大的 10 项技术课题包括："高效晶硅太阳电池材料制备及器件的关键技术""高转化效率高稳定性钙钛矿太阳能电池的关键技术""高效光伏环保型功能材料技术""高安全长寿命 300（W·h）/kg 以上锂离子动力电池的关键技术""'光储充放'（分布式光伏 – 储能系统 – 充放电）多功能综合一体站的关键技术""高空风电机组的研制与配套风电场的设计建设""分布式储能与电网的高效率智能耦合""长寿命低成本快充型

的大规模储能电池电站的关键技术""10MW 级及以上大型风电机组的关键技术""低成本长寿命的磷酸铁锂储能电池的关键技术",如表 4.34 所示。

表 4.34 受市场竞争程度制约最大的 10 项技术课题

排序	技术课题名称	子领域	我国目前研究水平指数	技术大规模普及实现时间/年	受市场竞争程度制约专家认可度	技术大规模普及的制约因素	
						第一	第二
1	高效晶硅太阳电池材料制备及器件的关键技术	光伏发电	0.614	2028	0.567	市场竞争	产业链配套
2	高转化效率高稳定性钙钛矿太阳能电池的关键技术	光伏发电	0.549	2033	0.556	市场竞争	中试基地
3	高效光伏环保型功能材料技术	光伏发电	0.474	2032	0.447	产业链配套	市场竞争
4	高安全长寿命 300Wh/kg 以上锂离子动力电池的关键技术	动力电池	0.646	2027	0.436	中试基地	产业链配套
5	"光储充放"（分布式光伏－储能系统－充放电）多功能综合一体站的关键技术	新能源汽车融合	0.500	2027	0.419	国内示范	市场竞争
6	高空风电机组的研制与配套风电场的设计建设	风能发电	0.327	2032	0.417	中试基地	产业链配套
7	分布式储能与电网的高效率智能耦合	电化学储能	0.490	2028	0.410	国内示范	市场竞争
8	长寿命低成本快充型的大规模储能电池电站的关键技术	电化学储能	0.634	2029	0.402	国内示范	产业链配套
9	10MW 级及以上大型风电机组的关键技术	风能发电	0.442	2028	0.385	产业链配套	中试基地
10	低成本长寿命的磷酸铁锂储能电池的关键技术	电化学储能	0.714	2026	0.373	市场竞争	公众需求

在受市场竞争程度制约最大的 10 项技术课题中,从子领域分布看,光伏

发电技术和电化学储能技术子领域各有 3 项，风能发电技术子领域有 2 项，动力电池技术和新能源汽车融合技术各有 1 项；在技术应用推广和普及的制约因素中，排名第一的制约因素中市场竞争和国内示范各占 3 项、产业链配套和中试基地各占 2 项，排名第二的制约因素除了仍然集中在市场竞争 3 项、产业链配套 4 项、中试基地 2 项外，还有 1 项"低成本长寿命的磷酸铁锂储能电池的关键技术"是公众需求。

新能源领域受国内示范推广制约最大的 10 项技术课题包括："分布式储能大数据平台的关键技术""动态数字化智能储能系统""大规模超临界压缩空气储能电站的关键技术""风光水火储多能互补的大型综合能源基地的关键技术""大规模飞轮储能阵列机组的关键技术""GWh 级复合储能电站关键技术""汽车动力电池梯级利用于大规模储能电站的关键技术""长寿命低成本快充型的大规模储能电池电站的关键技术""复杂风资源的评估方法和风能发电场的设计方法""高温超导储能关键技术"，如表 4.35 所示。

表 4.35　受国内示范推广制约最大的 10 项技术课题

排序	技术课题名称	子领域	我国目前研究水平指数	技术大规模普及实现时间 / 年	受国内示范推广制约专家认可度	技术大规模普及的制约因素	
						第一	第二
1	分布式储能大数据平台的关键技术	储能应用	0.553	2029	0.741	国内示范	公众需求
2	动态数字化智能储能系统	电化学储能	0.477	2030	0.706	国内示范	产业链配套
3	大规模超临界压缩空气储能电站的关键技术	物理储能	0.478	2028	0.704	国内示范	社会资本
4	风光水火储多能互补的大型综合能源基地的关键技术	储能应用	0.500	2029	0.592	国内示范	产业链配套
5	大规模飞轮储能阵列机组的关键技术	物理储能	0.488	2029	0.548	国内示范	产业链配套

续表

排序	技术课题名称	子领域	我国目前研究水平指数	技术大规模普及实现时间/年	受国内示范推广制约专家认可度	技术大规模普及的制约因素	
						第一	第二
6	GWh级复合储能电站关键技术	电化学储能	0.533	2028	0.542	国内示范	中试基地
7	汽车动力电池梯级利用于大规模储能电站的关键技术	电化学储能	0.565	2031	0.528	国内示范	产业链配套
8	长寿命低成本快充型的大规模储能电池电站的关键技术	电化学储能	0.634	2029	0.505	国内示范	产业链配套
9	复杂风资源的评估方法和风能发电场的设计方法	风能发电	0.408	2028	0.488	产业链配套	国内示范
10	高温超导储能关键技术	物理储能	0.488	2035	0.484	国内示范	社会资本

在受国内示范推广制约最大的10项技术课题中，从子领域分布看，电化学储能技术子领域有4项，物理储能技术子领域有3项、储能应用技术子领域有2项、风能发电技术子领域有1项，可以看出，受国内示范推广制约的技术课题主要集中在电力储能领域；在技术应用推广和普及的制约因素中，排名第一的制约因素国内示范推广9项、产业链配套1项，排名第二的制约因素中产业链配套5项、社会资本2项、国内示范、中试基地和公众需求各1项。

六、技术课题的目前领先国家和地区

1. 我国新能源技术研究开发水平

图4.21是根据德菲尔调查回函专家对"中国的研发水平"问题中回函数据统计分析得出的国际领先、接近国际水平、落后国际水平的专家认同度。从图中可以看出，对于我国处于国际领先水平的专家认可度达到或超过0.5的技

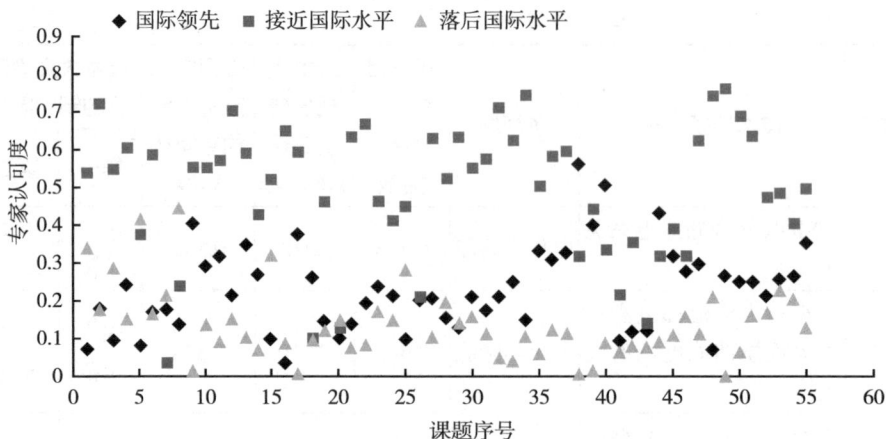

图 4.21　新能源技术课题我国的研发水平专家认同度

术课题只有 2 项，分别是专家认可度为 0.56 的"低成本长寿命的磷酸铁锂储能电池的关键技术"和 0.51 的"100 MW 级低成本全钒液流电池储能电站的关键技术"。对于接近国际先进水平的专家认可度达到或超过 0.5 的技术课题有 33 项，而对于落后于国际先进水平，所有技术课题的专家认同度均低于 0.5。

图 4.22 是采用专家对"中国的研发水平"问题中回函分析计算的我国研究开发水平指数统计结果，"低成本长寿命的磷酸铁锂储能电池的关键技术"的研发水平指数为 0.71，名列 55 项技术课题之首；而"高空风电机组的研制与

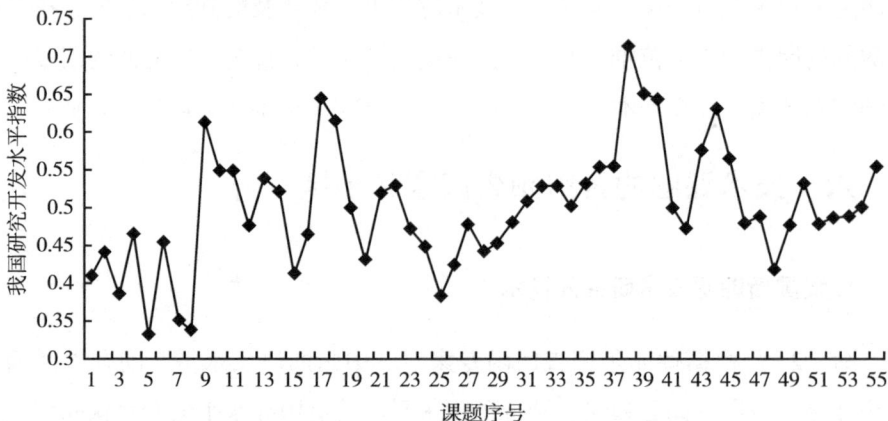

图 4.22　新能源技术课题我国研究开发水平指数

配套风电场的设计建设"的研究开发水平指数为 0.33，名列 55 项技术课题之末。研究开发水平大于 0.7 的只有 1 项，介于 0.6～0.7（含 0.6）之间的有 6 项，介于 0.5～0.6（含 0.5）之间的有 20 项，介于 0.4～0.5（含 0.4）之间的有 23 项，介于 0.3～0.4（含 0.3）之间的有 5 项，没有小于 0.3 的技术课题。

表 4.36 是我国研究开发水平最高的 10 项技术课题，依次为"低成本长寿命的磷酸铁锂储能电池的关键技术""高安全长寿命低成本的大规模锂离子电池储能电站的关键技术""高安全长寿命 300（W·h）/kg 以上锂离子动力电池的关键技术""100MW 级低成本全钒液流电池储能电站的关键技术""长寿命低成本快充型的大规模储能电池电站的关键技术""高效晶硅太阳电池材料制备及器件的关键技术""比能量 ≥ 400（W·h）/kg 新型锂离子电池及其关键材料技术""长寿命高安全钠离子电池及其大规模储能电站的关键技术""汽车动力电池梯级利用于大规模储能电站的关键技术""智能充电基础设施服务平台的关键技术"。

表 4.36 我国研究开发水平最高的 10 项技术课题

排序	课题名称	子领域	我国目前研究开发水平指数	技术实现时间 / 年		领先国家		制约因素			
								实验室技术实现		推广应用和普及	
				在实验室实现	大规模普及	第一	第二	第一	第二	第一	第二
1	低成本长寿命的磷酸铁锂储能电池的关键技术	电化学储能	0.714	2023	2026	中国	美国、欧洲	国内政策支持	研发资金	市场竞争	公众需求
2	高安全长寿命低成本的大规模锂离子电池储能电站的关键技术	电化学储能	0.649	2024	2027	中国	日本	产学研合作、国内政策支持	学科交叉程度	产业链配套	国内示范
3	高安全长寿命 300（W·h）/kg 以上锂离子动力电池的关键技术	动力电池	0.646	2024	2027	美国	日本	产学研合作	研发资金	中试基地	产业链配套

续表

排序	课题名称	子领域	我国目前研究开发水平指数	技术实现时间 / 年		领先国家		制约因素			
				在实验室实现	大规模普及	第一	第二	实验室技术实现		推广应用和普及	
								第一	第二	第一	第二
4	100MW 级低成本全钒液流电池储能电站的关键技术	电化学储能	0.645	2024	2028	中国	美国	产学研合作	学科交叉程度	国内示范	产业链配套
5	长寿命低成本快充型的大规模储能电池电站的关键技术	电化学储能	0.634	2025	2029	中国	日本	产学研合作	国内政策支持	国内示范	产业链配套
6	高效晶硅太阳电池材料制备及器件的关键技术	光伏发电	0.614	2026	2028	欧洲	中国	相关学科发展	学科交叉程度	市场竞争	产业链配套
7	比能量≥400（W·h）/kg 新型锂离子电池及其关键材料技术	动力电池	0.614	2027	2031	美国	日本	产学研合作	研发资金	中试基地	产业链配套
8	长寿命高安全钠离子电池及其大规模储能电站的关键技术	电化学储能	0.577	2025	2030	日本	中国	产学研合作	高层次人才队伍	产业链配套	国内示范
9	汽车动力电池梯级利用于大规模储能电站的关键技术	电化学储能	0.565	2028	2031	日本	美国	产学研合作	国内政策支持	国内示范	产业链配套
10	智能充电基础设施服务平台的关键技术	新能源汽车融合	0.554	2024	2026	美国	中国	国内政策支持	学科交叉程度	产业链配套	国内示范

从子领域分布看，电化学储能技术 6 项，动力电池技术 2 项，新能源汽车融合技术、光伏发电技术各 1 项，而风能发电技术、物理储能技术、储能应用技术没有排序前 10 的技术课题。

2. 技术课题目前领先的国家和地区

图 4.23 是根据德菲尔调查对技术课题目前领先的国家回函计算专家认可度得到的美国、日本、欧洲和中国领先技术课题的数量。美国在新能源技术领域的 55 项技术课题中排序第一的有 30 项、排序第二的有 17 项，欧洲排序第一的有 13 项、排序第二的有 4 项，日本排序第一的有 8 项、排序第二的有 24 项，中国排序第一的有 4 项、排序第二的有 10 项。

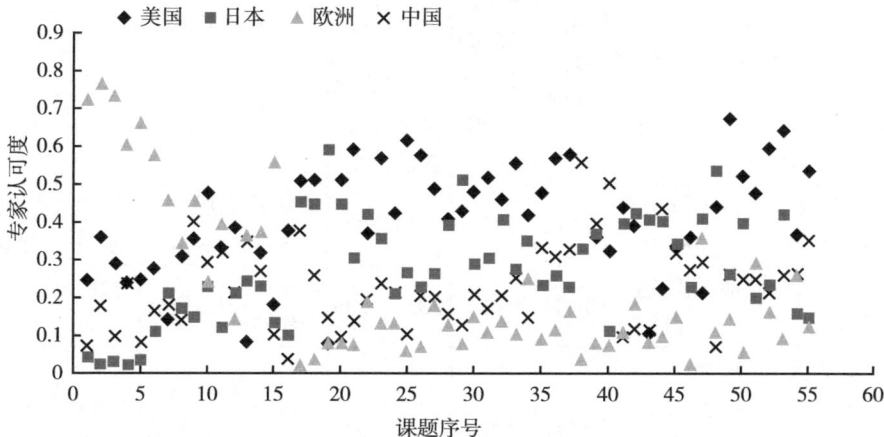

图 4.23　新能源技术课题目前领先国家专家认可度

中国在世界排序第一的 4 项技术课题是："低成本长寿命的磷酸铁锂储能电池的关键技术""100MW 级低成本全钒液流电池储能电站的关键技术""长寿命低成本快充型的大规模储能电池电站的关键技术""高安全长寿命低成本的大规模锂离子电池储能电站的关键技术"，均为电化学储能技术子领域。下面再对美国、欧洲国际领先的 10 项技术课题做进一步分析。

美国国际领先的 10 项技术课题包括"动态数字化智能储能系统""高温超

导储能关键技术""基于人工智能（AI）的全新材料及电池开发策略""大规模飞轮储能阵列机组的关键技术""高安全智能化动力电池系统""电池性能关键界面的动态识别与预测、控制技术""建立新能源汽车设计生产、质量安全、试验方法等方面的国际互认的标准体系""基于光、热、电传感的电池'健康'和'安全状态'监控技术""智能充电基础设施服务平台的关键技术""新能源智能汽车和智能电网能量互动（V2G）的关键技术"。10 项技术课题中动力电池技术子领域占有 4 项、新能源汽车融合技术占 3 项、物理储能技术占 2 项、电化学储能技术占 1 项，如表 4.37 所示。

表 4.37　美国领先的 10 项技术课题

排序	课题名称	子领域	美国领先专家认同度	我国目前研究开发水平指数	技术实现时间 / 年		制约因素			
							实验室技术实现		推广应用和普及	
					在实验室实现	大规模普及	第一	第二	第一	第二
1	动态数字化智能储能系统	电化学储能	0.676	0.477	2026	2030	学科交叉程度	高层次人才队伍	国内示范	产业链配套
2	高温超导储能关键技术	物理储能	0.645	0.488	2026	2035	产学研合作	研发资金	国内示范	社会资本
3	基于人工智能（AI）的全新材料及电池开发策略	动力电池	0.617	0.380	2028	2032	学科交叉程度	科学原理、相关学科发展	产业链配套	中试基地
4	大规模飞轮储能阵列机组的关键技术	物理储能	0.595	0.488	2024	2029	产学研合作	相关学科发展、研发资金	国内示范	产业链配套
5	高安全智能化动力电池系统	动力电池	0.594	0.512	2024	2029	学科交叉程度	相关科学发展	产业链配套	中试基地
6	电池性能关键界面的动态识别与预测、控制技术	动力电池	0.577	0.424	2028	2032	学科交叉程度	相关学科发展	中试基地	产业链配套

续表

排序	课题名称	子领域	美国领先专家认同度	我国目前研究开发水平指数	技术实现时间/年		制约因素			
					在实验室实现	大规模普及	实验室技术实现		推广应用和普及	
							第一	第二	第一	第二
7	建立新能源汽车设计生产、质量安全、试验方法等方面的国际互认的标准体系	新能源汽车融合	0.577	0.553	2025	2028	国内政策支持	产学研合作、高层次人才队伍	国内示范	产业链配套
8	基于光、热、电传感的电池"健康"和"安全状态"监控技术	动力电池	0.570	0.471	2024	2028	学科交叉程度	研发资金	中试基地	社会资金
9	智能充电基础设施服务平台的关键技术	新能源汽车融合	0.569	0.554	2024	2026	国内政策支持	学科交叉程度	产业链配套	国内示范
10	新能源智能汽车和智能电网能量互动（V2G）的关键技术	新能源汽车融合	0.556	0.529	2024	2027	学科交叉程度	产学研合作	社会资本	中试基地、国内示范

表 4.38 是欧盟国际排序第一的 10 项技术课题，依次是"10 MW 级及以上大型风电机组的关键技术""大型海上风电场设计与发电成套关键技术""复杂风资源的评估方法和风能发电场的设计方法""高空风电机组的研制与配套风电场的设计建设""适合我国风资源特点的低风速风电机组的关键技术""电网友好且与其他电源协同运行的智能化风电场技术""晶硅光伏组件回收处理和再利用技术""风电设备回收处理及循环再利用技术""高效晶硅太阳电池材料制备及器件的关键技术""高转化效率高稳定性钙钛矿太阳能电池的关键技术"。可以看出，欧盟领先技术集中在新能源发电技术方向，其中风能发电技术 7 项、光伏发电技术 3 项。

表 4.38　欧盟领先的 10 项技术课题

排序	课题名称	子领域	美国领先专家认同度	我国目前研究开发水平指数	技术实现时间 / 年		制约因素			
					在实验室实现	大规模普及	实验室技术实现		推广应用和普及	
							第一	第二	第一	第二
1	10MW 级及以上大型风电机组的关键技术	风能发电	0.769	0.442	2024	2028	研发设施	相关学科发展	产业链配套	中试基地
2	大型海上风电场设计与发电成套关键技术	风能发电	0.742	0.383	2027	2030	研发设施	学科交叉程度	产业链配套	国内示范
3	复杂风资源的评估方法和风能发电场的设计方法	风能发电	0.732	0.408	2024	2028	学科交叉程度	产学研合作	产业链配套	国内示范
4	高空风电机组的研制与配套风电场的设计建设	风能发电	0.667	0.327	2028	2032	研发设施	学科交叉程度	中试基地	产业链配套
5	适合我国风资源特点的低风速风电机组的关键技术	风能发电	0.606	0.468	2023	2028	学科交叉程度	产学研合作	产业链配套	中试基地
6	电网友好且与其他电源协同运行的智能化风电场技术	风能发电	0.583	0.457	2026	2027	产学研合作	高层次人才队伍	产业链配套	国内示范
7	晶硅光伏组件回收处理和再利用技术	光伏发电	0.56	0.409	2024	2029	产学研合作	相关学科发展、研发设施	产业链配套	市场竞争
8	风电设备回收处理及循环再利用技术	风能发电	0.464	0.350	2025	2030	相关学科发展	学科交叉程度	中试基地	社会资金
9	高效晶硅太阳电池材料制备及器件的关键技术	光伏发电	0.463	0.614	2026	2028	相关学科发展	学科交叉程度	市场竞争	产业链配套
10	高转化效率高稳定性钙钛矿太阳能电池的关键技术	光伏发电	0.397	0.549	2027	2033	相关学科发展	产学研合作	市场竞争	中试基地

日本在国际上排序第一的 8 项技术课题是"高比能量（≥ 350Wh/kg）固态锂离子电池及其关键材料技术""储能器件与系统的失效机制、在线监测与智能修复""内串式固态电池的关键技术""高安全长寿命 300 Wh/kg 以上锂离子动力电池的关键技术""比能量 ≥ 400 Wh/kg 新型锂离子电池及其关键材料技术""比能量 ≥ 500 Wh/kg 的新型动力电池及关键材料技术""大规模高温钠镍电池储能电站的关键技术""动力电池梯级利用及循环利用的关键技术"。可以看出，日本的领先技术主要集中在动力电池技术子领域以及关联度较高的化学储能技术子领域，前者在 8 项领先技术占 6 项、后者为 2 项。

综合对于国际领先的国家和地区的分析不难发现，美国在新能源技术领域的各个方向、各个子领域处于领先地位，尤其是面向未来的动力电池技术和新能源融合技术。欧盟在新能源发电方向的两个子领域国际领先，而日本、中国在动力电池技术子领域具有优势。

第六节　优先技术及领域的社会影响预判

一、新能源领域十项优先发展的关键技术

由于新能源领域涉及面宽、技术专业性强，受参与答卷专家对于技术课题熟悉程度和认识程度的差异，德菲尔调查结果会存在一定的偏差。为了确定新能源领域的优先技术，我们结合德菲尔调查的分析统计结果，课题组召开专家咨询会进行研讨，提出了新能源 10 项优先发展的关键技术，见表 4.39。

从 10 项课题技术领域分布看，新能源电力有 3 项，包括 2 项风能发电技术和 1 项光伏发电技术；新能源汽车有 4 项，包括 3 项动力电池技术和 1 项新能源融合技术；电力存储有 3 项，包括 2 项电化学储能技术和 1 项物理储能技术。从技术实现时间看，实验室实现时间范围为 2024—2029 年，大规模应用普及的时间范围为 2026—2034 年。技术在实验室实现的第一制约因素中，产学研合作和学科交叉程度各占 4 项和 3 项，研发设施、科学原理、国内政策支持各占 1 项；大规模普及应用的第一制约因素中，产业链配套占了 5 项，中试

表 4.39　新能源 10 项优先发展的关键技术

序号	课题名称	子领域	技术实现时间／年		领先国家		制约因素			
							实验室技术实现		推广应用和普及	
			在实验室实现	大规模普及	第一	第二	第一	第二	第一	第二
1	10MW 级及以上大型风电机组的关键技术	风能发电	2024	2028	欧洲	美国	研发设施	相关学科发展	产业链配套	中试基地
2	电网友好且与其他电源协同运行的智能化风电场技术	风能发电	2026	2027	欧洲	美国	产学研合作	高层次人才队伍	产业链配套	国内示范
3	高可靠光伏建筑一体化智能微网技术	光伏发电	2026	2031	欧洲	中国	学科交叉程度	相关学科发展	产业链配套	国内示范
4	高安全长寿命 300(W·h)/kg 以上锂离子动力电池的关键技术	动力电池	2024	2027	美国	日本	产学研合作	研发资金	中试基地	产业链配套
5	比能量 ≥ 500（W·h）/kg 的新型动力电池及关键材料技术	动力电池	2029	2034	美国	日本	科学原理	高层次人才队伍	中试基地	产业链配套
6	基于人工智能（AI）的全新材料及电池开发策略	动力电池	2028	2032	美国	日本	学科交叉程度	科学原理、相关学科发展	产业链配套	中试基地
7	智能充电基础设施服务平台的关键技术	新能源汽车融合	2024	2026	美国	中国	国内政策支持	学科交叉程度	产业链配套	国内示范
8	储能器件与系统的失效机制、在线监测与智能修复	电化学储能	2027	2029	日本	美国	学科交叉程度	产学研合作	社会资本	产业链配套
9	大规模超临界压缩空气储能电站的关键技术	物理储能	2024	2028	美国	欧洲	产学研合作	国内政策	国内示范	社会资本
10	GWh 级复合储能电站关键技术	电化学储能	2025	2028	美国	日本	产学研合作	学科交叉程度	国内示范	中试基地

基地和国内示范均占 2 项，还有 1 项是社会资本。在领先国家中，美国排名第一的占 6 项、欧盟占 3 项、日本占 1 项；中国在排名第二的领先国家占 2 项，分别是"高可靠光伏建筑一体化智能微网技术""智能充电基础设施服务平台的关键技术"。

二、十项优先发展技术的内涵和展望

从 10 项优先发展技术的内涵看，大致可以区分为三类：第一类代表了新能源发展的前沿技术方向，支持解决产业加快发展亟待解决的关键问题，如"10 MW 级及以上大型风电机组的关键技术""高安全长寿命 300（W·h）/kg以上锂离子动力电池的关键技术""大规模超临界压缩空气储能电站的关键技术"；第二类是体现了新能源发展的融合新材料、现代信息技术、智慧能源、智能交通等智能化趋势，如"电网友好且与其他电源协同运行的智能化风电场技术""高可靠光伏建筑一体化智能微网技术""智能充电基础设施服务平台的关键技术""储能器件与系统的失效机制、在线监测与智能修复""GWh 级复合储能电站关键技术"；第三类是未来可能形成的颠覆性技术，如"比能量≥ 500（W·h）/kg 的新型动力电池及关键材料技术""基于人工智能（AI）的全新材料及电池开发策略"。下面简要介绍 10 项优先发展技术的内涵及其对新能源领域技术的影响。

1. 10MW 级及以上大型风电机组的关键技术

我国 6MW 级以下风电机组技术已经成熟，7 ～ 8MW 级风电机组处于产业化应用的发展阶段，为增强我国海上风电的竞争力，开发 10MW 级及以上大型风电机组的关键技术很有必要。主要包括风电机组整体设计技术，风电机组、塔架、基础一体化设计技术，以及考虑极限载荷、疲劳载荷、整机可靠性的设计优化技术；研究高可靠性传动链及关键部件的设计、制造、测试技术，以及大功率风电机组冷却技术；研制 100 米级及以上大型海上风电机组叶片，研究大型叶片测试技术；研制自主知识产权的 10MW 级及以上海上风电机组及其轴承和发电机等关键部件。

该项技术反映了我国风能发电从陆上风电向海上风电发展的技术需求。国际上，近年来，海上风电项目新装机组均为 6MW 级及以上机型，正在研制的样机达到了 10 MW，风电机组呈现大型化甚至巨型化的趋势。我国自主生产的海上风电机组为 3 MW ～ 5MW，6MW ～ 7MW 处于样机阶段，整体上落后于以欧盟为代表先进国家的技术水平。大型风电机组及其关键技术的开发，不仅能够提高我国风能发电装备的技术水平，还将大幅度降低风能发电成本，充分利用海上风电资源，促进我国风能发电从"三北"地区向沿海地区发展。

2. 电网友好且与其他电源协同运行的智能化风电场技术

大规模利用风能对于风电机组的可靠性、运行效率、工作寿命以及并网性能、与其他电源协同运行提出了新的要求，智能化技术成为发展趋势。主要包括风电机组的降载优化、智能诊断、故障自恢复技术，基于物联网、云计算和大数据分析的风电场智能化运维技术，风电场多机组、风电场群的协同控制技术，风电机组和风电场模型验证、风电机组和风电场电能质量评价、风电机组入网标准等。

风电机组智能化和风电场的智能运维是大规模风能利用的发展趋势，美国GE 公司的数字化风电场技术通过优化机组运行可提升风电场出力 2% ～ 5%，Vestas 跨国公司利用大数据预测机组故障。我国是世界上唯一开展大规模风电基地建设的国家，集中式的风力发电成为新能源电力生产的重要方式，电网友好且与其他电源协同运行的智能化风电场技术在提升运行效率的同时，也将降低风电开发成本和风险，有力支撑我国风电开发迈入更大规模和更高水平。

3. 高可靠光伏建筑一体化智能微网技术

我国建筑能耗约占全社会总能耗的 30%，光伏建筑一体化已经成为城镇太阳能利用的主流技术，能够改变建筑供能方式，对于建筑节能能够发挥重要作用。目前，光伏建筑一体化技术存在光伏建筑构件安全性和可靠性不高、构件寿命短（不能达到建筑 70 年寿命）、产品缺乏多样性等问题，亟待解决。另外，随着分布式光伏发电的应用推广，基于光伏的智能微网系统的需求也日趋迫切。重点发展高安全、长寿命的光伏建筑一体化构件及其产业化技术，高可靠光伏建筑一体化智能微网技术，为大规模应用光伏建筑一体化微网系统提供技术支撑。

我国分布式光伏发电规模远低于以欧盟为代表的先进国家的水平，特别是光伏建筑一体化的分布式发电方式。优先发展高可靠光伏建筑一体化智能微网技术，体现了我国太阳能利用从集中式向分布式的发展趋势，促进提升、提高太阳能利用的规模，也将大幅度降低光伏发电成本，有利于实现"人人享有可持续发展能源"的愿景。

4. 高安全长寿命 300（W·h）/kg 以上锂离子动力电池的关键技术

目前，锂离子动力电池比能量达到了 300（W·h）/kg，能够支撑纯电动汽车的经济性和使用便利性达到传统燃油车的水平，亟待进一步提高其安全性和使用寿命。重点包括高容量正极、碳 / 合金类负极、高安全性隔膜和功能性电解液，极片 / 电池的新型制造技术及电池一致性控制技术，新型电极结构和界面的构建技术，热失控及其扩散抑制技术，安全风险识别与防控技术，电池安全评价技术与测试方法，锂离子电池比能量 ≥ 300（W·h）/kg，循环寿命 ≥ 5000 次，在滥用条件（如针刺）下不发生起火、爆炸。

锂离子动力电池是新能源汽车动力电池的主流，我国已经形成了较好的竞争优势，发展高安全长寿命 300Wh/kg 以上锂离子动力电池，将进一步提升我国动力电池产业的国际竞争力，支撑新能源汽车的可持续发展。高安全和长寿命是高比能电池的主要技术方向，达到 5000 次及以上的循环寿命和本征安全的 300Wh/kg 锂离子动力电池也将能够满足大规模电力存储的技术要求，且能够实现将汽车动力电池退役后作为电力存储装备，有力支撑储能产业发展，支撑实现新能源汽车、新能源电力的融合发展。

5. 比能量 ≥ 500（W·h）/kg 的新型动力电池及关键材料技术

目前，比能量 ≥ 500（W·h）/kg 电池体系以锂硫电池、锂空气电池为代表，开展了大量的基础性研究工作，虽然取得了一些进展，但电池循环性、安全性、可靠性等技术指标和汽车动力电池的要求却相差甚远。主要包括高稳定性金属锂电极、新型高性能电解液和隔膜材料，长寿命锂硫电池和锂空气电池，金属锂二次电池的安全性，多电子电化学反应的电池体系等，动力电池比能量 ≥ 500（$W \cdot h$）/kg、循环寿命 ≥ 1000 次，安全性符合新能源汽车要求。

国际上，以美国、日本为代表，正在积极开展以比能量 ≥ 500（$W \cdot h$）/kg 的锂空气电池、锂硫电池为代表的新型高比能电池的研究，推动进一步降低电池成本，提高纯电动汽车的技术经济性，也为大幅度降低大规模电力存储成本探索新的技术路径，同时也为实现需要更高比能量的应用场景如电动飞机、军事领域的电驱动技术探索方向。我国在该技术课题方向开展了广泛的研究，达到了国际先进水平，优先发展比能量 ≥ 500（$W \cdot h$）/kg 的新型动力电池及关键材料技术，将有可能颠覆当前主流的锂离子电池技术，实现电驱动技术和电力存储技术的颠覆性变革。

6. 基于人工智能（AI）的全新材料及电池开发策略

人工智能技术的应用能够加速新材料的开发进程，提高对材料的认识，有利于发现全新材料，已经应用于电池材料和电池的研究开发。主要包括高通量自主合成机器人，电池材料及其原位表征的自动化高通量测试技术，建立可加速开发新材料和界面的电池材料研发平台，开发用于电池材料和界面的共享且可互操作的数据基础架构和自动化的工作流程，构建基于不确定性的材料和界面的数据驱动和物理混合模型，还包括电池材料和界面的逆向设计以实现通过所需性能目标来定义电池材料和 / 或界面的组成和结构，材料开发周期实现 5 倍加速。

2019 年欧盟发布"电池 2030+"的计划愿景，以高性能和智能化作为发展方向，以人工智能作为开发策略，发展电池新材料的设计，一方面提升现有电池技术水平，另一方面发展电池新体系，同时实现电池智能化。优先发展基于人工智能（AI）的全新材料及电池开发策略，实现材料、电池研发模式的颠覆性创新，将有助于全面掌握电池的理论知识，促进全面提高电池设计、制造、验证的技术水平和电池回收利用的技术水平。此外，电池研发模式的智能化，协同电池的设计智能化、制造智能化和产品智能化，将实现新能源汽车动力电池的智能化、大规模储能电池的智能化，助推实现新能源汽车、新能源电力的融合发展。

7. 智能充电基础设施服务平台的关键技术

建设智能充电基础设施服务平台是实现新能源汽车大规模普及应用的重要举措，能够解决用户的"里程焦虑"和"充电焦虑"，营造新能源汽车良好使用环境。建设智能充电基础设施服务平台关键在于互联互通和智能管理，一方面需要加快充换电基础设施建设，依托"互联网+"智慧能源，实现智能充电，另一方面需要大力提升充电基础设施服务水平，建立充电基础设施运营服务平台，实现互联互通、信息共享和统一结算。需要解决的关键技术问题包括统筹充换电技术和接口、车用通信协议、智能化道路建设、数据传输与结算等标准的制作和修订，以及构建基础设施互联互通的标准体系。建设智能充电基础设施服务平台，开展充电、换电、加氢、智能交通等综合服务试点示范，实现基础设施互联互通和智能管理。

充电基础设施是我国"新基建"的内容之一，截至目前，我国充电桩建设数量约为 130 万，位居全球首位，2025 年预计充电桩数量将超过 600 万个，2035 年将超过 5000 万个。优先发展智能充电基础设施服务平台的关键技术，实现充电基础设施的互联互通和智能管理，对于新能源汽车普及应用具有非常重要的意义。从国外发展情况看，美国以家用充电桩为主，日本丰田、日产、本田及三菱汽车 4 家汽车厂商联合日本政策投资银行共同设立了"日本充电服务（NCS）"公司，致力于充电桩的安装、运营。我国开展充电服务的企业包括电网企业、充电运营商和网络出行平台、新能源汽车企业。有分析认为，数字化、智能化的充电基础设施将成为多网（电网、充电网、车联网）融合的节点。

8. 储能器件与系统的失效机制、在线监测与智能修复

电力存储要求储能器件和系统具有长寿命（如 30 年以上）、高可靠性、

高安全性，这些对储能器件与系统的失效进行在线监测和智能修复具有重要的意义。主要包括储能器件与系统在储能工况下长期运行的失效模式、机制及模型，储能电池及关键部件性能感知的传感器及健康状态评估方法，影响可靠性、安全性的关键因素及其试验验证方法、测试方法、在线监测方法，储能系统的智能运维及智能修复等。

9. 大规模超临界压缩空气储能电站的关键技术

大规模超临界压缩空气储能电站应用于电网的调峰调频、削峰填谷、平衡负荷，能够满足新能源电力的大规模接入并网，并可作区域能源系统负荷平衡装置和备用电源，我国已建成了 10 MW 级的储能电站并投入试运行，其发展方向是进一步提高转化效率、降低成本。主要包括大规模先进压缩空气储能系统设计，高负荷多级离心压缩机和多级组合式透平膨胀机，高效紧凑式超临界空气蓄冷（热）/ 换热器，压缩空气储能系统集成与控制术等。实现储能系统输入和输出功率 $\geqslant$ 10 MW，系统容量 $\geqslant$ 100 MW·h，系统 AC–AC 额定效率 $\geqslant$ 60%（输入轴功 / 输出轴功效率 $\geqslant$ 65%），变工况运行范围 $\geqslant$ 40% ～ 110%。

10. GWh 级复合储能电站关键技术

电化学储能技术若想在电力系统中发挥更大的作用并逐步占据主导地位，大型化是必经之路。目前，我国部分建设的电化学储能电站是 100 MW·h 左右，而未来随着电化学储能的经济性和可靠性的不断提高，GWh 级复合储能电站的建立将在储能领域中发挥重要的作用。

三、面向 2035 年十项优先发展技术对于我国新能源发展的影响

我国新能源的发展正处于由政策驱动向市场驱动的方式转变过程中，技术创新是实现这种转变的核心驱动力。10 项优先发展技术课题将支撑新能源产业加速发展和融合发展，改变我国新能源从生产到消费、从产业到产业形态的格局，实现我国新能源发展的愿景。

从新能源生产方面看，10项优先发展技术中新能源电力子领域的3项优先发展技术及相关领域的优先发展技术将大幅度提升我国风能发电、光伏发电的产业技术水平，改变我国新能源生产的格局。一是风能发电将从陆上向海上发展，光伏发电将从集中式向分布式发展，极大地拓展了我国风能、太阳能等能源资源利用量，将促进风能发电、光伏发电加速发展，成为我国能源体系的重要组成部分。二是风能发电、光伏发电实现大规模生产电力的模式，进一步与智能化和储能技术相融合，将大幅度提升生产效率、大幅度提高运行可靠性，从而大幅度降低电力生产成本，风能发电、光伏发电即将迎来平价上网时代，也将迎来发电成本大幅度低于传统能源电力的时代，迎来电力生产主要依赖风能发电和太阳能发电的时代。

从新能源消费方面看，10项优先发展技术中将大幅度提升我国新能源电力的消费水平，改变我国新能源消费结构和方式，特别是新能源汽车子领域和电力存储子领域的优先发展技术。一是新能源汽车将优先采用新能源电力，通过采用长寿命电池和光充储放一体综合站、智能充电基础设施服务平台，实现新能源汽车、新能源电力的融合发展，新能源汽车将在新能源电力消纳中发挥重要的作用，促进我国提高新能源电力消费水平。二是光伏建筑一体化使建筑物成为智能微电网、电力生产的有效载体，实现新能源电力生产、消费、传输的一体化，将改变我国建筑用能结构和方式，提高建筑用能中新能源电力的消费水平。三是大规模电力存储在提升新能源电力发电效率、电网运行稳定性的同时，也将改变电力生产"及时及用"的模式，电力消费方式将产生革命性变化，电力消费"错峰填谷"的新模式将成为新常态，用电消费实现"智能化"。

从新能源产业方面看，10项优先发展技术将大幅度提升我国新能源产业的国际竞争力，催生战略性新兴产业，支撑我国新能源的发展。一是大幅度提升新能源电力和新能源汽车产业的国际竞争力。在大型风电机组、光伏建筑一体化组件和高安全长寿命高比能动力电池、智能充电桩等新能源电力和新能源汽车的关键共性技术上，我国的发展水平落后于美国、欧盟、日本等领先国家，优先发展该子领域的关键共性技术，不仅能够保障提高我国新能源利用的水平，还能够提升我国新能源产业的国际竞争力。二是在壮大新能源产业的同时，建设光伏建筑一体化微电网、光储充放一体综合站、智能充电基础设施、大规模压缩空气储能电站、智能化储能系统等将催生若干新兴产业，如新能源材料、新能源器件、分布式能源系统、智能化充电桩、能源管理系统等。三是大幅度提升我国新能源产业的自主创新能力。我国新能源产业已经具备较好的基础，优先发展技术既解决制约我国产业发展的关键问题，也弥补了我国产业技术和国外领先国家之间的差距，还将提升我国在前沿技术领域的研究能力、颠覆性技术领域的创新能力。

从新能源产业形态方面看，10 项优先发展技术以智能化技术方向为重要内容，新能源发展将呈现平台化的发展趋势，催生新能源产业的新业态和新模式，构建形成新能源产业的新形态。一是新能源发电将结合资源特点发展不同的形态，一方面将建设智能化的大规模风电场、光伏发电场，电网友好且与其他能源协同的智能化新能源发电场将成为集中式发电的主要形态，另一方面分布式光伏＋储能、智能微电网、光储充放一体化综合电站等分布式发电也将成为新能源利用的重要方式。二是高安全长寿命动力电池、光储充放一体化综合电站和智能充电设施服务平台建设将推动新源汽车的普及应用，也将催生出新业态和新模式。高安全长寿命动力电池不仅能够作为新能源汽车动力电池，也将新能源汽车转变为移动储能单元，而退役的新能源动力电池还将能够作为储能电池使用，可以预计，围绕高安全长寿命动力电池全生命周期内的使用、维护、管理将催生出新的业态和新的商业模式，我国正在推动的新能源汽车"换电模式"可以视为其中的一例。光储充放一体化综合电站和智能充电设施服务平台建设融合新能源电力、新能源汽车，涉及了能源、信息交互、管理，预计将催生以能源管理、充电服务等为主要业务模式的新业态、新模式。在储能领域，大规模储能的智能化和以新能源汽车为代表的分布式储能方式也将催生以能源管理、服务为业务的新业态、新模式。近年来，在新能源发电领域，推动实现发电侧、电网侧、用户侧共享储能系统，"共享储能"就是一种新能源产业发展的新业态、新模式。由此可以看出，未来新能源电力的生产呈现出集中式发电和分布式发电相结合的形态，形成诸如新能源电力＋电力存储、新能源电力＋新能源汽车、新能源电力＋智慧建筑、新能源电力＋特高压传输＋电力存储＋新能源汽车等涉及新能源电力生产、传输、存储、使用等多种形态的一体化的综合新能源电力系统，系统内部通过智能管理实现高效协同，辅助以能源管理和服务的新业态、新模式，最终构建形成新能源发展的新体系。

四、面向 2035 年十项优先发展技术可能产生的社会影响

从 10 项优先发展技术对于我国新能源发展的影响看，我国风能发电、光伏发电将成为能源电力的主要组成部分，能源电力的智能化和新能源汽车、大规模电力存储将促进电力消费的"错峰填谷"模式成为新常态，新能源产业将进一步提升国际竞争力和自主创新能力，构建形成诸如新能源电力＋电力存储、新能源电力＋新能源汽车、新能源电力＋智慧建筑、新能源电力＋特高压传输＋电力存储＋新能源汽车等涉及新能源电力生产、传输、存储、使用等多种形态的一体化的综合新能源电力系统，实现新能源加速发展和融合发展。

新能源的发展必将改变我国能源生产模式和消费结构。从 10 项优先发展技术对于新能源生产、消费和产业、产业形态影响看，新能源发展重构我国能源体系，对于我国经济社会和人民生活产生重大影响。

从能源体系看，新能源发展将促进新能源生产和消费的比例不断提高，预计 2030 年在非化石能源占能源消费总量的比例达到 20% 的情形下，新能源将成为能源体系的重要组成部分，而在 2050 年，在非化石能源占能源消费总量超过一半的情形下，新能源将替代传统化石能源成为能源体系的支柱。从优先发展 10 项技术对新能源发展影响看，未来能源体系将呈现以下特征。

一是能源资源预计将更多地依赖"人人可得"的风能和太阳能，包括陆上、海上的风能和太阳能资源，城镇、乡村、海岛、偏远地区等不同地区的风能和太阳能都将包含在内。二是能源生产特别是电力能源将更多地依赖于新能源电力，预计 2030 年 50% 以上的电力将采用新能源发电，新能源电力成本将低于传统化石能源发电成本。有分析认为，传统化石能源电力系统的主要功能将从生产电力转变为调节新能源发电，促进新能源发电大规模的并网运行。三是用能终端将更多地采用电能。2025 年，新能源汽车占新车总量将达到 25%，2035 年，纯电动汽车将占主流。建筑用能将更多依赖于自身的光伏发电系统，

分布式新能源发电和微电网将分布在社区、园区、城区、偏远地区等区域。四是电力存储将成为能源体系的重要组成部分，电力系统由传统的"源－网－荷"转变为"源－网－荷－储"，达到坚强电网和智能电网的发展目标。五是新能源和传统能源将高度融合，2035 年的新能源将达到或超过传统能源的技术经济性，可实现大规模普及应用，高度融合的能源系统将是由电力、燃气、热力、储能等多种能源组成的智能化综合系统，能源系统内部的新能源和传统能源的生产、传输、分配、转换、存储、终端消费高度融合、协同发展，能源生产和消费高度智能化，智慧能源的发展愿景将得以实现。

能源生产和消费结构的变化进一步将改变我国经济社会，对于保障我国能源安全和提高人民生活质量将产生深刻影响。在能源资源以风能、太阳能为支柱的情形下，富煤、少气、缺油的能源资源特征对我国能源安全的影响程度将大幅度降低，而丰富的风能、太阳能资源将对我国能源资源安全发挥重要的作用。新能源汽车以纯电动汽车为主导，将采用电驱动方式，可以利用风能、太阳能转换所产生的电力，而不采用石油或大幅度降低石油的用量。有研究认为，发展新能源汽车可使我国石油对外依存度降低 10%，2050 年原油对外依存度可从不发展新能源汽车的 77% 下降至极端情形下的 67%。发展新能源汽车还将推动电驱动技术的发展和普及。我国电动船舶正在迈向快速发展的时期，而电动飞机也开始步入研究阶段，预计随着电池技术的进步，电动飞机也将实现商业化，在各类交通运输工具实现电驱动的前景下，我国原油的对外依存度预计将进一步降低。新能源的发展将推动提升我国社会经济、生产生活各个方面的电气化水平，而新能源的智能化发展、与传统能源融合发展也将促进提高建筑、制造、生活等各方面的能源使用效率。另外，在能源结构调整的同时，新能源的发展也会对我国能源消费总量的控制发挥积极作用，对保障我国能源安全意义重大。

新能源的发展改变能源生产模式和消费结构，将改善生态环境，提升用能的经济性和便利性，将促进改变人民生活方式，对于提高人民生活质量产生深刻影响。在改善生态环境和应对气候变化方面，风能和太阳能发电大幅度替代传统化石能源电力，可以减少由化石能源发电产生的环境问题，且其全生命周期内具有较低的二氧化碳排放水平，对于应对气候变化具有更积极的意义。新能源汽车和其他交通运输工具替代传统燃油车，能够大幅度降低由燃油排放诱发的环境影响，对提高城镇空气质量具有非常重要的意义；而在城镇推动建筑一体化的光伏微电网，能够促进热力、燃气等传统建筑用能的改变，对改善环境和应对气候也将产生积极意义。从用能的经济性和便利性看，2035年预计新能源电力成本［如0.1元/（kW·h）］将远低于传统化石能源成本，终端用能的电气化程度将大幅度提升，人民日常生活用能以新能源电能为主导，生活用能的经济性将大幅度提升。在优先发展10项技术的情形下，分布式发电、分布式储能、智能微电网、新能源汽车普及应用，渗透到社区、园区、山区、偏远地区，安装在建筑、道路、家庭，将实现能源电力获得的便利性。从改变人民生活方式看，风能、太阳能"人人可得"，利用分布式发电装置，将可以实现人人开发利用能源；分布式储能、智能微电网、新能源汽车等分布式能源并入电网，将可以实现共享能源，也能实现人人获益于能源；而在智能化的情形下，也可以实现人人参与能源的管理和控制。由此可见，新能源的发展不仅能够促进实现能源体系的绿色低碳、安全高效，而且将促进人民生活环境更友好，用能更便捷，实现人人能够开发能源、享有能源、获益能源。

第七节　技术发展的对策建议

面向2050年，我国以构建绿色低碳、安全高效的新型能源体系为战略目标，高比例的新能源成为新型能源体系的主要特征。我国正在大力推进新能源的创新发展，以技术创新作为创新发展的驱动力，加快实现新能源电力、新能源汽车和电力存储等新能源关键领域的加速发展、融合发展。

新能源领域德尔菲法调查的技术预见研究结果表明，我国新能源领域创新发展还存在需要突破的关键共性技术问题，预期2025年前后实现实验室的技术突破，2030年实现大规模普及应用，而技术创新也存在系列制约因素，技术水平与国际领先国家存在差距。

根据德尔菲发调查技术预见的研究结果，为加快新能源领域的技术发展，我们研究提出了新能源领域技术发展的建议和技术发展保障措施的建议。

一、新能源领域技术发展的建议

以高比例新能源的新型能源体系为发展愿景，我国正在大力推进新能源电力、新能源汽车、电力存储等 3 个关键领域的发展。按照德尔菲法调查技术预见研究结果，未来技术创新以实现新能源加速发展和融合发展为总体要求。一是解决产业发展关键共性问题，大幅度提升新能源技术装备水平；二是融合互联网、云计算、大数据、新一代通信等新技术，促进发展智慧能源、智能交通、智能电网、智能建筑等智能化系统，提高电气化水平，改变能源供需结构；三是采用新原理、新方法和新材料，发展颠覆性技术，发挥技术创新的引领作用。为进一步明确未来技术发展的目标和任务，对 2025 年、2035 年两个节点提出了建议，也对 2050 年技术发展进行展望。

1. 2025 年新能源领域技术发展的建议

在新能源电力方面，突破 10MW 及以上风电机组、高效硅基光伏电池和高效薄膜太阳能电池的关键技术，风能发电和光伏发电技术装备达到国际领先水平；突破智能化新能源发电场、光伏建筑一体化智能微网等关键技术，集中式发电和分布式发电相结合，支撑实现新能源电力大规模并入电网；新能源电力技术经济性大幅度提升，实现平价上网，以风能发电、光伏发电为主体的新能源电力成为新增电力的主流。

在新能源汽车方面，突破高比能高安全锂离子动力电池、固态锂离子动力电池、智能化电池系统等关键技术，支撑我国动力电池产业技术达到国际领先水平；突破动力电池的梯级利用和循环再利用、新能源汽车标准的体系、智能充电基础设施建设等关键技术，解决制约我国新能源汽车加速发展的关键问题；新能源智能汽车和智能电网能量互动、有序充电、光充储充一体化电站等关键技术实现应用示范，新能源汽车和新能源电力能够实现融合发展；新能源汽车技术经济性达到传统燃油车的水平，2025 年新能源汽车产量占当年汽车总产量的 20%。

在电力存储方面，突破锂离子电池、全钒液流电池、铅碳电池、钠离子电池等先进化学储能和压缩空气、飞轮储能等先进物理储能的大型化、规模化的关键技术问题，提升大规模储能技术的经济性、安全性、可靠性；突破 GW 级复合储能系统、智能化储能系统的关键技术和示范应用的关键问题，解决制约集中式新能源发电大规模并入电网和分布式发电推广普及的关键技术问题；储能技术装备广泛应用在发电侧、电网侧和用户侧，储能产业实现规模化发展，达到国际先进水平。

2. 2035 年新能源领域技术发展的建议

在新能源电力方面，风能发电技术装备全面实现大型化、智能化，光伏电池转化效率引领国际先进水平，装备制造和相关产业发展实现自主可控；海上大型智能化风电场成为风能发电的重要方式，光伏建筑一体化智能微网和建筑物实现相同寿命，新能源电力实现大规模开发利用；新能源产业生态趋于成熟，新能源电力的技术经济性超过传统化石能源电力，新能源和传统能源实现融合。

在新能源汽车方面，动力电池实现高性能和智能化，动力电池发展引领国际领先水平；智能充电基础设施实现全地域、全天候覆盖，新能源汽车和智能电网实现能量、信息的双向互动，新能源汽车和新能源电力深度融合；纯电动汽车的技术经济性超过传统燃油汽车的水平，2035 年纯电动汽车产量占当年汽车总产量达到 50%。

在电力存储方面，技术装备全面实现高性能和大型化、智能化，储能应用实现共享化，新能源汽车动力电池梯级利用于大规模储能电站，储能产业技术达到国际领先水平；集中式电力存储实现超大规模化，分布式储能和智能电网实现能量互动，超长时电力存储技术装备取得突破性进展，支撑风能发电、光伏发电等新能源电力的全额消纳；2035 年电力存储装机容量超过新能源电力装机容量的 20%，新型电力系统"源－网－荷－储"基本形成。

3. 2050 年新能源领域技术发展的展望

展望 2050 年，新能源电力、新能源汽车、电力存储等新能源领域关键共性技术将全面实现大规模、智能化的应用，技术达到国际领先水平，产业自主可控，新能源电力成为电力消费的主体，纯电动汽车占新车比例超过 60%，以电力存储为核心技术构建的"源 – 网 – 荷 – 储"新型电力系统实现高比例新能源电力消纳；新能源电力、新能源汽车进一步驱动交通能源高比例地实现电气化，并大幅度提升建筑用能、工业用能和社会生活用能的电气化水平，传统能源体系将从深度融合新能源和传统能源的能源体系转变成为高比例新能源的新型能源体系。

二、新能源领域技术发展保障措施的建议

根据对 55 项优先技术课题德尔菲法调查的技术预见研究结果，我国新能源电力、新能源汽车和电力存储 3 个关键领域的技术发展基础较好，总体上，接近国际先进水平，落后于美国、日本、欧盟等领先国家或地区的发展水平。从制约因素看，实验室的技术实现主要受制于学科交叉程度、产学研合作、相关学科发展情况、国内政策支持等 4 个方面，也受制于高层次人才及其团队、研发资金、研发设施设备；而大规模应用推广和普及更多地受制于产业链配套能力、成果转化中试基地、国内示范推广等 3 个方面，也受制于市场竞争程度、社会或风险资金、公众需求。为推动新能源领域的技术发展，必须着力解决制约上述制约因素的问题，提出技术发展保障措施的建议。

首先，做好构建未来能源体系的顶层设计，大力推动新能源产业加快发展和融合发展，着力构建高比例新能源的新型能源体系。

深入开展能源发展愿景和发展战略的研究。深刻认识新能源在我国能源转型中的地位和作用，深刻认识新能源和传统能源融合发展、进一步发展成为高比例新能源的能源体系的大趋势，做好未来能源体系的顶层设计。注重能源相关领域的战略研究，研究新能源对于相关领域未来发展的革命性变化及其交互作用，充分把握在以发展新能源为核心的能源技术革命下能源生产革命、能源消费革命、能源体制革命的发展态势。

大力推进新能源产业加速发展和融合发展。保持新能源电力、新能源汽车、电力存储等新能源关键领域促进产业发展政策的一致性、连贯性、权威

性，在新能源发展政策驱动向市场驱动的转变阶段，更加注重安全、质量、标准等制度体系的建设。相关政府部门在制定发展规划和产业政策时，进一步加强战略、规划和政策的协调、协同，形成解决制约新能源发展关键问题、瓶颈问题的合力，共同积极推动新能源技术发展。

着力构建高比例新能源的新型能源体系。着想于 2050 年高比例新能源的新型能源体系发展愿景，充分利用研究机构、行业组织、社会力量，定期开展新能源技术预见的研究，明晰构建高比例新能源的新型能源体系的发展路径，不断明确优先技术发展方向。国家层面将"新能源技术"整体列入战略性新兴产业规划，并通过设立产业创新基金、国家实验室等举措，整体推进新能源技术的基础研究、共性技术研发和新能源技术在各领域的应用基础研究、关键技术研发，整体推进新能源电力、新能源汽车、电力存储等关键领域的产业发展，加快构建高比例新能源的新型能源体系。

其次，建设新能源技术领域国家实验室，积极促进学科交叉融合，构建形成以企业为主体、产学研相结合的技术创新体系。

整合现有科技资源，建设新能源技术领域的国家实验室。围绕以新能源电力、新能源汽车、电力存储为代表的新能源关键领域的基础研究、前沿技术研究、颠覆性技术研究，整合现有科技资源，组建新能源技术领域的国家实验室，集中攻关，原始创新、集成创新，抢占未来新能源技术的制高点。着力提高国家重点实验室、国家工程技术中心、国家工程研究中心等国家级研发平台的创新能力，解决新能源技术的应用基础问题和从实验室向产业转化的关键问题。

积极促进学科交叉融合，大力发展新能源技术领域的相关学科。积极促进化学、物理、材料、机械、电气等传统学科和互联网、云计算、大数据、现代通信等新型学科的交叉融合，大力发展以新能源电力、新能源汽车、电力存储为代表的新工科，建立新能源的学科体系，大力发展新能源的基础理论，积极探索新知识、新方法、新技术。

构建以企业为主体产学研相结合的技术创新体系。鼓励企业加大研发投入，加强基础性、前瞻性技术课题的研究，支持企业承担国家科技计划项目、牵头组建新能源产业创新联盟，鼓励企业设立新型研发机构、参与组建国家级研发平台，促进形成产学研协同创新机制。打造具有国际影响力的领军企业，带动产业链上下游企业提升技术创新能力和国际影响力，促进产业融合创新。

再次，大力加强新能源领域关键共性技术和基础性前沿技术的研发，积极推动科技成果的示范应用和推广普及，加快提升新能源产业的协同创新能力。

在国家科技计划中继续支持新能源领域关键共性技术和基础性前沿技术的研发。以新能源产业加速发展和融合发展为需求导向，以促进新能源大规模开发利用为目标导向，以当前一代新能源技术与装备的高性能、智能化为重点方向，以下一代新能源技术与装备为前沿方向，部署关键共性技术和基础性前沿技术的研发项目。面向国际科学前沿，支持新能源技术的基础研究和颠覆性性的研究，探索新知识、新方法、新材料和新体系。

积极推动科技成果的示范应用和推广普及。在"新基建"和国家能源、电力、交通、建筑等领域重大工程中，积极采用新能源技术领域的先进科技成果。国家层面设立新能源产业发展基金，引导并支持地方政府、行业企业和其他社会力量设立新能源产业发展基金，建设一批新能源技术的中试基地、示范生产线、应用示范基地。布局建设新能源领域国家制造业创新中心、国家技术创新中心和国家产业创新中心，不断完善体制机制，提升关键共性技术研发、成果转化和行业服务的创新能力。

加快提升新能源产业的协同创新能力。积极支持新能源产业的新模式、新业态、新产业的发展，鼓励发展共享汽车、共享储能、汽车换电等新业态、新模式，支持发展分布式储能、智能微网和新能源材料与器件、电驱动、回收利用等新产业，积极发展能源服务业。加强建设完善新能源技术标准体系，加强质量监督和技术评价的创新能力和服务能力建设，保障新能源技术装备的安全性。

最后，大力培养新能源技术领域的创新人才，培育有利于新能源创新发展的社会氛围，全面提升我国能源领域的国际竞争力。

鼓励高等院校、科研机构、骨干企业，加快培养造就一批具有国际影响力的领军人才和创新群体。加快在高等院校、科研机构设置新能源领域的学科专业，产学研合作，培养具有相关学科背景和学科交叉的专业人才，努力扩大培养规模。加强新能源领域高端智库的建设，鼓励设立市场化独立运行专业的综合性政策研究机构，凝聚国内外战略研究的高端人才。支持中国科协和行业组织、社会力量积极参与能源、新能源及其相关领域的战略研究、政策咨询和科普教育，提高新能源的社会支持度和接受度，建立社会公众参与构建高比例新能源的新型能源体系的机制。

加强新能源领域的国际合作。鼓励我国具有国际竞争力的产品、技术与装备、标准和企业"走出去"，跻身于国际领先国家或地区。在国家"一带一路"倡议行动中，在相关领域支持优先采用我国新能源电力、新能源汽车、电力存储等关键领域的产品、技术装备。推动我国新能源电力、新能源汽车、电力存储等关键领域在国际竞争中提高自身的技术创新能力，达到国际领先水平。

主要参考文献

［1］林伯强．中国能源发展报告 2019［M］．北京：北京大学出版社，2019.

［2］叶小宁．中国新能源发电分析报告 2020［R］．北京：中国电力出版社，2020.

［3］国家能源局．2018 年度全国电力价格情况监管通报［EB/OL］．（2019–11–05）［2019–12–30］．http://www.nea.gov.cn/2019–11/05/c_138530255.htm.

［4］中国电力企业联合会．中国电力行业年度发展报告 2019［M］．北京：中国建材工业出版社，2019.

［5］国联汽车动力电池研究院有限责任公司．中国汽车动力电池及氢燃料电池产业发展年度报告［M］．北京：机械工业出版社，2020.

［6］国际能源署：2018 全球电动汽车展望［EB/OL］．（2018–11–08）.http://www.d1ev.com/news/shuju/80256.

［7］中国电动汽车充电基础设施促进联盟．2019—2020 年度中国充电基础设施发展年度报告［R］．北京：中国电动汽车充电基础设施促进联盟，2020：5–12.

［8］IRENA（2019）．Renewable capacity statistics 2019［R/OL］．（2019–3–1）［2020–1–30］．http://www.irena.org/–/media/Files/IRENA/Agency/Publication/2019/Mar/IRENA_RE_Capacity_Statistics_2019.pdf?rev=02227cbaf26144a28138dc87376ec2ba.

附录 1

德尔菲调查问卷

中国科协面向 2035 年的技术预见研究——"德尔菲调查问卷"（样例）

尊敬的专家：

您好！感谢您参与中国科协创新战略研究院的技术预见德尔菲调查工作，期待并感谢您提出宝贵意见。

中国科协为实现提高"四服务"（为科学技术工作者服务、为创新驱动发展服务、为提高全民科学素质服务、为党和政府科学决策服务）能力，将技术预见作为中国科协"1-9-6-1"战略布局中重要支撑工作。为此，中国科协创新战略研究院遴选重要领域，开展面向 2035 年的技术预见，通过具有中国科协特色的技术预见来推动广大公众理解科学、支持科学，同时为政府重大科技决策咨询、科技政策制定、产业转型升级等提供支撑。

期望您收到后两周内填写问卷并反馈。

联系方式：各课题组联系人姓名、电话和 E-mail.

感谢您的参与！

中国科协创新战略研究院技术预见课题组

×××领域技术预见课题组、×××单位

2020 年××月

中国科协面向 2035 年的技术预见研究——"德尔菲调查问卷"（样例）

填写说明：请在相应栏目空格处画"√"或做具体说明；请在"目前领先国家""对哪两项影响最大"两列中填写相应字母（A，B，C，D）

	您对该课题熟悉程度			技术在实验室实现时间/年				影响因素（不超过3项）						技术大规模普及时间				影响因素（不超过3项）							当前中国的研发水平（单选）			目前领先国家	对哪两项影响最大？
	熟悉	一般熟悉	不熟悉	无法预见	2031—2035	2026—2030	2021—2025	科学原理突破	高层次科学研发人才	产学研交叉融合程度	研发经费及程度	国内外竞争限制	政策设施及支持团队	无法预见	2031—2035	2026—2030	2021—2025	社会成果转化	产业科技转化或	链中配试风险资金基地	公众中介服务能力	市场竞争程度	危害性或伦理风险	国内外限制或竞争推广	落后国际	接近国际	国际领先水平	A美 B日 C欧 D其他（请列出）	A国家安全 B产业升级 C社会发展 D生活质量
技术课题①：×××																													
技术课题②：×××																													
……																													
其他：（重要但未包括的请专家补充）																													

在中国的技术实验室实现

在中国的技术应用推广和普及

附录 2

各领域主要专家名单

1. 生命健康领域

邓玉林　北京理工大学　教授

周　勇　北京理工大学医工融合研究院　教授

唐晓英　北京理工大学生命科学与技术学院　教授

陈凯华　中国科学院科技战略咨询研究院　研究员

谭宗颖　中国科学院文献情报中心　研究员

安新颖　中国医学科学院医学信息研究所　研究员

蒲小平　北京大学药学院药理系　教授

朱　姝　中国科学技术发展战略研究院　助理研究员

董　艳　爱思唯尔中国区科研管理团队　经理

崔宇红　北京理工大学图书馆　研究馆员

陈春英　中国科学院国家纳米科学中心　教授

刘　璎　中国科学院生物物理研究所　研究员

崔德华　北京大学基础医学院　教授

李川昀　北京大学分子生物研究所　教授

孙晓波　中国医学科学院药用植物研究所　教授

王英典　北京师范大学生命科学学院　教授

张　旭　首都医科大学生物医学工程学院　教授

张　兰　首都医科大学宣武医院药学部　教授

吴水才　北京工业大学生命科学与生物工程学院　教授

高全胜　军事医学科学院动物所　研究员

兰　英　中国科学院微生物研究所　高级工程师

陈晓萍　中国航天员科研训练中心　研究员

2. 网络安全领域

熊　刚　中国科学院信息工程研究所研究员

宫亚峰　国家信息技术安全研究中心原总工程师

时金桥　北京邮电大学教授、博导

王　伟　北京交通大学系主任、教授、博导

马琳茹　军事科学院研究员

谭建龙　中国科学院信息工程研究所主任、研究员

翟立东　中国科学院信息工程研究所研究员

黄　鹏　国家工信安全中心副总工程师、正高级工程师

刘　迎　国家工信安全中心产业促进所所长

李　俊　国家工信安全中心保障技术所副所长

孙倩文　国家工信安全中心信息政策所研究室主任

闫　寒　国家工信安全中心信息政策所工程师

陈倩倩　国家工信安全中心信息政策所高级工程师

3. 新能源领域

吴　锋　北京理工大学教授、工程院院士

来小康　国家电网电力科学研究院教授

艾新平　武汉大学教授

李　泓　中国科学院物理研究所研究员

陈海生　中科院工程热物理所副所长、研究员

原诚寅　国家新能源汽车技术创新中心总经理

王　雪　江西省电力设计院分电分院副院长、教授

杨续来　合肥学院教授

德尔菲调查回函专家名单

1. 生命健康领域德尔菲调查回函专家

包为民	王品虹	仓怀兴	王珊珊	陈春英	王 伟
崔德华	王 琰	戴荣继	魏传锋	单志新	夏 洋
邓玉林	肖盛元	杜广华	谢孟峡	段恩奎	熊利泽
樊碧发	徐桂芝	冯 焱	徐远玲	高 峰	徐志慧
高家红	鄢盛恺	高 峡	杨 健	韩 佩	岳伟华
胡文立	岳卫华	黄渊余	张海燕	霍 波	张 兰
吉训明	张树峰	菅喜岐	张 旭	康 雁	郑晓泉
李晓春	朱 磊	李莹辉	邱学军	李勇枝	邵春林
李玉娟	盛灵慧	李 舟	史旺林	梁 恒	孙维维
刘 聪	孙喜庆	刘 珈	孙晓波	刘 杰	童志前
刘杰昕	汪 凯	刘新民	汪天富	刘忠英	王常勇
刘宗建	王春仁	吕传峰	王会如	吕建新	王 磊
马 宏	钱志余	马 辉	秦 川	裴承新	钱为强

2. 网络安全领域德尔菲调查回函专家

张义荣	刘圣龙	魏剑楠	杨诗雨	吴天飞	马 霄
刘双喜	王 超	彭 卓	张颖君	王志洋	王 滨
蔡兴国	李 琳	王惠莅	薛 涛	闫晓丽	张新跃

张立坤	韩　阳	王高杰	王智民	张正芳	朱　天
韩志辉	敖广阔	程　鹏	田　洋	刘　博	刘书航
谈修竹	聂桂兵	周千荷	赵　泰	戴方芳	石　悦
李伟周	郭　宾	吴　超	张　天	马琳茹	高　莹
洪　晟	吕继强	孙建国	夏春和	杨　武	刘玉琢
孙　军	赵　冉	张　妍	张　猛	胡　彬	张　伟
陈凤仙	杨帅锋	江　浩	王冲华	孙　岩	于志成
方鹏飞	贾若伦	哈　悦	石　峰	黄　敏	王　鹏
崔学民	李立伟	邱君降	陈倩倩	王　帅	熊　刚
宫亚峰	马瑞敏	王宏洁	孟雅辉	郭念文	王丽颖
崔　欣	叶晓亮	尤　扬	王　彀	李　俊	张博卿
高晓雨	胡思洋	李宏宽	徐　杰	申　峻	

3. 新能源领域德尔菲调查回函专家

金　翼	徐罗那	关雅娟	魏宝泽	谢佩琳	付勋波
师长立	郑言贞	陶　霞	蒲　源	丁海洋	黄春春
姜　涛	荣常如	艾新平	曾国宏	荆　龙	孙丙香
童亦斌	曹国庆	常九健	陈　豪	陈　磊	程　杰
从长杰	丛岩峰	戴兴建	范茂松	胡　晨	丁　飞
杜玖玉	高　飞	龚正良	苟　蕾	谷东明	郭少华
胡先罗	蒋　凯	靳彦岭	阚二军	郑昕昕	官亦标
李　刚	李　辉	李　磊	李庆安	李　文	李喜飞
林良旭	刘和光	卢　海	路　密	马昌期	梅生伟
孟　辉	潘成久	潘军青	彭建洪	秦　戬	邱清泉
沈文忠	谭　强	唐　伟	陶占良	王德伟	王力臻
王丽平	王　琳	王鸣魁	王奇观	王　雪	王银顺
王　鹰	王志红	王志强	尉海军	王琪玉	许晓雄
严大洲	杨绩来	张贤文	王青松	潘铁山	潘宗领

杨　尘	姚霞银	叶杭冶	叶季蕾	原诚寅	苑举君
张　淼	张千玉	张　熊	张　旭	张耀辉	张永光
张志丰	张忠如	彭章泉	王佳伟	赵　磊	赵铭姝
郑锋华	郑建明